Preface

第 2 版前言

本书是根据国家开放大学应用化工技术专业课程一体化设计方案的要求编写的，适于远程教育人员、高职高专人员、成人、自学人员及相关工程技术人员学习使用。

当前，世界石油和化学工业已进入以质量和效益提升竞争力的阶段，在技术创新发展方面呈现出许多新特征、新趋势、新需求。化工行业人才需求和就业岗位要求也发生了显著变化，"化工单元操作"作为连接基础化学和物质生产技术的桥梁，讲授的知识和技能在生产中有广泛应用。编者结合化工生产中新技术、新应用，以典型化工生产单元操作为纽带对全书内容进行了设计，在介绍各单元操作遵循的基本规律的基础上，进一步介绍各单元操作中的常见生产设备。

本书的特点：一是既按照化工生产过程的体系，又遵循教材体系的自有规律编写；二是以习题的方式提供大量典型的生产案例，突出职业技能培养，强调单元操作的概念；三是以应用化工技术专业学员工作的主流岗位群为出发点，遵循国家职业标准而编选内容；四是将石油和化工人薪火相传、艰苦奋斗的创业经历融入课程，贯彻"立德树人"的主题思想。

本书由天津渤海职业技术学院李栋编写第1章、第9章以及附录，李钒编写第4章、第6章和第7章，涂郑禹编写第2章、第3章、第5章和第8章。本书由李栋任主编，上海石油化工研究院刘军副研究员担任主审。编写过程中我们得到了北京东方仿真软件技术有限公司的大力支持与协助，在此表示衷心的感谢。

由于时间仓促，加之作者的水平和所收集的资料有限，书中难免有不合宜之处，恳请读者批评指正。

编 者
2021 年 8 月

化工单元操作技术

（第 2 版）

李栋　主编

国家开放大学出版社·北京

图书在版编目（CIP）数据

化工单元操作技术/李栋主编 . --2 版 . --北京：
国家开放大学出版社，2022.1
ISBN 978 - 7 - 304 - 11109 - 0

Ⅰ.①化… Ⅱ.①李… Ⅲ.①化工单元操作—开放教
育—教材 Ⅳ.①TQ02

中国版本图书馆 CIP 数据核字（2021）第 255801 号

化工单元操作技术（第 2 版）
HUAGONG DANYUAN CAOZUO JISHU
李栋 主编

出版·发行：国家开放大学出版社
电话：营销中心 010 - 68180820　　　　总编室 010 - 68182524
网址：http://www.crtvup.com.cn
地址：北京市海淀区西四环中路 45 号　　　邮编：100039
经销：新华书店北京发行所

策划编辑：陈艳宁　　　　　　　　　　　版式设计：何智杰
责任编辑：陈艳宁　　　　　　　　　　　责任校对：张　娜
责任印制：武　鹏　沙　烁

印刷：三河市吉祥印务有限公司
版本：2022 年 1 月第 2 版　　　　　　　2022 年 1 月第 1 次印刷
开本：787mm × 1092mm　1/16　　　　　印张：20.25　字数：451 千字

书号：ISBN 978 - 7 - 304 - 11109 - 0
定价：39.00 元

Preface

第 1 版前言

本书是根据中央广播电视大学开放教育"应用化工技术"专业的课程一体化设计方案的要求编写的，适用于高职高专人员、成人、远程高等教育人员、自学人员及相关工程技术人员学习使用。

进入 21 世纪以来，化学工业得到了更加广泛的应用与发展，以新物质、新能源为基础的高新技术大量涌现。同时，21 世纪人类社会的可持续发展也依赖于环境友好的资源转化和物质生产技术，这些都表明了发展化学工程学的重要性。化工单元操作是化学工程学重要的组成部分，是连接基础科学和物质生产技术的桥梁。

本书作为应用化工技术专业"化工单元操作技术"课程的文字教材，在介绍各单元操作遵循的基本规律的基础上，进而介绍了各单元操作中常见的生产设备。本书的特点：一是既按化工生产过程的体系，又遵循教材体系的自有规律而编写；二是提供大量典型的生产案例，突出职业技能，强调单元操作的概念；三是以就业和应用为导向，遵循以国家职业标准与生产岗位需求相结合的原则来编选内容，既为提高学员理论水平与实践技能，又为学员今后的就业应用打下扎实的基础。

本书由天津渤海职业技术学院的老师完成编写，由申奕教授任主编。其中申奕教授编写第 1 章、第 9 章以及附录，李栋讲师编写第 4 章、第 6 章、第 7 章、第 8 章，涂郑禹讲师编写第 2 章、第 3 章、第 5 章。本书由天津大学化工学院柴诚敬教授担任主审，在此表示感谢。

由于时间仓促、作者的水平和所收集的资料有限，书中难免有不合宜之处，恳请读者批评指正。

编　者

2010 年 11 月

Contents 目 录

1 绪 论

▶ 学习目标

理解：单元操作的概念，不同单位制下物理量方程的单位换算。

了解：化工生产过程，单位与单位制。

▶ 学习要求

单元操作的概念以及本课程的学习方法。

1.1 课程研究内容、特点和学习要求

1.1.1 课程内容与性质

化学工业及其产品在国民经济和日常生活中占有重要地位，化工产品种类繁多，一般可分为无机、有机及生化产品。若将化学工业按其产品的用途及性能来分，可分为染（颜）料化工、塑料橡胶化工、油脂化工、石油化工、食品化工、涂料化工、日用化工等。化工生产过程就是指对原料进行化学加工，以获得有用的产品的生产过程。由于产品、原料的多样性及生产过程的复杂性，化学工业形成了数以万计的化工生产工艺过程。不论化工生产过程规模的大小，一个化工产品的生产过程总是由化学反应和物理操作有机地组合而成的。化学反应是化工生产的核心，离开反应就不能生产化工产品，如石油气的裂解，燃料油生产中的催化裂化，尿素生产中的合成等。物理操作过程则起到了为化学反应准备必要条件，以及将反应物分离提纯而获得有用产品的作用。这些物理操作在整个化工生产中发挥着重要作用，在很大程度上决定了生产过程的经济性和生产技术的先进性。

下面以邻苯二甲酸二辛酯（DOP）的生产过程为例来说明物理操作的重要性。

邻苯二甲酸二辛酯是由辛醇和苯酐在催化剂作用下发生酯化反应生成酯后，经过如图 1-1 所示的一系列分离提纯得到的化学产品。

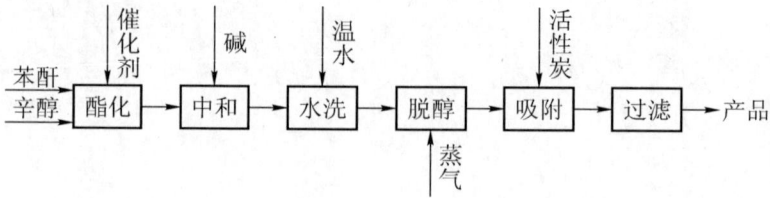

图1-1 邻苯二甲酸二辛酯的生产流程

此生产过程除酯化反应过程外，原料和反应产物的提纯、精制等工序均属前、后处理过程。虽然前、后处理过程中所进行的工序多数是纯物理操作，但它们都是化工生产中不可缺少的部分。即使在一个现代化的大型工厂中，反应器的数目也并不多，绝大多数的设备是用来实现各种前、后处理的，这些分离提纯的操作直接影响着产品的质量。

将前、后处理过程按其操作目的不同划分为若干个单元，这些单元统称为单元操作。每一个单元操作完成一个特定的任务。单元操作的种类有流体的输送与压缩、过滤、沉降、传热、蒸发、液体精馏、气体吸收、固体干燥、吸附和膜分离等。按所遵循的基本原理，单元操作可分为如下几类。

①遵循流体动力规律的单元操作，包括流体输送、沉降、过滤、搅拌。

②遵循传热基本规律的单元操作，包括传热（加热、冷却、冷凝）、蒸发。

③遵循传质基本规律的单元操作，包括蒸馏、吸收、萃取。因为这些操作的最终目的是将混合物中的组分分开，故又称分离操作。

④同时遵循传热、传质基本规律的单元操作，包括空气增湿与减湿、干燥、结晶。

1923年美国麻省理工学院的著名教授华克尔等人编写出版了第一部关于单元操作的著作——《化工原理》，从而奠定了化学工程作为一门独立工程学科的基础，完成了从化工生产工艺到单元操作的发展，这是人们对化工生产在认识上的一个飞跃。

化工单元操作技术是在高等数学、物理学、物理化学及化学等课程的基础上开设的一门基础技术课程，它是基础课程与专业课程间的桥梁，直接服务和应用于化工生产的第一线，其主要任务是研究化工单元操作的基本原理、典型设备的构造及工艺尺寸的计算或设备选型。其任务可综合为三个字，分别为选、算、用。其中，选的意思是过程与设备的选择；算的意思是有关参数的计算；用的意思是如何操作和调节化工单元以适应生产的要求。学生通过对本课程的学习，能够培养分析和解决有关单元操作问题的能力，如设备选型能力、工程计算能力、调节生产过程能力，以便在化工生产中达到强化生产过程、提高产品质量、提高设备能力及效率、降低设备投资及产品成本、节约能耗、防止污染以及加速新技术开发等方面的目的。

1.1.2 课程特点和学习要求

化工单元操作技术是化工类及相关专业的一门重要的技术基础课，它兼有"科学"与"技术"的特点，是综合运用数学、物理、化学等基础知识，分析和解决化工类型生产中各种物理过程的工程学科。在化工类专门人才的培养中，它承担着工程科学与工程技术的双重教育任务。本课程强调工程观点、定量运算、实验技能及设计能力的培养，强调理论联系实际。

作为一门综合性技术学科的一个重要组成部分，化工单元操作主要研究各单元操作的基本原理，所用的典型设备结构，工艺尺寸设计和设备选型的共性问题，是一门重要的专业基础课。

学生学完本课程后应初步具备以下能力：

①掌握各单元操作的基本原理，并具备一定的"过程与设备"的选择能力。

②掌握各单元操作的基本计算方法，包括过程的计算和设备的设计计算或选型计算。

③根据生产上的不同要求，能操作和调节典型化工生产设备，在设备发生故障时，能够寻找产生故障的原因，并具备一定的排除故障的能力。

④了解强化生产过程的方法及改进设备的途径。

1.2 单位及单位换算

1.2.1 单位与单位制

判断各物理量的大小，除了要看数字部分外，还要看该物理量的单位。一般来说，虽然物理量的单位是可任选的，但由于各个物理量之间存在着客观联系，因此不必对每种物理量的单位都单独进行选择，可通过某些物理量的单位来度量其他物理量的单位，所以，单位被分为基本单位和导出单位两种。基本物理量的单位被称为基本单位，如长度的单位为 m，质量的单位为 kg 等。由基本单位派生出的单位为导出单位，即导出单位是由基本单位相乘除得到的单位，如速度的单位为 m/s，加速度的单位为 m/s^2 等。

基本单位与导出单位的总和称为单位制。过去，各领域中存在多种单位制，如工程单位制、绝对单位制等。多种单位制并存使同一物理量在不同的单位制中具有不同的单位和数值，这就给计算和交流带来了麻烦，并且容易出错。为了改变这一局面，必须统一计量单位制。1960 年 10 月的第十一届国际计量大会确定了国际通用的国际单位制（简称 SI 制），它具有通用性和一贯性，其中规定了 7 种基本单位，2 种辅助单位，其余皆为导出单位。国际单位制中的基本单位如表 1-1 所示，常用的导出单位如表 1-2 所示。

表 1-1 国际单位制中的基本单位

物 理 量	单 位	国际单位符号
长度	米	m
质量	千克	kg
时间	秒	s
热力学温度	开尔文	K
电流	安培	A
物质的量	摩尔	mol
发光强度	坎德拉	cd

表 1-2　国际单位制中常用的导出单位

物理量	单　　位	国际单位符号	用 SI 制表示基本单位
力	牛顿	N	$m \cdot kg \cdot s^{-2}$
压强	帕斯卡	Pa	$kg \cdot m^{-1} \cdot s^{-2}$
能、功、热量	焦耳	J	$m^2 \cdot kg \cdot s^{-2}$
功率	瓦特	W	$m^2 \cdot kg \cdot s^{-3}$

我国于 1984 年 2 月颁布了法定计量单位（简称法定单位）。法定单位是以国际单位制为基础，保留少数国内外习惯或通用的非国际单位的单位制，它包括：

①国际单位制的基本单位和辅助单位。

②国际单位制中具有专门名称的导出单位。

③国家选定的非国际单位制的单位，如时间可用 s，h，d 来表示，旋转速度可用 r/min 来表示等。

④由以上这些单位构成的组合形式的单位。

⑤由词头和以上这些单位所构成的十进倍数和分数单位。

1.2.2　单位换算

在生产、研究和设计中，人们仍会遇到非法定单位的公式、物理量，因此存在着单位换算的问题，即将物理量由一种单位变换成另一种单位的运算。

在介绍单位换算方法前，先介绍一下物理方程与经验公式（数字公式）。

物理方程是根据物理规律建立的公式，例如牛顿第二定律的物理方程为 $F = ma$。物理方程遵循单位或量纲一致性的原则，即同一物理方程中绝对不允许采用两种单位制。

经验公式（数字公式）是根据实验数据整理得来的公式，它反映了各有关物理量数字之间的关系。公式中每个符号不代表完整的物理量，只代表物理量中的数字部分，而这些数字都是与特定的单位相对应的，因此使用经验公式时，各物理量必须采用指定的单位。

正确使用单位就是要注意这两种公式对单位的不同要求，并在将各物理量代入公式进行运算之前，预先给它们换上适合公式要求的单位。

1. 物理方程的单位换算

物理量由一种单位变换成另一种单位时，量本身并没有发生变化，只是在数字上要有所改变，即在进行单位换算时，要乘以两单位间的换算因数。除温度外，换算因数为同一物理量在不同单位下的比值。

例如：1 m 的长度和 100 cm 的长度是两个相等的物理量，但其所用的单位不同，即：

$$1 \text{ m} = 100 \text{ cm} \tag{1-1}$$

那么 m 和 cm 两种单位间的换算因数为：

$$\frac{100 \text{ cm}}{1 \text{ m}} = 100 \frac{\text{cm}}{\text{m}} \tag{1-2}$$

化工中常用的单位间的换算因数可从本书附录中的附表 4 ~ 附表 15 查得。

同样，以压强为例也可以看出换算因数的计算方法。

$$1 \text{ atm} = 1.033 \text{ kgf/cm}^2$$
$$= 1.013\ 3 \times 10^5 \text{ Pa}$$
$$= 10.33 \text{ mH}_2\text{O}$$
$$= 760 \text{ mmHg}$$
$$= 1.033 \text{ bar}[1] \qquad\qquad (1-3)$$

2. 经验公式的单位换算

经验公式中各符号都要采用规定单位的数字代入，不能随意变更。当已知数据的单位与公式所规定的单位不同时，应将整个公式加以变化，使其中的各符号都采用计算者所希望的单位。由于"物理量 = 数字 × 单位"，所以"数字 = 物理量/单位"。若将经验公式中每个符号都写成这种形式，便可利用单位间的换算因数，把原来规定的单位换算成计算者所希望的单位。

1.3 化工过程中的一些基本规律

在研究各类单元操作时，为了搞清过程始末和过程之中各段物料的数量、组成之间的关系，过程中各股物料带进、带出的能量及与环境交换的能量，就必须进行物料衡算和能量衡算。物料衡算及能量衡算也是本课程解决问题时常用的手段之一。

1.3.1 摩尔分数与质量分数

混合物中某组分的物质的量与混合物总物质的量的比值称为该组分的摩尔分数。若混合物的总物质的量为 n，对两组分（A 和 B）的混合液有：

$$x_A = \frac{n_A}{n}, \quad x_B = \frac{n_B}{n} \qquad\qquad (1-4)$$

式中：n_A，n_B——A，B 组分的物质的量，kmol；

$\quad\quad x_A$，x_B——A，B 组分的摩尔分数。

显然，任一组分的摩尔分数都小于 1，各组分的摩尔分数之和等于 1，即：

$$x_A + x_B = 1$$

摩尔分数乘以 100% 即得摩尔百分率。

---

① 在化工生产中操作压强高低相差悬殊，为了各行各业使用方便，除了采用统一的法定计量单位制中规定的单位 Pa（帕斯卡）外，还采用 atm（标准大气压），kgf/cm²（千克力/平方厘米），mmHg（毫米汞柱），mH₂O（米水柱），bar（巴），at（工程大气压）等压强单位。它们之间的换算关系为：

1 atm = 101.33 kPa = 760 mmHg = 10.33 mH₂O = 1.033 kgf/cm² = 1.033 bar

1 at = 98.07 kPa = 735.6 mmHg = 10 mH₂O = 1 kgf/cm²

混合物中某组分的质量与混合物总质量的比值称为该组分的质量分数。若混合物的总质量为 m，对两组分（A 和 B）的混合液有：

$$a_A = \frac{m_A}{m}, \ a_B = \frac{m_B}{m} \qquad (1-5)$$

式中：m_A，m_B——A，B 组分的质量，kg；

a_A，a_B——A，B 组分的质量分数。

显然，任一组分的质量分数都小于 1，各组分质量分数之和等于 1，即：

$$a_A + a_B = 1$$

质量分数乘以 100% 即得质量百分率。

质量分数和摩尔分数的换算关系为（以 A 组分为例）：

$$x_A = \frac{\dfrac{a_A}{M_A}}{\dfrac{a_A}{M_A} + \dfrac{a_B}{M_B}} \qquad (1-6)$$

$$a_A = \frac{x_A M_A}{x_A M_A + x_B M_B} \qquad (1-7)$$

式中：M——组分的摩尔质量，kg/kmol。

1.3.2 物料衡算

根据质量守恒定律，任何一个化工生产过程都应满足式（1-8）：

$$\sum F = \sum d + A \qquad (1-8)$$

式中：$\sum F$——输入物料质量的总和；

$\sum d$——输出物料质量的总和；

A——积累在过程中的物料质量。

式（1-8）是物料衡算的通式，可对总物料或其中某一组分列出物料衡算式，进行求解。

由于物流常常是多组分的混合物，因此可以按进、出衡算系统的各物流的总物料量列出总衡算式，也可以按各物流中的各组分量分别列出组分衡算式。此外，物流中各组分的质量分数 ω_i 和摩尔分数 x_i 之和均等于 1，即有 $\sum \omega_i = 1$，$\sum x_i = 1$，这两个方程被称为组成归一性方程。

对于定常态操作过程，系统中物料的积累量为零，即：

$$\sum F = \sum d \qquad (1-9)$$

因此可以得到进行物料衡算的步骤如下。

①画出流程示意图，物料的流向用箭头表示。

②圈出衡算的范围（或称系统）。

③确定衡算对象及衡算基准。

④写出物料衡算方程进行求解。

【例 1 – 1】 两股物流 A 和 B 混合得到产品 C。每股物流均由两个组分(代号 1,2)组成。物流 A 的质量流量为 $G_A = 6\,160$ kg/h，其中组分 1 的质量分数 $a_{A1} = 0.8$；物流 B 中组分 1 的质量分数 $a_{B1} = 0.2$；要求混合后产品 C 中组分 1 的质量分数 $a_{C1} = 0.4$。试求：（1）需要加入物流 B 的量 G_B，单位请使用 kg/h；（2）得到产品 C 的量 G_C，单位请使用 kg/h。

解：①按题意，画出混合过程示意图，如图 1 – 2 所示，标出各物流的箭头、已知量与未知量，用闭合虚线框出衡算系统。

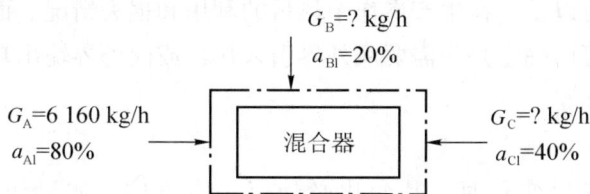

图 1 – 2 混合过程示意图

②过程为连续定常，故取 1 h 为衡算基准。

③列出衡算式：

总物料衡算 $G_A + G_B = G_C$，代入已知数据得

$$6\,160 + G_B = G_C \tag{1 – 10}$$

组分 1 的衡算式 $G_A a_{A1} + G_B a_{B1} = G_C a_{C1}$，代入已知数据得：

$$6\,160 \times 0.80 + G_B \times 0.20 = G_C \times 0.40 \tag{1 – 11}$$

联立求解式(1 – 10)和式(1 – 11)得：

$$G_B = 12\,320 \ （kg/h）,\ G_C = 18\,480 \ （kg/h）$$

根据组成归一性方程，物流组分质量分数之和为 1，即：

$$a_{A1} + a_{A2} = 1,\ a_{B1} + a_{B2} = 1,\ a_{C1} + a_{C2} = 1$$

因此也可列出组分 2 的衡算式为：

$$G_A(1 - a_{A1}) + G_B(1 - a_{B1}) = G_C(1 - a_{C1})$$

通过例 1 – 1,可以总结得到进行物料衡算的注意事项有：

①确定衡算范围(或称系统)。物料衡算可以在一个单一的设备或一个流程的某部分进行，也可以在包括几个处理阶段的全流程中进行。

②确定衡算对象。对有化学变化的过程，衡算对象可找未发生变化的物质或惰性物质等。

③确定衡算基准。对于间歇过程，常以一次(一批)操作为基准；对于连续过程，则以单位时间为基准。

1.3.3 能量衡算

根据能量守恒定律，在任何一个化工生产过程中，凡向该过程输入的能量必等于该过程

输出的能量。许多化工生产所涉及的能量仅为热能，所以本课程中能量衡算简化为热量衡算，即：

$$\Sigma Q_F = \Sigma Q_D + Q$$

式中：ΣQ_F——该过程输入的各物料带入的总热量，J；

ΣQ_D——该过程输出的各物料带出的总热量，J；

Q——该过程与环境交换的总热量，当系统向环境散热时为正，称为热损，J。

通过热量衡算，可以了解在生产操作中热的利用和损失情况。而在生产过程与设备设计时，利用热量衡算可以确定是否需要从外界引入热量或向外界输出热量。

1.3.4 平衡关系

物系在自然界中发生变化时，其变化必趋于一定方向，如果任其发展，结果必达到平衡。

平衡状态表示的就是各种自然发生的过程可能达到的极限程度，除非影响物系的情况有变化，否则其变化的极限是不会改变的。一般平衡关系为各种定律所表明，如热力学第二定律、拉乌尔定律等。

在化工生产过程中，可以从物系平衡关系来推知整个生产过程能否进行以及进行到何种程度。平衡关系也为设备尺寸的设计提供了理论依据。

1.3.5 过程速率

任何一个不处于平衡状态的物系，必然发生使物系趋向平衡的过程，但过程以什么速率趋向平衡，不决定于平衡关系，而是由多方面的因素影响的，过程速率就是用来描述这个过程快慢的物理量。目前过程速率可近似地采用式(1-12)所示的形式来表示。

$$过程速率 = \frac{过程推动力}{过程阻力} \qquad (1-12)$$

式（1-12）中的过程推动力虽然可依据具体过程而有不同的理解，但应满足的必要条件是物系在平衡状态时推动力必须等于零。至于过程的阻力则较为复杂，要具体情况具体分析。

▶ 本 章 小 结

本章通过介绍课程特点、化工生产中的基本规律以及单位制，使学生对课程内容有了宏观的了解，激发学生学习本课程的兴趣。通过对本章的学习，学生应初步建立物料守恒、能量守恒和平衡关系的概念，掌握不同单位制下物理量方程的换算方法，为今后的学习打下基础。

▶ 习 题

一、选择题

1. 在国际单位制中，压力的单位是 （ ）。

 A. MPa B. Pa C. mmH$_2$O D. mmHg

2. 热导率（导热系数）的国际单位制单位为 （ ）。

 A. W/（m·℃） B. W/（m^2·℃） C. J/（m·℃） D. J/（m·℃）

二、判断题

1. 一个典型的化工生产过程是由原料的预处理、化学反应、产物分离三部分构成的。 （ ）

2. 连续式生产方式的优点是生产灵活，投资少，见效快。缺点是生产能力小，生产较难控制，因而产品质量得不到保证。（ ）

3. 一个化工生产过程一般包括原料的净化和预处理、化学反应过程、产品的分离与提纯、三废处理及其综合利用等。（ ）

4. 能量、功、热在国际单位制中的单位名称是卡。（ ）

三、简答题

1. 单元操作的概念是什么？化工单元操作的主要研究对象是什么？

2. 什么是化工生产过程？

3. 物料守恒表达式是什么？能量守恒表达式是什么？

四、计算题

已知 1 atm = 1.033 kgf·cm^{-2}，试将此压强换算为国际单位制单位。

2 流体流动

掌握：流体静力学方程、连续性方程、伯努利方程的内容及其应用。

理解：流体流动阻力损失的概念，流速与流量的测量方法。

了解：管路的构成，化工管路的分类及其连接方式。

学习要求

流体静力学方程的应用；连续性方程、伯努利方程的物理意义、使用条件及其应用。

流体是气体与液体的总称，化工生产中所处理的物料，大多为流体(包括液体和气体)。为了满足工艺条件的要求，保证生产的连续进行，常需要把流体从一个设备输送至另一个设备，从一个工序送到另一个工序，此外，化工生产中的传热、传质以及化学反应等大多在流体流动状态下进行，这些过程的速率和流体流动状况密切相关，所以研究流体流动问题也是研究其他化工单元操作的基础。因此，流体流动是最普遍的化工单元操作之一。生产实际中流体的输送方式有四种：

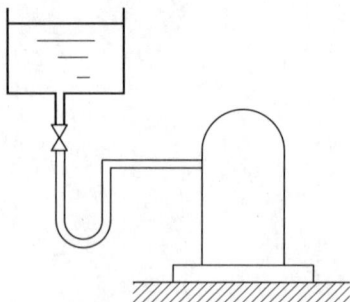

图 2-1 高位槽进料示意图

(1)高位槽进料

高位槽进料是指利用容器、设备之间存在的位差，将处于高位设备的流体输送到低位设备。在工程中当需要稳定流量时，通常设置高位槽，以避免输送机械带来的波动。高位槽进料如图 2-1 所示。

(2)真空抽料

真空抽料是指利用真空系统造成的负压来实现将流体从一个设备输送到另一个设备的操作，如图 2-2 所示。把储罐 2 内的空气经空气缓冲罐由真空泵抽出，形成两罐之间的负压，实现物料由储罐 1 到储罐 2 的输送。

真空抽料是化工生产中常用的一种流体输送方法，其特点是结构简单，没有运动部件，操作方便，但流量调节不方便，需要真空系统，且不能输送易挥发性的液体，主要用在间歇送料的场合。

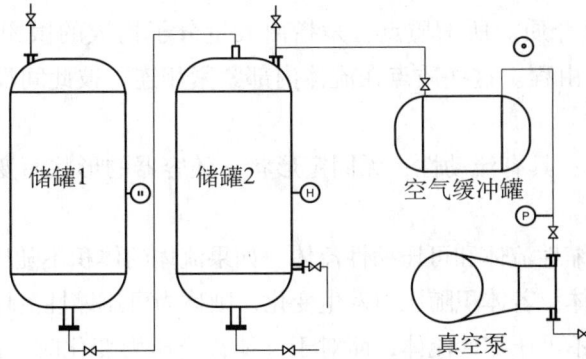

图 2 - 2　真空抽料示意图

（3）压缩空气送料

压缩空气送料是指利用压缩空气实现将流体从一个设备输送到另一个设备的操作，如图 2 - 3 所示。压缩空气送料结构简单，无运动部件，可以间歇输送腐蚀性液体以及易燃易爆的流体。但是此法流量小、不易调节并且只能间歇输送流体。

（4）流体输送机械送料

流体输送机械送料是指借助流体输送机械对流体做功，实现流体输送的操作。由于流体输送机械的类型很多，压头及流量的可选范围较宽，流体输送机械送料是化工厂中最常见的流体输送方式，如图 2 - 4 所示。

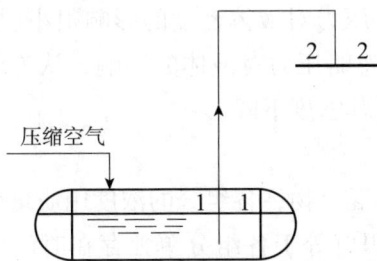

图 2 - 3　压缩空气送料示意图

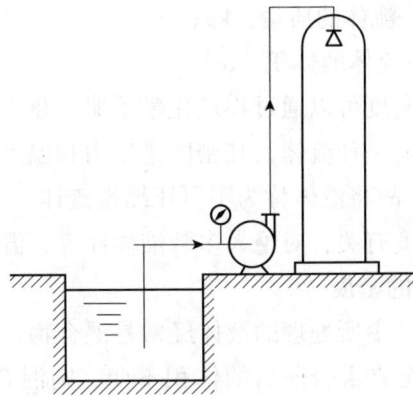

图 2 - 4　流体输送机械送料

为了完成有关流体输送的任务，化工生产一线的操作人员必须对流体的性质、流体流动的基本规律、化工管路、流体阻力以及流体输送机械等相关知识有一定的了解。

2.1 流体的基本性质

从微观上讲，流体是由大量的彼此之间有一定间隙的单个分子组成的，这些分子总是处于随机运动状态。但工程上，在研究流体流动时，常从宏观出发，将流体视为由无数流体质点（或微团）组成的连续介质。所谓质点，是指由大量分子构成的微团，其尺寸远小于设备尺寸，但远大于分子自由程。这些质点在流体内部紧紧相连，彼此间没有间隙，即流体充满所占空间，为连续介质。

流体的主要特征有：具有流动性；无固定形状，随容器的形状而变化；受外力作用时内部产生相对运动。

流体可分为不可压缩性流体和可压缩性流体。如果流体的体积不随压力的变化而变化，该流体称为不可压缩性流体；若体积随压力发生变化，则称为可压缩性流体。一般液体的体积随压力变化很小，可视为不可压缩性流体，而对于气体，当压力变化时，体积会有较大的变化，常视为可压缩性流体，但如果压力的变化率不大，也可将气体当作不可压缩性流体处理。同时，不可压缩的、没有黏滞性的流体，称为理想流体。但是在实际情况中，流体都具有黏滞性，理想流体只不过是一种理想化的模型。不容易被压缩的液体，在不太精确的研究中可以认为是理想流体。研究气体时，如果气体的密度没有明显变化，该气体也可被当作理想流体处理。

2.1.1 流体的密度

单位体积流体具有的质量称为流体的密度，表达式为：

$$\rho = \frac{m}{V} \tag{2-1}$$

式中：ρ——流体的密度，kg/m^3；

m——流体的质量，kg；

V——流体的体积，m^3。

各种流体的密度可以通过物理化学手册或化学工程手册查到。

对于任何一种流体，其密度是压力和温度的函数。压力对液体密度的影响很小（压力极高时除外），故将液体称为不可压缩性流体。工程上常忽略压力对液体的影响，认为液体的密度只与温度有关，对绝大多数液体而言，温度升高，其密度下降。

1. 液体的密度

化工生产中所处理的液体经常是混合物。对于液体混合物，各组分的浓度用质量分数表示。设各组分在混合前后的体积不变，则混合物的体积应等于各组分单独存在时的体积之和，以 1 kg 混合液为基准，则有：

$$\frac{1}{\rho} = \frac{w_1}{\rho_1} + \frac{w_2}{\rho_2} + \cdots + \frac{w_n}{\rho_n} = \sum_{i=1}^{n} \frac{w_i}{\rho_i} \tag{2-2}$$

式中：$w_1, w_2, \cdots, w_n$——液体混合物中各组分的质量分数；

$\rho_1, \rho_2, \cdots, \rho_n$——各纯组分的密度，$kg/m^3$。

【例 2-1】 苯和甲苯混合液中含苯 0.4(摩尔分数)，试求该混合液在 20 ℃时的平均密度 ρ_m。

解： 先将已知的摩尔分数换算成质量分数，因此由 $x_苯 = 0.4$，可得：

$$x_{甲苯} = 1 - 0.4 = 0.6$$

两组分的摩尔质量分别为 $M_苯 = 78$ kg/kmol，$M_{甲苯} = 92$ kg/kmol，可得：

$$w_苯 = \frac{x_苯 M_苯}{x_苯 M_苯 + x_{甲苯} M_{甲苯}}$$

$$= \frac{0.4 \times 78}{0.4 \times 78 + 0.6 \times 92}$$

$$\approx 0.361$$

$$w_苯 = 1 - w_苯 = 1 - 0.361 = 0.639$$

从手册中已查出苯和甲苯的密度分别为 $\rho_苯 = 879$ kg/m³ 及 $\rho_{甲苯} = 867$ kg/m³，可以求出：

$$\rho_m = \frac{1}{\dfrac{w_苯}{\rho_苯} + \dfrac{w_{甲苯}}{\rho_{甲苯}}}$$

$$= \frac{1}{\dfrac{0.361}{879} + \dfrac{0.639}{867}}$$

$$\approx 871.29 \ (kg/m^3)$$

2. 气体的密度

气体具有可压缩性及热膨胀性，其密度随压力和温度有较大的变化。在手册中查到的气体密度值都是某温度和压强下的值，应用时应换算为操作条件下的密度值。在温度不太低和压力不太高时，气体密度可近似用理想气体状态方程计算，即：

$$\rho = \frac{pM}{RT} \ 或 \ \rho = \rho_0 \frac{pT_0}{p_0 T} \qquad (2-3)$$

式中：p——气体的绝对压强，kPa；

　　　M——气体的摩尔质量，kg/kmol；

　　　T——绝对温度，K；

　　　R——气体常数，其值为 8.314 kJ/(kmol·K)。

式(2-3)中的下标 0 表示手册中查得的在规定条件下的相应物理量。

对气体混合物，各组分的浓度常用体积分数表示。设各组分在混合前后的质量不变，则混合气体的质量等于各组分的质量之和，即：

$$\rho_m = \rho_1 \phi_1 + \rho_2 \phi_2 + \cdots + \rho_n \phi_n \qquad (2-4)$$

式中：ϕ_1，ϕ_2，$\cdots$，ϕ_n——气体混合物中各组分的体积分数。

或者以混合气体的平均摩尔质量 M_m 代替式(2-3)中的气体摩尔质量 M，即：

$$\rho_{m} = \frac{pM_{m}}{RT} \qquad (2-5)$$

式中：ρ_{m}——气体混合物的平均密度，kg/m^3；

M_{m}——混合气体的平均摩尔质量，$kg/kmol$。

其中

$$M_{m} = M_1 y_1 + M_2 y_2 + \cdots + M_n y_n \qquad (2-6)$$

式中：M_1，M_2，$\cdots$，M_n——各纯组分的摩尔质量，$kg/kmol$；

y_1，y_2，$\cdots$，y_n——气体混合物中各组分的摩尔分数。

比体积是指单位质量流体具有的体积，是密度的倒数，单位为 m^3/kg，其表达式如下：

$$v = \frac{V}{m} = \frac{1}{\rho} \qquad (2-7)$$

式中：v——比体积，m^3/kg。

相对密度是一种流体相对于另一种标准流体的密度的大小，是一个量纲为1的准数。对液体而言，常以4 ℃的纯水作为标准液体，其密度为 $\rho_{水} = 1\ 000\ kg/m^3$。因此，4 ℃的纯水的相对密度为1。

2.1.2　流体的黏度

流体的典型特征是具有流动性，但不同流体的流动性能不同，这主要是因为流体内部质点间做相对运动时存在不同的内摩擦力。这种表明流体流动时产生内摩擦力的特性称为黏性。黏性是流动性的反面，流体的黏性越大，其流动性越小，流体的黏性是流体产生流动阻力的根源。黏性是流体的固有属性，流体无论是静止还是流动，都具有黏性。

如图2-5所示，有上、下两块平行放置且面积很大而相距很近的平板，板间充满某种液体。若将下板固定，而对上板施加一个恒定的外力 F，使上板以恒定速度 u 沿 x 方向运动。此时，两板间的液体就会分成无数平行的运动薄层，黏附在上板底面的一薄层液体以速度 u 随上板运动，其下各层液体的速度依次降低，黏附在下板表面的液层速度为零，流体相邻层间的内摩擦力为 F。实验证明，上、下两板间沿 y 方向的速度变化率 $\Delta u/\Delta y$ 与 F 成正比，与接触面积 A 成正比。流体在圆管内流动时，u 与 y 的关系是曲线关系，上述变化率应写成 du/dy，称为速度梯度，即：

$$F = \mu \frac{du}{dy} A \qquad (2-8)$$

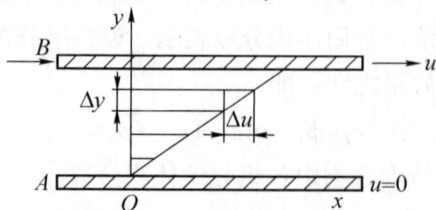

图2-5　平板间液体速度变化

单位流层面积上的内摩擦力称为剪应力 τ，其表达式为：

$$\tau = \frac{F}{A} = \mu \frac{\mathrm{d}u}{\mathrm{d}y} \qquad (2-9)$$

式(2-8)称为牛顿黏性定律，即流体层间的剪应力与速度梯度成正比。式中的比例系数 μ 称为动力黏度或绝对黏度，简称黏度。黏度是流体的重要参数之一，流体的黏度越大，其流动性就越小。

在法定单位制中，黏度的单位为 Pa·s。在一些工程手册中，黏度的单位常常用物理单位制的 cP(厘泊)或 P(泊)表示，它们的换算关系为：

$$1 \ \text{Pa} \cdot \text{s} = 10 \ \text{P} = 1 \ 000 \ \text{cP} \qquad (2-10)$$

流体的黏性可用黏度 μ 与密度 ρ 的比值定义，称为运动黏度，以符号 v 表示，即：

$$v = \frac{\mu}{\rho} \qquad (2-11)$$

法定单位制中运动黏度的单位为 m^2/s，其他单位有 St(沲)和 cSt(厘沲)，它们的换算关系为：

$$1 \ \text{St} = 100 \ \text{cSt}(\text{厘沲}) = 1 \times 10^{-4} \ \text{m}^2/\text{s} \qquad (2-12)$$

2.2 流体静力学基本方程式

2.2.1 流体的压强

在垂直方向上作用于流体单位面积上的力，称为流体的静压强，简称静压强，习惯上又称为压强。在静止流体中，作用于任意相同点上不同方向的压强在数值上均相同，静压强的表达式为：

$$p = \frac{F}{A} \qquad (2-13)$$

式中：p——流体的压力，Pa；

$\quad\quad F$——垂直作用于单位面积上的压力，N；

$\quad\quad A$——流体的作用面积，m^2。

在化工生产中，压强是一个非常重要的控制参数，为了知道操作条件下的压强，常在设备或管道上安装测压仪表。传统的测压仪表主要有两种，一种是真空表，另一种是压力表。

压强有两种不同的表达方式，一种是绝对压强，它是以绝对真空为基准测得的压强，是流体的真实压强；另一种是表压强(表压)或真空度，它是以大气压为基准测得的压强。当被测流体的绝对压强大于外界大气压时，选用压力表。压力表上的读数称为表压强，表压强与绝对压强的换算关系为：

$$\text{表压强} = \text{绝对压强(实际压强)} - \text{当地外界大气压强}$$

$$\text{绝对压强(实际压强)} = \text{当地外界大气压强} + \text{表压强} \qquad (2-14)$$

当被测流体的绝对压强小于外界大气压时(工程上称负压)，选用真空表。真空表上的读数称为真空度，真空度与绝对压强的换算关系为：

$$真空度 = 当地外界大气压强 - 绝对压强$$

$$绝对压强（实际压强） = 当地外界大气压强 - 真空度 \qquad (2-15)$$

大气压强不是固定不变的，而是随着大气温度、湿度以及所在地区的海拔高度的变化而变化的。一般为了避免绝对压强、表压、真空度三者之间相互混淆，通常对表压、真空度等加以标注，如 2 000 Pa（表压），10 mmHg（真空度）等，还应指明当地大气压强。绝对压强、表压与真空度的关系如图 2-6 所示。

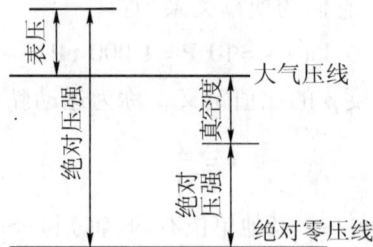

图 2-6　绝对压强、表压与真空度的关系

【例 2-2】　在兰州操作的苯乙烯精馏塔塔顶的真空度为 8.26×10^4 Pa，问在天津操作时，如果维持相同的绝对压强，真空表的读数应为多少？已知兰州地区的大气压强为 8.53×10^4 Pa，天津地区的大气压强为 101.33×10^3 Pa。

解： 根据兰州地区的条件，先求出操作时塔顶的绝对压强为：

$$绝对压强 = 当地外界大气压 - 真空度$$
$$= 8.53 \times 10^4 - 8.26 \times 10^4$$
$$= 0.27 \times 10^4 （Pa）$$

在天津操作时，要维持相同的绝对压强，则：

$$真空度 = 当地外界大气压 - 绝对压强$$
$$= 101.33 \times 10^3 - 0.27 \times 10^4$$
$$= 98.63 \times 10^3 （Pa）$$

2.2.2　静力学方程式与应用

1. 静力学基本方程

如图 2-7 所示，容器内装有密度为 ρ 的液体，液体可认为是不可压缩性流体，其密度不随压力发生变化。在静止液体中取一段液柱，其横截面积为 A，以容器底面为基准水平面，液柱的上、下端面与基准水平面的垂直距离分别为 z_1 和 z_2。作用在上、下两端面的压强分别为 p_1 和 p_2。

重力场中，在垂直方向上对液柱进行受力分析：上端面所受总压力 $F_1 = p_1 A$，方向向下；下端面所受总压力 $F_2 = p_2 A$，方向向上；液柱的重力 $G = \rho g A（z_1 - z_2）$，方向向下。

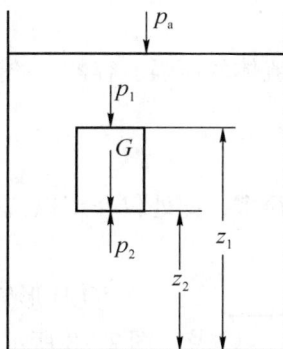

图 2 - 7　液柱受力分析

液柱处于静止时，上述三项力的合力应为零，即：

$$p_2 A - p_1 A - \rho g A \ (z_1 - z_2) = 0$$

整理并消去 A，得：

$$p_2 = p_1 + \rho g \ (z_1 - z_2) \tag{2-16}$$

若将液柱的上端面取在容器内的液面上，设液面上方的压力为 p_a，液柱高度为 h，则式(2-16)可改写为：

$$p_2 - p_a = \rho g h \tag{2-17}$$

式(2-16)和式(2-17)均称为静力学基本方程。

静力学基本方程适用于在重力场中静止、连续的同种不可压缩性流体，如液体。而对于气体来说，密度随压力发生变化，但若气体的密度随压力变化不大，密度可近似地取平均值而视为常数时，式(2-16)和式(2-17)也同样适用。

式(2-17)反映了静止流体内部任意两截面之间压强的关系，表明在静止、连续、均质的流体内部，当一点的压强发生变化时，其他各点的压强也发生同样大小和方向的变化，这也是液压传动的理论基础。

式(2-17)表明，静止流体内部某一点的压强与液体本身的密度及该点距液面的深度(指垂直距离)有关，与该点的水平位置及容器的形状无关。液体的密度越大，距液面越深，该点的压强就越大。因此，在同一种静止的连续的流体内部，处于同一水平面上的各点的压强必定相等，此即连通器原理。

式(2-17)还表明，压强差的大小可以用一定高度的流体柱来表示，由此可以引申为压强也可以用一定高度的流体柱来表示，这就是压强或压强差可以用 mmHg、mH_2O 等单位来表示的原因。当用流体柱高度来表示压强或者压强差时，必须标明流体类型，如 10 mH_2O 等，若写成 10 m 就失去了意义。

气体的密度随压强发生变化，所以也随高度发生变化。严格地说，式(2-16)和式(2-17)的结论只适用于液体。但是在工程上，考虑到在化工容器的高度范围内，气体密度变化不大，因此，上述结论也允许在气体的情况下使用。

2. 静力学基本方程的应用

利用静力学基本原理可以测量流体的压强、容器中的液位及计算液封高度等。流体静力学基本方程可以应用于以下几方面。

（1）压强及压强差的测量

测量压强差与压强的仪表种类很多，此处仅介绍以流体静力学方程为依据的测压仪表，这种仪表称为液柱压差计。

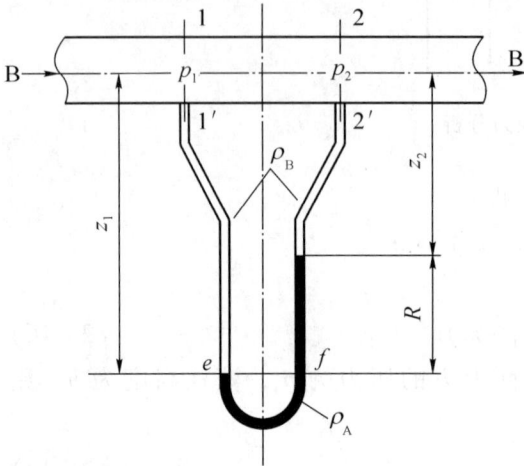

图 2-8 U 形管压差计

①U 形管压差计：U 形管压差计的结构如图 2-8 所示，管中盛有与被测流体互不相溶，密度为 ρ_A 的指示剂 A，它与被测流体 B 也不能发生化学反应，且其密度 ρ_A 大于被测流体的密度 ρ_B。当用 U 形管压差计测量设备内两点的压差时，可将 U 形管两端与被测两点直接相连，利用压差计读数的数值 R 就可以计算出被测流体两点间的压强差。

如图 2-8 所示，因为 e 点和 f 点都在静止、连续、均质的流体内部，并且处于同一水平面上，所以两点的压强相等。根据流体静力学基本方程可得：

$$p_e = p_f$$

而

$$p_e = p_1 + z_1 \rho_B g$$
$$p_f = p_2 + z_2 \rho_B g + R \rho_A g$$

所以

$$p_1 + z_1 \rho_B g = p_2 + z_2 \rho_B g + R \rho_A g$$
$$z_1 = z_2 + R$$

整理得到：

$$p_1 - p_2 = (\rho_A - \rho_B) g R \qquad (2-18)$$

若被测流体是气体，由于气体的密度远小于指示液的密度，即 $\rho_A - \rho_B \approx \rho_A$，则式（2-18）可简化为：

$$p_1 - p_2 \approx R g \rho_A \qquad (2-19)$$

由式（2-18）可以看出，压强差 $p_1 - p_2$ 仅与压差计读数 R 以及两流体的密度差有关，与 U 形管的粗细、长度以及 z_1、z_2 都无关。

U 形管压差计也可测量流体的静压强，这种压差计即开口 U 形管压差计。测量时将 U 形管一端与被测点连接，另一端与大气相通，此时测得的是流体的表压或真空度。U 形管压差计在使用时通常在与大气相通的一侧水银液面上充入少量水，以防汞蒸气挥发到周围环境中，计算时水柱高度可忽略不计。

U 形管压差计常用的指示液有水银、四氯化碳、水和液体石蜡等，使用时应根据被测流体的种类和测量范围合理选择指示液。测量液体压强时，常采用四氯化碳、汞等密度大的液体作指示剂；测量气体压强时，常采用水（被测气体不溶于水）作指示剂，有时还在水中加入染料，以便于观察。

当被测流体压差较小时，压差计读数就小，不易准确读取数据，此时可采用密度较小的液体作指示剂。这样式（2－18）中 $\rho_A - \rho_B$ 的值变小，测量同样压强差或压强时，压差计读数 R 就会相应增大。

U 形管压差计构造简单、测量准确、造价低，但是易破碎，不适于在较高压强的环境下使用，U 形管受长度限制，所以测压范围不大。取值时要同时兼顾指示剂的两个液面，故读取数据不太方便。

②倒 U 形压差计：若被测流体为液体，也可选用比其密度小的流体（液体或气体）作为指示液，即使用倒 U 形压差计，其结构如图 2－9 所示。

最常用的倒 U 形压差计是以空气作为指示液的，此时：

$$p_1 - p_2 = Rg(\rho_B - \rho_A) \approx Rg\rho_B \qquad (2-20)$$

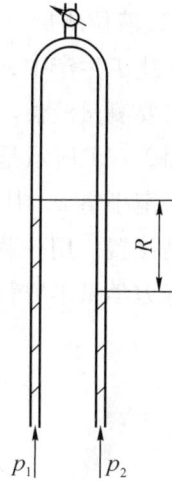

图 2－9　倒 U 形压差计

【例 2－3】　水在图 2－10 所示的水平管内流动，在管壁 A 处连接一 U 形管压差计，指示液为汞，汞的密度为 13 600 kg/m³，在 U 形管开口右支管的汞面上注入一小段水（此小段水的压强可忽略不计），当地大气压强 p_a 为 101.33 kPa，水的密度取 1 000 kg/m³，其他数据见图 2－10，求 A 处的绝对压强为多少？

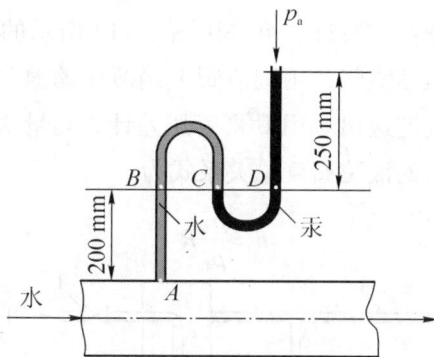

图 2－10　例 2－3 题图

解：取 U 形管中处于同一水平面上的 B，C，D 三点，根据等压点的判定条件可以得到 $p_B = p_C$，$p_C = p_D$，于是可得 $p_B = p_C = p_D$。

根据静力学基本方程可得：

$$p_D = p_a + R\rho_{Hg}g = p_a + 0.25\rho_{Hg}g = \rho_B$$

$$p_A = p_B + h\rho_{H_2O}g = p_D + h\rho_{H_2O}g = p_a + 0.25\rho_{Hg}g + 0.20\rho_{H_2O}g$$

A 处的绝对压强为：

$$p_A = 101\,330 + 0.25 \times 13\,600 \times 9.81 + 0.20 \times 1\,000 \times 9.81$$

$$= 136\,646\ \text{Pa} = 136.646\ (\text{kPa})$$

（2）液位测量

在化工生产中，经常要了解容器内的液体储存量，或对设备内的液位进行控制，因此，常常需要测量液位。测量液位的装置较多，大多数装置遵循流体静力学基本原理。

图 2-11 所示是利用 U 形管压差计进行近距离液位测量的装置。在容器或设备 1 的外边设一平衡小室 2，其中所装的液体与容器 1 中的相同，其液面高度维持在容器液面允许到达的最高位置。用一装有指示液的 U 形管压差计 3 把容器和平衡室连通起来，由压差计读数 R 利用静力学基本方程即可算出容器内的液面高度。

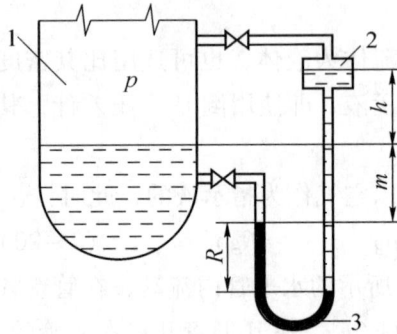

1—容器；2—平衡小室；3—U 形管压差计。

图 2-11　近距离液位测量装置

若容器或设备的位置离操作室较远，可采用图 2-12 所示的远距离液位测量装置。这种装置使用时，在其管内通入压缩氮气，用调节阀 1 调节压缩氮气的流量，测量时控制流量，使在鼓泡观察器 2 中有少许气泡逸出。用 U 形管压差计 3 测量吹气管 4 内的压强，其读数 R 的大小可反映出容器储槽 5 内的液位高度，关系式为：

$$h = \frac{\rho_A}{\rho_B}R \tag{2-21}$$

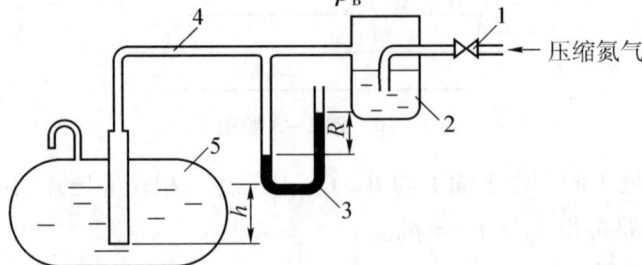

1—调节阀；2—鼓泡观察器；3—U 形管压差计；4—吹气管；5—储槽。

图 2-12　远距离液位测量装置

（3）液封高度的计算

对于常压操作的气体系统，常采用称为液封的安全附属装置封闭容器内气体。液封是一种利用液体的静压来封闭气体的装置。根据液封的作用不同，其大体可分为以下三类，它们都是根据流体静力学原理设计的。

①安全液封。如图2-13(a)所示，从气体主管道上引出一根垂直支管，插到充满液体（通常为水，因此又称水封）的液封槽内，插入口以上的液面高度应足以保证在正常操作压强 p（表压）下气体不会由支管溢出。当某种不正常原因导致系统内气体压强突然升高时，气体可由此处冲破液封泄出并卸压，以保证设备的安全。这种水封还有排除气体管中凝液的作用。

②切断水封。有些常压可燃气体贮罐前后安装有切断水封以代替笨重易漏的截止阀，如图2-13(b)所示。正常操作时，液封装置不充液，气体可以顺利绕过隔板出入贮罐，需要切断时（如检修），往液封装置内注入一定高度的液体，使隔板浸入液体中，隔板底部压强大于水封两侧最大可能的压差值。

③溢流水封。许多用水（或其他液体）洗涤气体的设备，通常维持在一定压力 p 下操作，水不断流入，同时必须不断排出，为了防止气体随水一起流出设备，可采用图2-13(c)所示的溢流水封装置。这类装置的型式很多，都可运用静力学方程来进行设计估算。

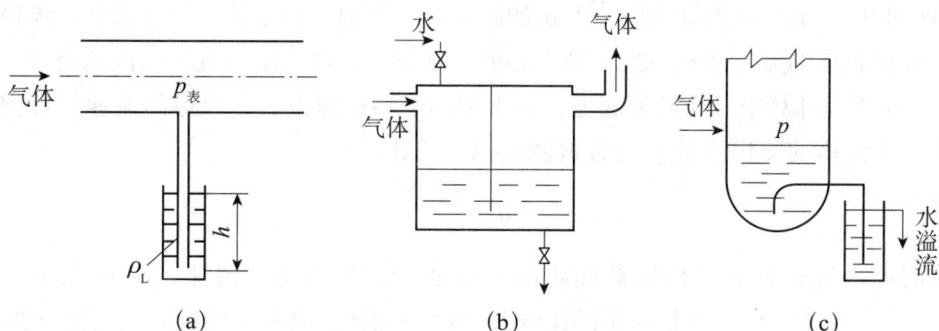

图2-13　液封装置示意图

（a）安全液封；（b）切断水封；（c）溢流水封

液封作用为：当设备内压强超过规定值时，气体从水封管排出，以确保设备操作的安全。防止气柜内气体泄漏。

液封高度可根据流体静力学基本方程计算。

【例2-4】　如图2-14所示，某厂为了控制乙炔发生炉内的压强不超过表压，在炉外装有安全液封（又称水封）装置，其作用是当炉内压强超过规定值时，气体就从液封管2中排出。试求此炉的安全液封管应插入槽内水面下的深度 h。

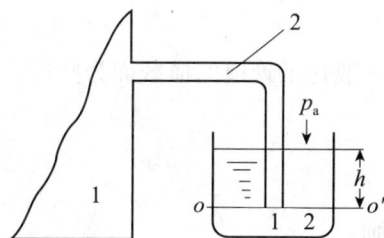

1—乙炔发生炉；2—液封管。

图2-14　例2-4题图

解：当炉内压强超过规定值时，气体将由液封管排出，故先按炉内允许的最高压强计算液封管插入槽内水面下的深度。

过液封管口作等压面 $o-o'$，在其上取 1、2 两点。其中：

$$p_1 = 炉内压强 = p_a + 10.7 \times 10^3 \, Pa$$

或 $p_2 = p_a + \rho g h$

因 $p_1 = p_2$

故 $p_a + 10.7 \times 10^3 = p_a + 1\,000 \times 9.81h$

解得 $h = 1.09 \, m$

为了安全起见，实际安装时管子插入水面下的深度应略小于 $1.09 \, m$。

2.3 流体流动的基本概念

2.3.1 流量和流速

流体在流动时，单位时间内通过管道任一截面的流体量称为流体的流量。若流体流量以体积计算，称为体积流量，以 q_V 表示，单位为 m^3/s；若流体流量以质量计算，称为质量流量，以 q_m 表示，单位为 kg/s，两者之间的关系为：

$$q_m = \rho \, q_V \tag{2-22}$$

单位时间内，流体在流动方向上经过的距离称为流速。由于流体具有黏性，流体质点在管道截面径向各点的流速并不一致，管中心处速度最大，离管壁越近处的流速越小，管壁处流速为 0。在工程计算中，为简便起见，常常采用平均流速来表示流体的流速，习惯上简称流速，它等于流体的体积流量 q_V 与管道截面积 A 之比，即：

$$u = \frac{q_V}{A} \tag{2-23}$$

单位时间内流经管道单位横截面积的流体质量，称为质量流速，以 G 表示，单位为 $kg/(m^2 \cdot s)$。由于气体的体积流量随压强和温度而变化，故采用质量流速较为方便。

质量流速与流速的关系为：

$$G = \frac{q_m}{A} = \frac{q_V \rho}{A} = \mu \rho \tag{2-24}$$

流量与流速的关系为：

$$q_m = q_V \rho = u A \rho = G A \tag{2-25}$$

一般化工管道的横截面为圆形，若以 d 表示管道内径，可以得到：

$$u = \frac{q_V}{\frac{\pi}{4} d^2}$$

则

$$d = \sqrt{\frac{4 q_V}{\pi u}} \tag{2-26}$$

式(2-26)是设计管道或塔、器直径的基本公式。式中，流量 q_V 一般由生产任务决定，选定适宜的流速 u 后可用上式估算出管径，再圆整到标准规格。由式(2-26)可以看出，流速越大，管径越小，可以节省管材，设备费用越低。但同时，流速越大，流动阻力越大，能量消耗越多，操作费用越高，所以适宜流速的选择应根据经济核算确定，通常可选用经验数据。工业上流体的适宜流速可从设计手册或表2-1中查到。

表2-1　常见流体的适宜流速

流体类型	适宜流速范围/$(m \cdot s^{-1})$	流体类型	适宜流速范围/$(m \cdot s^{-1})$
自来水	1~1.5	工业供水	1.5~3.0
高黏度液体	0.5~1.0	气体	10~20
高压气体	15~25	饱和水蒸气	20~40
过热水蒸气	30~50		

【例2-5】　某厂要求安装一根输水量为 45 m^3/h 的管道，试选择一根合适的管子。

解：取自来水在管内的流速为 1.5 m/s，由式(2-26)可得：

$$d = \sqrt{\frac{4q_V}{\pi u}} = \sqrt{\frac{4 \times 45}{3\ 600}} \approx 0.103\ (m) = 103\ (mm)$$

算出的管径往往不能和管子规格中所列的标准管径相符，此时可在规格中选用和计算直径相近的标准管子。本题选用 ϕ114 mm×4 mm 热轧无缝钢管，其管子外径为 114 mm，壁厚为 4 mm，管径确定后，还应重新核定流速。

水在该热轧无缝钢管中的实际流速为：

$$u = \frac{q_V}{\frac{\pi}{4}d^2} = \frac{\frac{45}{3\ 600}}{0.785 \times 0.106^2} \approx 1.42\ (m/s)$$

求得的实际流速在适宜流速范围内，所以该管子合适。

2.3.2　定态流动和非定态流动

流体流动分为定态流动和非定态流动。如图2-15(a)所示，进入恒位槽的流体流量总是大于排出的流体流量，其余的流体就会从溢流管流出，从而维持液位恒定。在上述流动过程中，流体在各截面上的温度、压强、流速等参数仅随所在空间位置变化，而不随时间变化，这种流动被称为定态流动；如图2-15(b)所示，由于没有流体的补充，储槽内的液位将随着流体流动的进行而不断下降。在这种流动过程中，流体在各截面上的温度、压强、流速等参数不但随所在空间位置发生变化而且随时间变化，这种流动被称为非定态流动。

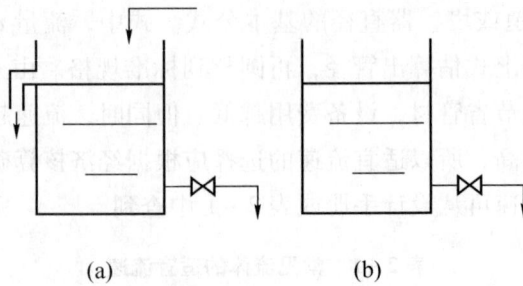

图 2-15　流动形式

（a）恒位槽；（b）普通储槽

在化工厂中，连续生产的开、停车阶段，属于非定态流动，而正常连续生产时，均属于定态流动。本书重点讨论定态流动问题。

2.3.3　流体的流动形态

1. 流动类型——层流和湍流

图 2-16 为雷诺实验装置示意图，水箱装有溢流装置，以维持水位恒定，箱中有一水平玻璃直管，其出口处有一阀门用以调节流量。水箱上方装有带有色液体的小瓶，有色液体经细管注入玻璃管内。

从实验可观察到，当水的流速从小到大时，有色液体变化如图 2-17 所示。实验表明，流体在管道中流动存在两种截然不同的流型。层流（或滞流）如图 2-17（a）所示，流体质点仅沿着与管轴平行的方向做直线运动，质点无径向脉动，质点之间互不混合。图 2-17（b）所示为过渡流。湍流（或紊流）如图 2-17（c）所示，流体质点除了沿管轴方向向前流动外，还有径向脉动，各质点的速度在大小和方向上都随时变化，质点互相碰撞和混合。

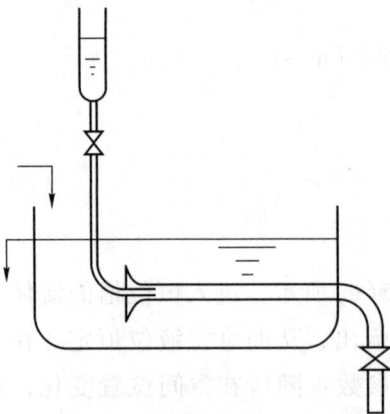

图 2-16　雷诺实验装置示意图

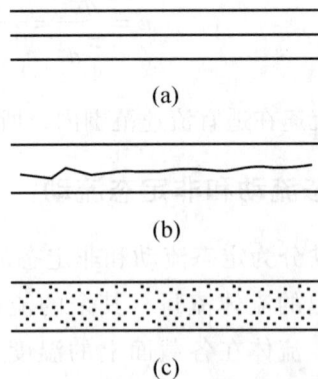

图 2-17　流体流动形态示意图

（a）层流；（b）过渡流；（c）湍流

2. 流动形态的判定——雷诺数

通过对不同流体和不同管径进行的大量实验表明，影响流体流动的因素除了流速 u 外，还有流体流过的通道管径 d 的大小，以及流体的物理性质，如黏度 μ 和密度 ρ。雷诺将上述四个因素归纳为一个特征数，称为雷诺数，以符号 Re 表示：

$$Re = \frac{d\rho u}{\mu} \qquad (2-27)$$

雷诺数可以作为流体流动形态的判据。大量实验结果表明，在圆形直管内流动的流体当 $Re \leqslant 2\,000$ 时，流动为层流，这个区间被称为层流区；当 $Re \geqslant 4\,000$ 时，流动为湍流，此区间被称为湍流区；当 $2\,000 < Re < 4\,000$ 时，流动可能是层流，也可能是湍流，与外界干扰有关，该区间被称为不稳定的过渡区。在生产操作中，常将 $Re > 2\,000$（有的资料中为 $3\,000$）的情况按湍流来处理。雷诺数 Re 反映了流体流动中惯性力与黏性力的对比关系，标志流体流动的湍动程度。其值越大，流体的湍动越剧烈，内摩擦力也越大。

2.4 流体在圆管内的流动

2.4.1 定态流动的物料衡算——连续性方程

如图 2-18 所示的定态流动系统，流体连续地从 1-1′ 截面进入，从 2-2′ 截面流出，且充满全部管道。以截面 1-1′，2-2′ 以及管内壁为衡算范围且在此范围内流体没有增加和漏失，此时，根据物料衡算，单位时间进入截面 1-1′ 的流体质量与单位时间流出截面 2-2′ 的流体质量必然相等，即：

$$q_{m_1} = q_{m_2} \qquad (2-28)$$

或

$$\rho_1 u_1 A_1 = \rho_2 u_2 A_2 \qquad (2-29)$$

推广至任意截面有：

$$q_m = \rho_1 u_1 A_1 = \rho_2 u_2 A_2 = \cdots = \rho u A = 常数 \qquad (2-30)$$

式（2-28）、式（2-29）和式（2-30）均称为连续性方程，表明在定态流动系统中，流体流经各截面时的质量流量恒定。

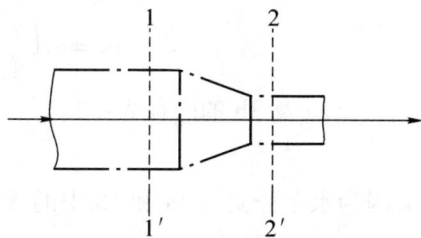

图 2-18　定态流动系统示意图

对于不可压缩性流体，ρ 为常数，连续性方程（2-30）可写为：

$$q_V = u_1 A_1 = u_2 A_2 = \cdots = u A = 常数 \qquad (2-31)$$

式（2-31）表明不可压缩性流体流经各截面时的体积流量也不变，流速与管横截面积成反比，横截面积越小，流速越大；反之，横截面积越大，流速越小。

对于圆形管道有：

$$\frac{u_1}{u_2} = \frac{A_2}{A_1} = \left(\frac{d_2}{d_1}\right)^2 \qquad (2-32)$$

式（2-32）说明不可压缩性流体在圆形管道中流动时，任意截面的流速与管内径的平方成反比。

以上各式与管路安排、管路上的管件及输送机械等因素都无关。

【例 2 - 6】 如图 2 - 19 所示，管路由一段 $\phi89\ mm \times 4\ mm$ 的管 1，一段 $\phi108\ mm \times 4\ mm$ 的管 2 和两段 $\phi57\ mm \times 3.5\ mm$ 的分支管 3a 及 3b 连接而成。若水以 $9 \times 10^{-3}\ m^3/s$ 的体积流量流动，且在两段分支管内的流量相等，试求水在各段管内的流速。

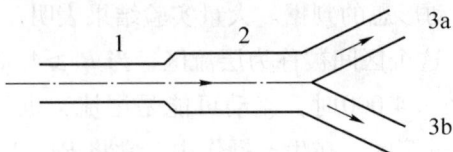

图 2 - 19　例 2 - 6 题图

解： 管 1 的内径为：

$$d_1 = 89 - 2 \times 4 = 81 \quad (mm)$$

则水在管 1 中的流速为：

$$u_1 = \frac{q_V}{\frac{\pi}{4}d_1^2} = \frac{9 \times 10^{-3}}{0.785 \times 0.081^2} \approx 1.75 \quad (m/s)$$

管 2 的内径为：

$$d_2 = 108 - 2 \times 4 = 100 \quad (mm)$$

水在管 2 中的流速为：

$$u_2 = u_1 \left(\frac{d_1}{d_2}\right)^2 = 1.75 \times \left(\frac{81}{100}\right)^2 \approx 1.15 \quad (m/s)$$

管 3a 及 3b 的内径为：

$$d_3 = 57 - 2 \times 3.5 = 50 \quad (mm)$$

又因为水在分支管 3a 和 3b 中的流量相等，则有：

$$u_2 A_2 = 2u_3 A_3$$

即水在管 3a 和 3b 中的流速为：

$$u_3 = \frac{u_2}{2}\left(\frac{d_2}{d_3}\right)^2 = \frac{1.15}{2}\left(\frac{100}{50}\right)^2 = 2.30 \quad (m/s)$$

2.4.2　定态流动系统中的能量衡算——伯努利方程式

1. 流动系统的能量

能量是物质运动的量度，流动体系的能量形式主要有内能、机械能、功、热以及能量损失。若系统不涉及温度变化及热量交换，内能为常数，则系统中所涉及的能量只有机械能、功、热、能量损失。能量根据其属性分为流体自身所具有的能量及系统与外界交换的能量。

（1）流体自身所具有的能量——机械能

①位能：流体受重力作用在不同高度所具有的能量称为位能。计算位能时应先规定一个

基准水平面，如 0 – 0′面。将质量为 m（单位为 kg）的流体自基准水平面 0 – 0′升举到 z 处所做的功，即位能，其值为 mgz，单位为 J。因此，1 kg 的流体所具有的位能为 zg，其单位为 J/kg。

②动能：以一定速度流动的流体便具有动能。质量为 m、流速为 u 的流体所具有的动能为 $1/2mu^2$，单位为 J。因此 1 kg 的流体所具有的动能为 $u^2/2$，其单位为 J/kg。

③静压能：静止或流动的流体内部，任一处都有相应的静压强，如果在一内部有液体流动的管壁面上开一小孔，并在小孔处装一根垂直的细玻璃管，液体便会在玻璃管内上升，上升的液柱高度即管内该截面处液体静压强的表现，如图 2 – 20 所示。这种推动流体上升的能量即静压能或流动功。

质量为 m（单位为 kg）的流体在压力为 p（单位为 Pa）的环境中的静压能为 mp/ρ，单位为 J，则 1 kg 流体所具有的静压能为 p/ρ，其单位为 J/kg。

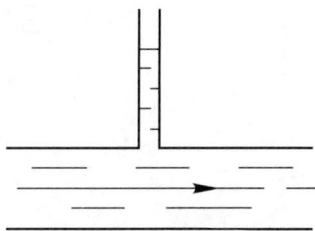

图 2 – 20　流动液体存在静压强

（2）系统与外界交换的能量

实际生产中的流体系统与外界交换的能量主要有外加能量和能量损失。

①外加能量：当系统中安装有流体输送设备时，它对系统做功，即将外部的能量转化为流体的机械能。1 kg 流体从输送机械中所获得的机械能称为外加能量，用 W_e 表示。

②能量损失：由于流体具有黏性，在流动过程中要克服各种阻力，所以流动中有能量损失。1 kg 流体流动时为克服阻力而损失的能量称为能量损失，用 $\sum E_f$ 表示。

2. 伯努利方程

流体在如图 2 – 21 所示的系统中定态流动，设流体中心到基准水平面 0 – 0′面的距离为 z_1，z_2，两截面处的流速和压强分别为 u_1，p_1 和 u_2，p_2，流体在两截面处的密度均为 ρ，1 kg 流体在 1 – 1′截面至 2 – 2′截面的流动过程中，从泵获得的外加能量为 W_e，全部的能量损失为 $\sum E_f$。以管道、流体输送机械和换热器等装置的内壁面、截面 1 – 1′以及截面 2 – 2′作为衡算范围，以 1 kg 流体作为衡算基准进行能量衡算。

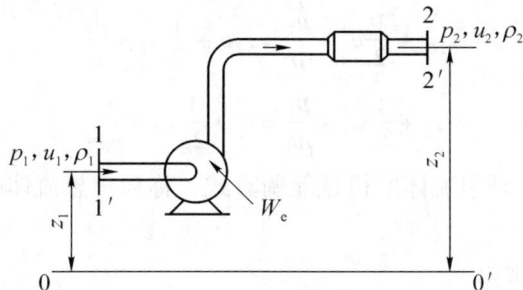

图 2 – 21　定态流动系统示意图

根据能量守恒定律：进入流动系统的能量 = 离开流动系统的能量 + 系统内的能量积累。对于定态系统，系统内的能量积累为 0，即：

$$z_1 g + \frac{1}{2}u_1^2 + \frac{p_1}{\rho} + W_e = z_2 g + \frac{1}{2}u_2^2 + \frac{p_2}{\rho} + \sum E_f \qquad (2-33)$$

将式（2-33）各项同除以重力加速度 g，可得：

$$z_1 + \frac{1}{2g}u_1^2 + \frac{p_1}{\rho g} + \frac{W_e}{g} = z_2 + \frac{1}{2g}u_2^2 + \frac{p_2}{\rho g} + \frac{\sum E_f}{g}$$

令

$$H_e = \frac{W_e}{g}, \quad \sum H_f = \frac{\sum E_f}{g}$$

则

$$z_1 + \frac{1}{2g}u_1^2 + \frac{p_1}{\rho g} + H_e = z_2 + \frac{1}{2g}u_2^2 + \frac{p_2}{\rho g} + \sum H_f \qquad (2-34)$$

式（2-34）中每一项表示单位重量(1 N)的流体所具有的能量。虽然式(2-34)中各项的单位为 m，与长度的单位相同，但在这里应理解为液柱高度，其物理意义是指单位重量流体所具有的机械能可以把它自身从基准水平面升举的高度。

在工程上，把 1 N 流体所具有的能量称为压头，单位为 m。因此，式（2-34）中 z、$u^2/2g$、$p/\rho g$ 分别称为位压头、动压头和静压头，三者之和称为总压头。1 N 流体从流体输送机械所获得的能量称为外加压头或有效压头，1 N 流体的能量损失 $\sum H_f$ 称为压头损失。

式(2-33)和式(2-34)实际是流体的机械能衡算式，习惯上称为伯努利方程，它反映了定态系统中各种能量的转化与守恒规律，这一规律在流体输送中具有重要意义。

在流体力学中，常设想一种流体，它在流动时没有摩擦阻力，这种流体被称为理想流体。显然，自然界中不存在理想流体，但是理想流体的概念可以使流动问题的处理变得简便，这种假想对解决工程实际问题具有重要意义。

对于不可压缩性理想流体，若流动过程中没有外加能量，则式(2-33)和式(2-34)变为：

$$z_1 g + \frac{1}{2}u_1^2 + \frac{p_1}{\rho} = z_2 g + \frac{1}{2}u_2^2 + \frac{p_2}{\rho} \qquad (2-35)$$

$$z_1 + \frac{1}{2g}u_1^2 + \frac{p_1}{\rho g} = z_2 + \frac{1}{2g}u_2^2 + \frac{p_2}{\rho g} \qquad (2-36)$$

式(2-35)和式(2-36)是理想流体的机械能衡算式，称为理想流体的伯努利方程。

3. 伯努利方程的讨论

（1）能量守恒与转化规律

伯努利方程表明，在流体流动过程中，总能量是守恒的，而每一个机械能不一定相等，但可以相互转化。必须指出，实际流体流动时，由于存在流体阻力，不同机械能形式的转化是不完全的，其差额就是能量损失。

（2）静止流体

对于静止流体，流体流速为 0，此时式（2－35）变为：

$$z_1 g + \frac{p_1}{\rho} = z_2 g + \frac{p_2}{\rho} \qquad (2-37)$$

在静止流体内部，任一截面上的位能与静压能之和均相等。

伯努利方程不仅描述了流体流动时能量的变化规律，也反映了流体静止时位能和静压能之间的转换规律，这充分体现了流体的静止是流体流动的一种特殊形式。

（3）适用场合

伯努利方程适用于连续定态流动的不可压缩性流体（液体）。对于可压缩性流体（气体），当所取系统中两截面间的绝对压强变化率小于 20%，即 $(p_1 - p_2)/p_1 < 20\%$ 时，仍可用该方程计算，但式中的密度 ρ 应以两截面的算术平均密度 ρ_m 代替，这种处理方法引起的误差一般是工程计算允许的。对于不稳定流动的任一瞬间，伯努利方程同样适用。

（4）功率

根据伯努利方程计算出的外加功 W 是流体输送机械所消耗功率的重要依据。流体输送机械在单位时间内对流体所做的功称为有效功率，以 P_e 表示。它是指液体从叶轮获得的能量，是选用流体输送机械的重要依据。有效功率的表达式为：

$$P_e = W q_m \qquad (2-38)$$

式中：P_e——有效功率，W 或 J/s；

q_m——流体的质量流量，kg/s。

泵轴所需的功率称为轴功率，以 P 表示。它是指单位时间内流体输送机械从原动机械获取的能量，轴功率由实验测定，是选取电动机的依据。若流体输送机械的效率为 η，则泵的轴功率为：

$$P = P_e / \eta \qquad (2-39)$$

式中：P——流体输送机械的轴功率，W；

η——流体输送机械的效率。

2.4.3 伯努利方程的应用

伯努利方程是流体流动的基本方程，其应用范围很广，下面通过例题加以说明。

1. 管道中流量与流速的确定

【例 2－7】 某车间输水系统如图 2－22(a)所示，已知出口处管径为 $\phi 44\,mm \times 2\,mm$，图中所示管段部分的压头损失为 $3.2 \times u_2^2/2g$，其他尺寸见图。求：（1）水的体积流量；（2）欲使水的体积流量增加 20%，应将高位槽水面升高多少米（假设管路总阻力仍不变）？已知管出口处及液面上方均为大气压，且假设液面保持恒定。

解：（1）取高位槽水面为 1－1′截面，水管出口为 2－2′截面，以地面为基准水平面。

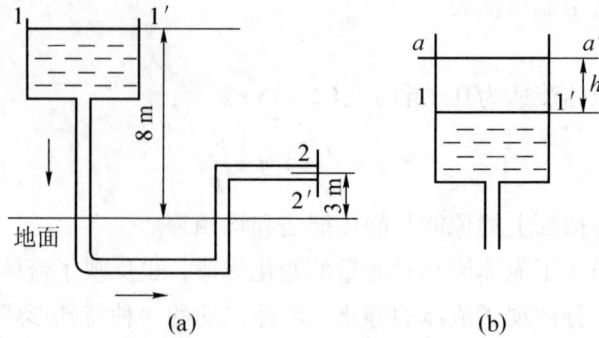

图 2 - 22　例 2 - 7 题图

在两截面间列出以 1 N 流体为基准的伯努利方程：

$$z_1 + \frac{1}{2g}u_1^2 + \frac{p_1}{\rho g} + H = z_2 + \frac{1}{2g}u_2^2 + \frac{p_2}{\rho g} + \sum H_f$$

各量确定如下：

$$z_1 = 8 \text{ m}, \ z_2 = 3 \text{ m}, \ u_1 \approx 0$$

$$p_1 = p_2 = 0 \text{（表压）}, \ H = 0, \ \sum H_f = 3.2 \times \frac{u_2^2}{2g}$$

将以上各值代入伯努利方程可求出 u_2 为：

$$8 + 0 + 0 + 0 = \frac{3 + u_2^2}{2 \times 9.81} + 0 + \frac{3.2 \times u_2^2}{2 \times 9.81}$$

得：

$$u_2 \approx 4.83 \text{（m/s）}$$

水的体积流量为：

$$q_V = \pi \times \frac{0.04^2}{4} \times 4.83 \times 3\,600 = 21.84 \text{（m}^3\text{/h）}$$

（2）当总阻力不变时，要使水的体积流量增加 20%（管径不变），实际上是增大水的流速，即：

$$u'_2 = 1.2u_2 = 1.2 \times 4.83 = 5.8 \text{（m/s）}$$

设 $a - a'$ 截面与 $1 - 1'$ 截面的高差为 h，如图 2 - 22(b) 所示，在 $a - a'$ 与 $2 - 2'$ 截面间列出伯努利方程为：

$$z_a + \frac{1}{2g}u_a^2 + \frac{p_a}{\rho g} + H = z_2 + \frac{1}{2g}u'^2_2 + \frac{p_2}{\rho g} + \sum H_f$$

$$z_a = z_1 + h = z_2 + \frac{1}{2g}u'^2_2 + \sum H_f$$

代入各值可得：

$$8 + h = 3 + \frac{(1 + 3.2) \times (u'_2)^2}{2 \times 9.81} = 3 + \frac{4.2 \times (5.8)^2}{2 \times 9.81}$$

$$h \approx 2.20 \ (m)$$

2. 设备相对位置的确定

【例 2 – 8】 如图 2 – 23 所示，某车间用一高位槽向喷头供应液体，液体密度为 $1\,050 \ kg/m^3$。为了达到所要求的喷洒条件，喷头入口处要维持 $4.05 \times 10^4 \ Pa$ 的压强(表压)，液体在管内的流速为 2.2 m/s，管路阻力估计为 25 J/kg(从高位槽的液面算至喷头入口为止)，假设液面维持恒定，求高位槽内液面至少要在喷头入口以上多少米才能达到要求?

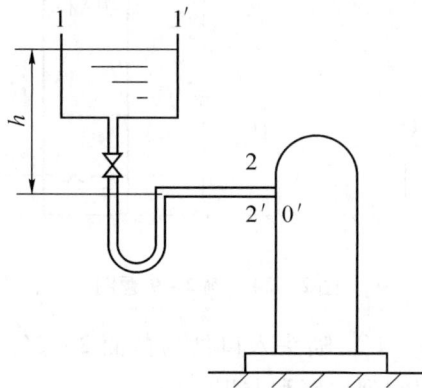

图 2 – 23 例 2 – 8 题图

解: 取高位槽液面为 1 – 1′ 截面，喷头入口处截面为 2 – 2′ 截面，过 2 – 2′ 截面中心线为基准面，在两截面之间列伯努利方程，因两截面间无外加能量($W_e = 0$)，故:

$$z_1 g + \frac{1}{2} u_1^2 + \frac{p_1}{\rho} + W_e = z_2 g + \frac{1}{2} u_2^2 + \frac{p_2}{\rho} + \sum E_f$$

其中，z_1 为待求值，$z_2 = 0$，$u_1 \approx 0$(因高位槽截面比管道截面大得多，故槽内流速比管内流速要小得多，可忽略不计)，$u_2 = 2.2 \ m/s$，$\rho = 1\,050 \ kg/m^3$，$p_{1表} = 0$，$p_{2表} = 4.05 \times 10^4 \ Pa$，$\sum E_f = 25 \ J/kg$，将已知数据代入后可得:

$$g z_1 = \frac{p_2 - p_1}{\rho} + \frac{u_2^2 - u_1^2}{2} + \sum E_f \approx 38.59 + 2.42 + 25 = 66.01$$

解出:

$$z_1 = 6.73 \, (m)$$

计算结果表明高位槽的液面至少要在喷头入口以上 6.73 m。由本题可知，高位槽能连续供给液体是流体的位能转变为动能和静压能，并用于克服管路阻力的缘故。

3. 流体输送设备所需功率的确定

【例 2 – 9】 如图 2 – 24 所示，有一用水吸收混合气中氨的常压逆流吸收塔，水由水池用离心泵送至塔顶经喷头喷出。泵入口管为 $\phi 108 \ mm \times 4 \ mm$ 无缝钢管，管中流体的流速为

40 m³/h，出口管为 $\phi89$ mm $\times3.5$ mm 的无缝钢管。池内水深为 2 m，池底至塔顶喷头入口处的垂直距离为 20 m。管路的总阻力损失为 40 J/kg，喷头入口处的压力为 120 kPa（表压）。试求泵所需的有效功率？

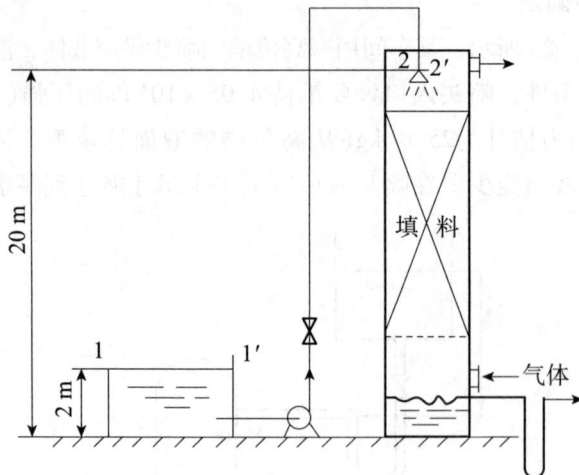

图 2 - 24　例 2 - 9 题图

解： 取水池液面为截面 1 - 1′，喷头入口处为截面 2 - 2′，并取截面 1 - 1′为基准水平面。在截面 1 - 1′和截面 2 - 2′间列伯努利方程，即

$$gz_1 + \frac{p_1}{\rho} + \frac{1}{2}u_1^2 + W_e = gz_2 + \frac{p_2}{\rho} + \frac{1}{2}u_2^2 + \sum h_f$$

其中：$z_1 = 0$；$z_2 = 20 - 2 = 18$（m）；$u_1 \approx 0$；$d_1 = 108 - 2 \times 4 = 100$（mm）；

$d_2 = 89 - 2 \times 3.5 = 82$（mm）；$\sum h_f = 40$（J/kg）；$p_1 = 0$（表压），$p_2 = 120$ kPa（表压）；

$$u_2 = \frac{q_v}{\frac{\pi}{4}d_2^2} = \frac{40/3\ 600}{0.785 \times (0.082)^2} = 2.11 \text{ m/s}$$

代入伯努利方程得：

$$W_e = g(z_2 - z_1) + \frac{p_2 - p_1}{\rho} + \frac{u_2^2 - u_1^2}{2} + \sum h_f$$

$$= 9.807 \times 18 + \frac{120 \times 10^3}{1\ 000} + \frac{(2.11)^2}{2} + 40$$

$$= 338.75 \text{（J/kg）}$$

质量流量　$q_m = A_2 u_2 \rho = \frac{\pi}{4}d_2^2 u_2 \rho = 0.785 \times (0.082)^2 \times 2.11 \times 1\ 000 = 11.14$（kg/s）

有效功率　$P_e = W_e \cdot q_m = 338.75 \times 11.14 = 3\ 774$（W）$= 3.77$ kW

连续性方程和伯努利方程可用来计算化工生产中流体的流速或流量、流体输送所需的压头和功率等流体流动方面的实际问题。在应用伯努利方程时，应注意以下几点。

（1）作出流程示意图

在流程示意图中，管道可以用单线表示，设备用方框表示，将已知值标出，以助于理解。

（2）基准水平面的选取

基准水平面必须与地面平行，可以任意选取。为计算方便，宜于选取两截面中位置较低的截面为基准水平面。若截面不是水平面，而是垂直于地面的，则基准水平面应选通过管中心线且与地面平行的平面。

（3）衡算范围的选取

衡算范围的选取即确定流体流动开始与结束的截面，截面应与流体的流动方向垂直；两截面间，流体应处于定态连续流动；截面宜选在已知量多、计算方便处，一般选取实际管路中流体流动开始与结束的截面，有时截面的选择受系统条件的限制。若总能量损失 $\sum E_f$ 不包括管道出口损失，截面应选在管出口内侧。若总能量损失 $\sum E_f$ 包括管道出口损失，截面应选在管出口外侧。这里还要指出，截面如果选在管口时，一定要注明是管口的内侧还是外侧。

（4）外加工的截面选取

计算输送机械提供的能量时，截面应选在输送机械两侧。

（5）物理量单位

方程式两侧各个物理量的单位必须一致，最好均采用国际单位制。关于静压强的计算，伯努利方程中出现的是 Δp，它等于 $p_2 - p_1$，所以静压强可以用表压强或绝对压强表示，计算结果是相同的，但是选择时一定要一致，两者不能混用。

2.5 流体流动时的摩擦阻力

流体流动时的摩擦阻力（简称流体流动阻力）的大小与流体本身的物理性质、流动状况及壁面的形状等因素有关。化工管路系统主要由两部分组成，一部分是直管，另一部分是管件、阀门等。与此相应，流体流动阻力也分为直管阻力和局部阻力两种。

流体在圆管内流动时，总的流体流动阻力等于所有直管阻力与所有局部阻力之和。

2.5.1 直管阻力

直管阻力指流体流经一定直径的直管时，由于内摩擦而产生的阻力，又称沿程阻力，以 E_f 表示。

由实践可知，在流体的物理性质、管径、管长及管壁粗糙度不变的情况下，摩擦阻力只与流速有关。直管阻力可以由下列公式求得：

$$E_f = \lambda \, \frac{l}{d} \, \frac{u^2}{2} \tag{2-40}$$

或

$$\Delta p_{\mathrm{f}} = \rho E_{\mathrm{f}} = \lambda \, \frac{l}{d} \, \frac{\rho u^2}{2} \qquad\qquad (2-41)$$

式中：λ——无因次系数，又称为摩擦系数或摩擦因数，与流体流动的 Re 及管壁状况相关；

$\quad\quad \Delta p_{\mathrm{f}}$——克服摩擦阻力而引起的压强降，即将摩擦阻力换算成压强降的形式来表示；

$\quad\quad E_{\mathrm{f}}$——1 kg 流体流过长度为 l（单位为 m）的直管所产生的能量损失，即直管阻力，J/kg；

$\quad\quad l$——直管长度，m；

$\quad\quad \rho$——管内流体密度，kg/m^3；

$\quad\quad u$——管内流体的流速，m/s；

$\quad\quad d$——管径，m。

式(2-41)中，"Δ"不代表数学上的增量，只是一个符号，Δp_{f} 与伯努利方程中的 Δp 是两个不同的概念。

式(2-40)与式(2-41)称为范宁公式，是直管阻力的计算通式。由该公式可知，流体在直管内流动的阻力及能量损失与流体流速和管道几何尺寸成正比。式中比例系数 λ 称为摩擦系数，量纲为1，它主要与流体的流动形态有关。

摩擦系数不但与流体流动形态有关，还与管壁粗糙度密切相关。化工中的管子按照管材的性质和加工情况分为光滑管和粗糙管。通常，玻璃管、铜管、铅管及塑料管等被称为光滑管；旧钢管和铸铁管被称为粗糙管。

实际上，即使是由同样材料制造的管道，由于使用时间长短、腐蚀及污损程度不同，管壁的粗糙度也会有很大的差异。管壁粗糙面凸出部分的平均高度，称为绝对粗糙度，以 ε 表示。绝对粗糙度 ε 与管内径 d 的比值 ε/d，称为相对粗糙度。表2-2列出了某些工业管道的绝对粗糙度。

表2-2　某些工业管道的绝对粗糙度

种　类	ε/mm	种　类	ε/mm
无缝铜管	<0.01	干净玻璃管	0.001 5～0.01
无缝钢管	0.01～0.05	木管道	0.25～1.25
镀锌铁管	0.1～0.2	玻璃管	<0.01
轻度腐蚀无缝钢管	0.2～0.3	平整水泥管	0.3～3.0
明显腐蚀钢(铁)管	>0.5	陶土排水管	0.45～6.0
铸铁管	0.3	橡皮软管	0.01～0.03
旧铸铁管	>0.85	石棉水泥管	0.03～0.8

摩擦系数与流体流动形态的关系主要表现为以下几点。

层流时，流体呈一层层平行管壁的圆筒形薄层，以不同速度平滑地向前流动，其阻力主要是流体层间的内摩擦力，可以通过理论分析，推导出层流时的摩擦系数 λ。

流体做层流流动时，管壁上凹凸不平的地方都被有规则的流体层所覆盖，所以在层流时，摩擦系数与管壁粗糙度无关。层流时，摩擦系数 λ 是雷诺数 Re 的函数，即：

$$\lambda = f(Re)$$

通过理论推导，人们已经得到圆形直管内流体做层流流动时的摩擦系数 λ 的计算公式为：

$$\lambda = \frac{64}{Re} \tag{2-42}$$

把 λ 代入范宁公式(2-41)后，即可得到层流时圆形直管内的流动阻力产生的压强降为：

$$\Delta p_f = \frac{64}{Re} \frac{l}{d} \frac{\rho u^2}{2} = \frac{64\mu}{du\rho} \frac{l}{d} \frac{\rho u^2}{2}$$

$$\Delta p_f = \frac{32\mu l u}{d^2} \tag{2-43}$$

式(2-43)称为哈根-泊肃叶方程。

湍流时，流体质点做不规则的紊乱运动，质点间互相激烈碰撞，流体质点的运动方向和速度大小会瞬间改变，流动状况比滞流时激烈得多。与滞流情况不同，强烈湍流时，由于滞流底层很薄，不足以掩盖壁面的凹凸表面，凹凸部分露出在湍流主体与流体质点发生碰撞，使流体阻力或摩擦系数增大。雷诺数 Re 越大，滞流底层越薄，管壁的粗糙度对湍流流体阻力的影响越大。因此，湍流的流体阻力或摩擦系数还与管壁粗糙度有关，即：

$$\lambda = f'\left(Re, \frac{\varepsilon}{d}\right) \tag{2-44}$$

由于对湍流认识的局限性，目前还不能用理论分析方法得到湍流时摩擦系数的公式。但通过实验研究，可获得相关的经验关联式，这种实验研究方法在工程中经常遇到。

由此可见，湍流时的摩擦系数还不能完全用理论分析方法求取。现在求取湍流时的摩擦系数 λ 一般有三种方法：一是通过实验测定，二是利用前人通过实验研究获得的经验公式计算，三是利用前人通过实验整理出的关联图查取数据。其中，利用莫迪图查取摩擦系数 λ 值最常用。

莫迪图是在双对数坐标上绘制出的关于摩擦系数 λ、雷诺数 Re 和相对粗糙度 ε/d 的关系曲线，如图2-25所示。根据 Re 的不同，莫迪图可分为四个区域：

①层流区（$Re \leqslant 2\,000$），λ 与 ε/d 无关，与 Re 为直线关系，即 $\lambda = 64/Re$。

②过渡区（$2\,000 < Re < 4\,000$），层流或湍流的 $\lambda - Re$ 曲线均可应用，对于阻力计算，为了安全，宁可将摩擦系数 λ 估计大一些，一般将湍流时的曲线延伸，以查取 λ 值。

③湍流区($Re \geqslant 4\,000$ 以及虚线以下的区域)，λ 与 Re 及 ε/d 都有关，在这个区域中标绘有一系列曲线。由图 2 – 25 可见，Re 值一定时，λ 随 ε/d 的增加而增大；ε/d 一定时，λ 随 Re 的增大而减小，Re 值增至某一数值后 λ 下降变得缓慢。

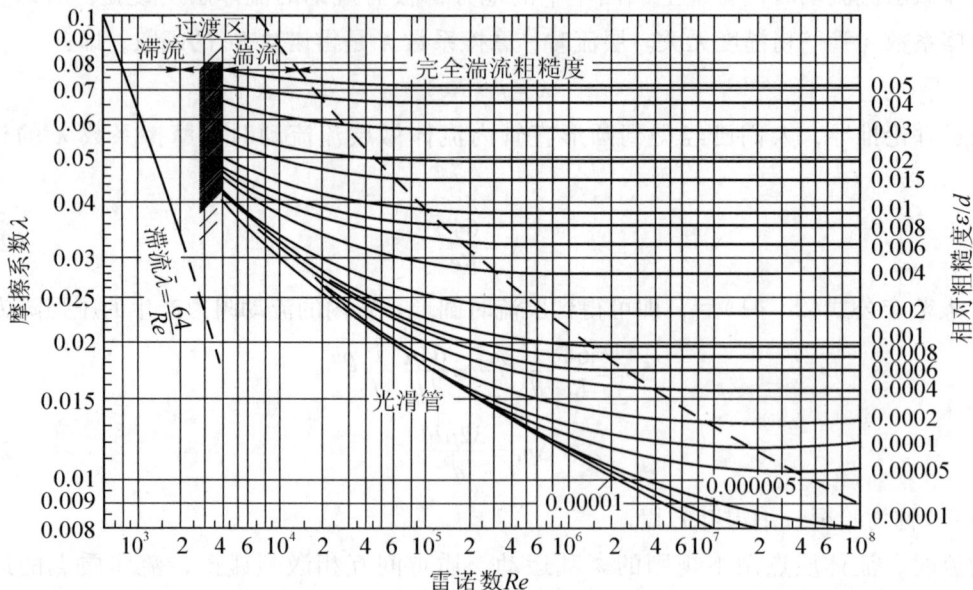

图 2 – 25　莫迪图

④完全湍流区(虚线以上的区域,阻力平方区)，λ 与 Re 的关系线都趋近于水平线，即 λ 与 Re 的大小无关，只与 ε/d 有关；若 ε/d 一定，λ 则为常数。由流体阻力计算式(2 – 40)可以看出，在完全湍流区内，当 l/d 一定时，因为 ε/d 为常数，λ 亦为常数，所以 $E_f \propto u^2$。从图 2 – 25 可见，相对粗糙度 ε/d 越大，达到阻力平方区的 Re 数值越低。

【例 2 – 10】　黏度为 0.075 Pa·s，密度为 900 kg/m³ 的某种油品，以 36 000 kg/h 的流量在 ϕ114 mm×4.5 mm 的钢管中做定态流动。求：(1)该油品流过 15 m 管长时因摩擦阻力而产生的压强降 ΔP_f 为多少？(2)若流量加大为原来的 3 倍，在其他条件不变的情况下，再求直管阻力 E_f，并与(1)的结果进行比较。取钢管壁面绝对粗糙度为 0.15 mm。

解：(1)
$$u = \frac{q_V}{A} = \frac{\dfrac{36\,000}{3\,600 \times 900}}{\dfrac{\pi\,(0.105)^2}{4}} \approx 1.284 \quad (\text{m/s})$$

$$Re = \frac{du\rho}{\mu} = \frac{0.105 \times 1.284 \times 900}{0.075} \approx 1\,617.8 < 2\,000$$

可以看出，该油品在钢管中的流动形态属滞流。

$$\lambda = \frac{64}{Re} = \frac{64}{1\,617.8} \approx 0.039\,56$$

$$E_f = \lambda \frac{l}{d} \frac{u^2}{2} = 0.039\,56 \times \frac{15}{0.105} \times \frac{1.284^2}{2} \approx 4.659 \quad (\text{J/kg})$$

$$\Delta P_f = \rho E_f = 900 \times 4.659 = 4\,193.1 \quad (\text{Pa})$$

（2）题中流量为原来的 3 倍而其他条件不变，则：

$$u = 3 \times 1.284 = 3.852 (\text{m/s})$$

$$Re = 3 \times 1\,617.8 = 4\,853.4 > 4\,000$$

可以看出，该油品现在的流动形态属湍流，应据 Re 值及 $\dfrac{\varepsilon}{d}$ 值查莫迪图求 λ，相对粗糙度为：

$$\frac{\varepsilon}{d} = \frac{0.15 \times 10^{-3}}{0.105} = 1.43 \times 10^{-3}$$

及

$$Re = 4\,853.4$$

查出 $\lambda = 0.021\,5$，因此：

$$E_f = \lambda \frac{l}{d} \frac{u^2}{2} = 0.021\,5 \times \frac{15}{0.105} \times \frac{3.852^2}{2} \approx 22.79 (\text{J/kg})$$

阻力（2）与（1）的结果比值为 $22.79/4.659 \approx 4.892$，说明对黏度大的流体，不应选大流速的管路。

2.5.2 管路上的局部阻力

局部阻力是指流体流经管件、阀门等局部地方时，由流速大小及方向的改变而引起的阻力，又称形体阻力，以 E_f' 表示。

流体在湍流流动时，由局部阻力引起的能量损失有两种计算方法，即阻力系数法和当量长度法。

1. 阻力系数法

阻力系数法是将克服局部阻力所消耗的能量表示成动能 $u^2/2$ 的倍数，即：

$$E_f' = \xi \frac{u^2}{2} \tag{2-45}$$

$$\Delta p_f' = \xi \frac{\rho u^2}{2} \tag{2-46}$$

式中：ξ——局部阻力系数，一般由实验测定。

局部阻力的种类很多，为明确起见，常对局部阻力系数 ξ 标注相应的下标，如 $\xi_{\text{三通}}$、$\xi_{\text{进口}}$ 等，下面对几种常用的局部阻力系数进行讨论。

（1）突然扩大与突然缩小

流体从小管流到大管引起的能量损失称为突然扩大损失，如图 2-26(a) 所示；流体从大管流到小管引起的能量损失称为突然缩小损失，如图 2-26(b) 所示。流体流过的管道直径突然扩大或突然缩小时，局部阻力系数可根据小管与大管的横截面积之比 A_1/A_2 在图 2-26(c)

中的曲线上查得。应注意的是，计算局部阻力时流速 u 均取小管中的流速值。

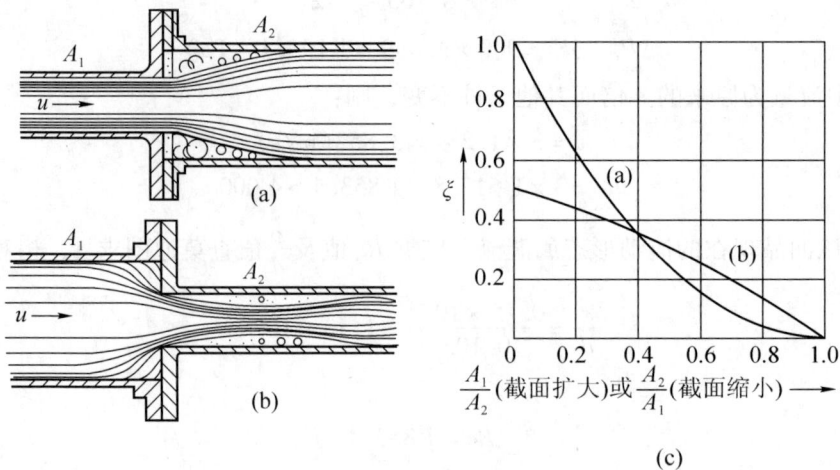

图 2 - 26 截面突然扩大和突然缩小的阻力系数
（a）突然扩大；（b）突然缩小；（c）损失曲线

（2）管出口与入口

当流体从容器进入管内时，可看作从很大截面突然流入很小截面，即 $A_2/A_1 \approx 0$，从图 2 - 26（c）的曲线（b）可查得 $\xi_{进口} = 0.5$，称为进口阻力系数。若进管口圆滑或呈喇叭状，则局部阻力损失减少，$\xi_{进口} = 0.25 \sim 0.05$。当流体自管子进入容器或从管子排放到管外空间，可看作从很小截面突然流入很大截面，即 $A_1/A_2 \approx 0$，从图 2 - 26（c）的曲线（a）可查得 $\xi_{出口} = 1.0$，称为出口阻力系数。

当流体从管子直接排放到管外空间时，管出口内侧截面上的压强可取为与管外空间相同，但出口截面上的动能及出口阻力应与选取的截面相匹配。若截面取管出口内侧，则表示流体并未离开管路，此时截面上仍有动能，系统的总能量损失不包含出口阻力；若截面取管出口外侧，则表示流体已经离开管路，此时截面上动能为零，而系统的总能量损失中应包含出口阻力。由于出口阻力系数 $\xi_{出口} = 1$，两种选取截面方法的计算结果相同。不同管件与阀门的局部阻力系数可从相关手册中查取，表 2 - 3 中列出了湍流情况下部分常用管件与阀门的阻力系数与当量长度数据。

表 2 - 3 管件与阀门的阻力系数与当量长度数据（适用于湍流）

名　　称	阻力系数 ξ	当量长度与管径之比 l_e/d
弯头，45°	0.35	17
弯头，90°	0.75	35
三通	1	50
回弯头	1.5	75

名　称	阻力系数 ξ	当量长度与管径之比 l_e/d
管接头，活接头	0.04	2
闸阀		
全开	0.17	9
半开	4.5	225
标准阀		
全开	6.9	300
半开	9.5	475
角阀，全开	2	100
止逆阀		
球式	70	3 500
摇板式	2	100
水表，盘式	7	350

2. 当量长度法

流体流经管件、阀门等局部地方所产生的能量损失可写成如下形式：

$$E_f' = \lambda \frac{l_e}{d} \frac{u^2}{2} \text{ 或 } \Delta p_f = \lambda \frac{l_e}{d} \frac{\rho u^2}{2} \tag{2-47}$$

式中：l_e——管件或阀门的当量长度，m。

l_e 表示流体流过某一管件或阀门的局部阻力，相当于流过一段与其具有相同直径、长度为 l_e 的直管阻力，实际上是为了便于管路计算。管件或阀门的当量长度数值都是由实验测定的，在湍流情况下某些管件与阀门的当量长度可从图 2-27 中查得。查询时，先在图左侧的垂直线上找出与所求管件或阀门相应的点，再在图右侧的标尺上定出与管内径相当的一点，两点连一直线与图中间的标尺相交，交点在标尺上的读数就是所求的当量长度。

有时用管道直径的倍数来表示局部阻力的当量长度，如对直径为 9.5~63.5 mm 的 90°弯头，其中 l_e/d 的值约为 30，由此对一定直径的弯头，即可求出其相应的当量长度。l_e/d 的值由实验测出，各管件的 l_e/d 的值可以从化工手册中查到。

管件、阀门等零件的构造细节与加工精度往往差别很大，从手册中查得的 l_e 或 ξ 值只是约略值，即局部阻力的计算也只是一种估算。

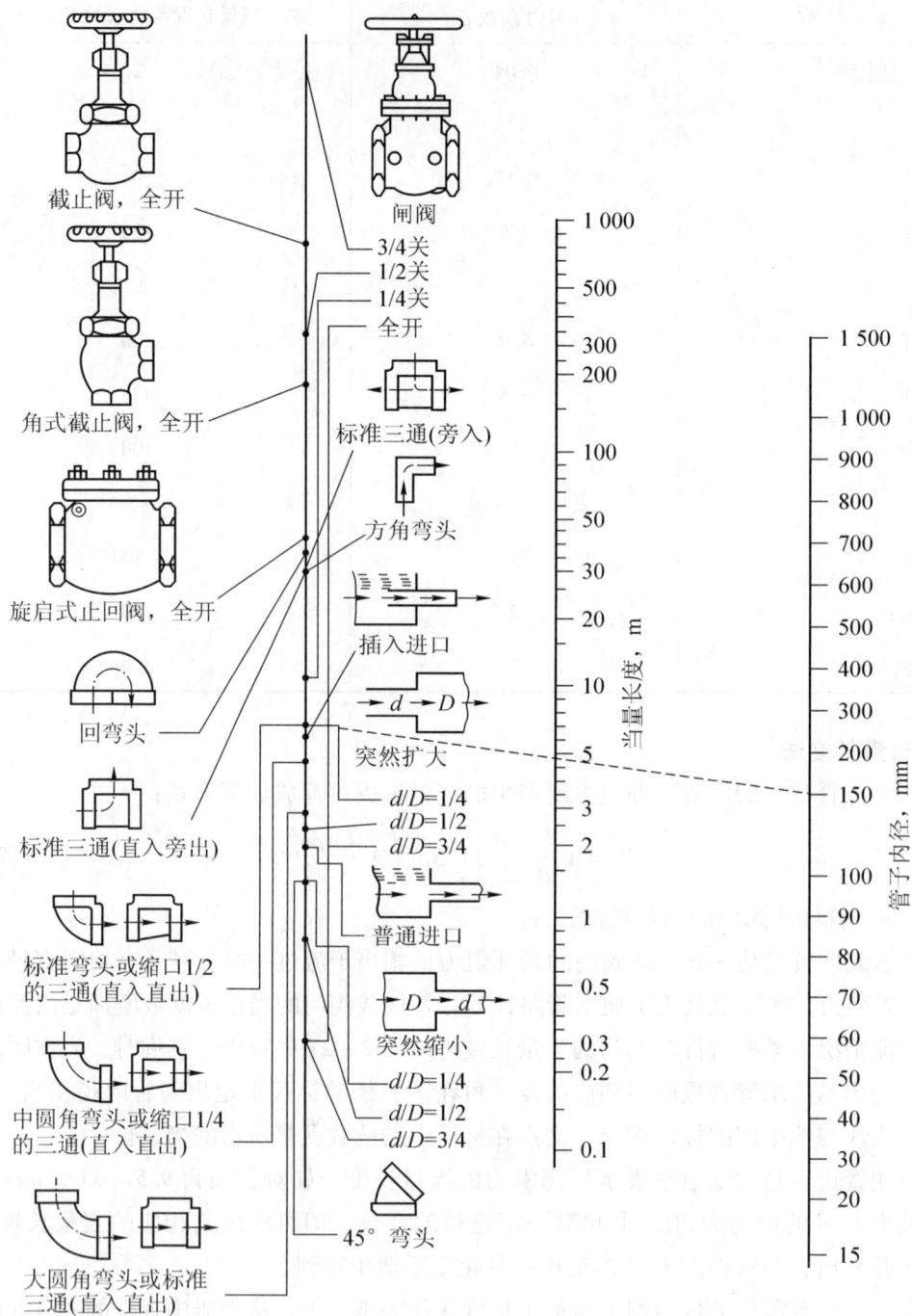

截止阀，全开

闸阀

3/4关
1/2关
1/4关
全开

角式截止阀，全开

标准三通(旁入)

方角弯头

旋启式止回阀，全开

插入进口

回弯头

突然扩大

$d/D=1/4$
$d/D=1/2$
$d/D=3/4$

标准三通(直入旁出)

普通进口

标准弯头或缩口1/2的三通(直入直出)

突然缩小

$d/D=1/4$
$d/D=1/2$
$d/D=3/4$

中圆角弯头或缩口1/4的三通(直入直出)

45° 弯头

大圆角弯头或标准三通(直入直出)

当量长度, m

管子内径, mm

图 2-27　管件与阀门的当量长度共线图

3. 流体流动时总能量损失的计算

管路的总能量损失为管路上全部直管阻力和各个局部阻力之和，即：

$$\sum E_f = E_f + E_f'$$ (2-48)

若系统中管道尺寸不变，则求取总能量损失 $\sum E_f$ 的通式为：

$$\sum E_f = \left(\lambda \frac{\sum l + \sum l_e}{d} + \sum \xi \right) \frac{u^2}{2}$$ (2-49)

式中：$\sum E_f$——管路的总能量损失，J/kg；

$\sum l$——管路上各段直管的总长度，m；

$\sum l_e$——管路上全部管件与阀门等的当量长度之和，m；

u——流体流经管路的流速，m/s；

$\sum \xi$——管件与阀门等局部阻力系数之和，m。

当管路由若干直径不同的管段组成时，由于各段的流速不同，此时管路的总能量损失应分段计算，然后将各段管路的能量损失求和。

4. 减小能量损失的途径

流体流动中克服内摩擦阻力所消耗的能量无法回收，阻力越大流体输送消耗的动力越大。这使生产成本提高、能源浪费，故应当尽量降低管路系统的流体阻力。由流体阻力的计算公式得：

$$\sum E_f = \left(\lambda \frac{\sum l + \sum l_e}{d} + \sum \xi \right) \frac{u^2}{2}$$

可见，要减低流体的流动阻力，应从以下几个途径入手：

①管路尽可能短些，尽量走直线少拐弯。

②尽量不装不必要的管件和阀门等。

③管径要适当大些。

④在被输送的介质中加入某些物质，减少介质对管壁的腐蚀和杂物沉积，从而减少旋涡，减少阻力。

【例2-11】 如图2-28所示的装置每小时将 2×10^4 kg 的某种水溶液用泵从反应器输送到高位槽。在操作条件下，水溶液的平均密度为 1 073 kg/m³，黏度为 0.63×10^{-3} Pa·s。反应器液面上方保持 2.67×10^4 Pa 的真空度，高位槽液面上方为大气压。管道为 $\phi 76$ mm $\times 4$ mm 的钢管，总长为 50 m，取管壁绝对粗糙度为 0.3 mm。管路上装有全开闸阀 2 个，孔板流量计 1 个(局部阻力系数为 4)，标准弯头 5 个，反应器内液面与管路出口的垂直距离为 15 m。今在库房里有一台备用的离心泵，其效率为 66%，轴功率为3.71 kW，试计算该泵的轴功率能否满足要求。

解：取反应器液面为 $1-1'$ 截面，且定为基准水平面，取管路出口内侧截面为 $2-2'$，如图2-28所示。在两截面间列出伯努利方程：

$$z_1 g + \frac{u_1^2}{2} + \frac{p_1}{\rho} + W_e = z_2 g + \frac{u_2^2}{2} + \frac{p_2}{\rho} + \sum E_{f1-2}$$

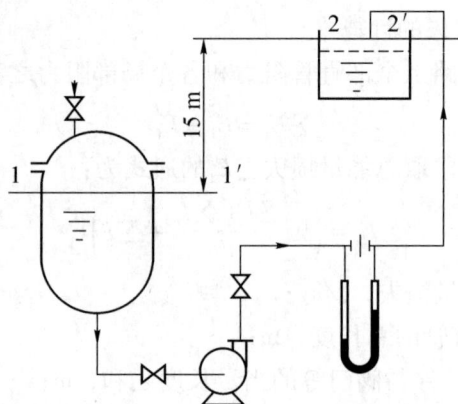

图 2 - 28　例 2 - 11 题图

其中

$$z_1 = 0, \ z_2 = 15 \ \text{m}, \ u_1 \approx 0, \ p_{1\text{表}} = -2.67 \times 10^4 \ \text{Pa}, \ p_{2\text{表}} = 0, \ \rho = 1\,073 \ \text{kg/m}^3$$

因此可得：

$$u_2 = \frac{q_{\text{m}}}{\dfrac{\pi d^2 \rho}{4}} = \frac{\dfrac{2 \times 10^4}{3\,600}}{\dfrac{1\,073 \times 0.068^2 \times \pi}{4}} \approx 1.43 \ (\text{m/s})$$

$$\sum E_{\text{f}} = \left(\lambda \frac{\sum l + \sum l_{\text{e}}}{d} + \sum \xi \right) \frac{u^2}{2}$$

$$Re = \frac{du\rho}{\mu} = \frac{0.068 \times 1.43 \times 1\,073}{0.63 \times 10^{-3}} \approx 1.66 \times 10^5$$

$$\frac{\varepsilon}{d} = \frac{0.3}{68} \approx 0.004\,4$$

由图 2 - 25 查出摩擦系数 $\lambda = 0.03$，由图 2 - 27 可查出各管件、阀门的当量长度 $\sum l_{\text{e}}$：
闸阀(全开)2 个为 $0.45 \times 2 = 0.9$ m，标准弯头 5 个为 $2.2 \times 5 = 11$ m
而

$$\sum \xi = \xi_{\text{进}} + \xi_{\text{孔板}} = 0.5 + 4 = 4.5$$

所以

$$\sum E_{\text{fl}-2} = \frac{\left[\dfrac{0.03 \times (50 + 0.9 + 11)}{0.068} + 4.5 \right] \times (1.43)^2}{2} \approx 32.52\,(\text{J/kg})$$

把各量代入伯努利方程可得：

$$W = z_2 g + \frac{u_2^2}{2} + \frac{p_2 - p_1}{\rho} + \sum E_{\text{fl}-2}$$

$$= 15 \times 9.81 + \frac{(1.43)^2}{2} + \frac{2.67 \times 10^4}{1\,073} + 32.52$$

$$\approx 205.6 (\text{J/kg})$$

$$P = \frac{Wq_{\mathrm{m}}}{\eta}$$

$$= \frac{205.6 \times \dfrac{2 \times 10^4}{3600}}{0.66}$$

$$\approx 1\ 730.6 (\text{W})$$

$$\approx 1.73\ \text{kW} < 3.71\ \text{kW}$$

故库存的泵轴功率能满足要求。

2.6　化工管路

化工管路是由直管和各种管件、阀门等组成的。在化工生产中，只有管路畅通，阀门调节适当，才能保证整个化工厂、各个车间及各个工段的正常生产。因此，管路在化工生产中起着极其重要的作用。了解化工管路的构成与作用，学会合理布置和安装化工管路，是非常重要的。

2.6.1　化工管路的标准化

化工管路的标准化是指制定化工管路主要构件，包括管子、管件、阀门（件）、法兰、垫片等的结构、尺寸、连接、压力等的标准并实施的过程。其中压力标准与直径标准是制定其他标准的依据，也是选择管子和管路附件（管件、阀件、法兰、垫片）的依据。

1. 压力标准

压力标准分为公称压力、试验压力和工作压力三种。

公称压力又称通称压力，一般是指管路内工作介质的温度在 0 ℃ ～120 ℃ 范围内的最高允许工作压力，用"PN + 数值"的形式表示，其中"数值"表示公称压力的大小。管路的最大工作压力应等于或小于公称压力，由于管材的机械强度随温度的升高而下降，所以最大的工作压力亦随介质温度的升高而减小。

为水压强度试验或紧密型试验而规定的压力称为试验压力，用 p_{S} 表示。通常，试验压力取为公称压力的 1.5 倍。

为了保证管路的正常工作而根据被输送介质的工作温度规定的最大压力称为工作压力，用 p 表示。为了强调温度，实际使用时常在 p 的右下角标出介质最高工作温度（℃）除以 10 后所得的整数。工作压力随介质温度的升高而减小。

2. 直径标准

直径标准是指对管路直径所做的标准，一般称为公称直径或通称直径。公称直径用 DN 表示。比如，DN300 的意思是公称直径为 300 mm 的管子。

管子的公称直径既不是管子的外径，也不是管子的内径，其数值只是接近于管子的内径或外径的整数。

我国将公称直径 1～4 000 mm 分成 53 个等级，其中 1～1 000 mm 的管子分得较细，1 000 mm 以上的管子每 200 mm 分 1 级。

2.6.2　化工用管

化工厂中所用的管子种类繁多，若依制作材料划分，可分为金属管、非金属管和复合管。

金属管主要包括铸铁管、钢管（含合金钢管）、有色金属管等。铸铁管常用作埋在地下的给水总管、煤气管及污水管等。钢管又分有缝钢管和无缝钢管，前者多用低碳钢制成，后者的材料有普通碳钢、优质碳钢以及不锈钢等。有色金属管是用有色金属制造的管子的统称，主要有铜管、黄铜管、铅管和铝管。有色金属管在化工生产中主要用于一些特殊场合。非金属管主要包括玻璃管、塑料管、陶瓷管、水泥管、橡胶管等。复合管指的是金属与非金属两种材料复合得到的管子，最常见的是衬里管。它是为满足节约成本、强度和防腐的要求，在管内层衬以适当的材料而成的管子。随着化学工业本身的发展，各种新型的耐腐蚀材料不断出现，非金属材料，特别是有机聚合材料（如塑料、尼龙等）的管子越来越多地代替了金属材料的管子。

管子规格通常使用"ϕ 外径×壁厚"来表示，例如 $\phi57$ mm × 3.5 mm 表示外径 57 mm，壁厚 3.5 mm 的管子。但是有些管子是用内径来表示其规格的，使用时要注意。

2.6.3　化工管路的分类

化工生产中管路可分为简单管路和复杂管路两类，如表 2－4 所示。简单管路是指无分支或汇合的单一管路。在实际中碰到的简单管路有两种情况：一是管径不变的单一管路；二是不同管径的管道串联组成的单一管路。复杂管路是指并联管路、分支管路以及这两种形式管路进一步组合成的管路。在闭合管路上必须设置活接头或法兰，在需要维修或更换的阀门附近也宜适当设置，因为它们可以就地拆开，就地连接。对于重要管路系统，如全厂或大型车间的动力管线（包括蒸汽、煤气、上水及其他循环管道等），一般均应按并联管路铺设，以有利于提高能量的综合利用、减少局部故障所造成的影响。

表 2－4　化工管路的分类

类　　型		结　　构
简单管路	单一管路	直径不变、无分支的管路，如图 2－29(a)所示
	串联管路	虽无分支但管径多变的管路，如图 2－29(b)所示
复杂管路	分支管路	流体由总管分流到几个分支，各分支出口不同，如图 2－30(a)所示
	并联管路	并联管路中，分支最终又汇合到总管，如图 2－30(b)所示

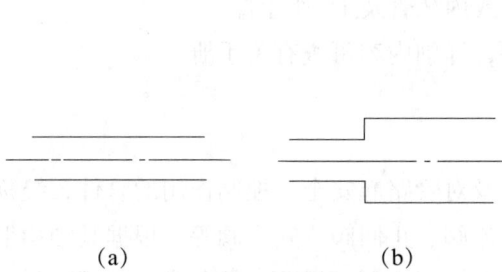

(a)   (b)

图 2 - 29　简单管路

（a）单一管路（等径）；（b）串联管路（变径）

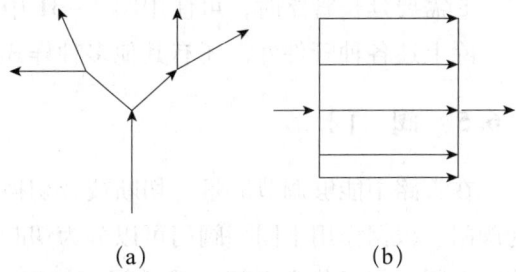

(a)   (b)

图 2 - 30　复杂管路

（a）分支管路；（b）并联管路

2.6.4　管　件

把管子安装成管路时，需要接上各种构件，使管路能够连接、拐弯和分叉，这些构件统称为管路附件，简称管件。各种管件的名称如图 2 - 31 所示。

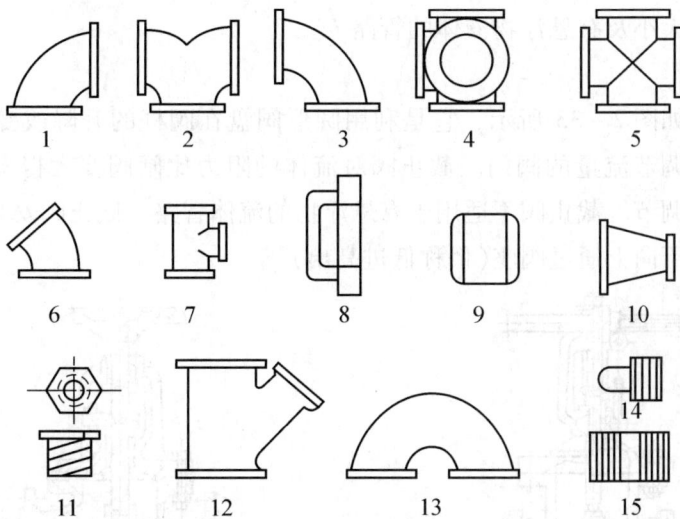

1—90°肘管或称弯头；2—双曲肘管；3—长颈肘管；4—偏面四通管；5—四通管；

6—45°肘管或称弯头；7—三通管；8—管帽；9—细节或内牙管；10—缩小连接管；

11—内外牙；12—Y 形管；13—回弯头；14—管塞或丝堵；15—外牙管。

图 2 - 31　管件

①需要改变管路方向时，可选用如图 2 - 31 中 1 90°肘管或称弯头，3 长颈肘管，6 45°肘管或称弯头和 13 回弯头。

②需要连接支管时，可选用图 2 - 31 中 2 双曲肘管，4 偏面四通管，5 四通管，7 三通管和 12 Y 形管。

③需要改变管径时，可选用图 2 - 31 中 10 缩小连接管，11 内外牙和 12 Y 形管等。

④需要封闭堵塞管路时，可使用图 2 - 31 中 8 管帽和 14 管塞或丝堵。

⑤需要延长管路时，可使用图2-31中9细节或内牙管及15外牙管。

除上述各种管件外，还有其他多种样式的管件，详细内容可查有关手册。

2.6.5 阀 门

在管路中能够调节流量，切断或者切换管路以及对管路起安全、控制作用的管件，统称为阀门。根据作用不同，阀门可以分为切断阀、节流阀、止回阀、安全阀等。根据其结构形式的不同，阀门分为闸阀、截止阀、旋塞（常称考克）、球阀、蝶阀、隔膜阀、衬里阀等。此外，根据阀门制作材料的不同，阀门又可分为不锈钢阀、铸铁阀、塑料阀、陶瓷阀等。各种阀门的选用和规格可从有关手册和样本中查到。下面仅对化工厂中最常见的几种阀门做一些简单介绍。

1. 闸阀

闸阀又称闸板阀，其结构如图2-32所示。它是利用阀体内闸门的升降来开关管路的。闸阀形体较大，造价较高，但当它全开时，流体阻力小。闸阀常用作大型管路的开关阀，不适用于控制流量的大小及有悬浮物液体的管路。

2. 截止阀

截止阀的结构如图2-33所示，它是利用圆形阀盘在阀杆的升降改变其与阀座间的距离，以开关管路和调节流量的阀门。截止阀对流体的阻力比闸阀要大得多，但比较严密可靠，故可用于流量调节。截止阀不适用于有悬浮物的流体管路。截止阀安装时要注意流体的流动方向应该是从下向上通过阀座（俗称低进高出）。

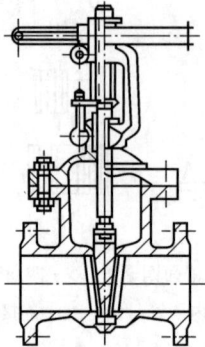

图2-32 闸阀

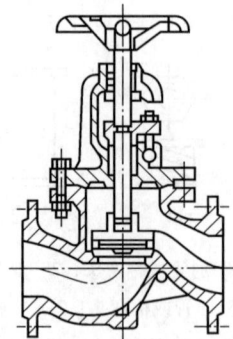

图2-33 截止阀

3. 节流阀

节流阀属于截止阀的一种，其结构如图2-34所示。它的结构和截止阀相似，不同的是阀座口径小，同时用一个圆锥或流线形的阀头代替图2-33中的圆形阀盘。节流阀可以较好地控制、调节流体的流量，或进行节流调压等。

节流阀制作精度要求较高，密封性能好，主要用于仪表管路、控制管路以及取样管路中，不宜用于黏度大及含固体颗粒介质的液体管路中。

节流阀安装时，也要注意流体的流动方向应该是低进高出通过阀座。

4. 旋塞

旋塞又称考克，其结构如图 2-35 所示。它利用阀体内插入的一个中央穿孔的锥形旋塞来启闭管路或调节流量，旋塞的开关常用手柄而不用手轮。其优点为结构简单，开关迅速，流体阻力小，可用于有悬浮物的液体，但不适用于调节流量，亦不宜用于压力较高、温度较高的管路和蒸气管路中。

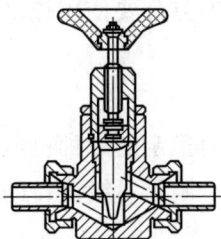

图 2-34　节流阀

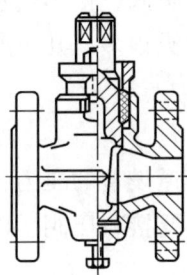

图 2-35　旋塞剖面

5. 球阀

球阀又称球心阀，其结构如图 2-36 所示。它是利用一个中间开孔的球体作阀芯，依靠球体的旋转来控制阀门开关的管件。它的结构和旋塞相似，但比旋塞的密封面小，结构紧凑，开关省力，远比旋塞应用广泛。

6. 隔膜阀

常见的隔膜阀是胶膜阀，如图 2-37 所示。这种阀门的启闭密封是由一块特制的橡胶膜片实现的，膜片夹置在阀体与阀盖之间。关闭时阀杆下的圆盘把膜片压紧在阀体上以起到密封作用。这种阀门结构简单，密封可靠，便于检修，流体阻力小。隔膜阀适用于输送酸性介质的管路，但不宜在较高压力的管路中使用。

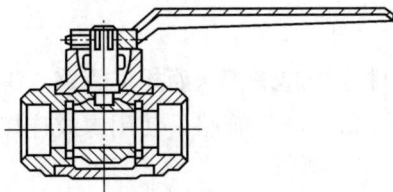

图 2-36　球阀

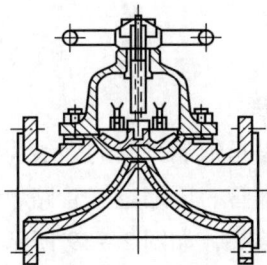

图 2-37　隔膜阀

7. 安全阀

安全阀是用来防止管路中的压力超过规定指标的管件。当工作压力超过规定值时，阀门可自动开启，以排除多余的流体达到泄压的目的，当压力复原后，阀门又自动关闭，用以保证化工生产的安全。安全阀主要用在蒸气锅炉及高压设备上。

8. 止回阀

止回阀又称止逆阀或单向阀，它是在上下游压力差的作用下自动启闭的阀门，其作用是只允许流体向一个方向流动，而不允许向反方向流动。比如离心泵在开启前需要灌泵，为了保证液体顺利灌入，常在泵的吸入口处安装底阀(自动止逆阀)。

9. 疏水阀

疏水阀又称冷凝水排除阀，俗名疏水器。它主要用于蒸气管路中，专门排放冷凝水，阻止蒸气泄漏。疏水阀的种类很多，几乎所有使用蒸气的地方都要使用疏水阀，目前广泛使用的是热动力式疏水阀。

10. 减压阀

减压阀是能够降低管道设备的压力，并维持出口压力稳定的一种机械装置，常用在高压设备上。高压钢瓶出口都要接减压阀，以降低出口压力，满足后续设备的压力要求。

2.6.6 化工管路的连接

1. 承插式连接

如图2-38所示，承插式连接是将管子的一头扩大成钟形，使另一根管子的平头可以插入，环隙内通常先填塞麻丝或棉绳，然后塞入水泥、沥青等胶合剂。承插式连接法主要用于铸铁管、耐酸陶瓷管、水泥管的连接。其特点是安装方便，允许两管中心线有较大的偏差，但是拆除困难，不耐高压。

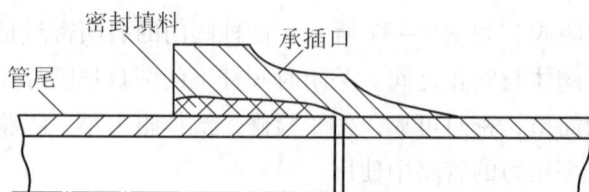

图2-38 承插式连接

2. 螺纹连接

螺纹连接是指依靠刻出的螺纹将管子和管件连接起来，从而构成管路。螺纹连接通常仅用于小直径的水管、压缩空气管路、煤气管路及低压蒸气管路。使用螺纹连接的常用直管管件有管箍和活接头，如图2-39所示。

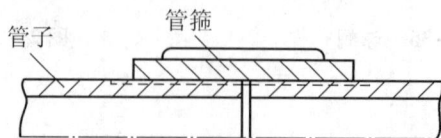

图2-39 管箍

3. 法兰连接

法兰连接是常用的连接方法，装拆方便，密封可靠，其适用的压力、温度与管径范围很大，缺点是费用较高。铸铁管法兰是与管身同时铸成的，钢管法兰可以用螺纹接合，但最方便的还是用焊接法固定。在连接两个法兰时，两法兰间须放置垫圈，起密封作用。垫圈的材料有石棉板、橡胶、软金属等，在选择垫圈材料时，应随介质的温度、压力而定。高压管道的密封用金属垫圈，常用的有铝、铜、不锈钢等。管路的法兰连接如图2-40所示。

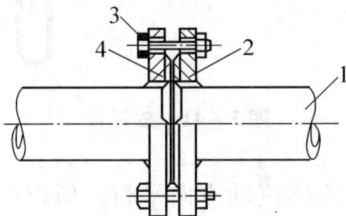

1—管子；2—法兰盘；3—螺栓螺母；4—垫片。
图2-40 管路的法兰连接

4. 焊接连接

焊接连接较上述任何连接方法都经济、方便、严密。无论是钢管、有色金属管，还是聚氯乙烯管均可焊接，故焊接连接的管路在化工厂中已被广泛采用。焊接连接特别适用于长管路，但对经常拆除的管路和物料对焊缝有腐蚀性的管路，以及在不允许动火的车间中安装管路时，不得使用焊接。焊接管路中仅在与阀件连接处要使用法兰连接。

2.7 流量与流速的测量

在化工生产中，为了能使操作在定态下进行，需要经常测量、调节和控制流量。流量测量的仪表很多，下面介绍几种以伯努利方程为基础的流量测量仪表。

2.7.1 测速管

测速管又称皮托管，如图2-41所示，它由两根弯成直角的同心套管组成，内管管口正对着管道中流体的流动方向，而外管的管口是封闭的，在外管前端壁面四周开有若干测压小孔。为了减小误差，测速管的前端经常做成半球形以减少涡流。使用时，测速管的内管与外管分别与U形管压差计相连。

如图2-41所示，测速管内管测的是流体在 A 处的局部动能和静压能之和，称为冲压能。

对于内管 A 处有：

$$\frac{p_A}{\rho} = \frac{p}{\rho} + \frac{1}{2}u^2$$

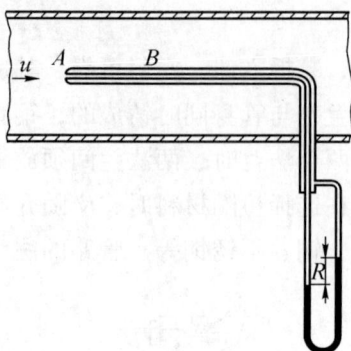

图 2 - 41　皮托管

由于外管壁上的测压小孔与流体流动方向平行，所以外管仅测得流体的静压能，即外管 B 处有：

$$\frac{p_B}{\rho} = \frac{p}{\rho}$$

U 形管压差计实际反映的是内管冲压能和外管静压能之差，即：

$$\frac{\Delta p}{\rho} = \frac{p_A}{\rho} - \frac{p_B}{\rho} = \left(\frac{p}{\rho} + \frac{1}{2}u^2\right) - \frac{p}{\rho} = \frac{1}{2}u^2$$

则该处的局部速度为：

$$u = \sqrt{\frac{2\Delta p}{\rho}} \qquad\qquad (2 - 50)$$

将 U 形管压差计的公式(2 - 18)代入可得：

$$u = \sqrt{\frac{2Rg\ (\rho_A - \rho)}{\rho}} \qquad\qquad (2 - 51)$$

式中：ρ_A——压差计指示液的密度，kg/m^3；

$\quad\quad \rho$——被测流体的密度，kg/m^3。

由上面推导可知，测速管实际测得的是流体在管截面某处的点速度，因此利用测速管可以测得流体在管内的速度分布。若要获得流量，可对速度分布曲线进行积分，也可以利用皮托管测量被测管路中心的最大流速 u_{max}，利用图 2 - 42 所示的曲线查取最大速度对应的平均速度，再求出管截面的平均速度，进而计算出流量，这种方法在实际中较为常用。

测速管在安装时应做到以下几点：

①必须保证测量点位于均匀流段，一般要求测量点上、下游的直管长度最好大于 50 倍管内径，至少也应大于 8 倍。

②测速管管口截面必须垂直于流体的流动方向，任何偏离都将导致负偏差。

③测速管的外径 d_0 不应超过管内径 d 的 1/50，即 $d_0 < d/50$。

测速管对流体的阻力较小，适用于测量大直径管道中清洁气体的流速，当流体中含有固体杂质时，杂质易将测压孔堵塞，故不宜采用测速管。此外，测速管的压差读数较小，读取时常常需要放大或配微压计。

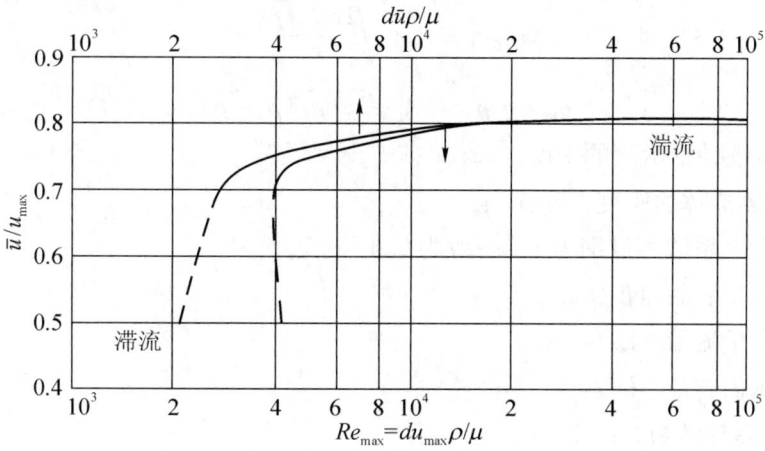

图 2 - 42　最大速度与平均速度的关系图

2.7.2　孔板流量计

如图 2 - 43 所示，孔板流量计结构简单，它由一块固定在导管中的中央开有圆孔的金属薄板（称为孔板），和在孔板两侧装有分别与 U 形管压差计两端相连接的测压管组成。

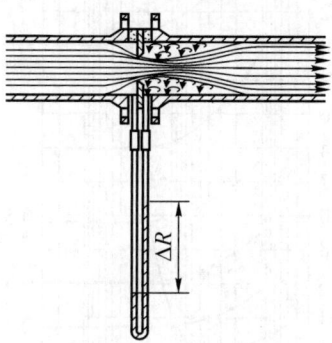

图 2 - 43　孔板流量计

流体通过孔板的小孔时，由于流道横截面积减小，所以流速增大。流体流过小孔后由于惯性作用，流动截面并不能立即扩大，而是继续收缩，至一定距离后才逐渐扩大恢复到管路原有截面大小，其流动截面最小处称为缩脉，流体在缩脉处的流速最大。

在流体流速变化的同时，压力也随之变化。流体流过孔板时，在孔板前后产生一定的压差，流量越大，压差越大，流量与压差互成一一对应关系。只要用压差计测出孔板前后的压差，即可得出流量，这就是孔板流量计测量流量的原理。孔板流量计测量流量的表达式为：

$$u_0 = C_0\sqrt{\frac{2gR\ (\rho_A - \rho)}{\rho}} \qquad (2-52)$$

$$q_V = u_0 A_0 = C_0 A_0\sqrt{\frac{2gR\ (\rho_A - \rho)}{\rho}} \qquad (2-53)$$

$$q_m = q_V\rho = C_0 A_0\sqrt{2gR\rho\ (\rho_A - \rho)} \qquad (2-54)$$

式中：ρ_A——压差计指示液的密度，kg/m^3；

ρ——被测流体的密度，kg/m^3；

C_0——孔流系数，量纲为1，一般为 0.6~0.7；

A_0——小孔的截面积，m^2；

q_m——质量流量，kg/s；

q_V——体积流量，m^3/s；

R——压差计读数，m。

孔板流量计的主要优点是构造简单，制造和安装都很方便。其主要缺点是能量损失大，不宜在流量变化很大的场合使用。

安装孔板流量计时，安装处的上、下游必须有一段内径不变的直管作为稳定段，通常要求上游直管长度为 50 倍管径长度，下游为 10 倍管径长度。利用图 2-44 所示的曲线，可以查取孔板流量计的 C_0、Re 与 A_0/A_1（A_1 为管道横截面积）的关系。

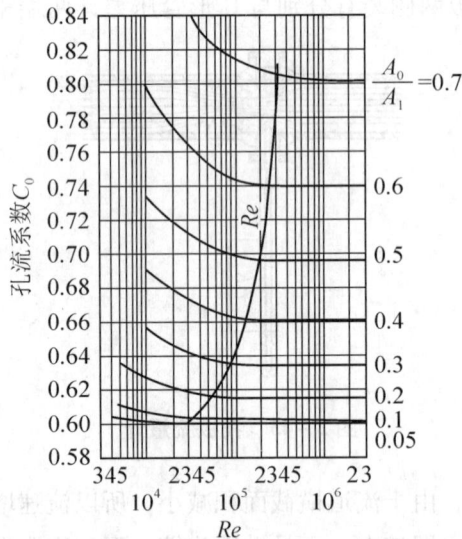

图 2-44　孔板流量计的 C_0、Re 与 A_0/A_1 的关系曲线图

【例 2-12】　在 $\phi38\ mm\times2.5\ mm$ 的管路上装有标准孔板流量计，孔径为 16.4 mm，管中流动的为甲苯溶液。采用角接取压法连接 U 形管压差计测量孔板两侧的压强差，以汞为指示液，测压连接管中充满甲苯。现测得 U 形管压差计读数为 600 mm，试计算管中甲苯的

流量，单位选择 kg/h，操作条件下甲苯的密度为 868 kg/m³，即黏度为 0.6×10^{-3} Pa·s。

解：用式(2-54)计算甲苯的质量流量为：

$$q_m = q_V \rho = C_0 A_0 \sqrt{2gR\rho\ (\rho_A - \rho)}$$

取 A_1 为管道的横截面积，有：

$$\frac{A_0}{A_1} = \left(\frac{d_0}{d_1}\right)^2 = \left(\frac{16.4}{33}\right)^2 \approx 0.247$$

取 Re_c 为临界雷诺数，并设 $Re > Re_c$（$Re_c = 8 \times 10^4$），由图 2-44 查出 $C_0 = 0.626$。

$$q_m = 0.626 \times \frac{\pi}{4}\ (0.016\ 4)^2 \sqrt{2 \times 9.81 \times 868 \times 0.6\ (13\ 600 - 868)}$$

$$\approx 1.51\ (\text{kg/s})$$

$$= 5\ 436\ (\text{kg/h})$$

校核 Re 值，流体在管内的流速为：

$$u = \frac{1.51}{868 \times \frac{\pi}{4}\ (0.033)^2} = 2.03\ (\text{m/s})$$

$$Re = \frac{du\rho}{\mu} = \frac{0.033 \times 2.03 \times 868}{0.6 \times 10^{-3}} = 96912.2 > Re_c$$

故前面的计算正确。

2.7.3 文丘里流量计

为了克服孔板流量计阻力损失大的缺点，可使用文丘里管来代替孔板测量流量，文丘里流量计的结构如图 2-45 所示。文丘里流量计的测量原理与孔板流量计相同，但由于流体流经渐缩段和渐扩段时的流速改变平缓，涡流较少，在喉管处增加的动能在渐扩段中大部分可转回成静压能，所以能量损失大大小于孔板流量计。将孔板流量计的计算公式略加修改后就可应用于文丘里流量计，表达式为：

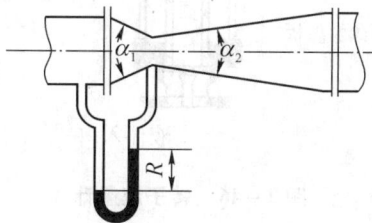

图 2-45 文丘里流量计

$$q_V = C_V A_0 \sqrt{\frac{2gR\ (\rho_A - \rho)}{\rho}} \qquad (2-55)$$

式中：C_V——文丘里流量计的流量系数，无因次，由实验定出，一般等于 0.98；

A_0——喉管的截面积，m^2；

ρ_A——U 形管压差计的指示液密度，kg/m^3；

ρ——被测流体的密度，kg/m^3。

文丘里流量计的各部分尺寸要求严格，需要精细加工，所以售价较高。

2.7.4　转子流量计

如图 2-46 所示，转子流量计是由一根内截面积自下而上逐渐扩大的垂直玻璃管和管内一个由金属或其他材料制成的转子组成的。流体由转子流量计的底端进入，向上流动至顶端流出。当流体流过转子与玻璃管之间的环隙时，由于流道截面积减小，流速增大，静压强随之降低，此静压强低于转子底部所受到的静压强，这就使转子上、下产生静压强差，从而形成一个向上的力。当这个力大于转子的重力时，就将转子托起上升。转子升起后，其环隙面积随之增大（因为玻璃管内侧面为锥形），从而环隙内流速降低，静压强随之回升，当转子底面和顶面所受到的压力差与转子的重力达平衡时，转子就停留在一定高度。流体的流量越大，其平衡位置就越高，所以转子位置的高低即表示流体流量的大小。转子流量计可由玻璃管上的刻度读出流体的流量。

转子流量计上的刻度与待测流体的密度有关。通常在流量计出厂之前，选用水和空气分别作为标定液体和气体流量刻度的介质。当测量其他流体时，需要对原有的刻度加以校正，并作出专用的校正曲线。

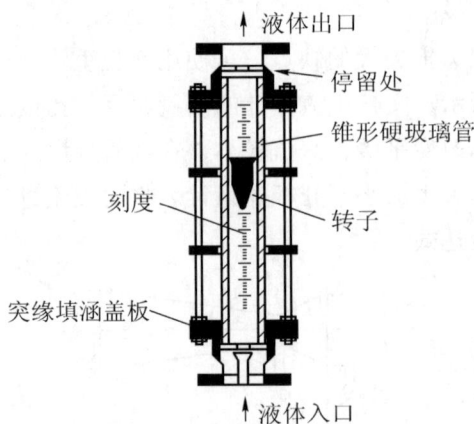

图 2-46　转子流量计

转子流量计的优点是读数方便，阻力小，准确度较高，对不同流体的适用性强，能用于腐蚀性流体的测量。其缺点是玻璃管不能经受高温和高压，在安装和使用时玻璃管易破碎。

转子流量计必须垂直安装，绝不可倾斜或水平安装，并且应安装支路管，以便于检修。操作时，应缓慢开启阀门，以防转子卡在顶端或击碎玻璃管。

▶ 本章小结

流体流动原理是过程工业中流体的输送、流体－固体混合物系分离等单元操作的基础。此外，流体流动原理还与传热、传质之间存在着异常紧密的联系和类似性。通过本章的学习，学员应理解流体的基本概念、性质，化工管路的组成和流体流量和流速的测量装置。

本章学习的重点是流体静力学方程、连续性方程和伯努利方程的内容和应用。学员应能够利用相关方程完成简单管路的计算，分析流体阻力对管内流动的影响。

▶ 习　　题

一、选择题

1. 某设备进、出口测压仪表中的读数分别为 p_1（表压）= 1 200 mmHg 和 p_2（真空度）= 700 mmHg，当地大气压为 750 mmHg，则两处的绝对压强差为（　　）mmHg。

　　A. 500　　　　　　B. 1 250　　　　　　C. 1 150　　　　　　D. 1 900

2. 能用于输送含有悬浮物质流体的是（　　）。

　　A. 旋塞　　　　　　B. 截止阀　　　　　　C. 节流阀　　　　　　D. 闸阀

3. 用"φ外径×壁厚"来表示规格的是（　　）。

　　A. 铸铁管　　　　　B. 钢管　　　　　　　C. 铅管　　　　　　　D. 水泥管

4. 密度为 1 000 kg/m³ 的流体，在 φ108 mm×4 mm 的管内流动，流速为 2 m/s，流体的黏度为 1 cP，其 Re 为（　　）。

　　A. 10^5　　　　　　B. $2×10^7$　　　　　C. $2×10^6$　　　　　D. $2×10^5$

5. 压强表上的读数表示被测流体的绝对压强比大气压强高出的数值，称为（　　）。

　　A. 真空度　　　　　B. 表压强　　　　　　C. 相对压强　　　　　D. 附加压强

6. 在完全湍流时（阻力平方区），粗糙管的摩擦系数 λ（　　）。

　　A. 与光滑管一样　　　　　　　　　B. 只取决于 Re

　　C. 取决于相对粗糙度　　　　　　　D. 与粗糙度无关

7. 某塔高 30 m，进行水压试验时，离塔底 10 m 高处的压力表的读数为 500 kPa（塔外大气压强为 100 kPa），那么塔顶处水的压强为（　　）。

　　A. 403. 8 kPa　　　B. 698. 1 kPa　　　C. 600 kPa　　　　　D. 无法确定

8. 流体运动时，能量损失的根本原因是流体存在着（　　）。

　　A. 压力　　　　　　B. 动能　　　　　　　C. 湍流　　　　　　　D. 黏性

9. 一定流量的水在圆形直管内呈层流流动，若将管内径增加一倍，产生的流动阻力将为原来的（　　）。

　　A. 1/2　　　　　　B. 1/4　　　　　　　　C. 1/8　　　　　　　　D. 1/32

10. 水在内径一定的圆管中稳定流动，若水的质量流量一定，当水温度升高时，Re 将（   ）。

    A. 增大   B. 减小   C. 不变   D. 不确定

11. 一水平放置的异径管，流体从小管流向大管，有一 U 形管压差计，一端 A 与小径管相连，另一端 B 与大径管相连，问差压计读数 R 的大小反映（   ）。

    A. A，B 两截面间压差值   B. A，B 两截面间流动压降损失

    C. A，B 两截面间动压头的变化   D. 突然扩大或突然缩小流动损失

12. 工程上，常以（   ）流体为基准，计量流体的位能、动能和静压能，分别称为位压头、动压头和静压头。

    A. 1 kg   B. 1 N   C. 1 mol   D. 1 kmol

13. 液体的液封高度的确定是根据（   ）。

    A. 连续性方程   B. 物料衡算式   C. 静力学方程   D. 牛顿黏性定律

14. 下列四种流量计，不属于差压式流量计的是（   ）。

    A. 孔板流量计   B. 喷嘴流量计   C. 文丘里流量计   D. 转子流量计

15. 气体的黏度随温度升高（   ）。

    A. 增大   B. 减小   C. 不变   D. 略有改变

16. 光滑管的摩擦因数 λ（   ）。

    A. 只与 ε/d 有关   B. 仅与 Re 有关

    C. 与 Re 和 ε/d 有关   D. 与 Re 和 ε/d 无关

17. 在静止的连通的同一种连续流体内，任意一点的压强增大时，其他各点的压强则（   ）。

    A. 相应增大   B. 减小   C. 不变   D. 不一定

18. 流体在圆形直管内做滞流流动时，其管中心最大流速 u 与平均流速 u_c 的关系为（   ）。

    A. $u_c = 0.5\,u$ B. $u = 0.5u_c$ C. $u = 2u_c$ D. $u = 3u_c$

19. 用阻力系数法计算局部阻力时出口阻力系数为（   ）。

    A. 1   B. 0.5   C. 0.1   D. 0

20. 流体在变径管中做稳定流动，在管径缩小的地方其静压能将（   ）。

    A. 减小   B. 增加   C. 不变   D. 无法确定

二、判断题

1. 相对密度为 1.5 的液体密度为 1 500 kg/m³。（   ）

2. 转子流量计的转子位置越高，流量越大。（   ）

3. 大气压等于 760 mmHg。（   ）

4. 流体在截面为圆形的管道中流动时，当流量为定值时，流速越大，管径越小，则基建费用减少，但日常操作费用增加。（   ）

5. 闸阀的特点是密封性能较好，流体阻力小，具有一定的调节流量性能，适用于控制清洁液体，安装时没有方向。（　　）

6. 在稳定流动过程中，流体流经各等截面处的体积流量相等。（　　）

7. 层流内层影响传热、传质，其厚度越大，传热、传质的阻力越大。（　　）

8. 流体质点在管内彼此独立的互不干扰的向前运动的流动型态是湍流。（　　）

9. 流体阻力的大小与管长成正比，与管径成反比。（　　）

10. 流体发生自流的条件是上游的能量大于下游的能量。（　　）

三、简答题

1. 流体的绝对压强（实际压强）、表压强、真空度三者之间有什么关系？用一个公式表示。

2. 如何判断静止流体内部两点的压强相等？

3. 扼要说明伯努利方程和流体静力学基本方程的关系。

4. 应用伯努利方程时，衡算系统上、下游截面的选取原则是什么？

四、计算题

1. 在稳定流动系统中，水连续从粗管流入细管。粗管内径 $d_1 = 10$ cm，细管内径 $d_2 = 5$ cm，当流量为 4×10^{-3} m³/s 时，粗管内和细管内水的流速分别为多少？

2. 用内径为 100 mm 的钢管从江中取水，用泵送入蓄水池。水由池底进入，池中水面高出江面 30 m，水在管内的流速是 1.5 m/s，管路的压头损失为 1.72 m。如泵的轴功率为 5 kW，则泵的效率是多少？

3. 水经过内径为 200 mm 的管子由水塔内流向各用户。水塔内的水面高于排出管端 25 m，且维持水塔中水位不变。设管路全部能量损失为 24.5 mH₂O，试求管路中水的体积流量为多少（以 m³/h 为单位）？

4. 黏度 8×10^{-3} Pa·s，密度为 850 kg/m³ 的液体在内径为 14 mm 的钢管内流动，溶液的流速为 1 m/s，试计算雷诺数 Re，并指明属于何种流型。

5. 某离心泵以 71 m³/h 的送液量输送密度为 850 kg/m³ 的溶液，在压出管路上压力表读数为 3.2 atm，吸入管路上真空表读数为 220 mmHg，两表之间的垂直距离为 0.4 m，泵的进、出口管径相等。两测压口间管路的流动阻力可忽略不计，如泵的效率为 80%，求该泵的轴功率。

第 2 章习题参考答案

3 流体输送机械

▶ **学习目标**

掌握：离心泵的主要性能参数和特性曲线，离心泵工作点和流量调节方法，离心泵安装高度的确定。

理解：往复泵的工作原理、特性及适用范围。

了解：离心泵的结构和工作原理，常见气体输送机械的特点、原理及应用。

▶ **学习要求**

能确定离心泵安装高度，调节工作点；在掌握离心泵相关内容的基础上，通过对比，掌握正位移泵、旋涡泵的工作原理和操作特性。

3.1 化工生产中流体输送问题

在化工生产过程中，流体输送是主要的单元操作之一，它遵循流体流动的基本原理。流体输送机械是一种向流体做功以提高流体机械能的装置。通常，将输送液体的机械称为泵，将输送气体的机械按工况的不同分别称为通风机、鼓风机、压缩机和真空泵。化工生产中常用的流体输送设备按照工作原理可以分为以下几类。

①动力式(又称叶轮式、非正位移式)：动力式流体输送设备是利用高速旋转的叶轮使液体获得能量的流体输送机械，如离心泵、旋涡泵等。

②容积式(又称正位移式)：容积式流体输送设备是利用活塞或转子的挤压作用使液体升压排出的流体输送机械，如往复泵、计量泵、旋转式输送机械等。

③其他类型：除了上述两种类型外，流体输送设备还有其他类型，如流体作用式是依靠另外一种工作流体的能量来抽取或压送液体的流体输送机械。

同一类型的气体输送机械和液体输送机械在基本结构、工作原理、主要操作性能等方面大致相似，但因气体的可压缩性及其密度低，两者在某些方面存在差异，因而本书将分别讨论。

在化工生产操作中，要求流体输送机械：能适应被输送流体的特性，例如它们的黏性、腐蚀性、毒性、易燃易爆性以及是否含有固体杂质等；能满足生产工艺上对能量（压头）和流量的要求；结构简单，操作可靠和高效，投资和操作费用低。因此，在化工生产中，选择适宜的流体输送机械是十分重要的。

3.2 离心泵的结构及工作原理

3.2.1 离心泵的结构

离心泵的类型很多，其基本结构如图 3－1 所示，图中蜗牛形的泵壳 2 内有一叶轮 1，叶轮通常有 6～12 片后弯叶片。叶轮牢固地安装在由原动机（电动机）带动的泵轴 3 上。泵壳 2 上有两个接口，在泵壳轴心处的接口连接液体吸入管 4，在泵壳切线方向上的接口连接液体压出管 6。

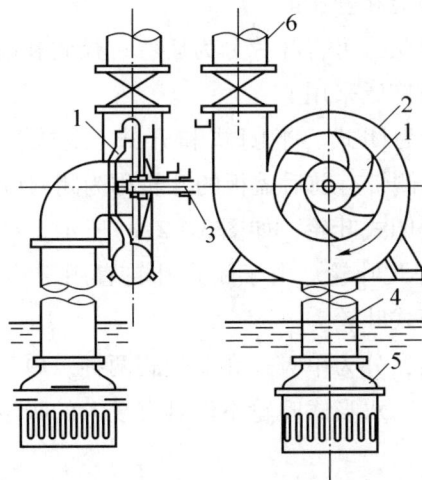

1—叶轮；2—泵壳；3—泵轴；4—吸入管；5—底阀；6—压出管。

图 3－1　离心泵基本结构

3.2.2 离心泵的工作原理

1. 排液过程

离心泵一般由电动机驱动，它在启动前需先向泵壳内灌满被输送的液体（称为灌泵）。启动后，泵轴带动叶轮及叶片间的液体高速旋转，在惯性离心力的作用下，液体从叶轮中心被抛向外缘，动能和静压能提高。进入泵壳后，由于流道逐渐扩大，液体的流速减小，部分动能转换为静压能，最终以较高的压强从压出口进入排出管路。

2. 吸液过程

当泵内液体从叶轮中心被抛向外缘时，叶轮中心形成了低压区。由于储槽液面上方的压强大于泵吸入口处的压强，在该压强差的作用下，液体便经吸入管路被连续地吸入泵内。

3. 气缚现象

若在泵内未能灌满液体而存在大量气体时启动离心泵，由于空气的密度远小于液体的密度，叶轮旋转产生的惯性离心力很小，因而叶轮中心处不能形成吸入液体所需的真空度。这种虽启动离心泵，但不能输送液体的现象称为气缚现象。因此，离心泵是一种没有自吸能力的液体输送机械。若泵的吸入口位于储槽液面的上方，在吸入管路中应安装单向底阀和滤网。单向底阀可防止启动前灌入的液体从泵内漏出，滤网可阻挡液体中会被离心泵吸入而堵塞泵壳和管路的固体杂质。若泵的位置低于槽内液面，则启动时就无须灌泵。

3.2.3 离心泵的主要部件

1. 叶轮

叶轮是离心泵的关键部件，它由若干弯曲的叶片组成。叶轮的作用是将原动机的机械能直接传给液体，提高液体的动能和静压能。

根据叶轮上叶片的几何形状，可将叶片分为后弯、径向和前弯叶片三种，由于后弯叶片可获得较多的静压能，所以被广泛采用。

叶轮按其机械结构可分为闭式、半闭式和开式（敞式）三种，如图3-2所示。如图3-2(a)所示，在叶片的两侧带有前后盖板的叶轮称为闭式叶轮；如图3-2(b)所示，在吸入口侧无盖板的叶轮称为半闭式叶轮；如图3-2(c)所示，在叶片两侧无前后盖板，仅由叶片和轮毂组成的叶轮称为开式叶轮。由于闭式叶轮宜用于输送清洁的液体，泵的效率较高，因此一般离心泵多采用闭式叶轮。

叶轮可按吸液方式的不同，分为单吸式和双吸式两种。单吸式叶轮结构简单，双吸式叶轮从叶轮两侧对称地吸入液体。双吸式叶轮不仅具有较大的吸液能力，而且可以基本消除轴向推力。

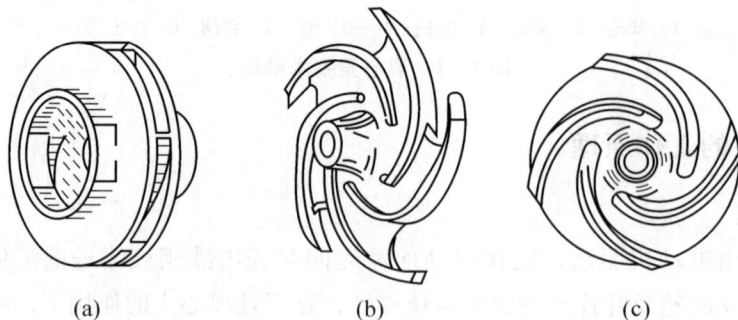

(a)   (b)   (c)

图3-2 离心泵的叶轮

（a）闭式叶轮；（b）半闭式叶轮；（c）开式叶轮

2. 泵壳和导轮

泵体的外壳多制成蜗壳形，它包围叶轮，在叶轮四周展开成一个截面积逐渐扩大的蜗壳形通道。泵壳的作用有：

①汇集液体，即使液体从叶轮外缘甩出后，再沿泵壳中通道流过，排出泵体。

②作为转能装置，因壳内叶轮旋转方向与蜗壳流道逐渐扩大的方向一致，这就减少了流动的能量损失，并且可以使部分动能转变为静压能。

若为了减小液体进入泵壳时的碰撞，还可在叶轮与泵壳之间安装一个固定不动的导轮。导轮上叶片间形成若干逐渐转向的流道，不仅可以使部分动能转变为静压能，还可以减小液体流动的能量损失。

离心泵在结构上采用了具有后弯叶片的叶轮，蜗壳形的泵壳及导轮均有利于动能转换为静压能，并可以减少流动的能量损失。

3. 轴封装置

离心泵工作时，泵轴旋转而泵壳不动，泵轴与泵壳之间的密封部件称为轴封。轴封的作用是防止高压液体从泵壳内沿间隙漏出，或外界空气进入泵内。轴封装置保证离心泵正常、高效地运转，常用的轴封装置有填料密封和机械密封两种。

3.2.4 离心泵性能参数

1. 流量

流量是指泵能输送的液体量，常用单位时间内泵排出到输送管路中的流体的体积量来表示，用符号 q_V 表示，单位为 m^3/h。离心泵的流量取决于泵的结构、尺寸和转速。

2. 扬程

扬程是指单位重量的液体经泵后所获得的能量，用符号 H 表示，单位为米液柱。离心泵扬程的大小取决于泵的结构、转速及流量。对一定的泵，在一定转速下，扬程和流量之间具有一定的关系。

扬程并不代表升举高度，一般来说，离心泵的实际扬程由实验测定。离心泵铭牌上的扬程是离心泵在额定流量下的扬程。

3. 效率

在液体输送过程中，外界能量通过泵传递给液体，其中不可避免地有能量损失，故泵所做的功不可能全部为液体获得。离心泵的效率用符号 η 表示，它反映了能量损失，能量损失主要包括容积损失、水力损失和机械损失。

(1)容积损失

容积损失是由泵的泄漏损失造成的。在实际运转的离心泵中，由于密封不十分严密，在泵体内部总是不同程度地存在泄漏，使得泵实际输出的液体量少于吸入的液体量。这种泄漏越严重，泵的工作效率就越低。容积损失与泵的结构、液体进出口的压强差及流量大小有关。

（2）水力损失

水力损失是由液体在泵内的摩擦阻力和局部阻力引起的，当液体流过叶轮、泵壳时，其流量大小和方向要改变，且发生冲击，因而有能量损失。水力损失与泵的构造和液体的性质有关。

（3）机械损失

机械损失是泵在运转时，泵轴与轴承、轴封之间的机械摩擦引起的损失。因而机械损失也要消耗部分能量，使泵的效率降低。

泵的效率反映了上述能量损失的总和，故泵的效率 η 亦称为总效率，它是上述三种效率的乘积。离心泵的效率既与泵的类型、尺寸及加工精度有关，又与流体流量及流体性质有关。一般来说，小型泵的效率为50%~70%，大型泵效率高些，有的可达90%。

4. 轴功率

功率是指单位时间内做功的大小，离心泵的功率是指泵的轴功率，即指泵轴所需的功率，也就是直接传动时，原动机传给泵轴的功率，用符号 P 表示，单位是 W（J/s），而有效功率 P_e 是液体实际上自泵得到的功率。因此，泵的效率就是有效功率与轴功率之比，故轴功率为：

$$P = \frac{P_e}{\eta} = \frac{Hq_V\rho g}{\eta} \qquad (3-1)$$

由于泵在运转过程中可能发生超负荷或在传动中存在损失等，因此，所配电动机的功率应比泵的轴功率大。

5. 离心泵的特性曲线

离心泵主要性能参数之间的关系由实验确定，测出的流量与扬程、功率、效率之间的关系曲线称为离心泵的特性曲线或工作性能曲线，如图3-3所示。

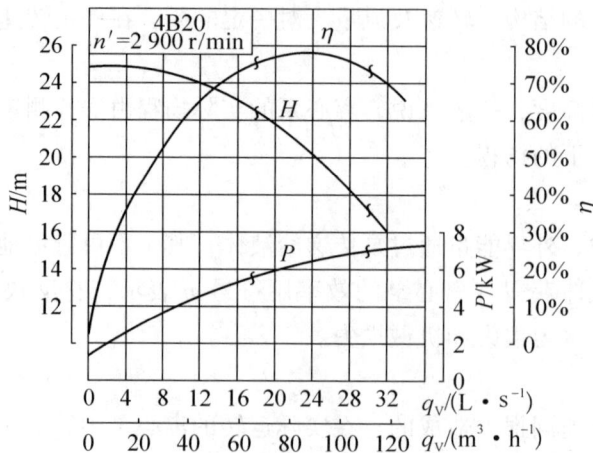

图3-3　离心泵的特性曲线

①从 H（扬程）$- q_V$（流量）曲线中可以看出，随着流量的增加，泵的压头是下降的，即流量越大，泵向单位重量流体提供的机械能越小。但是，这一规律对流量很小的情况可能不适用。

②从 P（轴功率）$- q_V$（流量）曲线中可以看出，轴功率随着流量的增加而上升，流量为零时轴功率最小，所以大流量输送一定对应着大的配套电动机。另外，这一规律还提示我们，离心泵应在出口阀关闭的情况下启动，这样可以使电动机的启动电流最小，以保护电动机。

③从 η（效率）$- q_V$（流量）曲线可以看出，流量为零时，效率也为零。泵的效率先随着流量的增加而上升，达到最大值后便下降。该曲线的最高点为泵的设计点，泵在该点对应的流量及扬程下工作时效率最高。

选用泵时，总是希望泵能在最高效率下工作，因在此条件下最为经济合理。但实际上，泵往往不可能正好在与最高效率相应的流量和扬程下运转。因此，离心泵一般只能规定一个工作范围，称泵的高效率区域，一般该区域的效率不低于最高效率的92%。离心泵的铭牌上标有一组性能参数，它们都是与最高效率点对应的性能参数，称为最佳工况参数。

【例3-1】 用20℃清水测定某台离心泵性能时，在转速为2 900 r/min下，得到的实验数据为：流量12.5 L/s，泵出口处压强表读数为255 kPa，泵入口处真空表读数为26.66 kPa，两测压点的垂直距离为0.5 m，功率表测得电动机所耗功率为6.2 kW，泵由电动机直接带动，传动效率可视为1，电动机效率为0.93，泵的吸入管路与排出管路的管径相同。求：（1）该泵的效率；（2）列出泵在该效率下的性能。

解：（1）以真空表和压强表所在的截面为 $1-1'$ 和 $2-2'$，列出以 1 N 为衡算基准的伯努利方程：

$$z_1 + \frac{u_1^2}{2g} + \frac{p_1}{\rho g} + H_e = z_2 + \frac{u_2^2}{2g} + \frac{p_2}{\rho g} + \sum H_{\mathrm{fl}-2}$$

其中，$z_2 - z_1 = 0.5$ m，$u_1 = u_2$，$p_1 = -26.66$ kPa（表压），$p_2 = 255$ kPa（表压），因两测压口距离短，故 $\sum H_{\mathrm{fl}-2} \approx 0$。

将各量代入后可求出：

$$H_e = 0.5 + \frac{2.55 \times 10^5 + 0.266\,6 \times 10^5}{1\,000 \times 9.81} + 0 \approx 29.21 \quad (\mathrm{m})$$

已知 $P_{电动机} = 6.2$ kW，$\eta_{电动机} = 0.93$，$\eta_传 = 1$，可求出：

$$P = 6.2 \times 0.93 \times 1 = 5.766 \approx 5.77(\mathrm{kW})$$

泵的效率为：

$$\eta = \frac{q_V H_e \rho g}{1\,000 P} \times 100\% = \frac{12.5 \times 10^{-3} \times 29.21 \times 1\,000 \times 9.81}{1\,000 \times 5.77} \times 100\% \approx 0.621 \times 100\% = 62.1\%$$

（2）列出该泵的主要性能为：

$n = 2\,900$ r/min，$q_V = 12.5$ L/s，$H_e = 29.21$ m，$P = 5.77$ kW，$\eta = 62.1\%$

6. 离心泵性能参数的影响因素

离心泵的特性曲线是泵在常温和常压条件下，以一定转速用清水做实验测得的。因此，当泵输送的液体的物理性质与水有较大差异、泵采用了不同的转速或改变了叶轮的直径时，须对该泵的特性曲线进行校正。

（1）液体的密度 ρ

离心泵的压头、流量、效率均与流体的密度无关，而有效功率和轴功率与密度有关，随密度的增加而增加，因此，离心泵的性能参数可以用下式进行校正：

$$\frac{P_{e1}}{P_{e2}} = \frac{Hq_V\rho_1 g}{Hq_V\rho_2 g} = \frac{\rho_1}{\rho_2} \tag{3-2}$$

$$\frac{P_1}{P_2} = \frac{\dfrac{P_{e1}}{\eta}}{\dfrac{P_{e2}}{\eta}} = \frac{P_{e1}}{P_{e2}} = \frac{\rho_1}{\rho_2} \tag{3-3}$$

（2）液体的黏度

若流体黏度大于常温下清水的黏度，则泵的流量、压头、效率都会下降，但轴功率上升。

一般来说，当液体的运动黏度 $v < 20 \times 10^{-6}$ m^2/s 时，如汽油、煤油、洗涤油、轻柴油等，泵的特性曲线不必换算。当 $v > 20 \times 10^{-6}$ m^2/s 时，则需按式（3-4）进行换算：

$$q_{V1} = C_q q_V, \quad H_1 = C_H H, \quad \eta_1 = C_\eta \eta \tag{3-4}$$

式中：q_V，H，η——离心泵的流量、扬程和效率；

q_{V1}，H_1，η_1——离心泵输送其他黏度液体时的流量、扬程和效率；

C_q，C_H，C_η——流量、扬程和效率的换算系数。

式（3-4）中具体数值可查泵使用手册中的图表。

（3）转速

离心泵的转速发生变化时，其流量、压头、轴功率和效率都要发生变化，泵的特性曲线也将发生变化。

若离心泵的转速变化不大（小于20%），假设转速改变前、后离心泵的效率不变，泵的流量、压头、轴功率与转速的关系符合比例定律，表达式为：

$$\frac{q_{V2}}{q_{V1}} = \frac{n_2}{n_1}, \quad \frac{H_2}{H_1} = \left(\frac{n_2}{n_1}\right)^2, \quad \frac{P_2}{P_1} = \left(\frac{n_2}{n_1}\right)^3 \tag{3-5}$$

式中：q_{V1}，H_1，P_1——转速为 n_1 时泵的性能；

q_{V2}，H_2，P_2——转速为 n_2 时泵的性能。

（4）叶轮外径

当泵的转速达到一定值时，压头、流量与叶轮的外径有关。对于同一型号的离心泵，若对其叶轮的外径进行"切割"且叶轮外径的减小变化不超过5%，而其他尺寸不变的条件下，该泵符合如下切割定律。

$$\frac{q_{V2}}{q_{V1}} = \frac{D_2}{D_1}, \quad \frac{H_2}{H_1} = \left(\frac{D_2}{D_1}\right)^2, \quad \frac{P_2}{P_1} = \left(\frac{D_2}{D_1}\right)^3 \tag{3-6}$$

式中：q_{V1}，H_1，P_1——叶轮外径为 D_1 时泵的性能；

q_{V2}，H_2，P_2——叶轮外径为 D_2 时泵的性能。

3.3 离心泵的气蚀现象与安装高度

3.3.1 离心泵的气蚀现象

储槽液面与离心泵吸入口之间的垂直距离为泵的吸上高度。当储槽上方压强一定时，泵吸入口的压强越低，则吸上高度越高，但是泵吸入口的低压是有限制的。在泵的流道（一般在叶轮入口附近）中，当液体的静压强等于或低于该液体在工作温度下的饱和蒸气压 p_V 时，液体将部分汽化，产生气泡。含气泡的液体进入高压区后，气泡就急剧凝结或破裂。气泡的消失会产生局部真空，周围的液体就以极高的速度流向原气泡中心，瞬间产生了极大的局部冲击压力，造成对叶轮和泵壳的冲击，使材料受到破坏，通常把泵内气泡的形成和破裂而使叶轮材料受到损坏的过程，称为气蚀现象。

气蚀发生时，冲击会使泵体震动，并发出噪声，同时还会使泵的流量、扬程和效率都明显下降，泵的使用寿命缩短，严重时使泵不能正常工作。因此，应尽量避免泵在气蚀工况下工作，并采取一些有效的抗气蚀措施。

3.3.2 离心泵的抗气蚀性能及允许安装高度

1. 离心泵的抗气蚀性能

为防止气蚀现象的发生，在离心泵入口处，液体的静压头和动压头之和必须大于操作温度下液体饱和蒸气压头的某一数值，此数值即离心泵的气蚀余量 Δh，其定义式为：

$$\frac{p_1}{\rho g} + \frac{u_1^2}{2g} = \frac{p_V}{\rho g} + \Delta h \tag{3-7}$$

或

$$\Delta h = \frac{p_1 - p_V}{\rho g} + \frac{u_1^2}{2g} \tag{3-8}$$

式中：p_V——在操作温度下液体的饱和蒸气压，Pa；

Δh——离心泵的气蚀余量，m。

目前在国产泵样本的性能表中，离心油泵中的气蚀余量用符号 Δh 表示，离心水泵的气蚀余量用 NPSH 表示，本节中为简化均用 Δh 表示。临界气蚀余量的表达式为：

$$\Delta h_c = \frac{p_{1\min} - p_V}{\rho g} + \frac{u_1^2}{2g} = \frac{u_K^2}{2g} + H_{f,1-K} \tag{3-9}$$

式中：Δh_c——临界气蚀余量，m。

当流体流量一定且流动进入阻力平方区时，气蚀余量 Δh 仅与泵的结构及尺寸有关，它是泵的抗气蚀性能参数。

离心泵的 Δh_c 数值是由泵制造厂通过实验测定的，它随流量的增大而增大。为确保离心泵的正常操作，将所测得的临界气蚀余量 Δh_c 加上一定的安全量后，称为必需气蚀余量 Δh_r，并且将其列入泵产品样本性能表中。离心水泵的必需气蚀余量用 $NPSH_r$ 表示，离心油泵的必需气蚀余量用 Δh_r 表示。在一些离心泵的特性曲线图上，也绘出 $\Delta h_r - q_V$ 曲线，应注意的是，在确定离心泵安装高度时，应取可能出现的最大流量为计算依据。

2. 离心泵的允许安装高度

由离心泵的吸液示意图图 3－4 列出伯努利方程，可求得离心泵的允许安装高度 H_g 为：

$$\frac{p_a}{\rho g} = \frac{p_1}{\rho g} + \frac{u_1^2}{2g} + H_g + \sum H_{f0-1} \tag{3-10}$$

式中：H_g——允许安装高度，m；

p_a，p_1——液面和泵入口的绝对压力，N/m^2；

$\sum H_{f0-1}$——吸入管路的压力损失，m；

u_1——泵入口处液体流速，m/s；

ρ——液体密度，kg/m^3。

变形后可得：

$$H_g = \frac{p_a}{\rho g} - \frac{p_1}{\rho g} - \frac{u_1^2}{2g} - \sum H_{f0-1} = \frac{p_a}{\rho g} - \left(\frac{p_1}{\rho g} + \frac{u_1^2}{2g}\right) - \sum H_{f0-1} \tag{3-11}$$

若将泵样本中推荐的允许气蚀余量 $\Delta h_允$ 代入式（3－11），则可得到离心泵的允许几何安装高度计算式为：

$$H_g = \frac{p_a}{\rho g} - \frac{p_V}{\rho g} - \Delta h_允 - \sum H_{f0-1} \tag{3-12}$$

从式（3－12）中可以看出，若 p_a 与 p_V 比较接近或相等，则 H_g 是负值，这表明离心泵的吸入口必须在液面以下，即在灌注压头下工作。这种情况在化工厂、石油化工厂及炼油厂中最为常见，如在输送高温液体、沸腾液体及沸点较低的液体时，离心泵的吸入口须在灌注压头下。

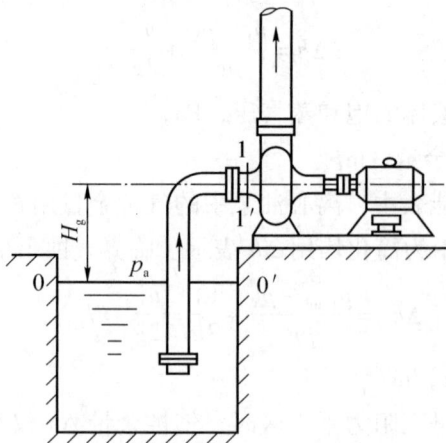

图 3－4　离心泵的吸液示意图

泵样本中的允许气蚀余量 $\Delta h_{允}$ 的数值，是以 293 K 的清水为介质测定的最小气蚀余量 $\Delta h_{\min}$ 的值，并取 0.3（米水柱）的安全量后得到的，即：

$$\Delta h_{允} = \Delta h_{\min} + 0.3 \qquad\qquad (3-13)$$

【例 3-2】 用 IS80-65-125 型离心泵从常压储槽中将温度为 50 ℃的清水输送到他处，槽内水面恒定，输送量为 50 m^3/h。已知泵吸入管路的压头损失为 2 m，动压头可忽略，当地大气压为 9.81×10^4 Pa。求该离心泵的安装高度 H_g。

解： 由附录的附表 42 中可查出：对 IS80-65-125 型离心泵来讲，转速为 2 900 r/min，流量为 50 m^3/h 时的必需气蚀余量为 $\Delta h_r = 3.0$ m。

又查出 50 ℃时水的物理性质为：$\rho = 988.1$ kg/m^3，$p_V = 1.234 \times 10^4$ Pa

故离心泵的允许安装高度可用下式计算：

$$H_g = \frac{p_a}{\rho g} - \frac{p_V}{\rho g} - \Delta h_{允} - \sum H_{f0-1} = \frac{9.81 \times 10^4 - 1.234 \times 10^4}{988.1 \times 9.81} - 3 - 2 \approx 3.85 \ （m）$$

为安全起见，离心泵的实际安装高度应比允许安装高度 H_g 低 0.5~1 m。

【例 3-3】 用某离心泵从储槽向反应器输送液态异丁烷，储槽内异丁烷液面恒定，液面上方压强为 652.37 kPa（绝对压强），泵位于储槽液面以下 1.5 m 处，吸入管路的全部压头损失为 1.6 m。异丁烷在输送条件下的密度为 530 kg/m^3，饱和蒸气压为 637.65 kPa。在泵的性能表上查得输送流量下泵必需气蚀余量为 3.5 m。试问该泵能否正常操作？

解： 要判断该泵能否正常操作，应根据已知条件，核算泵的安装高度是否合适，即能否避免气蚀现象。

先用公式计算允许安装高度，以便和该离心油泵的实际安装高度 -1.5 m 进行比较。

$$H_g = \frac{p_a}{\rho g} - \frac{p_V}{\rho g} - \Delta h_r - \sum H_{f0-1}$$

由题意知：$p_a = 652.37 \times 10^3$ Pa，$p_V = 637.65 \times 10^3$ Pa，$\Delta h_r = 3.5$ m，$\sum H_{f0-1} = 1.6$ m，代入上式得：

$$H_g = \frac{(652.37 - 637.65) \times 10^3}{530 \times 9.81} - 3.5 - 1.6 \approx -2.27 \ （m）$$

因此，已知泵的实际安装高度为 -1.5 m，大于允许安装高度 -2.27 m，即表明泵的实际安装高度偏高，可能发生气蚀现象，故该泵不能正常操作。

3. 提高离心泵抗气蚀性能的措施

①减少吸入管路的阻力损失，如减少不必要的弯头、阀门等局部阻力损失，增大吸入管直径等，即泵的吸入管路尽可能短而粗。

②降低离心泵的气蚀余量，提高离心泵的抗气蚀性能，如采用双吸叶轮、增大叶轮入口直径、增加叶片入口处宽度等，均可以降低叶轮入口处的液体流速，从而减小允许气蚀余量 $\Delta h_{允}$。这种方法的缺点是会增加泄漏量，降低容积效率。

③采用抗气蚀材料。当由于使用条件的限制，不可能完全避免发生气蚀时，应采用抗气

蚀材料制造叶轮，以延长叶轮的使用寿命。一般来说，零件表面越光滑，材料强度和韧性越高，硬度和化学稳定性越高，材料的抗气蚀性能也越好。实践证明2Cr13、稀土合金铸铁和高镍铬合金等材料比普通铸铁和碳钢的抗气蚀性能好得多。

3.4 离心泵的工作点与流量调节

3.4.1 管路特性曲线及离心泵的工作点

当一个泵安装在一定的管路系统中工作时，实际工作扬程和流量不仅与离心泵本身的特性有关，还取决于管路的工作特性，即在输送液体的过程中，泵和管路必须是互相配合的。因此，讨论泵的实际工作情况，就不能脱离它所处的管路系统。

1. 管路特性曲线

管路特性曲线是表示一定管路系统所必需的扬程 H_e 与流量 q_{Ve} 之间的关系曲线。装有离心泵的管路系统输送液体时，要求泵供给的扬程可由伯努利方程求得：

$$H_e = \Delta z + \frac{\Delta p}{\rho g} + \frac{\Delta u^2}{2g} + \left(\lambda \frac{l}{d} + \sum \xi \right) \frac{u^2}{2g}$$

$$H_e = K + B q_{Ve}^2 \qquad\qquad (3-14)$$

由式(3-14)可知，输送液体时，管路要求泵提供的扬程随流量的平方而变化。将此关系描绘在相应的坐标上，即得到 $H_e - q_{Ve}$ 曲线。它表明了管路要求泵供给的扬程随流量的变化关系。管路情况不同，这种曲线的形状也不同，故称为管路特性曲线。

2. 离心泵的工作点

输送液体是靠泵和管路相互配合来完成的，故当安装在管路中的离心泵运转时，管路的流量必然与泵的流量相等。此时泵所能提供的扬程也必然与管路要求供给的扬程相一致，即 $H = H_e$。因此，将管路特性曲线与泵的特性曲线绘于同一坐标上，两条曲线必有一个交点，如图3-5所示的 M 点，该点称为泵的稳定工作点。离心泵的稳定工作点具有唯一性。

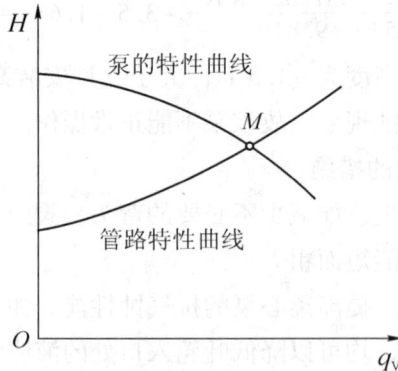

图3-5 离心泵的工作点

3.4.2 离心泵的流量调节

1. 改变泵出口阀的开度——改变管路特性

如图 3-6 所示，当阀门关小时，管路的局部阻力损失增大，管路特性曲线变陡，工作点由 M 点移至 A 点，流量由 q_{VM} 减小至 q_{VA}。反之开大阀门，工作点由 M 点移至 B 点，流量由 q_{VM} 增大至 q_{VB}。用阀门调节流量迅速方便，且流量可以连续调节，符合化工连续生产的特点，所以应用十分广泛。但其缺点是在阀门关小时，流体阻力加大，不经济。

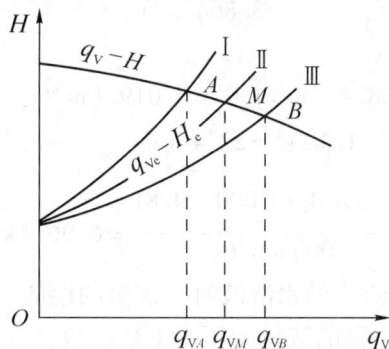

图 3-6 调节阀门时的流量变化示意图

2. 改变叶轮转速——改变泵的特性

通过改变叶轮转速，从而改变泵的性能曲线，也可以实现流量由 q_{VM} 减小至 q_{VA} 或增大至 q_{VB}，如图 3-7 所示。从动力消耗的角度看，此种方法比较合理，但改变转速需要变速装置，故很少采用。

3. 改变叶轮外径

减小叶轮外径，也能改变泵的性能曲线，从而使流量由 q_{VM} 减小至 q_{VA}，如图 3-8 所示。但此种方法调节不够灵活，调节范围不大，故也较少采用。

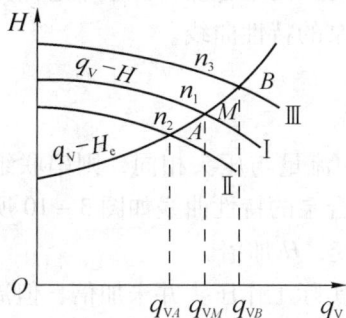

图 3-7 改变叶轮转速时的流量变化示意图   **图 3-8 改变叶轮外径时的流量变化示意图**

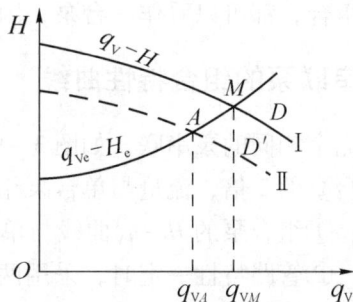

【例 3-4】 某离心泵在一定输送流量的范围和转速下，压头和流量间的关系可表示为 $H = 25 - 2.0q_V^2$（式中 H 单位为 m，q_V 单位为 m^3/min）。若将该泵安装在特定的管路内，该管

路特性方程可表示为 $H_e = 20 + 1.86q_{Ve}^2$（式中 H_e 单位为 m，q_{Ve} 单位为 m^3/min）。试求：（1）输送常温下清水时，该泵的流量、压头和轴功率。（2）输送密度为 1 200 kg/m³ 的水溶液时，该泵的流量、压头和轴功率。假设该泵的效率为60%。

解：根据离心泵的工作点定义可得：$q_V = q_{Ve}$，$H = H_e$

（1）求输送常温下清水时，该泵的性能。由 $H = H_e$ 可得：

$$25 - 2.0q_V^2 = 20 + 1.86q_{Ve}^2$$

即：

$$3.86q_V^2 = 5$$

解出：

①$q_V \approx 1.14$（m^3/min）$= 68.4$（m^3/h）$= 0.019$（m^3/s）

②$H = 25 - 2.0q_V^2 = 25 - 2 \times (1.14)^2 \approx 22.4$（m）

③$P = \dfrac{Wq_m}{\eta} = \dfrac{q_V \rho H g}{\eta} = \dfrac{\dfrac{1.14}{60} \times 22.4 \times 1\,000 \times 9.81}{1\,000 \times 0.6} = 6.96$（kW）

（2）求输送密度为 1 200 kg/m³ 的水溶液时，该泵的性能。

当输送液体的密度改变时，泵的流量和压头不变，故：

$$q_V' = q_V = 1.14 \text{ } m^3/min, \quad H' = H = 22.4 \text{ m}$$

而轴功率发生变化：

$$P' = \frac{W'q_m}{\eta} = \frac{q_V' \rho' H' g}{\eta} = \frac{\dfrac{1.14}{60} \times 22.4 \times 1\,200 \times 9.81}{1\,000 \times 0.6} \approx 8.35 \text{ （kW）}$$

3.5 离心泵的组合操作

在实际生产中，有时单台离心泵无法满足生产要求，需要几台组合运行。组合方式可以有串联和并联两种。下面讨论的内容限于多台性能相同的泵的组合操作。基本思路是多台泵无论怎样组合，都可以看作一台泵，因而需要找出组合泵的特性曲线。

3.5.1 串联泵的组合特性曲线

两台完全相同的泵串联，如图 3-9 所示，每台泵的流量与压头相同，则串联组合泵的压头为单台泵的2倍，流量与单台泵相同。单台泵及组合泵的特性曲线如图 3-10 所示。

讨论：①组合泵的 $H-q_V$ 曲线与单台泵相比，q_V 不变，H 加倍。

②管路特性一定时，采用两台泵串联组合，实际工作压头并未加倍，但流量有所增加。

③关小出口阀，使流量与原先相同，则实际压头就是原先的2倍。

④n 台完全相同的泵串联，组合泵的特性方程为：

$$H = n(A - Bq_V^2)$$

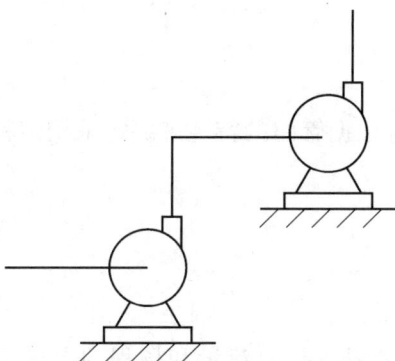

图 3-9 离心泵串联操作

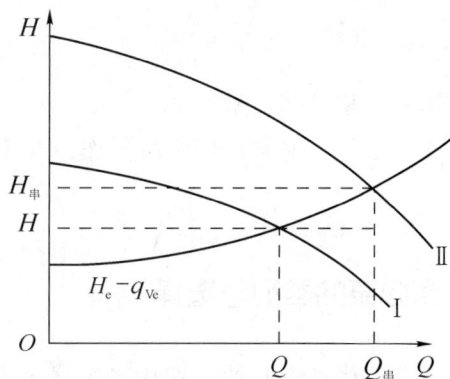

图 3-10 离心泵串联操作特性曲线

3.5.2 并联泵的组合特性曲线

两台完全相同的泵并联，如图 3-11 所示，每台泵的流量和压头相同，则并联组合泵的流量为单台泵的 2 倍，压头与单台泵相同。单台泵及组合泵的特性曲线如图 3-12 所示。

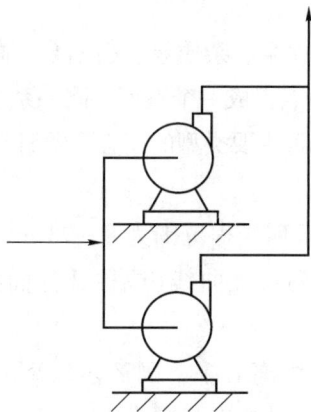

图 3-11 离心泵并联操作

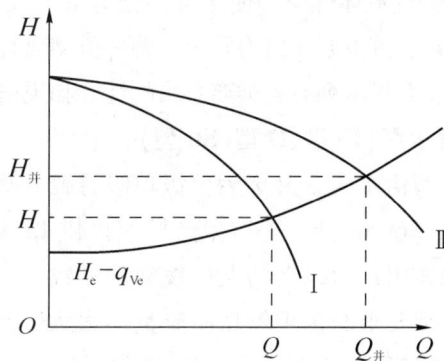

图 3-12 离心泵并联操作特性曲线

讨论：①组合泵的 $H-q_V$ 曲线与单台泵相比，H 不变，q_V 加倍。

②管路特性一定时，采用两台泵并联组合，实际工作流量并未加倍，但压头有所增加。

③开大出口阀，使压头与原先相同，则流量加倍。

④n 台完全相同的泵并联，组合泵的特性方程为：

$$H = A - B\frac{q_V^2}{n^2}$$

3.5.3 组合方式的选择

单台离心泵不能完成输送任务可以分为两种情况：

①压头不够，$H < \Delta z + \dfrac{\Delta p}{\rho g}$。

②压头合格，但流量不够。

对于情形①，必须采用串联操作；对于情形②，应根据管路的特性来决定采用何种组合方式。

3.6 离心泵的类型与选择

由于化工生产及石油工业中被输送液体的性质相差悬殊，对流量和扬程的要求千变万化，因而设计和制造出种类繁多的离心泵。

3.6.1 离心泵的类型

离心泵有多种分类方法：

①按叶轮数目分为单级泵和多级泵。

②按叶轮吸液方式分为单吸泵和双吸泵。

③按泵送液体性质和使用条件分为清水泵、油泵、耐腐蚀泵、杂质泵、高温泵、高温高压泵、低温泵、液下泵、磁力泵等。各种类型离心泵按其结构特点自成一个系列，同一系列中又有各种规格。泵样本列有各类离心泵的性能和规格，下面仅对几种主要类型的离心泵做简要介绍。

1. 清水泵（IS 型、D 型、Sh 型）

①IS 型清水泵，又称为单级单吸悬臂式离心水泵，全系列扬程范围为 8~98 m，流量范围为 4.5~360 m³/h。一般生产厂家提供 IS 型清水泵的系列特性曲线（或称选择曲线），以便于泵的选用，曲线上的点代表额定参数。

②若所要求的扬程较高而流量不太大，可采用 D 型多级离心泵，国产多级离心泵的叶轮级数通常为 2~9 级，最多为 12 级。D 型多级离心泵全系列扬程范围为 14~351 m，流量范围为 10.8~850 m³/h。

③若泵送液体的流量较大而所需扬程并不高，则可采用双吸离心泵，国产双吸泵系列代号为 Sh。双吸离心泵全系列扬程范围为 9~140 m，流量范围为 120~12 500 m³/h。

2. 油泵 （AY 型）

输送石油产品的泵称为油泵。由于油品易燃易爆，因而要求油泵有良好的密封性能。当输送高温油品（200 ℃以上）时，需采用具有冷却措施的高温泵。油泵有单吸与双吸、单级与多级之分。国产油泵系列代号为 AY、双吸式为 AYS。油泵全系列的扬程范围为 60~603 m，流量范围为 6.25~500 m³/h。

3. 耐腐蚀泵（F 型）

当输送酸、碱及浓氨水等腐蚀性液体时，应采用耐腐蚀泵。该类泵中所有与腐蚀液体接触的部件都用抗腐蚀材料制造，其系列代号为 F。F 型泵多采用机械密封装置，以保证高度密封。F 型泵全系列扬程范围为 15 ~ 105 m，流量范围为 2 ~ 400 m³/h。

4. 杂质泵(P 型)

当输送悬浮液及稠厚的浆液时，应选用杂质泵，其系列代号为 P。这类泵的特点是叶轮流道宽，叶片数目少，常采用半闭式或开式叶轮，泵的效率低。

5. 屏蔽泵

近年来，输送易燃、易爆、剧毒及具有放射性的液体时，常采用一种无泄漏的屏蔽泵。其结构特点是叶轮和电动机连为一个整体封在同一泵壳内，不需要轴封装置，又称无密封泵。

6. 磁力泵(C 型)

磁力泵是高效节能的特种离心泵，采用永磁联轴驱动，无轴封，消除液体渗漏，使用极为安全，在泵运转时无摩擦，故可节能。这种泵主要用于输送不含固体颗粒的酸、碱、盐溶液和具有挥发性、剧毒性的液体。其特别适用于易燃、易爆液体的输送。C 型泵全系列扬程范围为 1.2 ~ 100 m，流量范围为 0.1 ~ 100 m³/h。

3.6.2 离心泵的选择

离心泵种类齐全，能适应各种用途，选泵时应注意以下几点：

①根据被输送液体的性质确定泵的类型。

②确定输送系统的流量和所需压头。流量由生产任务来定，所需压头由管路的特性方程来定。

③根据所需流量和压头确定泵的型号。

a. 查性能表或特性曲线，要求流量和压头与管路所需相适应。

b. 若生产中流量有变动，以最大流量为准来查找，扬程 H 也应以最大流量对应值查找。

c. 若 H 和 q_V 与所需要求不符，则应在邻近型号中找 H 和 q_V 都稍大一点的离心泵。

d. 若几个型号都满足，应选一个在操作条件下效率最好的离心泵。

e. 为保险起见，所选泵可以稍大；但若太大导致工作点离最高效率点太远，则能量利用程度低。

f. 若被输送液体的性质与标准流体相差较大，则应对所选泵的特性曲线和参数进行校正，看是否能满足要求。

【例 3 – 5】 用泵将硫酸自常压储槽送到表压强为 196.2 kPa 的设备，要求流量为 13 m³/h，升扬高度为 6 m，全部压力损失为 5 m，酸的密度为 1 800 kg/m³。试选出适合的离心泵型号。

解： 由于输送硫酸，所以宜选用 F 型耐腐蚀泵，其材料宜用灰口铸铁，即选用 FH 型耐腐蚀泵。现计算管路所需的扬程：

$$H_e = \Delta z + \frac{\Delta p}{\rho g} + \frac{\Delta u^2}{2g} + \sum H_f = 6 + \frac{196.2 \times 10^3}{1\ 800 \times 9.81} + 5$$

$$\approx 22.1 \ (m)$$

查 F 型泵的性能表，50FH – 25 符合要求，流量为 14.04 m³/h，扬程为 24.5 m，效率为

53.5%，轴功率为1.8 kW。因性能表中所列轴功率是按水测出的，今输送密度为 1 800 kg/m³的酸，则轴功率为：

$$1.8 \times \frac{1\ 800}{1\ 000} = 3.24 \quad (\text{kW})$$

3.7 其他类型的液体输送机械

3.7.1 往复泵

1. 往复泵的结构和工作原理

往复泵主要由泵体、活塞(或柱塞)和单向活门构成。活塞由曲柄连杆机械带动做往复运动。当活塞在外力作用下向右移动时，泵体内形成低压，上端的活门(排出活门)受压关闭，下端的活门(吸入活门)则被泵外液体的压力推开，将液体吸入泵内，如图3-13（a）所示。当活塞向左移动时，活塞的挤压使泵内液体的压力增大，吸入活门关闭，而排出活门受压则开启，由此将液体排出泵外，如图3-13（b）所示，活塞如此不断地做往复运动，液体就间歇地被吸入和排出。可见往复泵是一种容积式泵。

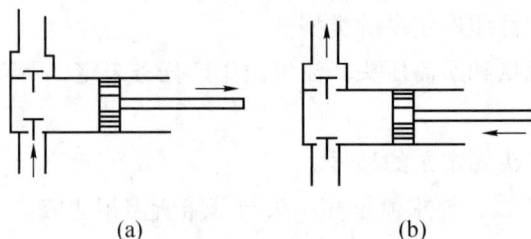

图3-13 单动往复泵的工作原理
（a）液体吸入；（b）液体排出

往复泵的吸上真空度决定于储液池液面的大气压力、液体温度和密度，以及活塞运动的速度等，所以往复泵的吸上高度也有一定的限制。但是往复泵有自吸能力，故启动前无须灌泵。

2. 往复泵的主要性能

往复泵的主要性能参数包括流量、扬程、功率与效率等，其定义与离心泵一样，这里不再赘述。

（1）流量

往复泵的流量是不均匀的，如图3-14所示。但双动泵要比单动泵均匀，而三联泵又比双动泵均匀。其流量的这一特点限制了往复泵的使用范围。工程上，有时通过设置空气室使往复泵的流量更均匀。

从工作原理不难看出，往复泵的理论流量只与活塞在单位时间内扫过的体积有关，因此往复泵的理论流量只与泵缸数量、泵缸的横截面积、活塞的往复频率及每一周期内的吸排液次数等有关。

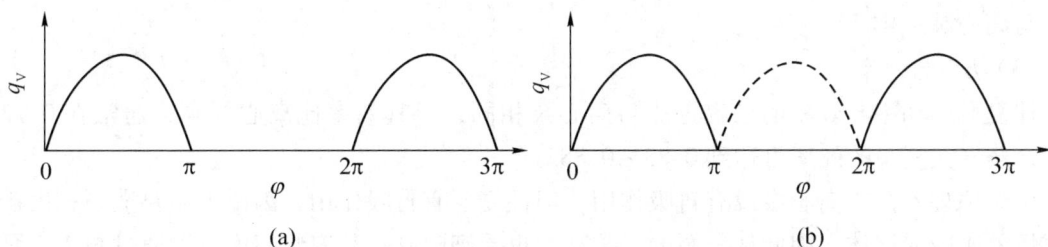

图 3-14 往复泵的流量曲线

（a）单缸单动；（b）单缸双动

对于单动往复泵，其理论流量为：

$$q_V = ASiF \qquad (3-15)$$

式中：q_V——往复泵的理论流量，m^3/s；

    A——活塞的横截面积，m^2；

    S——活塞的冲程，m；

    i——泵的缸数；

    F——活塞的往复频率，$1/s$。

对于双动往复泵，其理论流量为：

$$q_{V1} = (2A - a)SiF \qquad (3-16)$$

式中：a——活塞杆的横截面积，m^2。

也就是说，往复泵的理论流量与管路特性无关，即无论在什么扬程下工作，只要往复一次，泵就排出一定体积的液体。但是，由于密封不严造成泄漏、阀启闭不及时，以及随着扬程的增高，液体漏损量加大等，往复泵的实际流量要比理论值小，如图 3-15 所示。

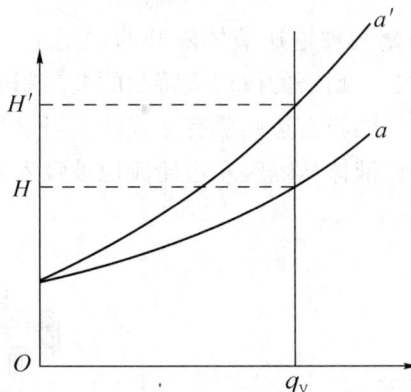

图 3-15 往复泵的实际流量

（2）扬程

往复泵的扬程与泵的几何尺寸及流量均无关，只要泵的机械强度和原动机械的功率允许，系统需要多大的压头，往复泵就能提供多大的压头，如图 3-15 所示。它的扬程的求解方法与离心泵一样。

（3）功率与效率

往复泵的功率与效率的求解方法与离心泵相同，但其效率比离心泵高，通常在0.72～0.93，蒸气往复泵的效率可达到0.83～0.88。

由于原理不同，离心泵没有自吸作用，但往复泵有自吸作用，因此不需要灌泵；由于都是靠压差来吸入液体，因此往复泵的安装高度也受到限制，其安装高度可以通过与离心泵类似的方法确定。

3. 流量调节

同离心泵一样，往复泵的工作点也是由泵的特性曲线决定的。但由于往复泵的正位移特性（所谓正位移，是指流量与管路无关，扬程与流量无关的特性），工作点只能落在$q_V =$常数的垂直线上，如图3－15所示。因此，要改变往复泵的送液能力，只能采用旁路调节法或改变往复频率及冲程的方法。

（1）旁路调节法

旁路调节法如图3－16所示，是通过增设旁路的方法来实现流量调节的，这种调节方法简便易行。旁路调节的实质不是改变泵的总送液能力，而是改变流量在主管路及旁路的分配。这种调节造成了功率的损耗，在经济上是不合理的，但生产中常用到。

（2）调节活塞的冲程或往复频率

从式（3－15）和式（3－16）可知，调节活塞的冲程或往复频率都能达到改变往复泵送液能力的目的。同旁路调节法相比，此法在能量利用上是合理的，特别对于蒸气往复泵，可以通过调节蒸气压力方便地实现。但对经常性的流量调节，此种方法是不适合的。

4. 特殊类型的往复泵——隔膜泵和计量泵

（1）隔膜泵

隔膜泵是用弹性薄膜将柱塞与被输送液体隔开的往复泵，主要用于输送腐蚀性强的液体。隔膜泵的弹性薄膜由耐腐蚀、耐磨的橡皮或特制的金属制成。隔膜左边的所有部件均为耐腐蚀材料或涂有耐腐蚀物质，隔膜右边则盛有水或油。当泵和柱塞做往复运动时，迫使隔膜交替地向两边弯曲，使腐蚀性液体从隔膜左边轮流地被吸入和压出而不与柱塞接触。隔膜泵的结构如图3－17所示。

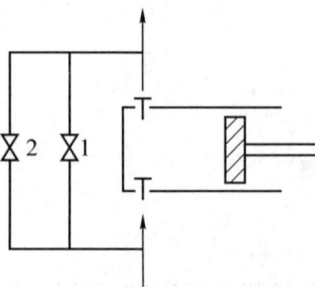

1—旁路阀；2—安全阀。

图3－16 往复泵的旁路调节法

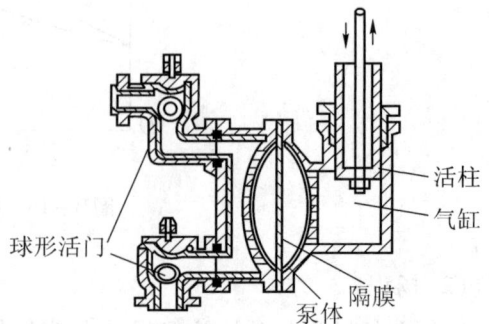

图3－17 隔膜泵的结构

（2）计量泵

在连续和半连续的化工过程中，有时需要按照工艺流程精确地输送定量的液体，有时还需要将两种或两种以上的液体按比例进行输送。计量泵就是为了满足这些要求而设计的。计量泵亦称为比例泵，是往复泵的一种，除装有一套可以精确地调节流量的调节机构外，其基本构造与往复泵相同。计量泵的结构如图 3 – 18 所示。

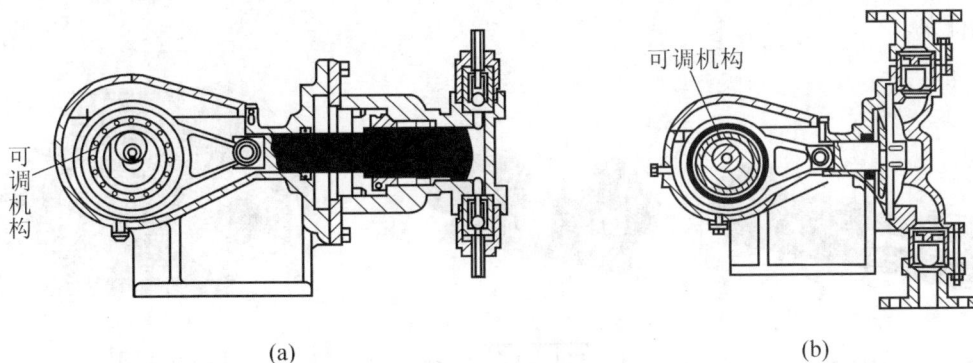

（a）　　　　　　　　　　　　　　　　　（b）

图 3 – 18　计量泵的结构

3.7.2　旋转泵

旋转泵和往复泵一样，属于容积式泵。它的工作原理是利用泵中转子的旋转作用，排出和吸入被输送液体，故旋转泵亦称为转子泵。

1. 齿轮泵

齿轮泵的工作原理与往复泵类似，其主要构件为泵壳和一对相互啮合的齿轮。其中一个齿轮为主动轮，另一个为从动轮。当齿轮转动时，吸入腔内的被输送液体因两轮齿互相分开形成的低压而被吸入齿穴中，并沿壳壁推送至排出腔。由于排出腔内齿轮的齿互相合拢，于是形成高压，并将液体排出。齿轮泵的结构如图 3 – 19 所示。

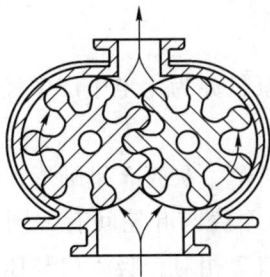

图 3 – 19　齿轮泵的结构

由于齿轮泵的齿穴不可能很大，因此其流量较小，但它可以产生较高的排出压力。在化工厂中，齿轮泵常用于输送黏稠液体甚至膏状物料，但不宜用来输送含有固体颗粒的悬浮液。

2. 螺杆泵

螺杆泵主要由泵壳与一个或一个以上的螺杆构成。图3-20(a)所示为单螺杆泵。此泵的工作原理是靠螺杆在具有内螺纹的泵壳中做偏心转动，将液体沿轴向推进，最后挤压至排出口。图3-20(b)所示为双螺杆泵，它与齿轮泵十分相像，它利用两根相互啮合的螺杆来排送液体，当所需的压力很高时，可采用较长的螺杆。图3-20(c)所示为输送高黏度液体的三螺杆泵。

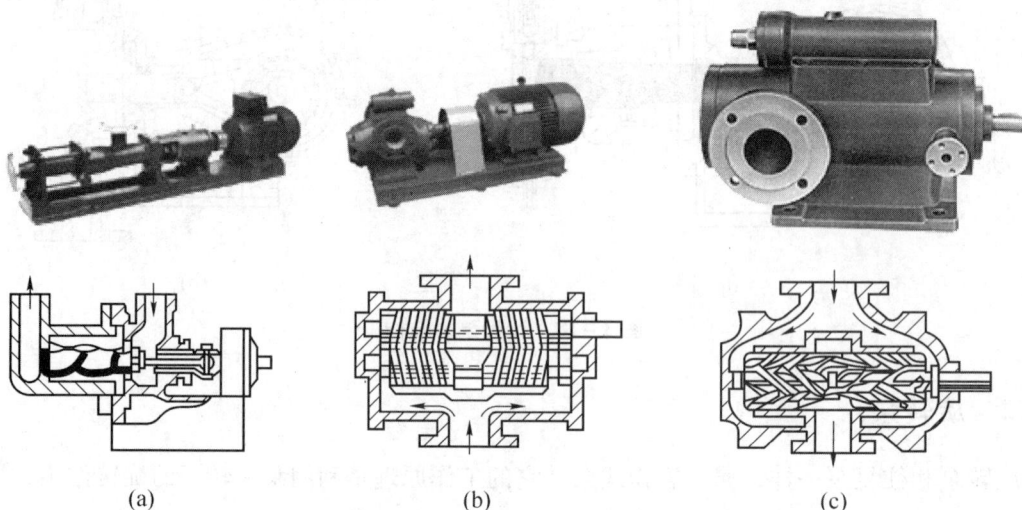

(a)   (b)   (c)

图3-20 螺杆泵

(a) 单螺杆泵；(b) 双螺杆泵；(c) 三螺杆泵

上述两种类型的旋转泵，特别适用于输送高黏度液体，故从使用角度分类，这些泵属于高黏度泵。在任何给定的转速下，旋转泵的理论流量均与扬程无关。对于输送高黏度液体，由于受泵的结构和所输送液体性质的限制，旋转泵是在低转速下工作的。

3.7.3 旋涡泵

旋涡泵是一种特殊类型的离心泵，亦为化工生产中经常用的一种泵，如用于向精馏塔输送回流液体等。

旋涡泵的主要构件如图3-21所示，泵壳3呈圆形，叶轮1为一圆盘，其上有许多径向叶片2，叶片与叶片间形成凹槽。在泵壳与叶轮间有一同心的流道4，泵的吸入口6不在泵盖的正中，而是在泵壳顶部与压出口7相对，吸入口与压出口在泵体内部由隔板5隔开。隔板与叶轮之间的间隙极小，因此吸入腔与排出腔得以分隔开来。

在充满液体的旋涡泵内，当叶轮高速旋转时，由于离心力的作用，叶片将凹槽中的液体以一定的速度抛向流道，在截面较宽的流道内，液体流速减慢，一部分动能转变为静压能。与此同时，叶片凹槽内侧因液体被抛出而形成低压，流道内压力较高的液体又可重新进入叶片凹槽，再度受离心力的作用继续增大压力。这样，液体由吸入口吸入，经过多次在叶片凹槽和流道间的反复旋涡形运动后，当达到出口时，就获得了较高的压力。

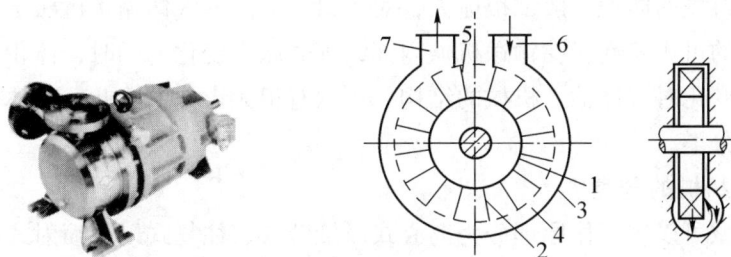

1—叶轮；2—径向叶片；3—泵壳；4—流道；5—隔板；6—吸入口；7—压出口。

图 3 – 21　旋涡泵

液体在流道内的反复迂回运动是由离心力的作用引起的，故旋涡泵在开动前也要灌泵。它的流量与扬程之间的关系也和离心泵相仿，但流量减小时扬程增加很快，功率也增大，这是与一般离心泵不同的地方。因此，旋涡泵的调节，应采用同往复泵一样的办法，借助于回流支路来调节，同时，泵开动前不能将出口阀关闭。

旋涡泵的流量小，扬程高，体积小，结构简单，但它的效率一般很低（不超过 40% ），通常在 35% ~38% 。与离心泵相比，旋涡泵在同样大小的叶轮和转速下所产生的扬程比离心泵高 2 ~4 倍。与转子泵相比，在同样扬程的情况下，旋涡泵的尺寸小得多，结构也简单得多，所以旋涡泵在化工生产中广为应用，适宜于流量小、扬程高的情况。旋涡泵适用于输送无悬浮颗粒及黏度不高的液体。

3.8　常用气体输送机械

3.8.1　概　述

1. 气体输送机械在工业生产中的应用

①气体输送。为了克服管路阻力，需要提高气体的压力。输送时，纯粹为了输送而对气体加压，压力一般都不高。但气体输送往往输送量很大，需要的动力相当大。

②产生高压气体。化学工业中一些化学反应过程需要在高压下进行，如合成氨反应、乙烯的本体聚合；一些分离过程也需要在高压下进行，如气体的液化与分离。这些在高压下进行的过程对相关的气体输送机械的出口压力提出了相当高的要求。

③产生真空。相当多的单元操作是在低于常压的情况下进行的，这时就需要使用真空泵从设备中抽出气体以产生真空。

2. 气体输送机械的一般特点

①动力消耗大。对一定的质量流量的气体，由于它的密度小，其体积流量很大。因此，气体输送管中的流速比液体要大得多，气体经济流速（15 ~25 m/s）约为液体（1 ~3 m/s）的 10 倍。这样，以各自的经济流速输送同样质量流量的气体或液体，经相同的管长后，气体

的阻力损失约为液体的 10 倍。因而气体输送机械的动力消耗往往很大。

②气体输送机械的体积一般都很庞大，对出口压力高的气体输送机械更是如此。

③由于气体的可压缩性，在输送机械内部，气体压力变化的同时，体积和温度也将随之发生变化。这些变化对气体输送机械的结构、形状有很大影响。因此，气体输送机械需要根据出口压力进行分类。

3. 气体输送机械的分类

气体输送机械可以按工作原理分为离心式、旋转式、往复式以及喷射式等。按出口压力（终压）和压缩比的不同，气体输送机械分为如下几类：

①通风机，终压（表压）不大于 15 kPa（约 1 500 mmH$_2$O），压缩比为 1～1.15。

②鼓风机，终压（表压）在 15～300 kPa，压缩比小于 4。

③压缩机，终压（表压）在 300 kPa 以上，压缩比大于 4。

④真空泵，在设备内造成负压，终压（表压）为大气压，压缩比由真空度决定。

3.8.2　离心式通风机

1. 离心式通风机的结构特点

离心式通风机的工作原理与离心泵相同，结构也大同小异。离心式通风机的结构如图 3-22 所示。

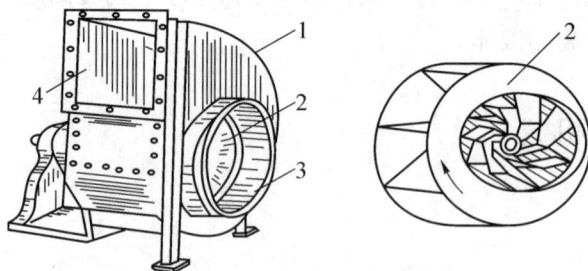

1—机壳；2—叶轮；3—吸入口；4—排出口。

图 3-22　离心式通风机及叶轮

①为适应输送风量大的要求，通风机的叶轮直径一般是比较大的。

②叶轮上叶片的数目比较多。

③叶片有平直的、前弯的、后弯的。通风机的主要要求是通风量大，因此在不追求高效率时，用前弯叶片有利于提高压头，减小叶轮直径。

④机壳内逐渐扩大的通道及出口截面常不为圆形而为矩形。

2. 离心式通风机的性能参数和特性曲线

①风量，即单位时间内入口的排气体积，单位为 m^3/s 或 m^3/h。

②全风压 p_t，即单位体积气体通过风机时获得的能量，单位为 J/m^3 或 Pa。

因此，可在风机进、出口之间写伯努利方程为：

$$\frac{p_t}{\rho} = g(z_2 - z_1) + \frac{p_2 - p_1}{\rho} + \frac{(u_2^2 - u_1^2)}{2} + \sum E_f$$

式中，$(z_2 - z_1)\rho g$ 可以忽略。当气体直接由大气进入风机时，$u_1 = 0$，再忽略入口到出口的能量损失，则上式变为：

$$p_t = (p_2 - p_1) + \frac{\rho u_2^2}{2} = p_{st} + p_k \qquad (3-17)$$

从式(3-17)可以看出，通风机的全风压由两部分组成：一部分是进、出口的静压差，习惯上称为静风压 p_{st}；另一部分为进、出口的动压头差，习惯上称为动风压 p_k。

在离心泵中，泵进、出口处的动能差很小，可以忽略。但对离心式通风机而言，其气体出口速度很高，且由于风机的压缩比很低，动风压在全压中所占比例较高，不能忽略。

③轴功率和效率的表达式为：

$$P = \frac{q_V \cdot p_t}{\eta \cdot 1\,000}, \quad \eta = \frac{q_V \cdot p_t}{P \cdot 1\,000}$$

风机的性能表上所列的性能参数一般都是在 1 atm，20 ℃ 的条件下测定的，在此条件下空气的密度 $\rho_0 = 1.20\ \text{kg/m}^3$，相应的全风压和静风压分别记为 p_{t0} 和 p_{st0}。

④特性曲线。与离心泵一样，离心式通风机的特性参数也可以用特性曲线表示。特性曲线由离心式通风机的生产厂家在 1 atm，20 ℃ 的条件下用空气测定，主要有 $p_{t0}-q_V$、$p_{st0}-q_V$、$p-q_V$ 和 $\eta-q_V$ 四条曲线，如图 3-23 所示。

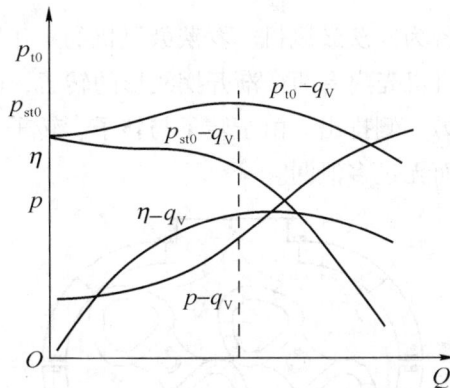

图 3-23　离心式通风机特性曲线

3. 离心式通风机的选型

①根据气体种类和风压范围，确定风机的类型。

②确定所求的风量和全风压。风量根据生产任务来定；全风压按伯努利方程求解，但要按标准状况校正。根据入口的风量和校正后的全风压在产品系列表中查找合适的型号。

3.8.3 鼓风机

鼓风机可分为离心式鼓风机和旋转式鼓风机。

离心式鼓风机的外形与离心泵相像，内部结构也有许多相同之处。例如，离心式鼓风机的蜗壳形通道亦为圆形，但外壳直径与厚度之比较大，叶轮上的叶片数目较多，转速较高，叶轮外缘都装有导轮。离心式鼓风机的结构如图3-24所示。单级离心式鼓风机的出口表压多在30 kPa以内，多级的可达0.3 MPa。离心式鼓风机的选型方法与离心式通风机相同。

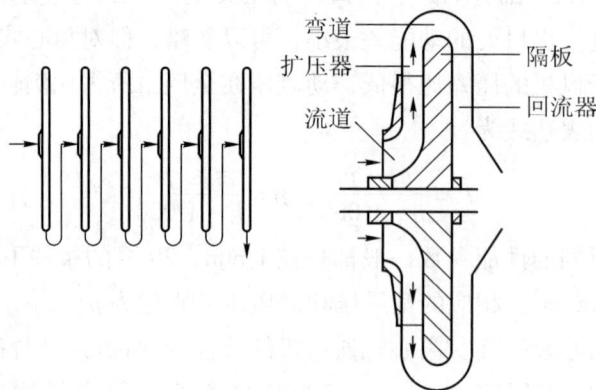

图3-24 离心式鼓风机结构

旋转式鼓风机的典型设备为罗茨鼓风机。罗茨鼓风机的工作原理与齿轮泵类似，其结构如图3-25所示。罗茨鼓风机机壳内有两个渐开摆线形的转子，两转子的旋转方向相反，可使气体从机壳一侧吸入，从另一侧排出。由于转子与转子、转子与机壳之间的缝隙很小，罗茨鼓风机可使转子自由运动而无过多泄漏。

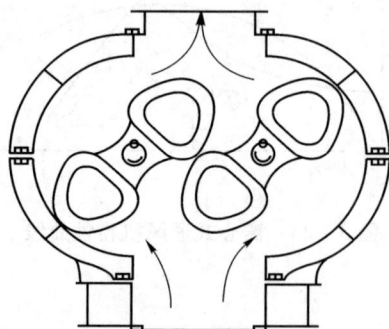

图3-25 罗茨鼓风机结构

正位移型的罗茨鼓风机的风量与转速成正比，与出口压强无关。该类型风机的风量在2~500 m³/min，出口表压可达80 kPa，在40 kPa左右时效率最高。

正位移型的罗茨鼓风机出口应装稳压罐，并设安全阀。流量调节采用旁路调节法，出口阀不可完全关闭。操作时，气体温度不能超过85℃，否则转子会因受热膨胀而卡住。

3.8.4 往复式压缩机

下面以单动压缩机为例，说明往复式压缩机的工作过程。单动压缩机结构简图如图 3 - 26(a)所示，其由气缸、活塞、吸入活门 S 和排出活门 D 组成。其结构和工作原理与往复泵类似。

①开始时刻。当活塞位于最右端时，缸内气体体积为 V_1，压力为 p_1，用图 3 - 26(b)中1 点表示。

②压缩阶段。当活塞由右向左运动时，由于排出活门 D 所在管线有一定压力，所以活门 D 是关闭的，吸入活门 S 受压也关闭。因此，在这段时间里，气缸内气体体积下降而压力上升，所以是压缩阶段。直到压力上升到 p_2，排出活门 D 被顶开为止。此时，缸内气体状态如图 3 - 26(b)中 2 点所示。

③排气阶段。排出活门 D 被顶开后，活塞继续向左运动，缸内气体被排出。这一阶段缸内气体压力不变，体积不断减小，直到气体完全排出，体积减至零为止。这一阶段属恒压排气阶段，此时的状态为图 3 - 26(b)中 3 点所示。

④吸气阶段。活塞从最左端退回，缸内压力立刻由 p_2 降到 p_1，状况达到图 3 - 26(b)中所示的 4 点。此时，排出活门 D 受压关闭，吸入活门 S 受压打开，气缸又开始吸入气体，体积增大，压力不变，因此为恒压吸气阶段，直到回到 1 点为止。

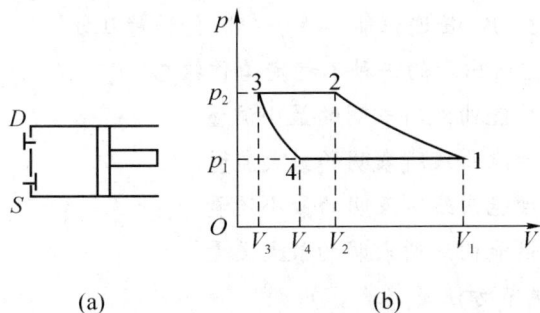

(a)　　　　　　　　　(b)

图 3 - 26　单动压缩机结构简图

▶ **本章小结**

流体输送机械是流体力学原理的应用，描述流体的输送过程的基本关系式仍然是连续性方程和伯努利方程。通过本章的学习，学员应了解流体输送的重要性、方式和类别，掌握离心泵的特性参数、安装要求及流量调节方式。在此基础上，理解正位移泵的工作原理和操作特性。

本章学习的重点是离心泵的性能参数与特性曲线、确定安装高度、工作点及操作调节。

学员应能够以工程实际应用为目标，达到经济、高效、安全地实现流体的输送。

习　题

一、选择题

1. 离心泵的安装高度有一定限制的原因主要是（　　　）。
   - A. 防止产生"气缚"现象
   - B. 防止产生气蚀
   - C. 受泵的扬程限制
   - D. 受泵的功率限制

2. 离心泵的扬程随着流量的增加而（　　　）。
   - A. 增加
   - B. 减小
   - C. 不变
   - D. 无规律性

3. 离心泵的轴功率 P 和流量 q_V 的关系为（　　　）。
   - A. P 增大，q_V 增大
   - B. P 增大，q_V 先增大后减小
   - C. P 增大，q_V 减小
   - D. P 增大，q_V 先减小后增大

4. 离心泵在启动前应（　　　）出口阀，旋涡泵启动前应（　　　）出口阀。
   - A. 打开，打开
   - B. 关闭，打开
   - C. 打开，关闭
   - D. 关闭，关闭

5. 为了防止（　　　）现象发生，启动离心泵时必须先关闭泵的出口阀。
   - A. 电动机烧坏
   - B. 叶轮受损
   - C. 气缚
   - D. 气蚀

6. 叶轮的作用是（　　　）。
   - A. 传递动能
   - B. 传递位能
   - C. 传递静压能
   - D. 传递机械能

7. 喘振是（　　　）时，所出现的一种不稳定工作状态。
   - A. 实际流量大于性能曲线所表明的最小流量
   - B. 实际流量大于性能曲线所表明的最大流量
   - C. 实际流量小于性能曲线所表明的最小流量
   - D. 实际流量小于性能曲线所表明的最大流量

8. 离心泵最常用的调节方法是（　　　）。
   - A. 改变吸入管路中阀门开度
   - B. 改变出口管路中阀门开度
   - C. 安装回流支路，改变循环量的大小
   - D. 车削离心泵的叶轮

9. 某泵在运行的时候发现有气蚀现象，应（　　　）。
   - A. 停泵，向泵内灌液
   - B. 降低泵的安装高度
   - C. 检查进口管路是否漏液
   - D. 检查出口管阻力是否过大

10. 将含晶体10%的悬浊液送往料槽宜选用（　　　）。
    - A. 离心泵
    - B. 往复泵
    - C. 齿轮泵
    - D. 喷射泵

11. 离心泵铭牌上标明的扬程是（　　　）。

A. 功率最大时的扬程   B. 最大流量时的扬程

C. 泵的最大量程   D. 效率最高时的扬程

12. 对于往复泵,下列说法错误的是( )。

  A. 有自吸作用,安装高度没有限制

  B. 实际流量只与单位时间内活塞扫过的面积有关

  C. 理论上扬程与流量无关,可以达到无限大

  D. 启动前必须先用液体灌满泵体,并将出口阀门关闭

13. 下列对离心泵的安装或操作方法的描述错误的是 ( )。

  A. 吸入管直径大于泵的吸入口直径   B. 停车时先停电动机,再关闭出口阀

  C. 启动时先将出口阀关闭   D. 启动前先向泵内灌满液体

14. 下列说法正确的是 ( )。

  A. 在离心泵的吸入管末端安装单向底阀是为了防止气蚀

  B. 气蚀与气缚的现象相同,发生原因不同

  C. 调节离心泵的流量可用改变出口阀门或入口阀门开度的方法来进行

  D. 允许安装高度比吸入液面低

15. 离心泵与往复泵的相同之处在于 ( )。

  A. 工作原理   B. 流量的调节方法

  C. 安装高度的限制   D. 流量与扬程的关系

16. 下列说法正确的是 ( )。

  A. 泵只能在工作点下工作

  B. 泵的设计点即泵在指定管路上的工作点

  C. 管路的扬程和流量取决于泵的扬程和流量

  D. 改变离心泵工作点的常用方法是改变转速

17. 离心泵气蚀余量 Δh 与流量 q_V 的关系为( )。

  A. q_V 增大, Δh 增大   B. q_V 增大, Δh 减小

  C. q_V 增大, Δh 不变   D. q_V 增大, Δh 先增大后减小

18. 离心泵的工作点是指( )。

  A. 与泵最高效率时对应的点   B. 由泵的特性曲线所决定的点

  C. 由管路特性曲线所决定的点   D. 泵的特性曲线与管路特性曲线的交点

19. 往复泵适应于( )。

  A. 大流量且要求流量均匀的场合   B. 介质腐蚀性强的场合

  C. 流量较小、压头较高的场合   D. 投资较小的场合

20. 在测定离心泵性能时,若将压强表装在调节阀后面,则压强表读数 p_2 将( )。

  A. 随流量增大而减小   B. 随流量增大而增大

  C. 随流量增大而基本不变   D. 随流量增大而先增大后减小

二、判断题

1. 扬程为20 m 的离心泵，不能把水输送到20 m 的高度。（　　）

2. 离心泵的特性曲线中的 $H - q_V$ 线是在功率一定的情况下测定的。（　　）

3. 离心泵的泵壳既是汇集叶轮抛出液体的部件，又是流体机械能的转换装置。（　　）

4. 离心泵停车时，先关闭泵的出口阀门，以避免压出管内的液体倒流。（　　）

5. 由于泵内存在气体，离心泵启动时无法正常输送液体会产生气蚀现象。（　　）

6. 若某离心泵的叶轮转速足够快，且设泵的强度足够大，则理论上泵的吸上高度 H_g 可达无限大。（　　）

7. 对于旋涡泵，当流量为零时轴功率也为零。（　　）

8. 同一管路系统中并联泵组的输液量等于两台泵单独工作时的输液量之和。（　　）

9. 由离心泵和某一管路组成的输送系统，其工作点由泵铭牌上的流量和扬程决定。（　　）

10. 当离心泵发生气缚或气蚀现象时，处理的方法相同。（　　）

三、计算题

1. 用内径100 mm 的钢管从江中取水，送入蓄水池。池中水面高出江面30 m，管路的长度（包括管件的当量长度）为60 m。水在管内的流速为1.5 m/s。今仓库里有下列四种规格的离心泵，试从中选一台合适的泵。已知管路的摩擦系数为0.03。

泵	I	II	III	IV
流量 $q_V/(\mathrm{L \cdot s^{-1}})$	17	16	15	12
扬程 $H/(\mathrm{mH_2O})$	42	38	35	32

2. 某工厂丁烷贮槽内贮存温度为30℃的丁烷溶液，贮槽液面压强为 3.2×10^5 Pa，槽内最低液面高度在泵进口管中心线以下2.5 m。已知30℃时丁烷的饱和蒸气压为3.1 atm，相对密度为0.58，泵吸入管路的压头损失为1.6 m，泵的气蚀余量为3.2 m。试问该泵能否正常工作？

第3章习题参考答案

4 非均相物系分离

▶ **学习目标**

掌握：非均相分离方法的选择及其过程的简单计算。

理解：沉降、过滤操作的工作原理及流程。

了解：重力沉降和离心沉降的基本原理。

▶ **学习要求**

沉降、过滤分离过程的原理和典型设备的结构特性。

化工生产中的原料、半成品、排放的废物等大多为混合物，为了进行加工得到纯度较高的产品以及满足环保的需要等，常常要对混合物进行分离。混合物可分为均相物系与非均相物系两大类。均相物系是指不同的物质混合形成单一相的物系；非均相物系是指存在两个或两个以上相的物系。

在非均相物系中，处于分散状态的物质（如分散于流体中的固体颗粒、液滴或气泡）称为分散物质或分散相；包围着分散物质而处于连续状态的流体称为分散介质或连续相。根据连续相的状态，非均相物系分为两种类型：气态非均相物系，如含尘气体、含雾气体等；液态非均相物系，如悬浮液、乳浊液及泡沫液等。

化工生产中，经常要求将非均相混合物进行分离。其目的是：

①收集分散物质。例如，从催化反应器出来的气体往往夹带着催化剂颗粒，必须将这些有价值的颗粒加以回收，循环使用；从某些类型干燥器出来的气体以及从结晶器出来的晶浆中都带有一定的固体颗粒，也必须收取这些悬浮的颗粒作为产品；在某些金属冶炼过程中，烟道气中常悬浮着一定量的金属化合物或冷凝的金属烟尘，收集这些物质不仅能提高该金属的回收率，而且可为提炼其他金属提供原料。

②净化分散介质。例如，某些催化反应的原料气中夹带着灰尘杂质，往往会影响触媒的

效能，因此，在气体进入反应器前必须除去其中的尘粒，以保证触媒的活性。

③保护环境。为了保护人类的健康和良好的社会环境，企业要对排出的废气、废液中的有害物质加以处理，使其浓度符合规定的标准。因而，非均相物系的分离操作在环保方面也有广泛的应用。

由于非均相物系中的分散相和连续相具有不同的物理性质，故化工生产中一般都采用机械方法将两相进行分离。要实现这种分离，必须使分散相和连续相之间发生相对运动。因此，非均相物系的分离操作遵循流体力学的基本规律。

根据两相运动方式的不同，机械分离大致按两种操作方法进行。

①沉降。沉降是颗粒相对于流体（静止或运动）而运动的过程。沉降操作的作用力可以是重力，也可以是惯性离心力，因此，沉降有重力沉降与离心沉降两种方式。

②过滤。过滤即流体相对于固体颗粒层运动的过程。实现过滤操作的外力可以是重力、压强差或惯性离心力，因此，过滤操作又可分为重力过滤、加压过滤、真空过滤和离心过滤。

对于气态非均相物系的分离，化工生产中主要采用重力沉降和离心沉降的方法。在某些场合，还可以采用惯性分离器、袋滤器、静电除尘器或湿法除尘设备等。此外，也可以采用其他措施预先增大微细粒子的有效尺寸而后加以机械分离。例如，使含尘或含雾气体与过饱和蒸气接触，发生以粒子为核心的冷凝；将气体引入超声波场内，使微细颗粒碰撞并凝聚，这样，可使微细颗粒附聚成较大的颗粒，然后在旋风分离器中除去。

对于液态非均相物系，根据工艺过程要求可采用不同的分离操作。若不要求两相彻底分离，而仅要求悬浮液在一定程度上增浓，则可采用重力沉降和离心沉降；若要求固、液较彻底地分离，则可通过过滤操作达到目的。

4.1 沉 降

沉降是指在外力作用下，利用连续相和分散相间的密度差异，使之发生相对运动而分离的操作。沉降发生的前提条件是固体颗粒与流体之间存在密度差，同时有外力场存在。外力场有重力场和离心力场，根据作用力的不同，沉降可分为重力沉降和离心沉降。

重力沉降通常适用于分离要求不高的场合，常用于一些物料的预处理；离心沉降则可根据分离要求的不同，人为地调整操作条件，达到预期的分离效果。

4.1.1 重力沉降及其设备

在重力场中进行的沉降过程称为重力沉降，它适用于分离较大的固体颗粒。

1. 重力沉降过程分析

如图4-1所示，在重力场的环境下，颗粒在流体中受到重力、浮力和阻力的作用，这些力会使颗粒产生一个加速度，根据牛顿第二定律，可以知道："重力－浮力－阻力＝颗粒质量×加速度"。静止流体中颗粒的沉降速度一般经历加速和恒速两个阶段。颗粒开始沉降的瞬间，初速度 u_0 为零，使得阻力 F_d 为零，因此加速度 a 为最大值；颗粒开始沉降后，阻力 F_d 随速度 u 的增加而加大，加速度 a 则相应减小；当速度达到某一值 u_t 时，阻力、浮力与重力平衡，颗粒所受合力为零，使颗粒的加速度为零，此后颗粒的速度不再变化，开始做速度为 u_t 的匀速沉降运动，这个速度称为沉降速度。一般对小颗粒而言，加速阶段时间很短，通

浮力F_b 阻力F_d

重力 G

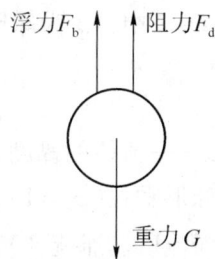

图 4-1 沉降颗粒的受力情况

常可忽略，可以认为沉降过程是匀速的。若令颗粒所受合力为零，便可解出沉降速度为：

$$u_t = \sqrt{\frac{4gd(\rho_s - \rho)}{3\xi\rho}} \qquad (4-1)$$

式中：u_t——颗粒的自由沉降速度，m/s；

d——颗粒直径，m；

ρ_s, ρ——颗粒和流体的密度，kg/m^3；

g——重力加速度，m/s^2；

ξ——阻力系数。

2. 阻力系数 ξ

利用式(4-1)计算沉降速度时，首先需要确定阻力系数 ξ 的值。根据因次分析，ξ 是颗粒与流体相对运动时雷诺数 Re_t 的函数。由实验测定 ξ 与 Re_t 和 φ_s 的变化关系如图 4-2 所示。

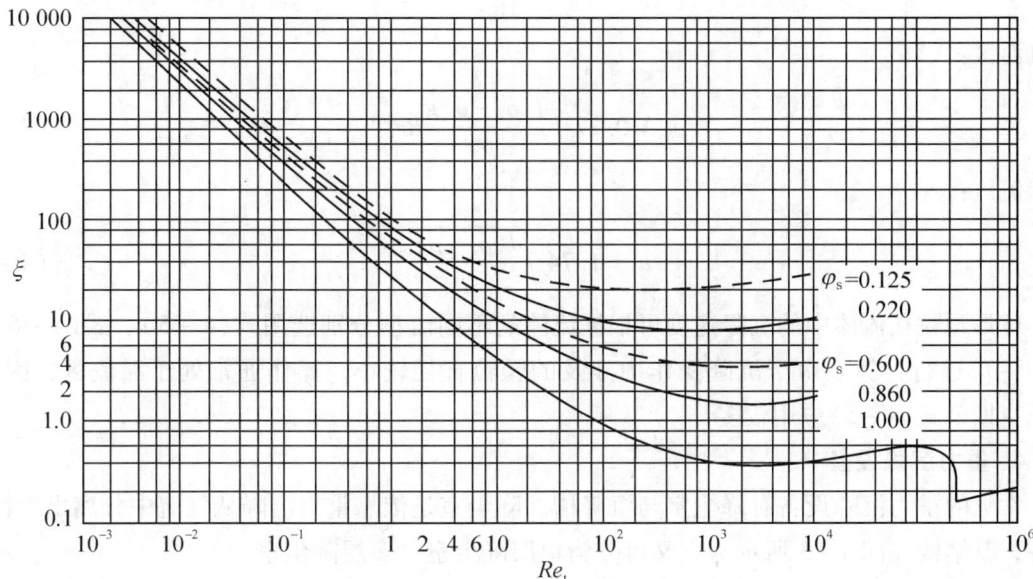

图 4-2 ξ-Re_t 关系曲线

图 4-2 中，φ_s 为球形度，Re_t 为雷诺数，其定义为：

$$Re_t = \frac{du_t\rho}{\mu}$$

式中：μ——流体的黏度，$Pa \cdot s$。

对球形颗粒（$\varphi_s = 1$），曲线按 Re_t 值大致分为三个区域：

①滞流区。滞流区又称斯托克斯区，该区域内雷诺数 Re_t 的值为 $10^{-4} < Re_t < 1$，阻力系数为：

$$\xi = \frac{24}{Re_t} \tag{4-2}$$

②过渡区。过渡区又称艾仑定律区，该区域内雷诺数 Re_t 的值为 $1 < Re_t < 10^3$，阻力系数为：

$$\xi = \frac{18.5}{Re_t^{0.6}} \tag{4-3}$$

③湍流区。湍流区又称牛顿定律区，该区域内雷诺数 Re_t 的值为 $10^3 < Re_t < 2 \times 10^5$，阻力系数为：

$$\xi = 0.44 \tag{4-4}$$

3. 颗粒的沉降速度

球形颗粒在相应各区的沉降速度满足如下公式。

在滞流区：

$$u_t = \frac{d^2(\rho_s - \rho)g}{18\mu} \tag{4-5}$$

在过渡区：

$$u_t = 0.27\sqrt{\frac{d(\rho_s - \rho)g}{\rho}Re_t^{0.6}} \tag{4-6}$$

在湍流区：

$$u_t = 1.74\sqrt{\frac{d(\rho_s - \rho)g}{\rho}} \tag{4-7}$$

球形颗粒在流体中的沉降速度可根据流体的不同流型分别选用式(4-5)、式(4-6)或式(4-7)进行计算。由于沉降操作中涉及的颗粒直径较小，操作通常处于滞流区，因此，斯托克斯公式(4-5)应用较多。

4. 重力沉降设备

常见的重力沉降设备有降尘室与沉降槽。降尘室是依靠重力沉降从气流中分离出尘粒的设备，其结构如图4-3所示。它又可分为单层降尘室、多层降尘室。

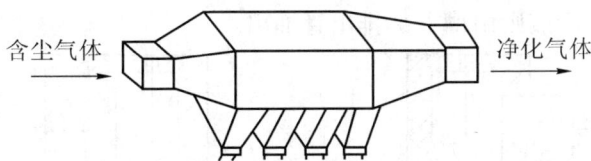

图4-3 降尘室结构图

(1)单层降尘室

对于单层降尘室，含尘气体进入降尘室后，颗粒随气流有一水平向前的运动速度 u，同时，在重力作用下，以沉降速度 u_t 向下沉降。只要颗粒在气体通过降尘室的时间内能够降至室底，便可从气流中分离出来。对于指定粒径的颗粒能够被分离出来的必要条件是气体在降尘室内的停留时间等于或大于颗粒从设备最高处降至底部所需要的时间。设降尘室的长度为 l，宽度为 b，高度为 H（单位均为 m），降尘室的生产能力（含尘气通过降尘室的体积流量）为 V_s（单位为 m^3/s），气体在降尘室内的水平通过速度为 u（单位为 m/s），则位于降尘室最高点的颗粒沉降到室底所需的时间为：

$$\theta_t = \frac{H}{u_t} \qquad (4-8)$$

气体通过降尘室的时间为：

$$\theta = \frac{l}{u} \qquad (4-9)$$

若使颗粒被分离出来，则气体在降尘室内的停留时间至少需等于颗粒的沉降时间，根据降尘室的生产能力，气体在降尘室内的水平通过速度为：

$$u = \frac{V_s}{Hb} \qquad (4-10)$$

理论上降尘室的生产能力只与其沉降面积 $b \cdot l$ 及颗粒的沉降速度 u_t 有关，而与降尘室高度 H 无关。所以降尘室一般设计成扁平形，或在室内均匀设置多层水平隔板，构成多层降尘室。

(2)多层降尘室

对于多层降尘室，含尘气体以很慢的速度沿水平方向流动，灰尘便落在隔板上。经过一定操作时间后，从除尘口将降落在隔板上的灰尘取出，其结构如图4-4所示。为了保证连续操作，可以设置两个并联的降尘室，交替地进行除尘。多层降尘室能够增大沉降面积和生产能力。它的结构简单，流体阻力小，但设备庞大，分离效率低，除尘率不超过70%。一般适用于分离含尘粒直径大于 75 μm 的气体的初步净制。

(3)沉降槽

沉降槽是利用重力沉降来提高悬浮液浓度并同时得到澄清液体的设备，所以，沉降槽又称为增浓器或澄清器。沉降槽可间歇操作也可连续操作。

间歇沉降槽通常带有锥形的圆槽，将需要处理的悬浮料浆在槽内静置足够时间后，增浓的沉渣可由槽底排出，清液则由槽上部排出管抽出。

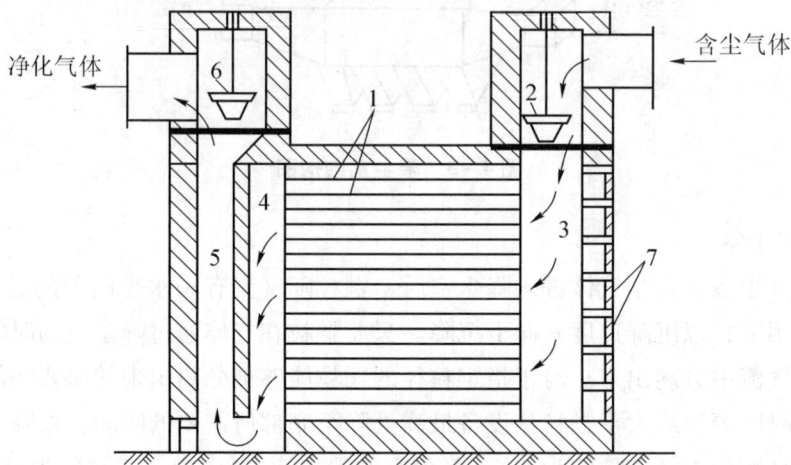

1—隔板；2，6—调节闸阀；3—气体分配道；4—气体集聚道；5—气道；7—除尘口。

图 4 - 4　多层降尘室

连续沉降槽是底部略成锥状的大直径浅槽，其直径小的有数米，大的可达到数百米，高度为 2.5～4 m，如图 4 - 5 所示。悬浮液经中央进料口送到液面以下 0.3～1 m 处，在尽可能减小扰动的情况下，迅速将悬浮液分散到整个横截面上，液体向上流动，清液经由槽顶端四周的溢流槽连续流出，称为溢流；固体颗粒下沉至底部，槽底有徐徐旋转的耙将沉渣缓慢地聚拢到底部中央的排渣口连续排出，排出的稠浆称为底流。

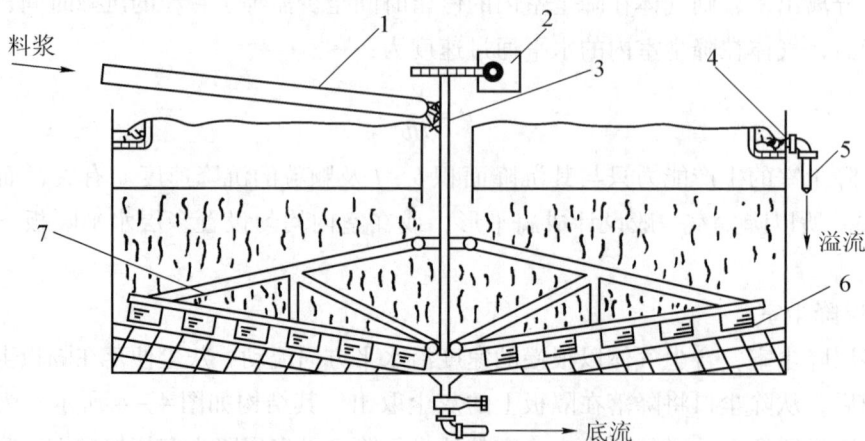

1—进料槽道；2—转动机构；3—料井；4—溢流槽；5—溢流管；6—叶片；7—转耙。

图 4 - 5　连续沉降槽

生产中有时将数个沉降槽垂直叠放，共用一根中心竖轴带动各槽的转耙，这种多层沉降槽可以节省占地面积，但操作控制较为复杂。

连续沉降槽适合处理量大、浓度不高、颗粒不太细的悬浮液，如常见的污水处理。经连续沉降槽处理后的沉渣内仍有约 50% 的液体。

沉降槽有澄清液体和增浓悬浮液的双重功能。为了获得澄清液体，沉降槽必须有足够大的横截面积，以保证任何瞬间液体向上的速度小于颗粒的沉降速度。为了把沉渣增浓到指定的稠度，要求颗粒在槽中有足够的停留时间，所以沉降槽加料口以下的增浓段必须有足够的高度，以保证压紧沉渣所需要的时间。在沉降槽的增浓段中，大都发生颗粒的干扰沉降，这个过程称为沉聚。

为了在给定尺寸的沉降槽内获得最大可能的生产能力，应尽可能提高沉降速度。相应措施有：向悬浮液中添加少量电解质或表面活性剂，使颗粒发生"凝聚"或"絮凝"；改变一些物理条件(如加热、冷冻或震动)，使颗粒的粒度或相界面积发生变化。沉降槽中的装置转耙，除能把沉渣导向排出口外，还能降低非牛顿型悬浮物物系的表观黏度，并促使沉淀物的压紧，从而加速沉聚过程。转耙的转速应选择适当，通常小槽耙的转速为1 r/min，大槽耙的转速在0.1 r/min左右。

4.1.2 离心沉降及其设备

在惯性离心力作用下实现的沉降过程称为离心沉降。对于相密度差较小，颗粒较细的非均相物系，在离心力场中可得到较好的分离。通常，气、固非均相物系的离心沉降是在旋风分离器中进行的，液、固悬浮物系的离心沉降可在旋液分离器或离心机中进行。

1. 离心沉降过程分析

当流体围绕某一中心轴做圆周运动时，即形成了惯性离心力场。在与轴距离为R、切向速度为u_T的位置上，离心加速度为u_T^2/R。可见，离心加速度的方向沿旋转半径从中心指向外周。当流体带着颗粒旋转时，如果颗粒的密度大于流体密度，则惯性离心力将会使颗粒在径向上与流体发生相对运动而远离中心。

在上述离心力场中，如果某球形颗粒的直径为D，密度为ρ_s，流体密度为ρ，在惯性离心力、向心力(相当于重力场中的浮力,其方向为沿半径指向旋转中心)和阻力(与颗粒的运动方向相反,其方向为沿半径指向中心)的作用下，颗粒将沿径向发生沉降，其沉降速度即颗粒与流体的相对速度，当三力达到平衡时，离心沉降速度为：

$$u_r = \sqrt{\frac{4d(\rho_s - \rho)}{3\rho\xi} \frac{u_T^2}{R}} \qquad (4-11)$$

若颗粒与流体的相对运动处于滞流区，则：

$$u_r = \frac{d^2(\rho_s - \rho)}{18\mu} \frac{u_T^2}{R} \qquad (4-12)$$

由式(4-12)与式(4-5)相比可知，同一颗粒在相同介质中的离心沉降速度与重力沉降速度的比值为：

$$\frac{u_r}{u_t} = \frac{u_T^2}{gR} = K_c \qquad (4-13)$$

比值K_c就是粒子所在位置上的惯性离心力场强度与重力场强度之比，称为离心分离因数，它是离心分离设备的重要指标，某些高速离心机的分离因数 K_c 值可高达数十万。旋风或旋液分离器的分离因数一般为 5 ~ 2 500。例如，当旋转半径 $R = 0.3$ m，切向速度 $u_T = 20$ m/s 时，分离因数为：

$$K_c = \frac{20^2}{9.81 \times 0.3} \approx 136 \qquad\qquad (4-14)$$

这表明颗粒在上述条件下的离心沉降速度比重力沉降速度大百倍以上，可见离心沉降设备的分离效果远比重力沉降设备的分离效果好。

2. 离心沉降设备

（1）旋风分离器

旋风分离器是利用惯性离心力的作用从气体中分离尘粒的设备。如图 4-6 所示是旋风分离器的代表性结构形式，称为标准旋风分离器。它主体的上部为圆筒形，下部为圆锥形。各部位尺寸均与圆筒直径成一定比例。

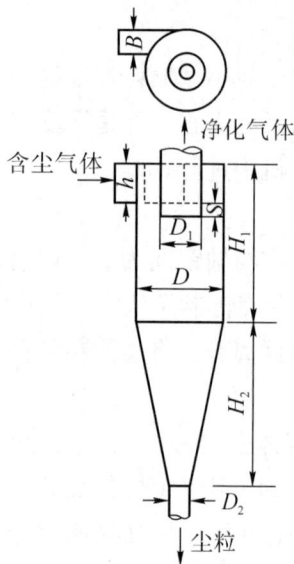

图 4-6　标准旋风分离器

含尘气体由圆筒上部的进气管切向进入离心器，受器壁的约束由上向下做螺旋运动。在惯性离心力的作用下，含尘气体中的颗粒被抛向器壁，再沿壁面落至锥底的排灰口，从而与气体分离。净化后的气体在中心轴附近由下而上做螺旋运动，最后由顶部排气管排出。通常，把下行的螺旋形气流称为外旋流，上行的螺旋形气流称为内旋流（又称气芯）。内、外旋流气体的旋转方向相同，外旋流的上部是主要除尘区，上行的内旋流形成低压气芯，其压力低于气体出口压力，因此要求出口和集尘室的密封良好，以防气体漏入而降低除尘效果。

旋风分离器的应用已有近百年历史，由于其结构简单，造价低廉，没有活动部件，可用多种材料制造，操作范围广，分离效率较高，所以至今仍在化工、采矿、冶金、机械、轻工等行业广泛应用。旋风分离器一般用来除去气流中直径在 5 μm 以上的颗粒，对颗粒含量高于 200 g/m³ 的气体，由于颗粒聚结作用，它甚至能除去 3 μm 以下的颗粒，旋风分离器还可以从气流中分离除去雾沫。对于直径在 5 μm 以下的小颗粒，需用袋滤器或湿法扑集。旋风分离器不适用于处理黏性粉尘、含湿量高的粉尘及腐蚀性粉尘。

气流在旋风分离器内的流动情况和分离机理非常复杂，因此影响旋风分离器性能的因素较多，其中最重要的是物系性质及操作条件。一般来说，颗粒密度大、粒径大、进口气体速度高及粉尘浓度高等情况均有利于分离。譬如，含尘浓度高则有利于颗粒的聚结，可以提高效率，而且颗粒浓度增大可以抑制气体涡流，从而使阻力下降，所以较高的含尘浓度对压力降与效率两方面都是有利的。但有些因素对这两方面的影响会随其量的变化而变化，譬如进口气体速度稍高有利于分离，但过高则会导致涡流加剧，增大压力降而不利于分离。因此，旋风分离器的进口气体速度在 10~25 m/s 内为宜。气量波动也对除尘效果及压力降影响明显。

（2）旋液分离器

旋液分离器又称水力旋流器，它是利用离心沉降原理从悬浮液中分离固体颗粒的设备。旋液分离器的结构与操作原理和旋风分离器类似，设备主体也是由圆筒和圆锥两部分组成的，悬浮液经入口管沿切向进入圆筒部分，向下做螺旋运动。固体颗粒受惯性离心力的作用被甩向器壁，随下旋流降至锥底的出口，由底部排出，排出的增浓液称为底流；清液或含有微细颗粒的液体则为上升的内旋流，从顶部的中心管排出，称为溢流。顶部排出清液的操作称为增浓，顶部排出含细小颗粒液体的操作称为分级。内层旋流中心有一个处于负压的气柱，气柱中的气体是由料浆释放出来的，或者是由于溢流管口暴露于大气中时，旋液分离器吸入内部的空气造成的。

旋液分离器的结构特点是直径小而圆锥部分长。因为液固密度差比气固密度差小，在一定的切线进口速度下，较小的旋转半径可使颗粒受到较大的离心力而提高沉降速度；同时，锥形部分加长可增大液流的行程，从而延长了悬浮液在器内的停留时间，有利于液固分离。

旋液分离器中颗粒沿器壁快速运动，使器壁产生严重磨损，因此，旋液分离器应采用耐磨材料制造或采用耐磨材料做内衬。

旋液分离器不仅可用于悬浮液的增浓、分级，还适用于互不相溶的液体分离、气液分离以及传热、传质和雾化等操作，因而被广泛应用于多种工业领域。

近年来，世界各国都在对超小型旋液分离器（指直径小于15 mm的旋液分离器）进行开发。超小型旋液分离器适用于微细物料悬浮液的分离操作，可分离的颗粒直径可小到 2~5 μm。

（3）沉降离心机和分离离心机

离心机是利用惯性离心力分离非均相混合物的机械。它与旋液分离器的主要区别在于离心力是由设备（转鼓）本身旋转而产生的。由于离心机可产生很大的离心力，故可用来分离用一般方法难以分离的悬浮液或乳浊液。

沉降式或分离式离心机的鼓壁上没有开孔。若被处理物料为悬浮液，其中密度较大的颗粒沉积于转鼓内壁而液体集中于中央并不断被引出，此种操作即离心沉降；若被处理物料为乳浊液，则两种液体按轻重分层，重者在外，轻者在内，各自从适当的径向位置引出，此种操作即离心分离。

根据转鼓和固体卸料机构的不同，离心机可分为无孔转鼓式、碟片式、管式等类型。

根据分离因数又可将离心机分为：

①常速离心机：$K_c < 3 \times 10^3$（一般为 600~1 200）；

②高速离心机：$K_c = 3 \times 10^3 \sim 5 \times 10^4$；

③超速离心机：$K_c > 5 \times 10^4$。

新型离心机的分离因数高达 5×10^5，常用来分离胶体颗粒，或用来破坏乳浊液等。分离因数的极限值取决于转动部件的材料强度。

离心机的操作方式也分为间歇操作与连续操作两种方式。此外，还可根据转鼓轴线的方向将离心机分为立式与卧式。

①无孔转鼓式离心机。无孔转鼓式离心机如图4-7所示，主体为一无孔的转鼓。由于扇形板的作用，悬浮液被转鼓带动做高速旋转。在离心力场中，固体颗粒一方面向鼓壁做径向运动，同时随流体做轴向运动。上清液（澄清液）从撇液管或溢流堰排出鼓外，固体颗粒（沉渣）留在鼓内间歇或连续地从鼓内卸出。

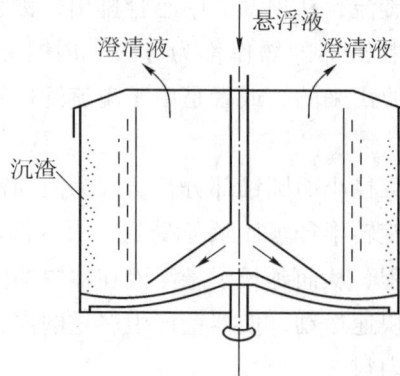

图4-7 无孔转鼓式离心机示意图

颗粒被分离出去的必要条件是悬浮液在鼓内的停留时间要大于或等于颗粒从自由液面到鼓壁所需的时间。

无孔转鼓式离心机的转速大多在 $450 \sim 4\,500$ r/min，处理能力为 $6 \sim 10$ m^3/h，悬浮液中固相体积分率为 $3\% \sim 5\%$。它主要用于泥浆脱水和从废液中回收固体。

②碟式分离机。碟式分离机如图4-8所示，转鼓内装有许多倒锥形碟片，碟片直径一般为 $0.2 \sim 0.6$ m，碟片数目为 $50 \sim 100$ 片。转鼓以 $4\,700 \sim 8\,500$ r/min的转速旋转，分离因数可达 $4\,000 \sim 10\,000$。这种分离机可用于分离澄清悬浮液中少量粒径小于 0.5 μm的微细颗粒以获得清净的液体，也可用于乳浊液中轻、重两相的分离，如油料脱水等。

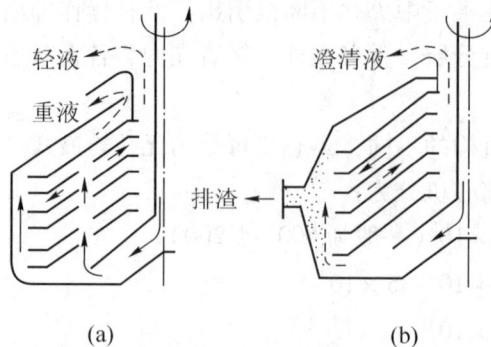

(a)　　　　　　　　　　(b)

图4-8 碟式分离机

（a）分离；（b）澄清

用于分离操作时，碟式分离机的碟片上带有小孔，料液通过小孔分配到各碟片通道之间。在离心力的作用下，重液(及其夹带的少量固体杂质)逐步沉于每一碟片的下方并向转鼓外缘移动，经汇集后由重液出口连续排出。轻液则流向轴心由轻液出口排出。

用于澄清操作时，碟式分离机的碟片上不开孔，料液从转动碟片的四周进入碟片间的通道并向轴心流动。同时，固体颗粒则逐渐向每一碟片的下方沉降，并在离心力的作用下向碟片外缘移动。沉积在转鼓内壁的沉渣可在停车后由人工卸除或间歇地用液压装置自动排除。重液出口用垫圈堵住，澄清液体由轻液出口排出。

碟式分离机适用于净化带有少量微细颗粒的黏性液体(涂料、油脂等)，或润滑油中少量水分的脱除等。

③管式高速离心机。管式高速离心机的结构特点是转鼓为细高的管式结构，如图4-9所示。管式高速离心机是一种能产生高强度离心力场的分离机，其转速高达 8 000 ~ 50 000 r/min，具有很高的分离因数(K_c = 15 000 ~ 60 000)，能分离普通离心机难以处理的物料，如分离乳浊液及含有稀薄微细颗粒的悬浮液。乳浊液或悬浮液在表压 0.025 ~ 0.03 MPa下，由底部进料管送入转鼓，鼓内有径向安装的挡板，以便带动液体迅速旋转。如处理乳浊液，则液体分轻重两层各由上部不同的出口流出；如处理悬浮液，则可只有一个液体出口，而微粒附着于鼓壁上，一定时间后停车取出。

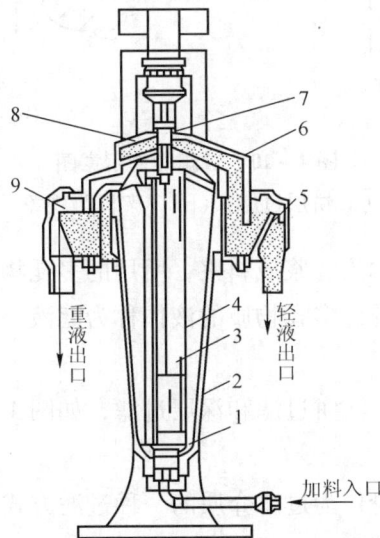

1—折转器；2—固定机壳；3—十字形挡板；4—转鼓；5—轻液室；
6—排液罩；7—驱动轴；8—环状漏盘；9—重液室。

图4-9 管式高速离心机

4.2 过 滤

过滤操作是分离悬浮液的最普遍和行之有效的单元操作之一。在化工生产中，经常采用过滤的方法分离液体与固体混合物，以获得液体产品或固体产品。在某些情况下，过滤是沉降的后继操作。与沉降相比，过滤具有操作时间短、分离比较完全等特点。尤其是当液体为非均相物系含液量较少时，沉降法已不太适用，而应采用过滤进行分离。此外，在气体净化中，若颗粒微小且浓度极低，也适宜采用过滤操作。本节主要介绍悬浮液的过滤。

4.2.1 过滤的基本知识

过滤是利用两种物质相对于多孔介质穿透性的差异，在某种推动力的作用下，使非均相物系得以分离的操作。悬浮液的过滤是利用外力使悬浮液通过一种多孔物质，其中液相从多孔物质的小孔中流过，固体颗粒则被截留下来，从而实现液固分离的，其示意图如图4-10所示。过滤过程的外力（过滤推动力）可以是重力、压强差或惯性离心力，其中以压强差为推动力的过滤在化工生产中应用最广。

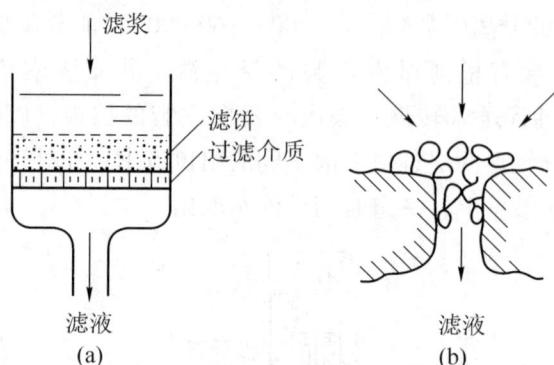

图4-10　过滤操作示意图

（a）饼层过滤；（b）"架桥"现象

过滤操作所处理的悬浮液称为滤浆或料浆，所用的多孔物质称为过滤介质，被截留下来的固体颗粒称为滤渣或滤饼，透过多孔物质的液体称为滤液。

1. 过滤的基本方式

工业上过滤的方式有两种：滤饼过滤和深层过滤，如图4-11所示。

（1）滤饼过滤

滤饼过滤是利用滤饼层本身作为过滤介质的一种过滤方式。滤饼过滤时，由于滤浆中固体颗粒的大小往往很不一致，其中一部分颗粒的直径可能小于所用过滤介质的孔径，因而在过滤的开始阶段，会有一部分细小颗粒通过过滤介质，得到的滤液是混浊的（此部分应送回滤浆槽重新过滤）。但随着过滤的进行，细小的颗粒便会在介质的孔道中发生"架桥"现象，如图4-10（a）所示，从而使得尺寸小于孔道直径的颗粒也能被拦截。随着被拦截的颗粒越来越多，在过滤介质的上游便形成了滤饼，同时滤液也慢慢变清。由于滤饼中的孔道通常比过滤介质的孔道要小，滤饼更能起到拦截颗粒的作用。更确切地说，只有在滤饼形成后，过滤操作才真正有效，滤饼本身起到了主要过滤介质的作用。滤饼过滤适用于处理固体含量较高(固体体积分数在 1% 以上)的悬浮液。

(2)深层过滤

深层过滤是指固体颗粒并不形成滤饼,而是沉积于较厚的粒状过滤介质床层内部的过滤操作。这种过滤适用于生产能力大而悬浮液中固体含量很少(固体体积分数在 0.1% 以下)且颗粒直径较小的场合,如自来水厂饮水的净化即属深层过滤。

另外,膜过滤作为一种精密分离技术在许多行业中得到了广泛的应用。膜过滤是利用膜孔隙的选择透过性进行两相分离的技术。膜过滤又可分为微孔过滤和超滤。微孔过滤可截留 $0.5 \sim 50 \ \mu m$ 的颗粒,超滤能截留 $0.05 \sim 10 \ \mu m$ 的微细颗粒,而常规过滤能截留 $50 \ \mu m$ 以上的颗粒。

在化工生产中得到广泛应用的是滤饼过滤,因此本节主要讨论滤饼过滤。

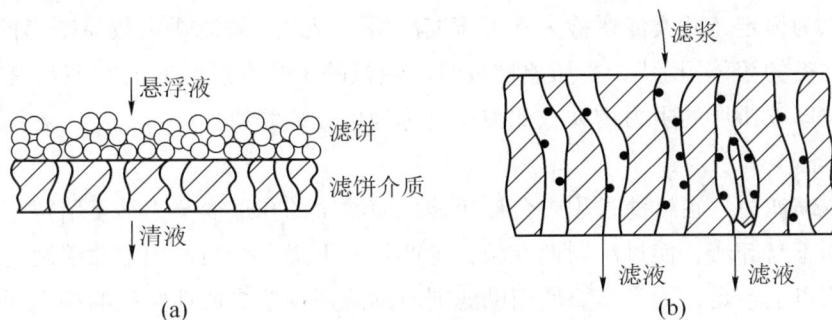

图 4-11　过滤方式

(a)滤饼过滤;(b)深层过滤

2. 过滤介质

(1)过滤介质的特点

过滤介质是实现过滤操作不可缺少的基本物质,能作为过滤介质的材料很多,但应具有以下特点:

①孔隙多,阻力小。孔隙的大小决定了是否能使滤液通过而悬浮于液体中的固体颗粒被截住。

②具有足够的强度、耐高温和耐腐蚀性。

③价格低廉,资源丰富。

(2)过滤介质分类

工业上常用的过滤介质有如下几种:

①织物介质。织物介质又称滤布,在工业上应用得最为广泛。它包括由棉、毛、丝、麻等天然纤维和由各种合成纤维制成的织物,以及由玻璃丝、金属丝等织成的网。织物介质造价低,清洗、更换方便,可截留的最小颗粒粒径为 $5 \sim 65 \ \mu m$。

②粒状介质。粒状介质又称堆积介质,一般由细砂、活性炭、石粒、硅藻土、石棉等细小坚硬的粒状物堆积成一定厚度的床层构成。粒状介质多用于深层过滤,如城市和工厂给水

的滤池。

③多孔固体介质。多孔固体介质是具有很多微细孔道的固体材料，如多孔陶瓷、多孔塑料，由纤维制成的深层多孔介质、多孔金属制成的管或板等。此类介质具有耐腐蚀、性能好、孔道较小、过滤效率较高等优点，常用于处理含少量微粒的腐蚀性悬浮液及其他特殊场合。

④多孔膜。用于膜过滤的各种有机高分子膜和无机材料膜等均称为多孔膜。

3. 滤饼和助滤剂

（1）滤饼

滤饼是由被截留下来的颗粒积聚而形成的固体床层。随着过滤操作的进行，滤饼的厚度和流动阻力都逐渐增加。若构成滤饼的颗粒为不易变形的坚硬固体（如硅藻土、碳酸钙等），当滤饼两侧的压差增大时，颗粒的形状和颗粒间的空隙都不会发生明显变化，故单位厚度饼层阻力可以认为恒定，此类滤饼称为不可压缩滤饼。反之，若滤饼由较易变形的物质（如某些氢氧化物之类的胶体）构成，当压差增大时，颗粒的形状和颗粒间的空隙都有不同程度的变化，使单位厚度饼层的阻力增大，此类滤饼称为可压缩滤饼。

（2）助滤剂

对于可压缩滤饼，在过滤过程中会被压缩，使滤饼的孔道变窄，甚至堵塞，或因滤饼粘嵌在滤布中而不易卸渣，使过滤周期变长，生产效率下降，介质使用寿命缩短。为了改善滤饼结构，克服以上不足，通常需要使用助滤剂。助滤剂一般是质地坚硬的细小固体颗粒，如硅藻土、纤维粉末、石棉、炭粉等。使用时，可将助滤剂加入悬浮液中，在形成滤饼的过程中，助滤剂便能均匀地分散在滤饼中间，改善滤饼结构，使液体的流动得以畅通，或预敷于过滤介质表面以防止介质孔道堵塞。

对助滤剂的基本要求有以下几点：

①在过滤操作压差范围内，具有较好的刚性，能与滤渣形成多孔饼层，使滤饼具有良好的渗透性和较低的流动阻力。

②具有良好的化学稳定性，不会与悬浮液发生化学反应，也不溶解于液相中。

③助滤剂一般不宜用于滤饼需要回收的过滤过程。

4. 过滤速率及其影响因素

（1）过滤速率与过滤速度

过滤速率是指单位时间内所能获得的滤液体积，单位为 m^3/s 或 m^3/h，过滤速率表明了过滤设备的生产能力；过滤速度是指单位时间单位过滤面积所能获得的滤液体积，单位为 m/s，过滤速度表明了过滤设备的生产强度，即设备性能的优劣。同其他过程类似，过滤速率与过滤推动力成正比与过滤阻力成反比。在压差过滤中，推动力就是压差，阻力则与滤饼的结构、厚度以及滤液的性质等诸多因素有关，比较复杂。

（2）恒压过滤与恒速过滤

在恒定的压差下进行的过滤称为恒压过滤。在恒压过滤过程中，随着过滤的进行，滤饼厚度逐渐增加，阻力随之上升，过滤速率则不断下降。维持过滤速率不变的过滤称为恒速过滤。在恒速过滤中，为了维持过滤速率恒定，必须相应地不断增大压差，以克服由于滤饼增厚而上升的阻力。因为压差的不断变化，故恒速过滤较难控制，所以生产中一般采用恒压过滤，有时为避免过滤初期由压差过高引起滤布堵塞和破损，也可以采用先恒速后恒压的操作方式。过滤开始后，压差由较小值缓慢增大，过滤速率基本维持不变，当压差增大至系统允许的最大值后，维持压差不变，进行恒压过滤。

（3）影响过滤速率的因素

过滤速率与过滤推动力和过滤阻力有关。影响过滤速率的因素如下：

①过滤推动力。增加过滤推动力可提高过滤速率和过滤生产能力。在过滤操作中，滤饼和介质的两侧应保持一定的压差。若压差是通过在介质上游加压形成的，则称为加压过滤。加压过滤操作时，可获得较大的推动力，且过滤速率快，并可根据需要控制压差大小，但压差越大，对设备的密封性和强度要求越高，即使设备强度允许，也受到滤布强度、滤饼的压缩性等因素的限制，因此，加压操作的压力不能太大，以不超过 500 kPa 为宜。若压差是靠悬浮液自身重力作用形成的，则称为重力过滤。重力过滤操作所用的设备简单，推动力小，过滤速率慢，一般用来处理固体含量少且容易过滤的悬浮液，如化学实验中常见的过滤。若压差是由离心力作用形成的，则称为离心过滤。离心过滤操作的过滤速率快，投资费用和动力消耗都较大，多用于颗粒粒度相对较大、液体含量较少的悬浮液的分离。若压差是将过滤介质的下游抽成真空而形成的，则称为减压过滤（或真空抽滤）。真空抽滤操作时，也能获得较大的过滤速率，但真空度受到液体沸点等因素的限制，不能过高，一般在 85 kPa 以下。一般来说，对不可压缩滤饼，增大推动力可提高过滤速率，但对可压缩滤饼，加压不能有效地提高过滤速率。

②悬浮液的黏度。悬浮液的黏度对过滤速率有较大影响。悬浮液的黏度小，容易过滤，其过滤速率较大。由于悬浮液的黏度随温度的升高而下降，所以提高悬浮液的温度可以加大过滤速率。又由于滤浆浓度越大，其黏度也越大，为了降低滤浆的浓度，某些情况下也可以将滤浆加以稀释再进行过滤，但这样会使过滤容积增加，同时稀释滤浆也只能在不影响滤液的前提下进行。

③过滤介质的性质。过滤介质的性质直接影响到过滤速率的大小，过滤介质的孔隙越小，厚度越厚，则产生的阻力越大，过滤速率越小。由于过滤介质的主要作用是促进滤饼形成，为此，要根据悬浮液中颗粒的大小来选择合适的过滤介质。

④滤饼的性质。滤饼的影响因素主要有颗粒的形状、大小以及滤饼紧密度和厚度等。显然，颗粒越细，滤饼越紧密、越厚，其阻力越大。当滤饼厚度增大到一定程度后，过滤速率会变得很慢，操作再进行下去是不经济的，这时只有将滤饼卸去，进行下一个周期的操作。

5. 过滤操作周期

过滤操作可分为连续过滤操作和间歇过滤操作，不管是连续过滤操作还是间歇过滤操作，都存在一个操作周期，在实际生产中间歇过滤操作应用较多。过滤过程的操作周期主要包括的步骤有过滤、洗涤、卸渣、清理等，对于板框压滤机等需装拆的过滤设备，还包括组装。上述步骤中，有效操作步骤只是"过滤"这一步，其余均属辅助步骤，但却是必不可少的。例如，在过滤后，滤饼空隙中还存有滤液，为了回收这部分滤液，或者因为滤饼是有价值的产品，不允许被滤液玷污时，都必须将这部分滤液从滤饼中分离出来。因此，就需要用水或其他溶剂对滤饼进行洗涤。对于间歇过滤操作，必须合理地安排一个周期中各步骤的时间，尽量缩短辅助时间，以提高生产效率。

4.2.2　过滤设备

在工业生产中，需要过滤的悬浮液的性质有很大差别，生产工艺对过滤的要求也各不相同，为适应各种不同的要求开发了多种形式的过滤设备。过滤设备按照操作方式可分为间歇过滤机与连续过滤机；按照采用的压强差可分为压滤过滤机、吸滤过滤机和离心过滤机。工业上应用最广泛的板框压滤机和加压叶滤机均为压滤型间歇过滤机，转筒真空过滤机则为吸滤型连续过滤机。离心过滤机有三足式离心机、活塞推料离心机及卧式刮刀卸料离心机等。

1. 板框压滤机

板框压滤机在工业生产中应用最早，至今仍沿用不衰。它由多块带凹凸纹路的滤板和滤框交替排列并组装于机架中构成，如图4-12所示。

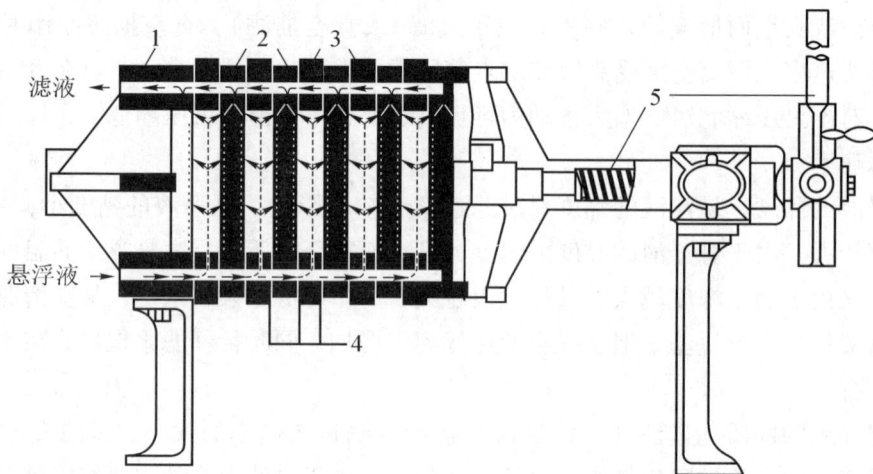

1—固定头；2—滤板；3—滤框；4—滤布；5—压紧装置。

图4-12　板框压滤机

板和框一般制成正方形，如图4-13所示。板和框的角端均开有圆孔，装合、压紧后即构成供滤浆、滤液或洗涤液流动的通道。框的两侧覆以滤布，空框与滤布围成了容纳滤浆及滤饼的空间，板又分为洗涤板与过滤板两种。压紧装置的驱动可采用手动、电动或液压传动等方式。

过滤时，悬浮液在指定的压力下经滤浆通道由滤框角端的暗孔进入框内，滤液分别穿过两侧的滤布，再经邻板板面流到滤液出口排走，固体则被截留于框内，待滤饼充满滤框后，即停止过滤。滤液的排出方式有明流与暗流之分，若滤液经由每块滤板底部侧管直接排出，

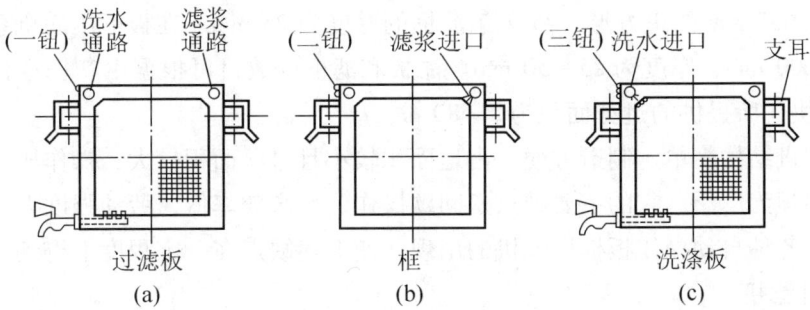

图 4 - 13　滤板和滤框

如图 4 - 14(a)所示，则称为明流。若滤液不宜暴露于空气中，则需将各板流出的滤液汇集于总管后排出，如图 4 - 12 所示，称为暗流。

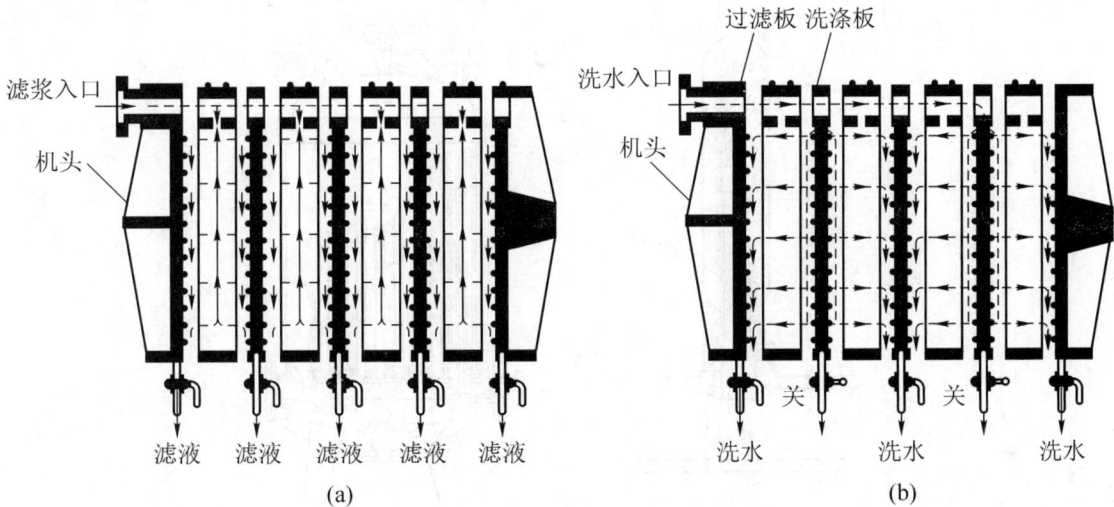

图 4 - 14　板框压滤机内液体流动路径

(a)过滤阶段；(b)洗涤阶段

当滤饼需要洗涤时，可将洗水压入洗水通道，经洗涤板角端的暗孔进入板面与滤布之间。此时，应关闭洗涤板下部的滤液出口，洗水便在压力差的推动下穿过一层滤布及整个厚度的滤饼，然后横穿另一层滤布，最后由过滤板下部的滤液出口排出，如图 4 - 14(b)所示。这种操作方式称为横穿洗涤法，其作用在于提高洗涤效果。

洗涤结束后，旋开压紧装置并将板框拉开，卸出滤饼，清洗滤布，重新组合，进入下一个操作循环。

板框压滤机的操作表压一般在 $3 \times 10^5 \sim 8 \times 10^5$ Pa，有时可高达 1.5×10^6 Pa。滤板和滤框可由金属材料(如铸铁、碳钢、不锈钢、铝等)、塑料及木材制造。我国已有板框压滤机系列标准及规定代号，如 BMS20/635 - 25，其中 B 表示板框压滤机，M 表示明流式(若为 A 则表示暗流式)，S 表示手动压紧(若为 Y 则表示液压压紧)，20 表示过滤面积为20 m²，635 表示滤框为边长 635 mm 的正方形，25 表示滤框的厚度为 25 mm。在板框压滤机系列中，框每边长 320~1 000 mm，厚度为 25~50 mm。滤板和滤框的数目可根据生产任务自行调节，一般为 10~60 块，所提供的过滤面积为 2~80 m²。

板框压滤机结构简单、制造方便、占地面积较小且过滤面积较大，操作压力高，适应能力强，故应用颇为广泛。它的主要缺点是间歇操作，生产效率低，劳动强度大，滤布损耗也较快。近来，各种自动操作板框压滤机的出现，使上述缺点在一定程度上得到了改善。

2. 加压叶滤机

如图 4-15 所示的加压叶滤机是由许多不同的长方形或圆形滤叶组合于能承受内压的密闭机壳内而成的。滤叶由金属多孔板或金属网制造，内部具有空间，外部罩滤布。滤浆用泵压送到机壳内，滤液穿过滤布进入叶内，汇集至总管后排出机外，颗粒则积于滤布外侧形成滤饼。滤饼的厚度通常为 5~35 mm，视滤浆性质及操作情况而定。

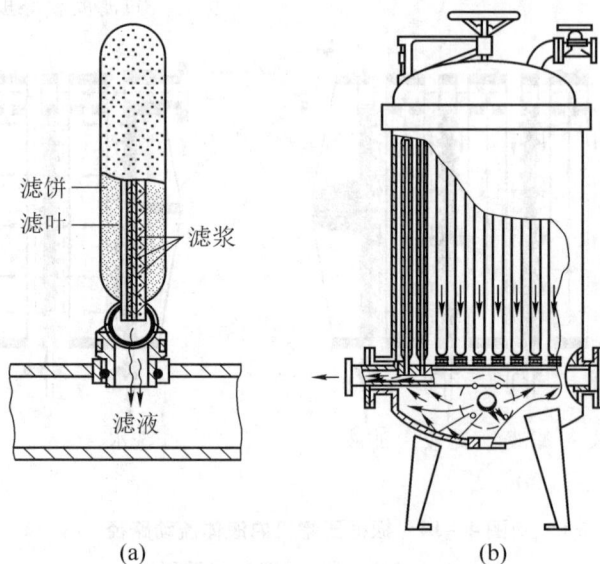

图 4-15　滤叶结构和加压叶滤机示意图
(a)滤叶；(b)加压叶滤机

若滤饼需要洗涤，则在过滤完毕后通入洗水，洗水的路径与滤液相同，这种洗涤方法称为置换洗涤法。洗涤过后应打开机壳上盖，拔出滤叶卸除滤饼。

加压叶滤机也是间歇操作设备，其优点是过滤速度大，洗涤效果好，占地面积小，密闭操作，改善了操作条件；缺点是造价较高，更换滤叶(尤其对于圆形滤叶)比较麻烦。

3. 厢式压滤机

厢式压滤机如图 4-16 所示，与板框压滤机外表相似，但厢式压滤机仅由滤板组成。它每块滤板凹进的两个表面与另外的滤板压紧后组成过滤室。料浆通过中心孔加入，滤液在下角排除，带有中心孔的滤布覆盖在滤板上，滤布的中心加料孔部位压紧在两壁面上，或把两壁面的滤布用编织管缝合。工业上，自动厢式压滤机已达到较高的自动化程度。

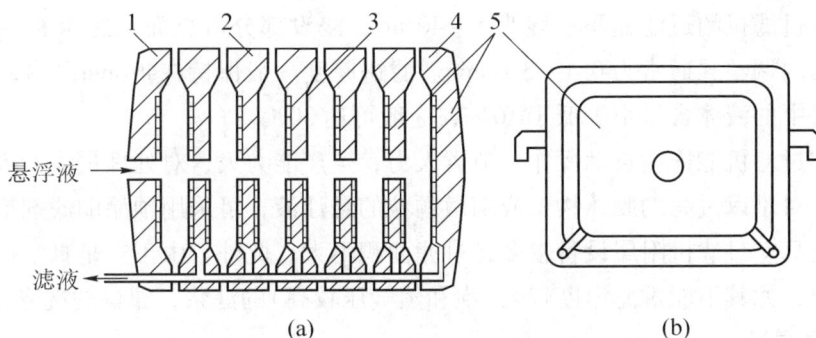

1，4—端头；2—滤板；3—滤饼空间；5—滤布。

图 4-16 厢式压滤机示意图

（a）厢式压滤机；（b）滤板

4. 转筒真空过滤机

转筒真空过滤机是一种工业上应用较广的连续操作吸滤型过滤机械。设备的主体是一个能转动的水平圆筒，其表面有一层金属网，网上覆盖滤布，使用时，筒的下部浸入滤浆中。外滤式转筒真空过滤机的外形图和操作简图如图 4-17 所示。

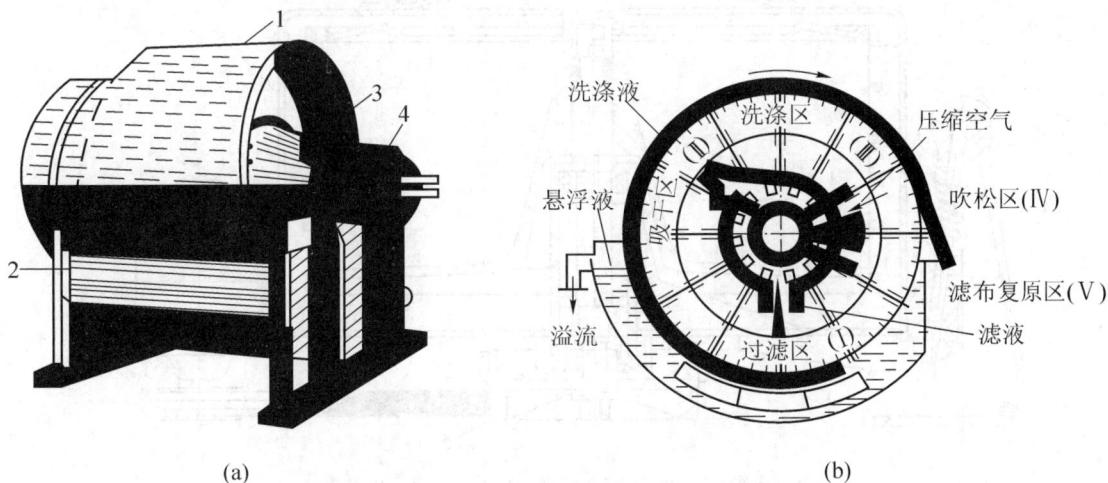

1—转筒；2—槽；3—主轴；4—分配头。

图 4-17 外滤式转筒真空过滤机的外形图和操作简图

（a）外形图；（b）操作简图

圆筒沿径向分隔成若干扇形格，每格都有孔道通至分配头上。凭借分配头的作用，圆筒转动时，这些孔道依次分别与真空管及压缩空气管相连通，从而在圆筒回转一周的过程中，每个扇形表面即可顺序地进行过滤、洗涤、吸干、吹松、卸饼等操作。对圆筒的每一块表面，转筒转动一周经历一个操作循环。

分配头是转筒真空过滤机的关键部件，它由紧密贴合着的转动盘与固定盘构成，转动盘随着筒体一起旋转，固定盘不动，分配头内侧面的各凹槽分别与各种不同作用的管道相通。

转筒真空过滤机的过滤面积一般为 $5\sim40\ m^2$，浸没部分占总面积的 30% ～40%。转速可在一定范围内调整，通常为 $0.1\sim3\ r/min$。滤饼厚度一般保持在40 mm以内，转筒真空过滤机所得滤饼中的液体含量很少低于10%，一般可达30%。

转筒真空过滤机能连续自动操作，节省人力，生产能力大，对处理量大而容易过滤的料浆特别适宜，对难以过滤的胶体物系或细微颗粒的悬浮液，可采用预涂助滤剂措施，也比较方便。但转筒真空过滤机附属设备较多，过滤面积不大。此外，由于它是真空操作，因而过滤推动力有限，尤其不能过滤温度较高(饱和蒸气压较高)的滤浆，滤饼的洗涤也不充分。

5. 离心过滤机

离心过滤是指液体借助旋转所产生的离心力而通过介质和滤饼，使固体颗粒被截留于过滤介质表面的操作过程。离心过滤的推动力即离心力。

离心机的转鼓壁面上开孔，就成为离心过滤机。工业上应用最多的有如下几种。

（1）三足式离心机

如图 4-18 所示的三足式离心机是间歇操作、人工卸料的立式离心机，在工业上采用较早，目前仍是国内应用最广、制造数目最多的一种离心机。

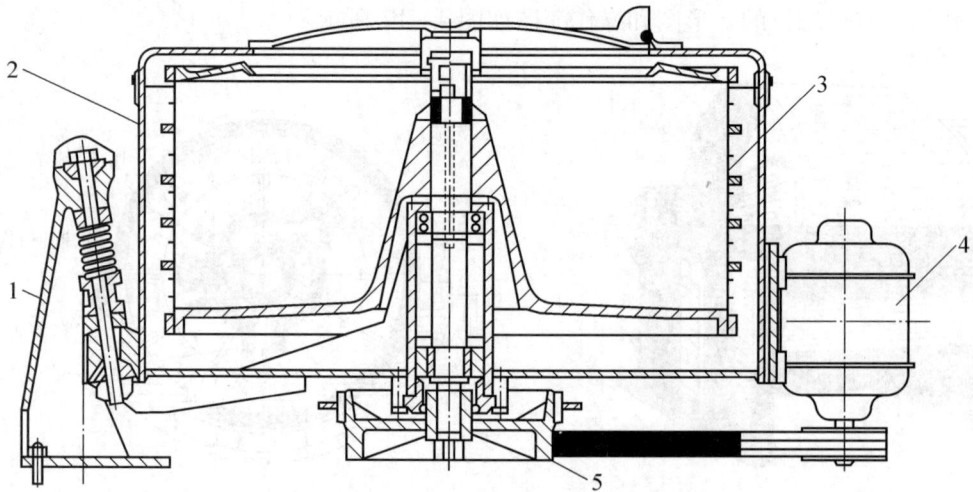

1—支脚；2—外壳；3—转鼓；4—马达；5—皮带轮。

图 4-18　三足式离心机

三足式离心机有过滤式和沉降式两种，其卸料方式又有上部卸料与下部卸料之分。离心机的转鼓支承在装有缓冲弹簧的杆上，以减轻加料或其他原因造成的冲击。国内生产的三足式离心机技术参数范围如表 4-1 所示：

表 4-1　国内生产的三足式离心机技术参数范围表

转鼓直径/m	有效容积/m³	过滤面积/m²	转速/(r·min⁻¹)	分离因数(K_c)
0.45～1.5	0.02～0.4	0.6～2.7	730～1 950	450～1 170

三足式离心机结构简单，制造方便，运转平稳，适应性强，所得滤液中固体含量少，滤

饼中固体颗粒不易受损伤，适用于间歇生产中的小批量物料，尤其适用于盐类晶体的过滤和脱水。其缺点是卸料时劳动强度大，生产能力低。近年来已出现了自动卸料及连续生产的三足式离心机。

（2）卧式刮刀卸料离心机

卧式刮刀卸料离心机是连续操作的过滤式离心机，其特点是在转鼓全速运动中自动地依次进行加料、分离、洗涤、甩干、卸料、洗网等操作，每批操作周期为 35～90 s。每一道工序的操作时间可按预定要求实行自动控制。其结构及操作示意如图 4 - 19 所示。

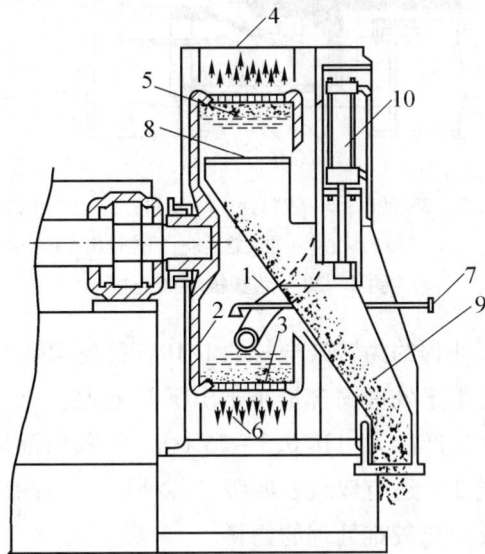

1—进料管；2—转鼓；3—滤网；4—外壳；5—滤饼；
6—滤液；7—冲洗管；8—刮刀；9—溜槽；10—旋转气缸。

图 4 - 19 卧式刮刀卸料离心机

操作时，悬浮液从进料管进入全速运转的转鼓内，液相经滤网及鼓壁小孔被甩到鼓外，再经机壳的排液口流出。留在鼓内的固相在耙齿的作用下，均匀分布在滤网面上。当滤饼达到指定厚度时，进料阀门自动关闭，停止进料并进行冲洗，再经甩干，一定时间后，刮刀自动上升，滤饼被刮下并经倾斜的溜槽排出。刮刀升至极限位置后自动退下，同时冲洗阀又开启，对滤网进行冲洗，即完成一个操作循环，重新开始进料。

此种离心机可连续运转，自动操作，生产能力大，劳动条件好，适宜于大规模连续生产，目前已较广泛地用于石油、化工行业中，如硫铵、尿素、碳酸氢铵、聚氯乙烯、食盐、糖等物料的脱水，由于这种离心机用刮刀卸料，颗粒破碎严重，对于必须保持晶粒完整的物料不宜使用。

（3）活塞推料离心机

活塞推料离心机，如图 4 - 20 所示，也是一种连续操作的离心过滤机。在全速运转的情况下，料浆不断由进料管送入，沿锥形进料斗的内壁流至转鼓的滤网上。滤液穿过滤网经滤液出口连续排出，积于滤网内面上的滤渣则被往复运动的活塞推送器沿转鼓内壁面推出。滤渣被推至出口的途中，可用由冲洗管出来的水进行喷洗，洗水则由另一出口排出。整个过程在转速不同的部位连续、自动进行。

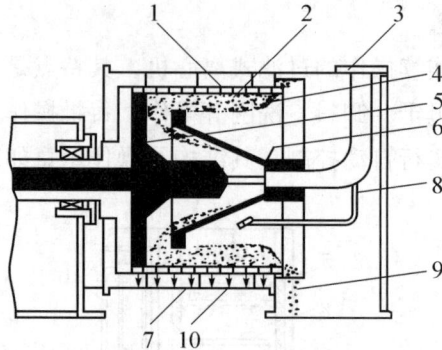

1—转鼓；2—滤网；3—进料管；4—滤饼；5—活塞推进器；
6—进料斗；7—滤液出口；8—冲洗管；9—固体排出；10—洗水出口。
图4-20　活塞推料离心机

活塞推料离心机的活塞冲程约为转鼓全长的1/10，往复次数约30次/分钟。

活塞推料离心机主要适用于处理固含量小于10%，粒径d大于0.15 mm并能很快脱水和失去流动性的悬浮液。其生产能力可达0.3~25 t/h，卸料时晶体破碎程度小。

活塞推料离心机除单级外，还有双级、四级等各种形式。采用多级活塞推料离心机能改善其工作状况、提高转速及分离较难处理的物料。

近年来，新型过滤设备及新过滤介质的开发取得了可观成绩，有些已在大型生产中获得很好的效益，如预涂层转筒真空过滤机、真空带式过滤机、节约能源的压榨机、采用动态过滤技术的叶滤机等。

4.3　过滤设备的操作

4.3.1　转鼓真空过滤机的操作

转鼓真空过滤机将过滤、洗涤、去饼和吹除等工艺操作在一个转动的转鼓中完成，其生产效率高，适用于多种悬浮物料的分离，是一种较为先进的过滤设备。

1. 开车准备

开车准备时，应检查滤布有无破漏孔洞，两侧是否漏气，当有上述情况时，应修补完好。还需清理滤浆槽内的沉淀物料和杂物，检查刮刀与转鼓铁丝间的间隙量大小，一般为1~2 mm。应查看真空系统的真空度大小和冷风系统的压力大小是否符合要求。

2. 正确使用

①开车启动，随即观察电流大小。观察各传动机构运转情况，如平稳，无振动，无碰撞

声，可试空车和洗车15 min。

②开启进滤浆阀门向滤槽注料，当液面上升到滤槽高度的1/2时，再开启真空、洗水和冷风阀门，进行正常生产。

③经常检查滤槽内的液面高低，维持3/4～4/5高度为宜，以免影响滤槽挂滤饼的厚度和溢流。

④经常检查洗水分布是否均匀，不均匀则洗涤效果差，影响产品质量。

⑤定时分析过滤效果，以便及时调整液面、洗水、真空度和压辊压力等操作条件。

⑥经常检查分配头和各系统阀门是否渗漏，渗漏时应停车修理。

4.3.2 离心机的操作

离心机是化工行业普遍采用的一种过滤设备，它具有连续性强，生产效率高，劳动强度低的优点。离心机的形式较多，但它们的过滤原理均是利用转鼓的高速旋转所产生的离心力使滤浆中的固体颗粒与液体分离，这里仅对往复式自动卸料离心机和刮刀式自动卸料离心机的使用与维护方法做综合性叙述。

1. 开车准备

开车前应检查和清除筛篮内积存的物料和杂物，用手转动筛篮时应无摩擦声和碰撞声。检查油箱内油位高度和油质情况，保证能正常使用。

2. 正确使用

①将调速阀拨到最慢位置后，启动油泵观察推料盘的往复泵运动情况，如无发涩现象，即可加快往复次数；对于刮刀式自动卸料离心机应调节刮刀至规定位置。

②待液压系统运行正常后，打开油箱冷却水阀门进行冷却，随后启动主动电动机使筛篮转动，观察有无振动和摇摆现象以及电流值的大小，如属正常即可投料。

③加料时应缓慢打开进料阀门，使滤浆均匀进入筛篮，随之开放洗水阀门。

④离心机在运行中，要经常检查筛篮内滤饼厚度和含水分程度以便随时调节。

⑤严禁超负荷运行和带重大缺陷运行。

⑥经常检查轴承和电动机温度，测听转动机构运转声音，若发现异常，须停车检修。

⑦发生断电、强烈振动和发出较大的撞击声时，应紧急停车，以防造成重大设备事故。

4.3.3 板框压滤机的操作

板框压滤机是一种间歇操作、劳动强度大、生产能力低的过滤设备，但由于它适用于颗粒细小、黏度较大、小批量生产和多品种物料的过滤，所以许多化工厂仍在使用，其压紧方式有手动、液压传动和电动三种，这里仅介绍电动压紧板框压滤机的使用和维护方法，其他两种型号的压滤机也可参照使用。

1. 开车准备

开车前，应对各部件进行检查，并清除各种障碍物。

2. 正确使用

①开动电动机，使压紧机构运行数次，如情况正常，即可使滤板和滤框敞开，铺整滤布，随后开动自动顶压杠，使所有滤板、滤框和滤布相互接触，松紧适宜，以不跑漏液料为标准。

②开启进料阀门向滤框送料，待所有板框滤布腔内充满滤浆后，缓慢开启顶压杠，进行压紧过滤，压紧力过大、过滤过快易损伤滤布，所以应引起注意。

③操作时，要观察压力表的数值，不能超压使用。

④经常检查滤框和滤板有无裂纹和变形等缺陷，发现后应更新。

⑤经常检查顶压杠、横梁和机架的磨损和腐蚀情况，发现问题及时处理。

⑥经常检查各传动部件的润滑情况是否良好，有不足之处应查明原因并解决。

▶ 本章小结

在化工生产中，非均相物系的分离操作常常处于从属地位，但却是非常重要的。本章从理论上讨论了颗粒与流体间相对运动问题，其中包括颗粒相对于流体的运动（沉降）、流体通过颗粒床层的流动（过滤），并借此实现非均相物系的分离。

本章的学习重点是沉降及过滤过程的基本原理，常见沉降分离设备、过滤机的操作原理与选型方法。学员应能够根据生产工艺要求和物系特点选择相应的分离方法。

▶ 习　　题

一、选择题

1. 微粒在降尘室内能被除去的条件为：停留时间（　　）它的尘降时间。

    A. 不等于　　　　　B. 大于或等于　　　　　C. 小于　　　　　D. 大于或小于

2. 有一高温含尘气流，尘粒的平均直径在 $2\sim3~\mu m$，现要达到较好的除尘效果，可采用（　　）。

    A. 降尘室　　　　　B. 旋风分离器　　　　　C. 湿法除尘　　　　　D. 袋滤器

3. 过滤操作中滤液流动遇到的阻力是（　　）。

    A. 过滤介质阻力　　　　　　　　　　　B. 滤饼阻力

    C. 过滤介质和滤饼阻力之和　　　　　　D. 无法确定

4. 旋风分离器主要是利用（　　）的作用使颗粒沉降而达到分离目的。

    A. 重力　　　　　B. 惯性离心力　　　　　C. 静电场　　　　　D. 重力和惯性离心力

5. 过滤速率与（　　）成反比。

    A. 操作压差和滤液黏度　　　　　　　　B. 滤渣厚度和颗粒直径

    C. 滤液黏度和滤渣厚度　　　　　　　　D. 颗粒直径和操作压差

6. 矩形沉降槽的宽为 1.2 m，用来处理流量为 60 m³/h、颗粒的沉降速度为 2.8×10^{-3} m/s 的悬浮污水，则沉降槽的长至少为(   )。

    A. 2 m   B. 5 m   C. 8 m   D. 10 m

7. 下列措施中不一定能有效地提高过滤速率的是(   )。

    A. 加热滤浆   B. 在过滤介质上游加压

    C. 在过滤介质下游抽真空   D. 及时卸渣

8. 以下表达式中正确的是(   )。

    A. 过滤速率与过滤面积平方 A^2 成正比

    B. 过滤速率与过滤面积 A 成正比

    C. 过滤速率与所得滤液体积 V 成正比

    D. 过滤速率与虚拟滤液体积 V_e 成反比

9. 自由沉降的意思是(   )。

    A. 颗粒在沉降过程中受到的流体阻力可忽略不计

    B. 颗粒开始的沉降速度为零，没有附加一个初始速度

    C. 颗粒在降落的方向上只受重力作用，不受离心力等的作用

    D. 颗粒间不发生碰撞或接触的情况下的沉降过程

10. 下列分离过程不属于非均相物系的分离过程的是(   )。

    A. 沉降   B. 结晶   C. 过滤   D. 离心分离

二、判断题

1. 过滤操作是分离悬浮液的有效方法之一。(   )

2. 板框压滤机是一种连续性的过滤设备。(   )

3. 欲提高降尘室的生产能力，主要的措施是提高降尘室的高度。(   )

4. 离心分离因数越大，其分离能力越强。(   )

5. 板框压滤机的过滤时间等于其他辅助操作时间总和时，其生产能力最大。(   )

第4章习题参考答案

5 传　热

▶ **学习目标**

掌握：平壁及圆筒壁的热传导计算，传热的计算，强化传热的途径。
理解：传热的基本方式，傅里叶定律。
了解：各种类型换热器的结构、特点及应用。

▶ **学习要求**

工业上常见的换热方式，换热器的设计与校核。

传热即热量的传递，是自然界中普遍存在的物理现象。在化工生产中，传热是重要的单元操作过程之一。无论是化学过程（化学反应操作）还是物理过程（化工单元操作）都伴随着热量的传递。传热在化工生产中主要有以下几方面的应用：物料的加热、冷却或冷凝，使物料达到指定的温度和相态；回收并利用热量或冷量；化工设备和管道的保温，减少热量或冷量的损失。

化工生产中遇到的传热问题，一般有以下两种：一种是要求强化传热，即提高某换热任务的传热速率，减少设备的尺寸，降低成本；另一种是削弱传热，即减少热损失，如高温设备及管道的保温隔热等，对传热速率的要求越低越好。

5.1　传热的基本理论

热量的传递是由物体内部或物体之间温度的不同而引起的。热量总是从同一物体温度较高的部分传递到温度较低的部分，或是从温度较高的物体传递到温度较低的物体。根据传热机理的不同，传热的基本方式分为三种：热传导、热对流（对流传热）和热辐射。在化工生产中，换热设备的热量传递主要以热传导及对流传热两种方式为主。

5.1.1 热传导的基本理论

由物质的分子、原子或自由电子等微观粒子的热运动而引起的热量传递称为热传导，简称导热。热传导实质是大量物质分子的热运动产生互相撞击，从而使能量从同一物体的高温部分传至低温部分，或由高温物体传给低温物体的过程。热传导在固体、液体和气体中均可进行。在固体中，热传导依靠晶体内部微粒发生的振动，形成能量的迁移，从而形成热量传递。在金属物质中，大量的自由电子在不停地做无规则热运动，由于自由电子在金属晶体中对热的传导起主要作用，因此往往金属的导热性好。在液体中，液体分子在温度高的区域热运动比较强，由于液体分子之间存在着相互作用，热运动的能量将逐渐向周围层层传递，从而引起了热传导现象。在气体中，热传导主要依靠分子的无规则热运动及分子间的相互碰撞，使气体内部发生能量迁移，从而形成宏观上的热量传递。

5.1.2 热对流的基本理论

热对流又称为对流传热，是指流体内部质点发生相对位移而引起的热量传递过程。根据质点发生相对位移原因的不同，对流传热又可分为强制对流传热和自然对流传热。若流体质点的运动是由机械外力(如泵、分机或搅拌)导致的，称为强制对流传热；若流体质点的运动是由流体内部各部分的密度差异引起的，称为自然对流传热。

化工传热过程往往并非以单纯的对流传热方式传热，而是流体流过固体壁面时发生的对流传热和热传导的联合作用。对流传热在化工生产中具有非常重要的作用。在对流传热过程中，除了热量的流动外，还涉及流体的运动，故对流传热与流体的流动状况密切相关。

5.1.3 热辐射的基本理论

物体以电磁波方式传递能量的过程称为辐射，被传递的能量称为辐射能。物体产生电磁波辐射的原因有很多种，其中由热引起的电磁波辐射即热辐射。任何物体只要其温度大于绝对温度 0 K，都会不停地以电磁波的形式向外辐射能量；同时，物体又不断吸收来自外界其他物体的辐射能。当物体向外界辐射的能量与其从外界吸收的辐射能不等时，该物体与外界就会产生热量的传递。辐射能可以在真空中传播，且不需要任何物质做传播媒介，这是区别于热传导、热对流的主要不同点。需要注意的是，只有在温度较高时，热辐射才能成为主要的传热方式。

实际上，这三种传热方式很少单独存在，传热经常表现为两种或三种传热方式的组合。化工传热中普遍使用的间壁式换热器中的传热，主要是以热对流和热传导相结合的方式进行的，因此，本章将详细介绍热传导和热对流的传热规律。

5.1.4 定态传热和非定态传热

在传热过程中，各点的温度只随位置变化而不随时间变化的过程称为定态传热。定态传热时，单位时间内所传递的热量不变。一般连续化生产过程中的传热均属于定态传热。

在传热过程中，各点的温度随位移和时间均发生变化的过程称为非定态传热。在非定态传热时，单位时间内所传递的热量随时间而变化。间歇生产过程和连续化生产的开、停车阶段的传热大多属于非定态传热。

由于化工生产中多为连续化操作过程，即属于定态传热，因此本章讨论的传热过程均为定态传热。

5.1.5 传热速率和热通量

换热器热量传递速率的快慢通常用传热速率来表示，即单位时间内通过传热面的热量，一般用 Q 表示，单位为 W。

热通量是指在单位时间内，单位传热面积上所传递的热量，一般用 q 表示，单位为 W/m^2。

传热速率及热通量是衡量换热器性能的重要指标，传热速率的通式可表示为：

$$传热速率 = \frac{传热推导力（温度差）}{传热阻力（热阻）} = \frac{\Delta t}{R}$$

5.2 热 传 导

热传导是热量从同一物体的高温部分向低温部分，或从一个高温物体向与其直接接触的低温物体进行传递的过程。热传导是介质内无宏观运动时的传热现象，其在固体、液体和气体中均可发生。但严格来说，只有在固体中才是纯粹的热传导，这是由于流体即使处于静止状态，也会由于密度差而产生自然对流，因此，在流体中热传导与对流传热是同时发生的。本节只讨论固体内的热传导问题。

5.2.1 傅里叶定律

物体或系统内各点间的温度差，是热传导的必要条件。由热传导方式引起的传热速率也取决于物体内温度的分布情况。

物体或系统内部各点的温度在时空中的分布称为温度场，温度场中同一时刻下相同温度各点所组成的面为等温面。等温面上温度处处相等，故在等温面上无热量传递，而沿和等温面相交的任何方向，因温度发生变化，均有热量传递。在温度场中，温度随距离的变化程度以沿与等温面的垂直方向为最大。通常，将两等温面的温度差 Δt 与两相邻等温面间垂直距离 Δn 之比的极限称为温度梯度。温度梯度为向量，它的正方向指向温度增加的方向。

描述热传导现象的物理定律为傅里叶定律，它表明传热速率与温度梯度及垂直于热流方向的传热面积成正比。其数学表达式为：

$$\frac{\mathrm{d}Q}{\mathrm{d}S} = -\lambda \frac{\mathrm{d}t}{\mathrm{d}x} \tag{5-1}$$

式中：Q——热传导传热速率，即单位时间传导的热，W；

S——与热传导方向垂直的传热面的面积，m^2；

λ——物质的导热系数，$W/(m \cdot ℃)$。

式中的负号表示传热方向与温度梯度的方向相反。

傅里叶定律与牛顿黏性定律类似，也是根据基本原理推导得到的。导热系数 λ 与黏度 μ 一样，也是粒子微观运动特性的表现。可见，热量传递和动量传递具有相似性。

5.2.2 导热系数 λ

导热系数 λ 可根据傅里叶定律推导而得。导热系数 λ 表征了物质导热能力的大小，是物质的物理性质之一。导热系数 λ 的大小和物质的形态、组成、密度、温度及所处环境的压强有关。它的单位为 $W/(m \cdot ℃)$。

各种物质的导热系数通常用实验方法测定。导热系数数值的变化范围很大。通常，金属的导热系数最大，非金属固体次之，液体较小，气体最小。

1. 固体的导热系数

在所有固体中，金属是最好的导热体，纯金属的导热系数一般随温度的升高而降低。金属的纯度对导热系数影响很大，如含碳为1%的普通碳钢的导热系数为 45 $W/(m \cdot ℃)$，不锈钢的导热系数仅为 16 $W/(m \cdot ℃)$。

非金属建筑材料和绝热材料的导热系数与其温度、组成及结构的紧密程度有关。

在工程计算中，经常遇到固体壁面两侧温度不同的情况，选用导热系数时，常以壁面两侧温度的算术平均值为准进行计算。大多数均质的固体材料，其导热系数与温度近似成直线关系。

2. 液体的导热系数

液体分成金属液体和非金属液体两类，前者的导热系数较高，后者较低。在非金属液体中，水的导热系数最大，除水和甘油外，绝大多数液体的导热系数随温度的升高而略有减小。一般来说，溶液的导热系数低于纯液体的导热系数。

3. 气体的导热系数

气体的导热系数随温度的升高而增大。在通常的压力范围内，其导热系数随压力变化很小，只有在压力大于200 MPa，或压力小于2.7 kPa时，导热系数才随压力的增加而加大。故工程计算中常忽略压力对气体导热系数的影响。

气体的导热系数很小，故对导热不利，但对保温有利。常用的固体保温材料内部结构往往呈纤维状和多孔状，空隙内充满空气。

5.2.3 傅里叶定律的工业应用

1. 单层平壁的定态热传导

单层平壁的定态热传导如图 5-1 所示。假设平壁材料均匀，导热系数 λ 不随温度而改变，平壁内的温度仅随垂直于壁面的 x 方向变化。由于平壁面积与厚度相比是较大的，故从平壁的边缘处损失的热量可忽略不计。导热速率 Q 和传热面积 S 均为常量时，由傅里叶定律可推导出：

$$Q = \frac{\lambda}{b} S(t_1 - t_2) \qquad (5-2)$$

$$Q = \frac{\lambda S(t_1 - t_2)}{b} = \frac{\Delta t}{R} \qquad (5-3)$$

$$q = \frac{Q}{S} = \frac{\lambda \Delta t}{b} = \frac{\Delta t}{R'} \qquad (5-4)$$

式中：b——平壁厚度，m；

t_1，t_2——壁面两侧温度，℃

Δt——温度差，导热推动力，℃，$\Delta t = t_1 - t_2$；

R——导热热阻，℃/W，$R = b/\lambda S$；

R'——单位传热面积的导热热阻，$(m^2 \cdot ℃)/W$，$R' = b/\lambda$。

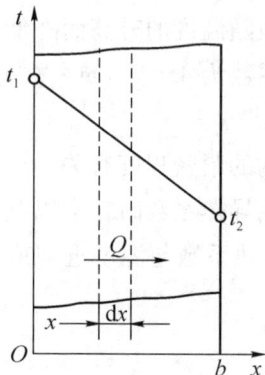

图5-1 单层平壁的定态热传导

从式(5-3)中可以看出，传热速率与传热推动力(Δt)成正比，与导热热阻成反比，式(5-3)与欧姆定律表示的电流与电压降及电阻的关系相似，因此应用导热热阻的概念对传热过程进行分析和计算是十分有用的。由式(5-3)中导热热阻的定义可知：系统中任一段的导热热阻与该段的温度差成正比，即热传导的距离越大，传热面积和导热系数越小，导热热阻越大。

【例5-1】 某平壁厚度为0.37 m，内表面温度 t_1 为1 650℃，外表面温度 t_2 为300℃，平壁材料导热系数 $\lambda = 0.815 + 0.000\ 76t$ [式中 t 的单位为℃，λ 的单位为 $W/(m \cdot ℃)$]。若导热系数可取平均值计算，求平壁的导热热通量。

解：平壁的平均温度为：

$$t_m = \frac{t_1 + t_2}{2} = \frac{1\ 650 + 300}{2} = 975(℃)$$

$\lambda = 0.815 + 0.000\ 76t_m = 0.815 + 0.000\ 76 \times 975 = 1.556 [W/(m \cdot ℃)]$

导热热通量为：

$$q = \frac{Q}{S} = \frac{\lambda}{b}(t_1 - t_2) = \frac{1.556}{0.37}(1\ 650 - 300) \approx 5\ 677(W/m^2)$$

2. 多层平壁的定态热传导

工业上经常遇到由多层不同材料组成的平壁，即多层平壁。下面以三层平壁的定态热传导（见图5-2）为例进行讨论。假设多层平壁的层与层之间接触良好，即接触的两表面温度相同。由于各等温面的温度保持恒定，仍为定态导热，所以相比单层平壁的定态热传导问题，多层平壁的定态热传导可看成是多个热阻串联导热，其传热速率的表达式如下：

$$Q = \frac{\Delta t_1 + \Delta t_2 + \Delta t_3}{\frac{b_1}{\lambda_1 A_1} + \frac{b_2}{\lambda_2 A_2} + \frac{b_3}{\lambda_3 A_3}} = \frac{\sum \Delta t}{\sum R} \qquad (5-5)$$

$$\frac{\Delta t_1}{R_1} = \frac{\Delta t_2}{R_2} = \frac{\Delta t_3}{R_3} \qquad (5-6)$$

由式(5-5)可见，对于多层平壁的定态热传导，其总的推动力即总的温度差，而总的热阻为各层热阻之和。当总温度差一定时，传热速率的大小取决于总热阻的大小。

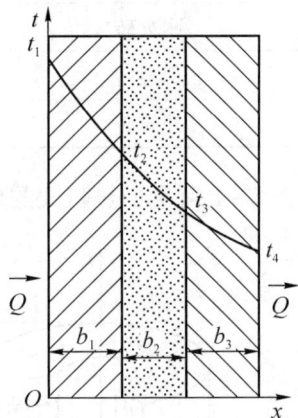

图 5-2 三层平壁的定态热传导

【例5-2】 有一燃烧炉，炉壁由三种材料组成。最内层是耐火砖，中间为保温砖，最外层为建筑砖。已知耐火砖壁厚 $b_1 = 150$ mm，导热系数 $\lambda_1 = 1.06$ W/(m·℃)；保温砖壁厚 $b_2 = 310$ mm，导热系数 $\lambda_2 = 0.15$ W/(m·℃)；建筑砖壁厚 $b_3 = 240$ mm，导热系数 $\lambda_3 = 0.69$ W/(m·℃)。今测得炉的内壁温度为1 000 ℃，耐火砖与保温砖的界面温度为946 ℃。试求：（1）单位面积的热损失；（2）保温砖与建筑砖的界面温度；（3）建筑砖外侧温度。

解：用下标1表示耐火砖，2表示保温砖，3表示建筑砖。t_3 为保温砖与建筑砖的界面温度，t_4 为建筑砖的外侧温度。

（1）由式(5-4)可以求得：

$$q = \frac{Q}{S} = \frac{\lambda_1 (t_1 - t_2)}{b_1} = \frac{1.06(1\,000 - 946)}{0.15} = 381.6 (\text{W/m}^2)$$

（2）保温砖与建筑砖的界面温度为 t_3，因系稳定热传导，所以 $q_1 = q_2 = q_3 = q$，可以得到：

$$q = \frac{Q}{S} = \frac{\lambda_2 (t_2 - t_3)}{b_2} = 381.6 (\text{W/m}^2)$$

即：

$$\frac{0.15(946 - t_3)}{0.31} = 381.6 (\text{W/m}^2)$$

解得：

$$t_3 \approx 157.4 (\text{℃})$$

（3）建筑砖外侧温度为 t_4，同理，解得：

$$t_4 = 24.6 (\text{℃})$$

本题中各层温度差与热阻的数值如表5-1所示。

表5-1　例5-2表

	温度差/℃	热阻$(b/\lambda S)/(℃\cdot W^{-1})$
耐火砖	$\Delta t_1 = 1000 - 946 = 54$	0.14
保温砖	$\Delta t_2 = 946 - 157.4 = 788.6$	2.07
建筑砖	$\Delta t_3 = 157.4 - 24.6 = 132.8$	0.35

由表5-1可见，热阻大的保温层，分配于该层的温度差亦大，即温度差与热阻成正比。

3. 单层圆筒壁的定态热传导

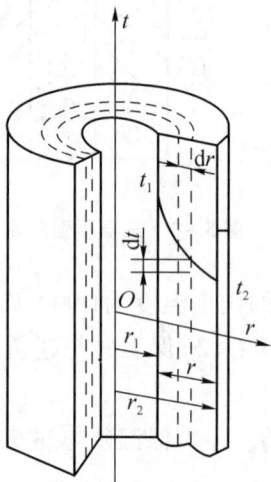

图5-3　单层圆筒壁的定态热传导

单层圆筒壁的定态热传导如图5-3所示。若圆筒壁很长，沿轴向散热可忽略，则通过圆筒壁的热传导可视为一维定态热传导。设圆筒的内半径为r_1，外半径为r_2，长度为L。圆筒内、外壁面温度分别为t_1和t_2，且$t_1 > t_2$。若在圆筒半径r处沿半径方向取微分厚度dr的薄壁圆筒，其传热面积可视为常量$2\pi r L$，同时通过该薄层的温度变化为dt。仿照平壁热传导公式，通过该薄圆筒壁的传热速率可以表示为：

$$Q = -\lambda S \frac{dt}{dr} = -\lambda(2\pi r L)\frac{dt}{dr} \qquad (5-7)$$

将式（5-7）分离变量并积分后，整理可得：

$$Q = 2\pi L \lambda \frac{t_1 - t_2}{\ln\dfrac{r_2}{r_1}} \qquad (5-8)$$

式(5-8)即单层圆筒壁的定态热传导速率方程。该式也可写成与平壁定态热传导速率方程相类似的形式，即：

$$q = \frac{S_m \lambda(t_1 - t_2)}{r_2 - r_1} \qquad (5-9)$$

其中：

$$S_m = 2\pi r_m L, \quad r_m = \frac{r_2 - r_1}{\ln\dfrac{r_2}{r_1}} \qquad (5-10)$$

式中：r_m——圆筒壁的对数平均半径，m；

S_m——圆筒壁的对数平均面积，m^2。

【例5-3】　有一直径为$\phi 32$ mm $\times 3.5$ mm的钢管，其长度为3 m，已知管内壁温度为100 ℃，外壁温度为90 ℃。求该管的热损失。[已知钢管的导热系数为45 W/(m·℃)]

解：本题为单层圆筒壁的定态热传导问题，热损失可用下式进行计算：

$$Q = \frac{2\pi L(t_1 - t_2)}{\frac{1}{\lambda}\ln\frac{r_2}{r_1}}$$

式中各量为：$r_1 = 0.012\ 5\ \text{m}$，$r_2 = 0.016\ \text{m}$，$L = 3\ \text{m}$，$t_1 = 100\ ℃$，$t_2 = 90\ ℃$

代入上式可得热损失 Q 为：

$$Q = \frac{2\pi \times 3 \times (100 - 90)}{\frac{1}{45}\ln\frac{0.016}{0.012\ 5}} \approx 34\ 343\ (\text{W}) = 34.343\ (\text{kW})$$

在化工计算中，经常使用两个物理量的对数平均值，但对数平均值计算烦琐。当两个物理量的比值等于 2 时，算术平均值与对数平均值相比，计算误差仅为 4%，这是工程计算允许的。因此，当两个变量的比值小于或等于 2 时，经常用算术平均值代替对数平均值，使计算较为简便。

4. 多层圆筒壁的定态热传导

多层(以三层为例)圆筒壁的定态热传导如图 5-4 所示。假设各层间接触良好，各层的导热系数分别为 λ_1，λ_2，λ_3，厚度分别为 $b_1 = (r_2 - r_1)$，$b_2 = (r_3 - r_2)$，$b_3 = (r_4 - r_3)$，则三层圆筒壁的导热速率方程为：

$$Q = \frac{\Delta t_1 + \Delta t_2 + \Delta t_3}{\frac{b_1}{\lambda_1 S_{m1}} + \frac{b_2}{\lambda_2 S_{m2}} + \frac{b_3}{\lambda_3 S_{m3}}} = \frac{t_1 - t_4}{R_1 + R_2 + R_3} \tag{5-11}$$

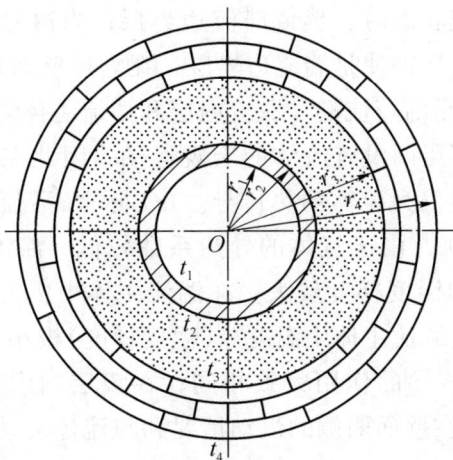

图 5-4 三层圆筒壁的定态热传导

式中：

$$S_{m1} = \frac{2\pi L(r_2 - r_1)}{\ln\frac{r_2}{r_1}},\ \ S_{m2} = \frac{2\pi L(r_3 - r_2)}{\ln\frac{r_3}{r_2}},\ \ S_{m3} = \frac{2\pi L(r_4 - r_3)}{\ln\frac{r_4}{r_3}} \tag{5-12}$$

同理可得：

$$Q = \frac{2\pi L(t_1 - t_4)}{\dfrac{1}{\lambda_1}\ln\dfrac{r_2}{r_1} + \dfrac{1}{\lambda_2}\ln\dfrac{r_3}{r_2} + \dfrac{1}{\lambda_3}\ln\dfrac{r_4}{r_3}} \tag{5-13}$$

对 n 层圆筒壁，其热传导速率方程可表示为：

$$Q = \frac{t_1 - t_{n+1}}{\sum\limits_{i=1}^{n}\dfrac{b_i}{\lambda_i S_{mi}}} \tag{5-14}$$

式中，下标 i 表示圆筒壁的序号。

圆筒壁的定态热传导中，通过各层的热传导速率都是相同的，但是热通量都不相等。

5.3 热 对 流

5.3.1 对流传热分析

对流传热是指在流体中各部分质点发生相对位移而引起的热量传递，在化工生产中具有非常重要的作用。对流传热的过程中往往伴有热传导。在对流传热过程中，除了热量的流动外，还涉及流体的运动及温度场与速度场发生相互作用。对流传热是运动流体与固体壁面之间进行的热量传递过程，故对流传热与流体的流动状况密切相关。

当流体流过固体壁面时，由于它具有黏性，壁面附近的流体减速而形成流动边界层，当边界层内的流动处于滞流状态时，形成滞流边界层；当边界层内的流动处于湍流状态时，形成湍流边界层。但是，即使是湍流边界层，在靠近壁面处仍有一滞流薄层（滞流内层）存在，在此薄层内流体呈滞流流动。滞流内层和湍流主体之间称为缓冲层。由于滞流内层中流体分层运动，相邻层间没有流体的宏观运动，因此在垂直于流动方向上不存在热对流，该方向上的热传递仅为流体的热传导。（实际上，滞流流动时的传热总是要受到自然对流的影响使传热加剧。）由于流体的导热系数较低，滞流内层内的导热热阻很大，因此该层中温度差较大，即温度梯度较大。在湍流主体中，由于流体质点间的剧烈混合及流体本身充满旋涡，因此湍流主体中温度差（温度梯度）极小，各处的温度基本上相同。在缓冲层区，热对流和热传导的作用大致相同，在该层内温度发生较缓慢的变化。如图 5-5 所示为冷、热流体在壁面两侧的流动情况和与流体流动方向相垂直的某一截面上的流体温度分布情况。

对流传热是集热对流和热传导于一体的综合现象。对流传热的热阻主要集中在滞流内层，因此，减小滞流内层的厚度是强化对流传热的主要途径。

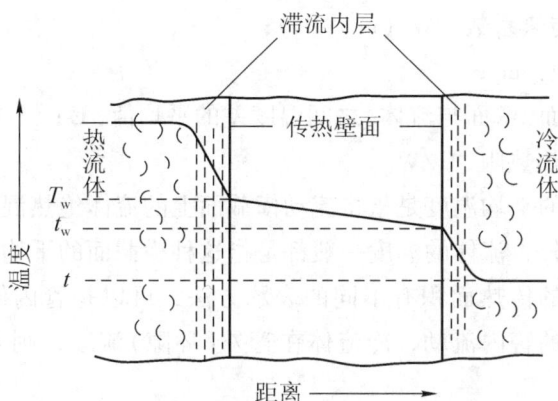

图 5 – 5　对流传热的流体流动与温度分布情况

5.3.2　牛顿冷却定律和对流传热系数

1. 牛顿冷却定律

对流传热是复杂的传热过程，影响对流传热速率的因素很多，而且对不同的对流传热情况又有差别，因此对流传热的理论计算是很困难的，目前工程上仍按下述半经验方法处理。

根据热传递过程速率的普遍关系，壁面与流体间（或流体与壁面之间）的对流传热速率，也应该等于推动力和阻力之比，即：

$$对流传热速率 = \frac{对流传热推动力}{对流传热阻力} = 系数 \times 推动力$$

上式中的推动力是壁面和流体间的温度差。尽管影响对流传热阻力的因素很多，但有一点是明确的，即阻力一定与壁面的表面积成反比。

若以热流体和壁面间的对流传热为例，对流传热速率方程可以表示为：

$$dQ = \frac{T - T_W}{\dfrac{1}{\alpha dS}} = \alpha(T - T_W)dS \qquad (5-15)$$

式中：dQ——局部对流传热速率，W；

dS——微元传热面积，m^2；

T——换热器的任一截面上热流体的平均温度，℃；

T_W——换热器的任一截面上与热流体相接触一侧的壁面温度，℃；

α——比例系数，又称对流传热系数，$W/(m^2 \cdot ℃)$。

式（5 – 15）又称牛顿冷却定律。

在工程计算中，常使用平均对流传热系数（通常也用 α 表示），此时牛顿冷却定律可以表示为：

$$Q = \alpha S \Delta t = \frac{\Delta t}{\dfrac{1}{\alpha S}} \qquad (5-16)$$

式中：α——平均对流传热系数，$W/(m^2 \cdot ℃)$；

  S——总传热面积，m^2；

  Δt——流体与壁面(壁面与流体)之间温度差的平均值，℃；

  $1/\alpha S$——对流传热热阻，℃/W。

应注意的是，流体的平均温度是指将流动横截面上的流体绝热混合后测定的温度。在传热计算中，除另有说明外，流体的温度一般都是指这种横截面的平均温度。

还应注意，换热器的传热面积有不同的表示方法，可以是管内侧或管外侧表面积。例如，若热流体在换热器的管内流动，冷流体在管外(环隙)流动，则对流传热速率方程可分别表示为：

$$dQ = \alpha_i (T - T_w) dS_i \qquad (5-17)$$

及

$$dQ = \alpha_o (t_w - t) dS_o \qquad (5-18)$$

式中：S_i，S_o——换热器的管内侧和管外侧表面积，m^2；

  α_i，α_o——换热器管内侧和管外侧流体对流传热系数，$W/(m^2 \cdot ℃)$；

  t——换热器的任一截面上冷流体的平均温度，℃；

  t_w——换热器的任一截面与冷流体相接触一侧的壁温，℃。

牛顿冷却定律实质是将矛盾集中到对流传热系数 α 上，因此研究各种对流传热情况下 α 的大小、影响因素及 α 的计算式，是研究对流传热的核心。

2. 对流传热系数的影响因素

对流传热系数是受很多因素影响的一个参数。通过理论分析和实验证明，影响对流传热系数的因素有以下几方面：

(1)流动状态的影响

雷诺数 Re 增大，则层流内层变薄，对流传热系数 α 增大；同时，Re 增大，动力消耗增大。

(2)强制对流和自然对流的影响

强制对流时，外部机械做功，一般流速 u 较大，故 α 较大。自然对流时，依靠流体自身密度差造成的循环过程，一般 u 较小，α 也较小。

(3)流体物性的影响

流体摩擦系数 λ 的影响为，λ 较大，α 也较大。

流体密度 ρ 的影响为，ρ 较大，Re 较大，α 也较大。

流体定压比热容 c_p 的影响为，c_p 较大，则 α 较大。

流体黏度 μ 的影响为，μ 较大，Re 较小，α 也较小。

(4)传热面条件的影响

不同的壁面形状、尺寸会影响流型，从而造成边界层分离，产生旋涡，增加湍动，使 α 增大。

（5）相变化的影响

一般情况下，有相变化时表面传热系数较大，相变化的机理各不相同，较为复杂。在此重点利用因次分析法研究没有发生相变化时，对流传热过程的变化情况。

利用因次分析法可获得描述对流传热的几个重要特征数为：

$$Nu = f(Re, Pr, Gr)$$

表 5-2 中为各特征数的名称、符号和含义。

表 5-2   各特征数的名称、符号和含义

特征数名称	符　号	准数式	含　　义
努塞尔数	Nu	$\dfrac{\alpha l}{\lambda}$	表示对流传热系数的准数
雷诺数	Re	$\dfrac{lu\rho}{\mu}$	表示惯性力与黏性力之比，是表征流动状态的准数
普兰特数	Pr	$\dfrac{c_P\mu}{\lambda}$	表示速度边界层与热边界层相对厚度的一个参数，反映与传热有关的流体物性
格拉霍夫数	Gr	$\dfrac{l^3\rho^2 g\beta\Delta t}{\mu^2}$	表示由温度差引起的浮力与黏性力之比

5.3.3　无相变时对流传热系数

影响对流传热系数 α 的因数很多，要建立一个通式求各种条件下的 α 是不可能的。通常，采用实验关联法获得各种条件下 α 的关联式。

无相变流体在圆形直管内做强制湍流时的 α 关联式如下。通常在传热中，层流、湍流的 Re 值区间为，层流 $Re < 2\,300$，湍流 $Re > 10\,000$。

1. 管内强制对流

流体在圆管内做强制湍流时，对流传热系数 α 的确定方法如下。

低黏度流体可应用关联式：

$$Nu = 0.023 Re^{0.8} Pr^n \tag{5-19}$$

或

$$\alpha = 0.023 \frac{\lambda}{d_i}\left(\frac{d_i u\rho}{\mu}\right)^{0.8}\left(\frac{C_p\mu}{\lambda}\right)^n \tag{5-20}$$

式（5-19）和式（5-20）的应用范围为 $Re > 10\,000$，$0.7 < Pr < 120$，$L/d_i > 60$（L 为管长）的情况。这时的特性尺寸为管内径 d_i，定性温度为流体进、出口温度的算术平均值。式中 n 的值视热流方向而定，当流体被加热时，$n = 0.4$；当流体被冷却时，$n = 0.3$。

高黏度流体可应用关联式：

$$Nu = 0.027 Re^{0.8} Pr^{0.33} \varphi_W \tag{5-21}$$

或

$$\alpha = 0.027 \frac{\lambda}{d_i} \left(\frac{d_i u \rho}{\mu}\right)^{0.8} \left(\frac{c_p \mu}{\lambda}\right)^{0.33} \left(\frac{\mu}{\mu_w}\right)^{0.14} \qquad (5-22)$$

式（5-21）和式（5-22）的应用范围为 $Re > 10\ 000$，$0.7 < Pr < 1\ 700$，$L/d_i > 60$ 的情况。这时的特性尺寸为管内径 d_i，定性温度为除 μ_w 取壁温外，均取流体进、出口温度的算术平均值。

对于液体来说，考虑到热流方向对对流传热系数 α 的影响，Pr 可取不同的数值。对于大多数液体，$Pr > 1$，故液体被加热时取 $n = 0.4$，得到的 α 就较大；液体被冷却时取 $n = 0.3$，得到的 α 就较小。

气体黏度随温度变化的趋势与液体恰好相反，大多数气体的 $Pr < 1$，气体被加热时，仍取 $n = 0.4$，而气体被冷却时仍取 $n = 0.3$。

流体在圆形直管内做强制滞流、在圆形直管内做过渡流、在弯管内做强制对流、在非圆形管内做强制对流时的对流传热系数 α 的确定方法可参考相关书籍。

2. 管外强制对流

（1）流体管束外做强制垂直流动

在换热器计算中，流体大都是横向流过管束的，此时，由于管束之间的相互影响，其流动与换热情况较流体垂直流过单根管外时的对流传热复杂得多，因而对流传热系数的计算大都借助于准数关联式。通常管子的排列有正三角形、转角正三角形、正方形及转角正方形四种，如图 5-6 所示。

流体在管束外流过时，平均对流传热系数可分别用下列公式计算。

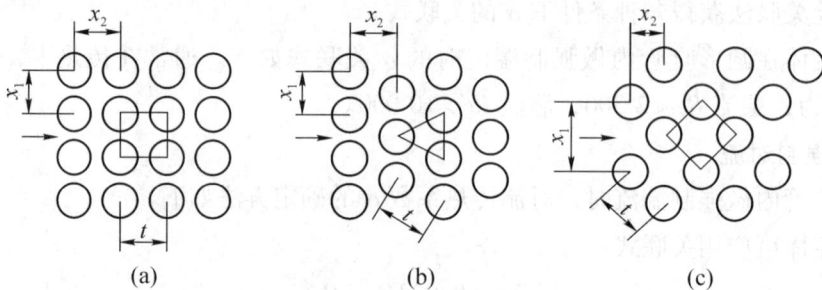

图 5-6　管子的排列

（a）正方形排列；（b）转角正三角形排列；（c）转角正方形排列

对于转角排列管束有：

$$Nu = 0.33 Re^{0.6} Pr^{0.33} \qquad (5-23)$$

对于非转角排列管束有：

$$Nu = 0.26 Re^{0.6} Pr^{0.33} \qquad (5-24)$$

式（5-23）和式（5-24）的应用范围为 $Re > 3\ 000$ 的情况。这时的特性尺寸为管外径 d_0，流速取流体通过每排管子中最狭窄通道处的速度，定性温度为流体进出口温度的算术平均值。

流体在管束外流过时，管束排数应为 10 排，否则应在式（5-23）或式（5-24）中乘以如

表 5 - 3 所示的校正系数。

表 5 - 3　校正系数

排数	1	2	3	4	5	6	7	8	9	10	12	15	18	25	35	75
错列	0.68	0.75	0.83	0.89	0.92	0.95	0.97	0.98	0.99	1.0	1.01	1.02	1.03	1.04	1.05	1.06
直列	0.64	0.80	0.83	0.90	0.92	0.94	0.96	0.98	0.99	1.00						

（2）流体在换热器的管间流动

对于常用的列管式换热器，由于其壳体是圆筒，管束中各列管子的数目并不相同，而且大都装有折流挡板，这使得流体的流向和流速不断地变化，因而在 $Re > 100$ 时即可达到湍流。此时对流传热系数的计算，要视具体结构选用相应的计算公式。

列管式换热器折流挡板的形式较多，如图 5 - 7 所示。其中以弓形和圆缺形挡板最为常见，当换热器内装有圆缺形挡板（缺口面积约为 25% 的壳体内截面积）时，壳内流体的对流传热系数关联式如下：

$$Nu = 0.36Re^{0.55}Pr^{0.33}\varphi_W \qquad (5-25)$$

式（5 - 25）的应用范围为 $Re = 2 \times 10^3 \sim 1 \times 10^6$。这时的特性尺寸为当量直径 d_e，定性温度为除 μ_w 取壁温外，均取流体进出口温度的算术平均值。

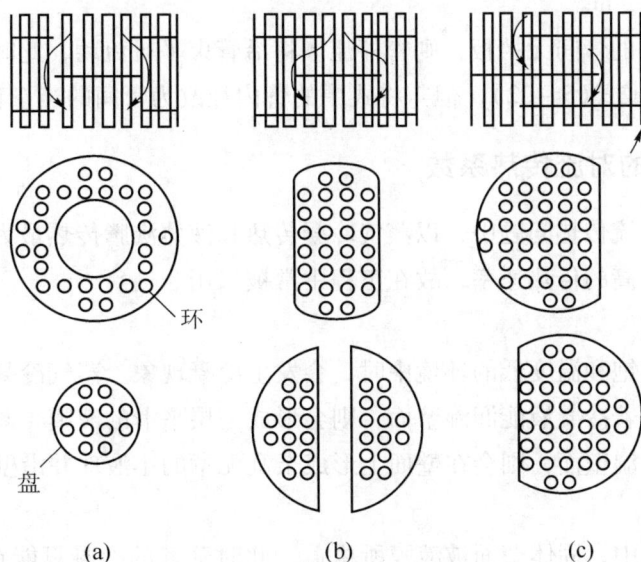

图 5 - 7　换热器折流挡板
（a）环盘形；（b）弓形；（c）圆缺形

管间当量直径 d_e 可根据如图 5 - 8 所示的管子排列情况分别用不同的公式进行计算。

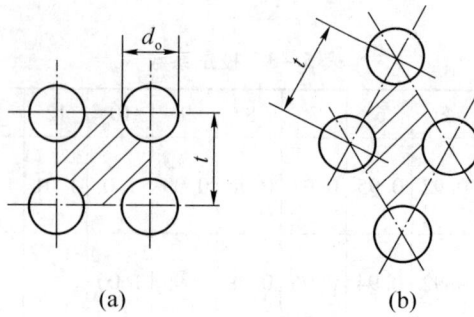

图 5 – 8 管间当量直径的推导

（a）正方形排列；（b）正三角形排列

若管子为正方形排列，则有：

$$d_e = \frac{4\left(t^2 - \frac{\pi}{4}d_o^2\right)}{\pi d_o}$$ (5 – 26)

若管子为正三角形排列，则有：

$$d_e = \frac{4\left(\frac{\sqrt{3}}{2}t^2 - \frac{\pi}{4}d_o^2\right)}{\pi d_o}$$ (5 – 27)

式中：t——相邻两管的中心距，m；

d_o——管外径，m。

此外，若换热器的管间无挡板，则管外流体将沿管束平行流动，此时可采用管内强制对流的计算式(5 – 20)或式(5 – 22)，但需将式中的管内径改为管间的当量直径。

5.3.4 有相变时的对流传热系数

在有相变化的对流传热问题中，以蒸气冷凝传热和液体沸腾传热最为常见，因其可以获得较单相对流传热更高的传热速率，故在工程中常被采用。

1. 蒸气冷凝

当蒸气处于比其饱和温度低的环境中时，会发生冷凝现象。蒸气冷凝主要有膜状冷凝和滴状冷凝两种方式。若冷凝液能润湿壁面，则会形成一层平滑的液膜，此种冷凝称为膜状冷凝；若冷凝液不能润湿壁面，则会在壁面上形成杂乱无章的小液珠并沿壁面落下，此种冷凝称为滴状冷凝。

在膜状冷凝过程中，固体壁面被液膜所覆盖，此时蒸气的冷凝只能在液膜的表面进行，由于蒸气冷凝时有相的变化，一般热阻很小，因此这层冷凝液膜往往成为膜状冷凝的主要热阻。冷凝液膜在重力的作用下沿壁面向下流动时，其厚度不断增加，故壁面越高或水平放置的管径越大，则整个壁面的平均对流传热系数越小。

在滴状冷凝过程中，壁面的大部分面积直接暴露在蒸气中，在这些部位上没有液膜阻碍热流，故滴状冷凝的传热系数比膜状冷凝高 10 倍左右。但要保持滴状冷凝是非常困难的，即使开始阶段为滴状冷凝，经过一段时间后，大部分液珠都会变为膜状冷凝。为了保持滴状冷凝，人们曾设想采用各种不同的表面涂层和蒸气添加剂，但这些方法至今尚未能在工程上实现，故进行冷凝计算时，通常将冷凝视为膜状冷凝。

2. 液体沸腾

所谓液体沸腾是指液体在对流传热过程中，伴有由液相转变为气相的现象，即在液相内部产生气泡或气膜的过程。

工业上的液体沸腾主要有两种方式：一是将加热壁面浸入液体之下，使液体在壁面受热沸腾，此时，液体的运动仅受到自然对流和气泡的扰动，称为大容积沸腾或池内沸腾；二是液体在管内流动过程中，于管内壁发生的沸腾，称为流动沸腾或强制对流沸腾，亦称为管内沸腾，其传热机理较池内沸腾要复杂得多。

目前，对相变时对流传热的研究还不是很充分，尽管已有一些相变时对流传热系数的经验公式可供使用，但其可靠程度并不高。

5.4 热 辐 射

当物体温度较高时，热辐射往往成为主要的传热方式。在工程技术和日常生活中，辐射传热也是常见的现象，例如各种工业用炉、辐射干燥、食品烤箱及太阳能热水器等，最为常见的热辐射现象是太阳对大地的照射。近年来，人类对太阳能的利用促进了人们对辐射传热的研究。

5.4.1 热辐射的基本概念

热辐射是指凡是在热力学零度以上的物体，其内部原子复杂、激烈的运动能以电磁波的形式对外发射热辐射线，并向周围空间做直线传播。当这种热辐射线与另一物体相遇时，则可被吸收、反射和透过，其中被吸收的热辐射线又转变为热能的传热方式。热辐射线的波长主要集中在波长 $\lambda = 0.1 \sim 1\,000\ \mu m$ 内，其中 $\lambda = 0.1 \sim 0.38\ \mu m$ 为紫外线，$\lambda = 0.38 \sim 0.76\ \mu m$ 为可见光，$\lambda = 0.76 \sim 1\,000\ \mu m$ 为红外线。热辐射线的大部分能量位于红外线波长 $0.76 \sim 20\ \mu m$。热辐射线的传播不需要任何介质，在真空中能很快地传播。

1. 吸收率、反射率与透过率

当投射到物体表面上的辐射能为 Q 时，其中一部分能量 Q_A 被该物体吸收，一部分能量 Q_R 被该物体反射，一部分能量 Q_D 透过该物体，依能量守恒定律有：

$$Q_A + Q_R + Q_D = Q \tag{5-28}$$

令式（5-28）中 $Q_A/Q = A$，称为吸收率；$Q_R/Q = R$，称为反射率；$Q_D/Q = D$，称为透过率。因此，可以得到：

$$A + R + D = 1 \tag{5-29}$$

2. 透热体、白体与黑体

当物体的透过率 $D=1$ 时，表示该物体对投射来的热辐射线既不吸收也不反射，而是全部透过，这种物体称为透热体。

自然界只有近似的透热体，例如，分子结构对称的双原子气体（O_2，N_2 和 H_2）可视为透热体。但是，分子结构不对称的双原子气体和多原子气体，如 CO，CO_2，SO_2，CH_2 和水蒸气等，一般都具有较大的辐射能力和吸收能力。

物体的反射率是表明物体反射辐射能的本领，当反射率 $R=1$ 时，称该类物体为绝对白体，简称为白体。实际物体中不存在绝对白体，但有的物体接近于白体。如表面磨光的铜，其反射率可达 0.97。

当物体的吸收率 $A=1$ 时，表示该物体对投射来的各种波长的热辐射线能全部吸收，这种物体称为绝对黑体，简称为黑体。黑体是对热辐射线吸收能力最强的一种理想化物体，实际物体没有绝对的黑体。引入黑体这个概念是为了使实际物体辐射能力的计算简化。

5.4.2 热辐射的基本定律

1. 黑体的辐射能力与斯蒂芬－波尔兹曼定律

在一定温度下，物体在单位时间内由单位面积所发射的全部波长（从 0 到 ∞）的辐射能称为该物体在该温度下的辐射能力，其表达式为：

$$E_b = \sigma_0 T^4 \tag{5-30}$$

式中：E_b——黑体的辐射能力，W/m^2；

σ_0——斯蒂芬－波尔兹曼常数，为 $5.67 \times 10^{-8} \ W/(m^2 \cdot K^4)$；

T——黑体表面的热力学温度，K。

斯蒂芬－波尔兹曼定律表明，黑体的辐射能力与其热力学温度的四次方成正比，故该定律又称为四次方定律。四次方定律是热辐射的基本定律，是计算辐射传热的基础。

2. 实际物体的辐射能力

在一定温度下，黑体的辐射能力比任何物体的辐射能力都大，也就是说黑体的辐射能力最大。

为了说明实际物体在某一温度下辐射能力的大小，可以将其与同温度下黑体的辐射能力进行对比。通过对比，就很容易确定实际物体辐射能力的大小。

实际物体的辐射能力 E 与同温度下黑体的辐射能力 E_b 的比值称为该物体的黑度，以 ε 表示。实际物体辐射能力 E 的计算式为：

$$E = C\left(\frac{T}{100}\right)^4 \tag{5-31}$$

式中：C——实际物体的辐射系数，为 $5.67 \ W/(m^2 \cdot K^4)$。

在同一温度下，实际物体的辐射能力恒小于黑体的辐射能力，故黑度 $\varepsilon < 1$。黑度表示实际物体的辐射能力接近黑体辐射能力的程度，实际物体的黑度大，其辐射能力就大。

实际物体的黑度只与其自身状况有关，包括表面的材料、温度及表面状况（粗糙度、氧化程度）。同一金属材料，磨光表面的黑度较小，而粗糙表面的黑度较大；氧化表面的黑度常比非氧化表面高一些。金属的黑度常随温度的升高而略有增大；非金属材料的黑度一般较大，为 $0.85 \sim 0.95$ 并与表面状况关系不大。

若某种物体的辐射光谱是连续的，并且在任何温度下各波长射线的辐射强度与同温度黑体相应波长射线的辐射强度之比等于常数，那么这种物体就叫作理想灰体，简称灰体。实际物体在某温度下的辐射强度与波长的关系是不规则的，因此不是灰体，但在工程计算中为了方便，把它们近似看作灰体。

3. 克希霍夫定律

克希霍夫定律揭示了物体的辐射能力 E 和吸收率 A 之间的关系，其表达式为：

$$E_0 = \frac{E}{A} \tag{5-32}$$

式(5-32)说明任何物体的辐射能力与其吸收率的比值恒为常数，且等于同温度下黑体的辐射能力。

5.5 换热器的计算与选型

5.5.1 间壁式换热器中的传热过程

工业生产中，冷、热两种流体热交换时，一般不允许两种流体直接接触，要求换热器用固体间壁将两种液体隔开，这种换热器称为间壁式换热器。如图 5-9 所示，冷、热流体分别在固体间壁的两侧，传热过程包括以下三个过程：

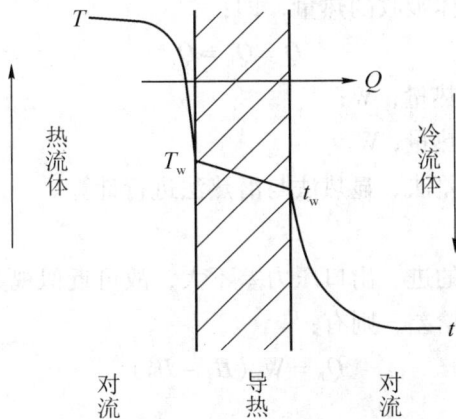

图 5-9　间壁两侧流体间的传热过程

①在壁面左侧，由于热流体和壁面存在温度差，热流体以对流传热的方式将热量传递给与之接触的一侧壁面。

②靠近热流体一侧的壁面吸收了热量，造成壁面两侧温度不等，这个温度差促使热量从高温壁面也就是靠近热流体一侧的壁面将热量以热传导的方式传给低温壁面，即靠近冷流体一侧的壁面。

③冷流体一侧壁面以对流传热的方式把热量传递给冷流体。

化工生产中绝大多数的换热器都属于上述的间壁式换热器，在化工生产中经常要选择换热器的换热面积，核算换热器的换热量以及冷、热流体的流量，这些都需要借助传热基本方程和热量衡算。

5.5.2 换热器的热负荷

为了达到一定的换热目的，要求换热器在单位时间内传递的热量称为换热器的热负荷。

1. 热负荷与传热速率的关系

传热速率是换热器单位时间能够传递的热量，是换热器的生产能力，主要由换热器自身的性能决定。热负荷是生产上要求换热器单位时间传递的热量，是换热器的生产任务。为确保换热器能完成传热任务，换热器的传热速率须大于或至少等于其热负荷。

对换热器的选型和传热过程的操作分析，主要涉及的核心问题是换热面积的确定，而要知道换热面积必须先知道传热速率，当然，换热器还未设计或选定前，传热速率是无法知道的，而热负荷是可以依据生产任务确定的。所以在换热器的设计和选型中，往往用热负荷代替传热速率，求得换热面积后，再考虑一定的安全系数，然后进行设计和核算，这样换热器才能够完成传热任务。

2. 热负荷的确定

对于间壁式换热器，若当换热器保温性能良好，热损失可以忽略不计时，在单位时间内热流体放出的热量等于冷流体吸收的热量，即：

$$Q = Q_h = Q_c \qquad (5-33)$$

式中：Q_h——热流体放出的热量，W；

$\quad Q_c$——冷流体吸收的热量，W。

通常热负荷可以通过焓差法、显热法与潜热法进行计算。

（1）焓差法

由于工业换热器中流体的进、出口压力差不大，故可近似视为恒压过程。根据热力学定律，恒压过程热等于物系的焓差，则有：

$$Q_h = W_h (H_1 - H_2)$$

或

$$Q_c = W_c (h_2 - h_1) \qquad (5-34)$$

式中：W_h，W_c——热、冷流体的质量流量，kg/s；

$\quad H_1$，H_2——热流体的进、出口焓，J/kg；

$\quad h_1$，h_2——冷流体的进、出口焓，J/kg。

焓差法较为简单，但仅适用于流体的焓可查取的情况，本教材附录中列出了空气、水及水蒸气的焓，可供读者参考。

（2）显热法

当流体在换热过程中没有相变化，且流体的比热容可视为常数或可取为流体进、出口平均温度下的比热容时，其传热量可按下式计算：

$$Q_h = W_h c_{ph}(T_1 - T_2)$$

或

$$Q_c = W_c c_{pc}(t_2 - t_1) \tag{5-35}$$

式中：c_{ph}，c_{pc}——热、冷流体的定压比热容，$J/(kg \cdot ℃)$；

T_1，T_2——热流体的进、出口温度，K；

t_1，t_2——冷流体的进、出口温度，K。

（3）潜热法

若流体在换热过程中发生相变，例如饱和蒸气冷凝，而冷流体无相变变化，则：

$$Q_h = W_h \left[r + c_{ph}(T_s - T_2) \right] \tag{5-36}$$

式中：r——蒸气的冷凝潜热，kJ/kg；

T_s——蒸气的饱和温度，℃。

一般换热器中，冷凝液的出口温度 T_2 与饱和温度 T_s 相近，所放出的显热与潜热相比可以忽略，因此可认为冷凝液在饱和温度下出料，即 $T_s = T_2$，则式（5-36）可简化为：

$$Q_h = W_h r \tag{5-37}$$

【例 5-4】 工厂用 300 kPa（绝压）的饱和水蒸气，将某水溶液由 105 ℃ 加热到 115 ℃，已知其流量为 200 m^3/h，密度为 1 080 kg/m^3，比热容为 2.93 $kJ/(kg \cdot ℃)$，试求水蒸气的用量。

解：根据热负荷的计算有：

$$Q_c = W_c c_{pc}(t_2 - t_1)$$

代入数据后，解得：

$$Q_c = 1.76 \times 10^6 (W)$$

由 $Q_c = Q_h = W_h r$，再在工程手册查得 300 kPa 时饱和水蒸气的冷凝潜热 $r = 2\ 168$ kJ/kg，$T_s = 133.3$ ℃，代入数据后，解得：

$$W_h = 0.812 (kg/s)$$

5.5.3 传热基本方程

1. 总传热速率方程

在间壁上任取一微元面积 dS，冷、热流体通过该微元面积的传热速率方程，可以仿照牛顿冷却定律写出，即：

$$dQ = K(T - t)dS = K\Delta t dS \tag{5-38}$$

式中：K——局部总传热系数，$W/(m^2 \cdot \text{℃})$；

T——换热器的任一截面上热流体的平均温度，℃；

t——换热器的任一截面上冷流体的平均温度，℃。

式(5-38)为总传热速率微分方程，该方程又称传热基本方程，它是换热器传热计算的基本关系式。由该式可得出：局部总传热系数 K 即表示单位传热面积单位传热温差下的传热速率，它反映了传热过程的强度。当冷、热流体通过管式换热器进行传热时，沿传热方向，传热面积是变化的，此时总传热系数必须和所选择的传热面积相对应，选择的传热面积不同，总传热系数的数值也不同。因此，式(5-38)可表示为：

$$dQ = K_i(T-t)dS_i = K_o(T-t)dS_o = K_m(T-t)dS_m \qquad (5-39)$$

式中：K_i，K_o，K_m——基于管内表面积、外表面积、平均表面积的总传热系数，$W/(m^2 \cdot \text{℃})$；

S_i，S_o，S_m——管内表面积、外表面积、平均表面积，m^2。

由式(5-39)可知，在传热计算中，不论选择何种面积作为计算基准，结果完全相同。但工程上大多以外表面积作为基准，故在后面讨论中，除特别说明外，K 都是基于外表面积的总传热系数。

2. 总传热系数

传热系数是评价换热器性能的重要参数，又是对传热设备进行工艺计算的基本数据，K 的数值与流体的物性、传热过程的操作条件及换热器的类型等很多因素有关，因此 K 值的变动范围较大。获得传热系数主要有以下三种方式。

（1）实验测定法

对于已有换热器，传热系数 K 可通过实验测定法来确定。通常先测定有关数据（如设备的尺寸、流体的流量和进出口温度等），然后根据测定的数据求得传热速率 Q、传热温度差 Δt_m 和传热面积 A，最后由传热基本方程计算 K 值。

这样得到的 K 值可靠性较高，但是其使用范围受到限制，其结果只有在与所测情况相一致的场合（包括设备的类型、尺寸、流体性质、流动状况等）才准确。但若使用情况与测定情况相似，所测 K 值仍有一定参考价值。

实验测定法测得的 K 值，不仅可以为换热器的计算提供依据，而且有助于分析换热器的性能，以便寻求提高换热器传热能力的途径。

（2）公式计算法

总传热系数的计算公式可利用串联热阻叠加的原理导出。当冷、热流体通过间壁换热时，其传热机理如下：

①热流体以对流传热的方式将热量传给高温壁面；

②热量由高温壁面以热传导的方式通过间壁传给低温壁面；

③热量由低温壁面以对流传热的方式传给冷流体。

根据串联热阻叠加原理，可得：

$$\frac{1}{K\mathrm{d}S} = \frac{1}{\alpha_i \mathrm{d}S_i} + \frac{b}{\lambda \mathrm{d}S_m} + \frac{1}{\alpha_o \mathrm{d}S_o}$$

上式两边均除以 $\mathrm{d}S_o$，可得：

$$\frac{\mathrm{d}Q}{\mathrm{d}S_o} = \frac{T - t}{\dfrac{d_o}{\alpha_i d_i} + \dfrac{b d_o}{\lambda d_m} + \dfrac{1}{\alpha_o}} \tag{5-40}$$

推导得到：

$$K_o = \frac{1}{\dfrac{d_o}{\alpha_i d_i} + \dfrac{b d_o}{\lambda d_m} + \dfrac{1}{\alpha_o}} \tag{5-41}$$

同理可得：

$$K_i = \frac{1}{\dfrac{1}{\alpha_i} + \dfrac{b d_i}{\lambda d_m} + \dfrac{d_i}{\alpha_o d_o}} \tag{5-42}$$

$$K_m = \frac{1}{\dfrac{d_m}{\alpha_i d_i} + \dfrac{b}{\lambda} + \dfrac{d_m}{\alpha_o d_o}} \tag{5-43}$$

总传热系数也可以表示为热阻的形式，由式（5-41）得：

$$\frac{1}{K_o} = \frac{d_o}{\alpha_i d_i} + \frac{b d_o}{\lambda d_m} + \frac{1}{\alpha_o} \tag{5-44}$$

在实际操作中，换热器的传热表面上常有污垢积存，对传热产生附加热阻，该热阻称为污垢热阻。通常污垢热阻比传热壁面的热阻大得多，因而设计中应考虑污垢热阻的影响。

影响污垢热阻的因素有很多，如物料的性质、传热壁面的材料、操作条件、设备结构、清洗周期等。由于污垢层的厚度及其导热系数难以准确地估计，因此常选用一些经验值。某些常见流体污垢热阻的经验值列于附录的附表34～附表37中。

若管壁内、外侧表面上的污垢热阻分别为 R_{si}，R_{so}，则总传热热阻可表示为：

$$\frac{1}{K} = \frac{d_o}{\alpha_i d_i} + R_{si}\frac{d_o}{d_i} + \frac{b d_o}{\lambda d_m} + R_{so} + \frac{1}{\alpha_o} \tag{5-45}$$

式（5-45）表明，间壁两侧流体间总传热热阻等于两侧流体的对流传热热阻、污垢热阻及管壁导热热阻之和。

（3）选取经验值

在工艺设计过程中，由于换热器的尺寸未知，因此传热系数 K 无法通过实验测定法或公式计算法来确定。此时，K 值通常借助工具手册选取。表5-4中列出了列管式换热器对于不同流体在不同情况下的传热系数的大致范围，供读者参考。

表 5－4　列管式换热器中 K 值的大致范围

热流体	冷流体	传热系数 $K/[\mathrm{W}/(\mathrm{m}^2 \cdot {}^\circ\!\mathrm{C})]$	热流体	冷流体	传热系数 $K/[\mathrm{W}/(\mathrm{m}^2 \cdot {}^\circ\!\mathrm{C})]$
水	水	850～1 700	低沸点烃类蒸气冷凝（常压）	水	455～1 140
轻油	水	340～910	高沸点烃类蒸气冷凝（减压）	水	60～170
重油	水	60～280	水蒸气冷凝	水沸腾	2 000～4 250
气体	水	17～280	水蒸气冷凝	轻油沸腾	455～1 020
水蒸气冷凝	水	1 420～4 250	水蒸气冷凝	重油沸腾	140～425
水蒸气冷凝	气体	30～300			

3. 提高总传热系数的途径

当传热壁面为平壁或薄管壁时，d_i，d_o，d_m 相等或近于相等，则式（5－45）可简化为：

$$\frac{1}{K} = \frac{1}{\alpha_i} + R_i + \frac{b}{\lambda} + R_o + \frac{1}{\alpha_o} \qquad (5-46)$$

当管壁热阻和污垢热阻均可忽略时，式（5－46）可简化为：

$$\frac{1}{K} = \frac{1}{\alpha_i} + \frac{1}{\alpha_o} \qquad (5-47)$$

若 $a_i \gg \alpha_o$，则 $1/K \approx 1/\alpha_o$，称为管壁外侧对流传热控制，此时欲提高 K 值，关键在于提高管壁外侧的对流传热系数；若 $\alpha_o \gg \alpha_i$，则 $1/K \approx 1/\alpha_i$，称为管壁内侧对流传热控制，此时欲提高 K 值，关键在于提高管壁内侧的对流传热系数。

由此可见，K 值总是接近于 α 小的流体的对流传热系数值，且永远小于 α 的值。若 $\alpha_o = \alpha_i$，则称为管内、外侧对流传热控制，此时必须同时提高两侧的对流传热系数，才能提高 K 值。同样，若管壁两侧对流传热系数很大，即两侧的对流传热热阻很小，而污垢热阻很大，则称为污垢热阻控制，此时欲提高 K 值，必须设法减慢污垢的形成速率或及时清除污垢。

【例 5－5】　在列管式换热器中用水冷却油，水在管内流动。已知管内水侧对流传热系数 α_i 为 349 W/($\mathrm{m}^2 \cdot {}^\circ\!\mathrm{C}$)，管外油侧对流传热系数 α_o 为 258 W/($\mathrm{m}^2 \cdot {}^\circ\!\mathrm{C}$)。换热器在使用一段时间后，管壁面两侧均有污垢形成，水侧的污垢热阻 R_{si} 为 0.000 26（$\mathrm{m}^2 \cdot {}^\circ\!\mathrm{C}$)/W，油侧的污垢热阻 R_{so} 为 0.000 176（$\mathrm{m}^2 \cdot {}^\circ\!\mathrm{C}$)/W。若此换热器可按薄壁管处理，管壁导热热阻忽略不计。求：(1)产生污垢后热阻增加的百分数；(2)总传热系数 K。

解：(1)产生污垢前的热阻为：

$$\frac{1}{K} = \frac{1}{\alpha_i} + \frac{1}{\alpha_o} = \frac{1}{349} + \frac{1}{258} \approx 0.006\ 74[(\mathrm{m}^2 \cdot {}^\circ\!\mathrm{C})/\mathrm{W}]$$

产生污垢后的热阻为：

$$\frac{1}{K} = \frac{1}{\alpha_i} + R_{si} + \frac{1}{\alpha_o} + R_{co} = \frac{1}{349} + 0.000\ 26 + \frac{1}{258} + 0.000\ 176 \approx 0.007\ 176 \big[(m^2 \cdot ℃)/W \big]$$

产生污垢后热阻增加的百分数为：

$$\frac{0.007\ 176 - 0.006\ 74}{0.006\ 74} = 6.47\%$$

（2）总传热系数 K 为：

$$K = \frac{1}{0.007\ 176} = 139.35 \big[W/(m^2 \cdot ℃) \big]$$

4. 传热平均温度差的计算

在总传热速率方程中，冷、热流体的温度差 Δt 是传热过程的推动力，它随着传热过程冷、热流体温度的变化而改变。若以 Δt_m 表示传热过程冷、热流体的平均温度差，则积分结果可表示为：

$$Q = KS\Delta t_m \tag{5-48}$$

用该式进行传热计算时需先计算出 Δt_m，很显然，随着冷、热流体在传热过程中温度变化情况不同，Δt_m 的计算也不相同。推导平均温度差时，必须对传热过程做以下简化假定：

①传热为定态操作过程；

②两流体的定压比热容均为常量或可取为换热器进、出口温度下的平均值；

③总传热系数 K 值不随换热器的管长而变化；

④热损失可忽略。

根据换热器中冷、热流体温度变化的情况，有恒温传热和变温传热两种。下面介绍这两种情况下冷、热流体的平均温度差。

（1）恒温传热时的平均温度差

换热器中间壁两侧的流体均存在相变化时，两流体温度可以分别保持不变，这种传热称为恒温传热。例如蒸发器中，饱和蒸气和沸腾液体间的传热就是恒温传热。此时，冷、热流体的温度均不随位置变化，两者间温度差处处相等，即 $\Delta t = T - t$，显然流体的流动方向对 Δt 也无影响。因此，恒温传热时的平均温度差 $\Delta t_m = \Delta t$，故有：

$$Q = KS\Delta t \tag{5-49}$$

（2）变温传热时的平均温度差

当换热器中间壁两侧流体的温度发生变化时，这种情况下的传热称为变温传热。变温传热时，若两流体的相互流向不同，则对温度差的影响也不相同，故应分别予以讨论。

①逆流和并流时的平均温度差。

在换热器中，两流体若以相反的方向流动，称为逆流，如图 5-10（a）所示；若以相同的方向流动，称为并流，如图 5-10（b）所示。由图可见，温度差是沿管长而变化的。以逆流为例，如图 5-11 所示，推导计算平均温度差的公式为：

$$\Delta t_m = \frac{\Delta t_2 - \Delta t_1}{\ln \dfrac{\Delta t_2}{\Delta t_1}} \tag{5-50}$$

由此可见，Δt_m 等于换热器两端温度差的对数平均值，称为对数平均温度差。在工程计算中，当 $\Delta t_2/\Delta t_1 \leqslant 2$ 时，用算术平均温度差 $[\Delta t_m = (\Delta t_1 - \Delta t_2)/2]$ 代替对数平均温度差，其误差不超过4%。

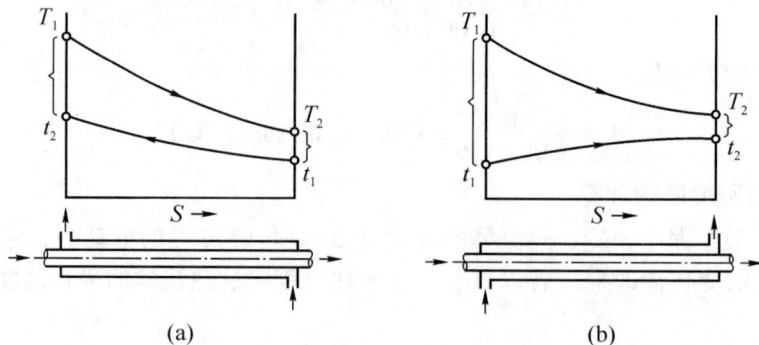

图5-10　变温传热时温度差变化

（a）逆流；（b）并流

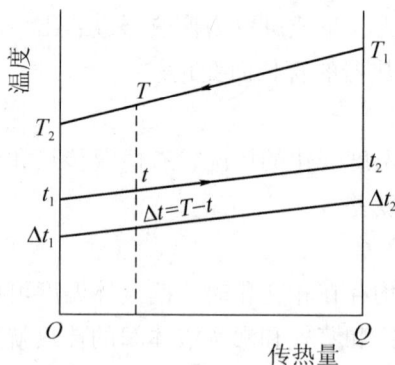

图5-11　逆流时平均温度差的推导示意图

同理，若换热器中两流体做并流流动，也可导出与式(5-50)完全相同的结果。因此，式(5-50)是计算逆流和并流时平均温度差 Δt_m 的通式。在应用式(5-50)时，通常将换热器两端温度差 Δt 中数值较大者写成 Δt_2，较小者写成 Δt_1，这样计算 Δt_m 较为简便。

【例5-6】　在一间壁式换热器中，用裂化渣油来加热原油。裂化渣油的初温为300℃，终温为200℃，原油的初温为25℃，终温为150℃，分别求出并流与逆流操作时的对数平均温度差。

解：（1）并流时的情况为：

$$\Delta t_1 = 300 - 25 = 275(℃), \quad \Delta t_2 = 200 - 150 = 50(℃)$$

$$\Delta t_m = \frac{275 - 50}{\ln\left(\dfrac{275}{50}\right)} = 131.98(℃)$$

（2）逆流时的情况为：

$$\Delta t_1 = 300 - 150 = 150(℃)，\Delta t_2 = 200 - 25 = 175(℃)$$

$$\Delta t_m = \frac{175 - 150}{\ln\left(\frac{175}{150}\right)} \approx 162.2(℃)$$

②错流和折流时的平均温度差。

为了强化传热，管壳式换热器的管程和壳程常采用多程方式排列。因此，换热器中两流体并非做简单的逆流或并流，而是做比较复杂的多程流动或互相垂直的交叉流动，如图5-12所示。在图5-12（a）中，两流体的流向互相垂直，称为错流；在图5-12（b）中，一流体沿一个方向流动，而另一流体反复折流，称为简单折流。若两流体均做折流，或既有折流又有错流，则称为复杂折流或混合流。

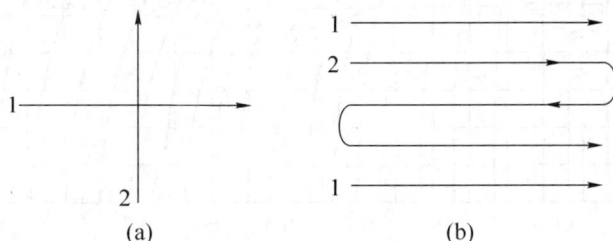

图5-12 错流和折流示意图

（a）错流；（b）简单折流

两流体呈错流或折流流动时，平均温度差 Δt_m 的计算较为复杂。为便于计算，通常将解析结果以算图的形式表达出来，然后通过算图进行计算，该方法即安德伍德和鲍曼图算法。其基本思路是先按逆流计算对数平均温度差，然后乘以考虑流动方向的校正因素，即：

$$\Delta t_m = \phi_{\Delta t} \Delta t'_m \tag{5-51}$$

式中：$\Delta t'_m$——按逆流计算的对数平均温度差，℃；

$\phi_{\Delta t}$——温度差校正系数，无因次。

计算的具体步骤如下：

- 根据冷、热流体的进、出口温度，算出纯逆流条件下的对数平均温度差 $\Delta t'_m$；
- 按下式计算因数 R 和 P：

$$R = \frac{T_1 - T_2}{t_2 - t_1} = \frac{热流体的温降}{冷流体的温升} \tag{5-52}$$

$$P = \frac{t_2 - t_1}{T_1 - t_1} = \frac{冷流体的温升}{两流体的最初温度差} \tag{5-53}$$

- 根据 R 和 P 的值，从图5-13中查出温度差校正系数 $\phi_{\Delta t}$；
- 将纯逆流条件下的对数平均温度差乘以温度差校正系数 $\phi_{\Delta t}$，即得所求的 Δt_m。

如图5-13所示为对数平均温度差校正系数算图，其中图5-13（a）、图5-13（b）、

图 5 - 13(c)、图 5 - 13(d)分别适用于单壳程、二壳程、三壳程及四壳程，每个单壳程内的管程可以是 2、4、6 或 8 管程。对于其他复杂流动的 $\phi_{\Delta t}$，可从有关传热的手册或其他书籍中查取。

由图 5 - 13 可见，$\phi_{\Delta t}$ 值恒小于 1，通常在换热器的设计中规定，$\phi_{\Delta t}$ 值不应小于 0.8，否则 Δt_m 值太小，经济上不合理。若低于此值，则应考虑增加壳数，或将多台换热器串联使用，使传热过程接近于逆流。

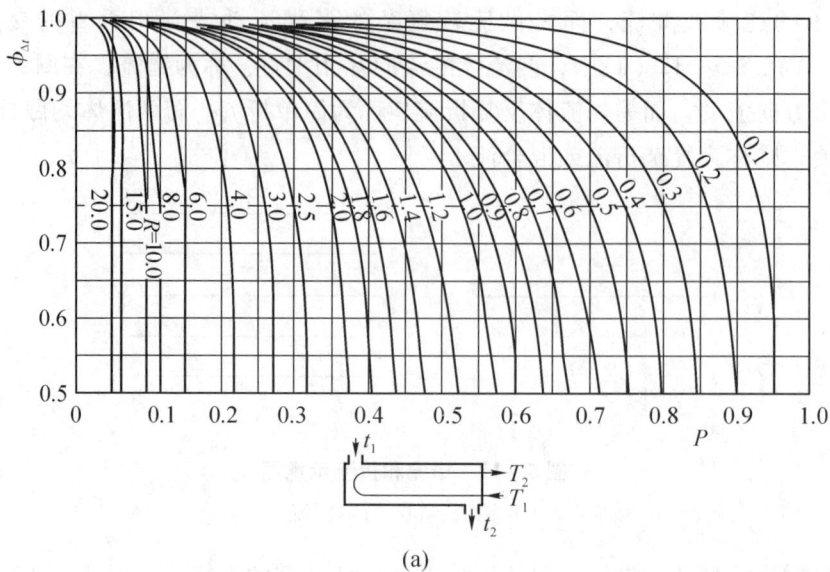

(a)

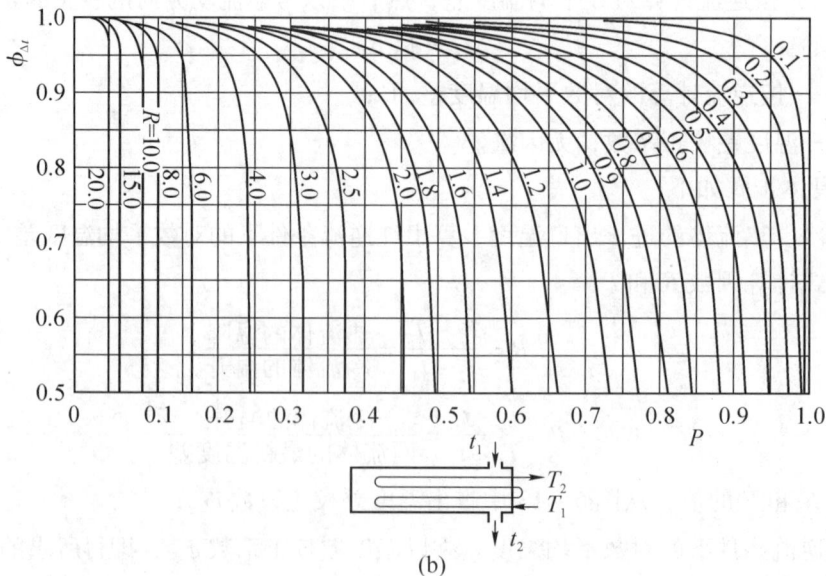

(b)

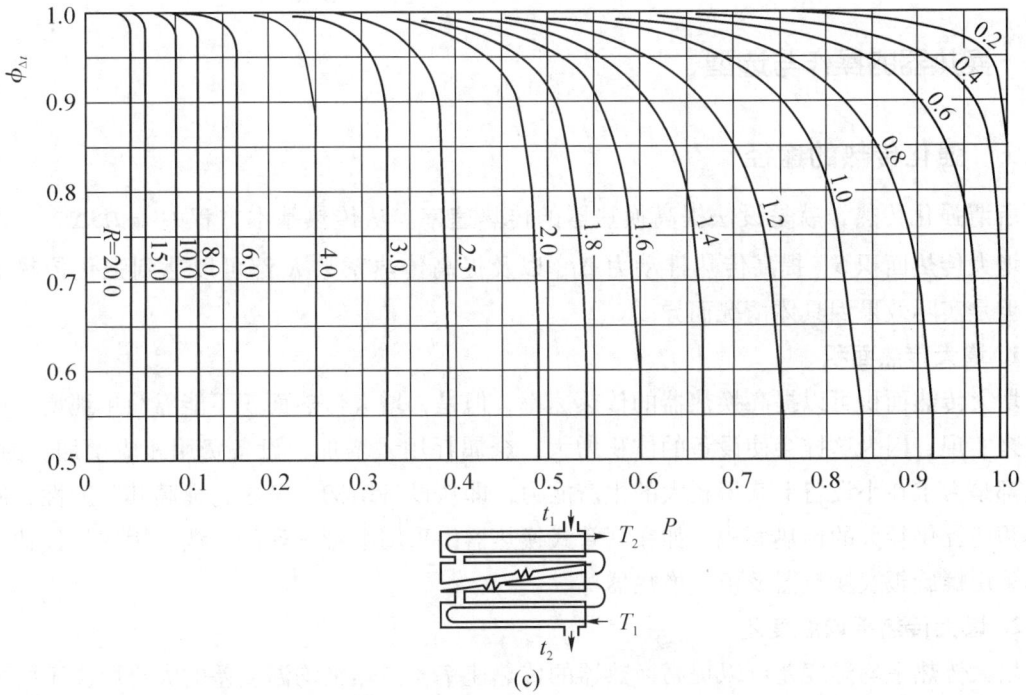

(c)

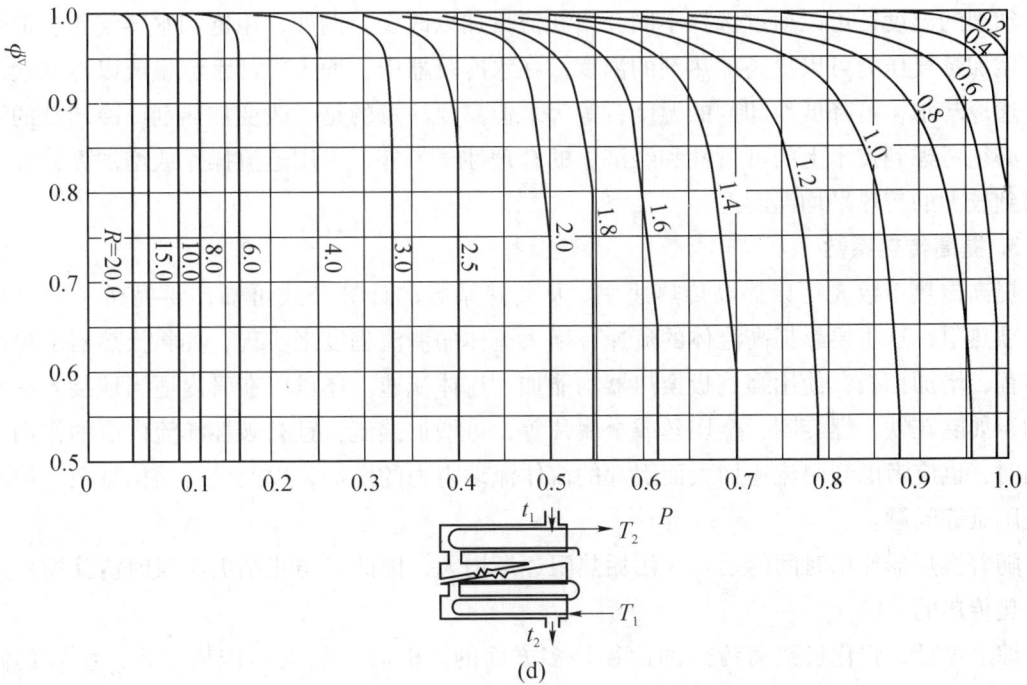

(d)

图 5-13　对数平均温度差校正系数 $\phi_{\Delta t}$ 值

（a）单壳程；（b）二壳程；（c）三壳程；（d）四壳程

5.6 换热器的操作与选型

5.6.1 强化传热的途径

所谓强化传热，就是设法提高换热器的传热速率。从传热基本方程 $Q = KS\Delta t_m$ 可以看出，增大传热面积 S、提高传热推动力 Δt_m 以及提高传热系数 K 都可以达到强化传热的目的，但是实际效果因具体情况而异。

1. 增大传热面积

增大传热面积可以提高换热器的传热速率，但是，增大传热面积不能靠简单地增大设备规格来实现，因为这样会使设备的体积增大，金属耗用量增加，设备费用相应增加。因此，一般都是力求在小设备上获得较大的生产能力，即从设备结构来考虑，提高其紧凑性，使单位体积能提供较大的传热面积，如在列管式换热器中采用细管排列的方法，用翅片代替普通管，采用螺旋板式换热器及板式换热器等。

2. 增大传热平均温度差

增大传热平均温度差可以提高换热器的传热速率。传热平均温度差的大小取决于两流体的温度高低及流动形式。一般来说，物料的温度由工艺条件决定，不能随意变动，而加热剂或冷却剂的温度，可以通过选择不同介质和流量加以改变。例如，用饱和水蒸气作为加热剂时，增加蒸气压力以提高加热剂的温度；在水冷凝器中，增大冷却水流量或以冷冻盐水代替普通冷却水，可降低冷却剂的温度；等等。但需要注意的是，改变加热剂或冷却剂的温度时，必须考虑到技术上的可行性和经济上的合理性。另外，采用逆流操作或增加壳程数，均可得到较大的传热平均温度差。

3. 提高传热系数

提高传热系数 K 可以提高传热速率。从传热系数的计算公式可知，要提高 K 值，须减小各项热阻，这主要靠提高流体的流速，增大流体的湍流程度来实现，如将换热器由单程改为多程，增加挡板，使用螺旋板换热器均能加大流体流速。还可以在管内适当地装入一些添加物，如麻花铁、螺旋圈、金属丝或金属片等，可增加湍流，且有破坏滞流内层的作用。与此同时，也应考虑到由流速加大而引起的流体流动阻力的增加，以及设备结构复杂，清洗和检修困难等问题。

随着换热器使用时间的延长，污垢热阻逐渐增大，因此，防止结垢和及时清除垢层，也是强化传热的关键。

综上可见，强化换热器传热的途径是多方面的。但对多数实际传热过程，应做具体分析，要结合生产的实际情况，从设备结构、动力消耗、清洗检修的难易程度等做全面考虑后，采取经济、合理的强化传热措施。

5.6.2 换热器选用原则

1. 流动空间的选择

①不洁净或易结垢的液体宜在管程输送，因管内清洗方便。

②腐蚀性流体宜在管程输送，以免管束和壳体同时受到腐蚀。

③压力高的流体宜在管程输送，以免壳体承受压力。

④饱和蒸气宜走壳程，因饱和蒸气比较清洁，且冷凝液容易排出。

⑤流量小而黏度大的流体一般以壳程输送为宜。

⑥需要被冷却的物料一般选壳程输送，这样便于散热。

2. 流速的选择

流体在管程或壳程中的流速，不仅直接影响表面传热系数，而且影响污垢热阻，从而影响传热系数的大小，特别是对于含有泥沙等较易沉积颗粒的流体，流速过低甚至可能导致管路堵塞，严重影响设备的使用，但流速增大，流体阻力也将增大，因此选择适宜的流速是十分重要的。根据经验，表5-5和表5-6列出了一些工业上常用的流速以供参考。

表5-5 列管式换热器内常用的流速范围

流体种类	流速/（m·s⁻¹）	
	管程	壳程
一般液体	0.5~0.3	0.2~1.5
宜结垢液体	>1	>0.5
气体	5~30	3~15

表5-6 不同黏度液体在列管式换热器中的流速（在钢管中）

液体黏度/（mPa·s）	最大流速/（m·s⁻¹）
>1 500	0.6
1 000~500	0.75
500~100	1.1
100~53	1.5
35~1	1.8
>1	2.4

5.6.3 换热器的类型

换热器是化工、石油、食品、动力等诸多行业的通用设备。在实际生产中，不同情况对换热器的要求不同，所以换热器的类型繁多，在设计和选用时可根据实际生产需求进行合理选择。

1. 换热器的分类

①换热器依据用途可分为：加热器、冷却器、冷凝器、蒸发器、分凝器和再沸器等。

②换热器依据传热原理可分为：间壁式换热器、混合式换热器、蓄热式换热器。

③换热器根据所用材料可分为：金属材料换热器、非金属材料换热器。

2. 列管式换热器

列管式换热器是目前化工生产中应用最广泛的换热设备。它的优点是单位体积具有的传热面积较大及传热效果较好，结构简单，可由多种材料制造，操作弹性大等，因此高温、高压和大型装置上多采用列管式换热器。

列管式换热器中，由于两流体温度的不同，管束和壳体的温度也不相同，因此它们的热膨胀程度也有差别。若两流体的温度差较大（50℃以上），就可能由热应力引起设备变形，甚至弯曲或破裂，因此必须采取热补偿措施。根据热补偿措施的不同，列管式换热器有以下几种形式。

（1）固定管板式换热器

固定管板式换热器的两端管板和壳体连成一体，具有结构简单和造价低廉的优点。但由于其壳程不易检修和清洗，因此壳程流体应是较洁净且不易结垢的物料。当两流体温度差较大时，应考虑热补偿措施。如图5-14所示为具有补偿圈（或称膨胀节）的固定管板式换热器。

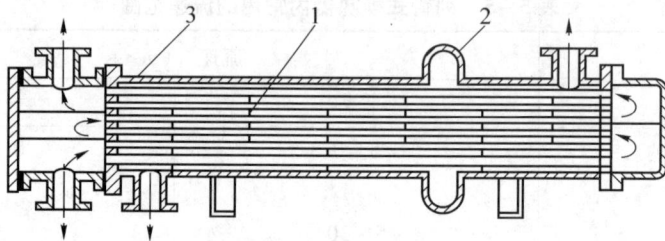

1—挡板；2—补偿圈；3—放气嘴。

图5-14 具有补偿圈的固定管板式换热器

（2）U形管式换热器

U形管式换热器如图5-15所示。其管子弯成U形，管子的两端固定在同一管板上，每根管子可自由伸缩。它的优点是结构简单，重量轻，适用于高温和高压的场合；缺点是管内清洗比较困难，故要求管内流体必须洁净，另外，其管板的利用率较低。

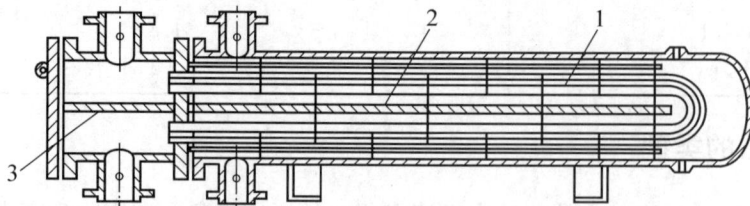

1—U形管；2—壳程隔板；3—管程隔板。

图5-15 U形管式换热器

（3）浮头式换热器

浮头式换热器如图5-16所示。它的一端管板不与外壳固定连接，称为浮头。管束连同浮头可以自由伸缩,可以补偿热膨胀,管束可从壳体中抽出,便于清洗和检修。浮头式换热器应用较为普遍,但该种换热器结构较复杂,造价较高。

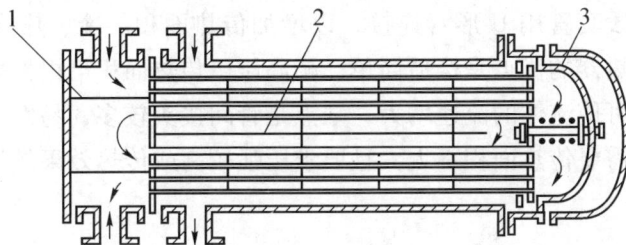

1—管程隔板;2—壳程隔板;3—浮头。

图 5 – 16 浮头式换热器

3. 蛇管式换热器

蛇管式换热器可分为沉浸式蛇管换热器和喷淋式换热器两类。

(1)沉浸式蛇管换热器

沉浸式蛇管换热器的蛇管多用金属管子弯制而成,或制成适应容器要求的形状,沉浸在容器中。两种流体分别在蛇管内、外流动并进行热量交换。常见的蛇管形式如图 5 – 17 所示。

沉浸式蛇管换热器的优点是结构简单,价格低廉,耐腐蚀,耐高压;缺点是管外流体的对流传热系数较小,可通过在容器内增设搅拌器或减小管外空间来提高对流传热系数。在沉浸式蛇管换热器的容器内,流体常处于不流动的状态,因此在某瞬间容器内各处的温度基本相同,而经过一段时间后,流体的温度由初温 t_1 变为终温 t_2,故属于非定态传热过程。

(2)喷淋式换热器

喷淋式换热器如图 5 – 18 所示,多用作冷却器。其固定在支架上的蛇管排列在同一垂直面上,热流体在管内流动,自下部的管进入,由上部的管流出。冷却水从最上面的淋水管喷淋下来,喷淋流下的冷却水可被收集进行重新分配。这种设备常放置在室外空气流通处,冷却水在空气中汽化时可带走部分热量,以提高冷却效果。它的优点是便于检修和清洗、传热效果较好,缺点是喷淋不易均匀。

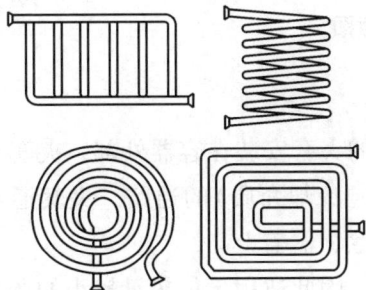

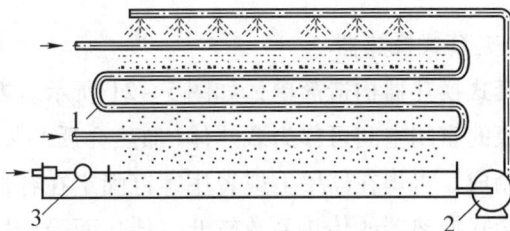

1—弯管;2—循环泵;3—控制阀。

图 5 – 17 常见的蛇管形式   图 5 – 18 喷淋式换热器

4. 套管式换热器

套管式换热器如图 5-19 所示，是由直径不同的直管制成的同心套管组成的换热器。它可根据换热要求将 n 段套管用 U 形管连接，以增加传热面积。冷、热流体可以进行逆流或并流流动。套管式换热器的优点是构造简单，耐高压，传热面积可根据需要进行增减，合理地选择管内、外径，可使流体的流速增大；缺点是管间接头较多，易发生泄漏，单位长度的传热面积较小。故在需要传热面积不太大且要求压强较高或传热效果较好时，宜采用套管式换热器。

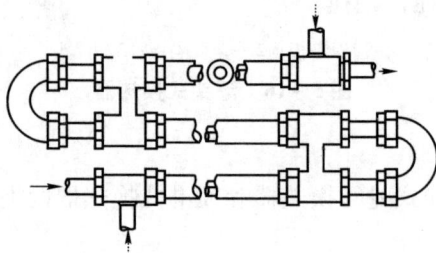

图 5-19　套管式换热器

5. 板式换热器

板式换热器示意图如图 5-20 所示。它的优点是结构紧凑，设备单位体积所提供的传热面积大，总传热系数较高，可根据需要增减板数以调节传热面积，检修和清洗都较方便；缺点是处理量较小，操作压强较低，操作温度不宜过高。板式换热器可分为如下两类。

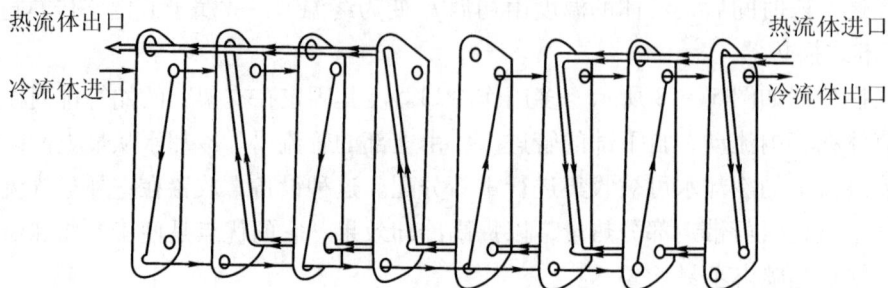

图 5-20　板式换热器示意图

（1）夹套式换热器

夹套式换热器构造简单，如图 5-21 所示。换热器的夹套安装在容器外部，夹套与器壁之间形成的密闭空间可作为载热体（加热介质）或载冷体（冷却介质）的通路。夹套通常用钢或铸铁制成，可焊在器壁上或者用螺钉固定在容器的法兰、器盖上。

夹套式换热器的传热系数较低，传热面受容器限制，因此适用于传热量较小的场合。为了提高其传热性能，可在容器内安装搅拌器，使换热器内的液体做强制对流，为了弥补传热面积的不足，还可在换热器内安装蛇管等。

（2）螺旋板式换热器

螺旋板式换热器如图 5 – 22 所示，是由两块薄金属板焊接在一块分隔挡板上，并卷成螺旋形而成的换热器。两块薄金属板在换热器内形成两条螺旋形通道，在顶、底部上分别焊有盖板或封头。进行换热时，冷、热流体分别进入两条通道，在换热器内做逆流流动。因用途不同，螺旋板式换热器的流道布置和封盖形式也有所不同。"Ⅰ"型结构的螺旋板式换热器如图 5 – 22（a）所示，它主要用于液体与液体间传热；"Ⅱ"型结构的螺旋板式换热器如图 5 – 22（b）所示，它适用于两流体流量差很大的场合，常用作冷凝器、气体冷却器等；"Ⅲ"型结构的螺旋板式换热器如图 5 – 22（c）所示，适用于蒸气的冷凝、冷却。

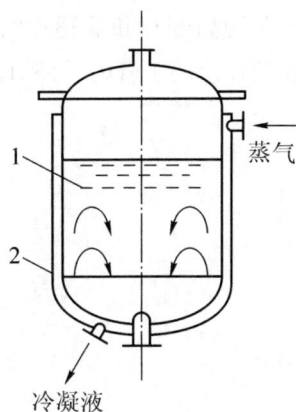

1—容器；2—夹套。

图 5 – 21　夹套式换热器

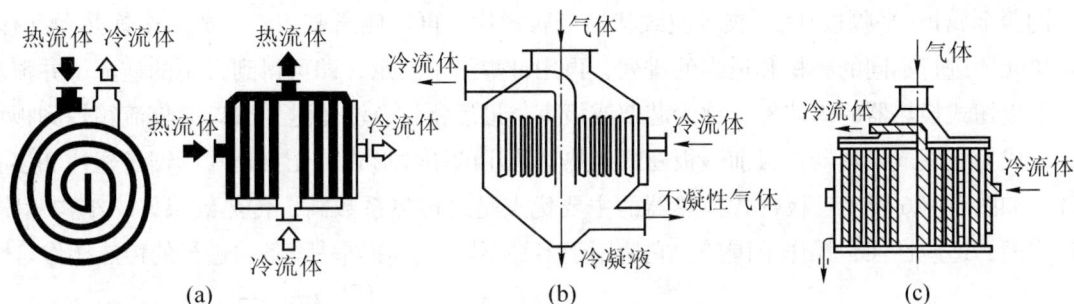

| (a) | (b) | (c) |

图 5 – 22　螺旋板式换热器

螺旋板式换热器的优点是总传热系数高，不易堵塞，能利用低温热源并可精密控制温度，结构紧凑，单位体积的传热面积为列管式换热器的 3 倍。螺旋板式换热器的缺点是操作压强和温度不宜太高，不易检修。

6. 翅片式换热器及板翅式换热器

（1）翅片式换热器

翅片式换热器的结构如图 5 – 23 所示，它是在管子表面装有径向或轴向翅片而组成的换热器。通常，当两种流体的对流传热系数之比为 3∶1 或更大时，宜采用翅片式换热器。

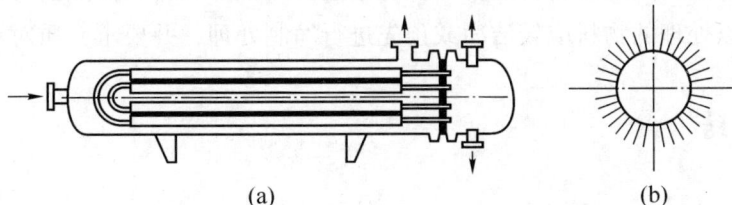

(a)　　　　　　　　　　　(b)

图 5 – 23　翅片式换热器

（a）翅片式换热器示意图；（b）翅片管断面

翅片式换热器的翅片种类很多，常见的翅片形式如图 5 – 24 所示。按翅片高度不同，它可分为高翅片和低翅片两种，一般，低翅片适用于两流体的对流传热系数相差不太大的场合；高翅片适用于管内、外对流传热系数相差较大的场合，现已广泛地应用于空气冷却器上。

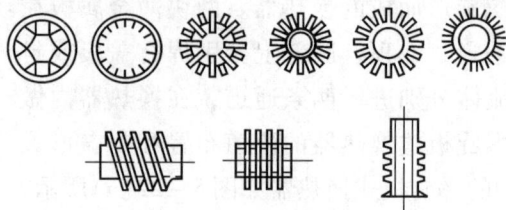

图 5 – 24　常见的翅片形式

（2）板翅式换热器

板翅式换热器的板束如图 5 – 25 所示。其结构形式很多，但基本结构元件相同，即在两块平行的薄金属板（平隔板）间，夹入波纹状的金属翅片，再用侧条密封，形成一个换热单元体。将各单元体进行不同的叠积和适当的排列，再用钎焊给予固定，即可得到常用的逆流、并流和错流的板翅式换热器的组装件，称为芯部或板束，最后将带有流体进、出口的集流箱焊到板束上，就成为板翅式换热器。目前，板翅式换热器常用的翅片形式有光直翅片、锯齿翅片和多孔翅片，如图 5 – 26 所示。板翅式换热器的主要优点是总传热系数高，传热效果好，结构紧凑，轻巧牢固，适应性强，操作范围广。它适用于多种不同介质在同一设备内进行的传热操作。

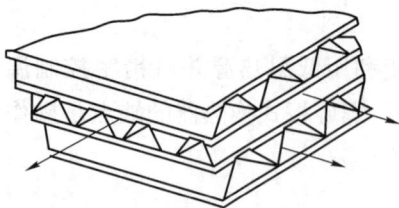

图 5 – 25　板翅式换热器的板束

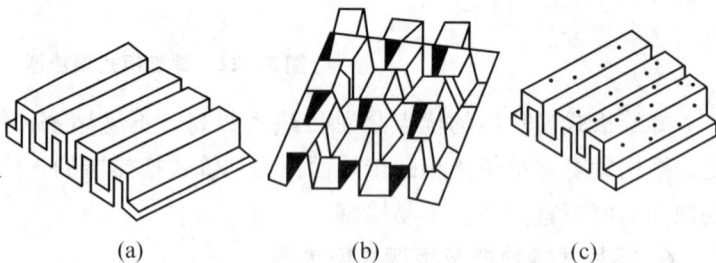

（a）　　　　　　（b）　　　　　（c）

图 5 – 26　板翅式换热器的翅片形式
（a）光直翅片；（b）锯齿翅片；（c）多孔翅片

板翅式换热器的缺点是设备流道很小，易堵塞，压强降较大，换热器一旦结垢，清洗和检修很困难，所以处理的物料应较洁净或预先进行净制处理，并要求介质对铝不发生腐蚀。

▶ 本章小结

传热是化工生产中重要的单元操作，许多生产过程和单元操作都涉及热量的交换。通过本章的学习，学员应掌握传热的基本原理、传热的规律，能运用这些原理和规律去分析和计算传热过程的有关问题，并掌握换热器的基本操作及选型计算。

本章的重点是换热器的热量衡算、总传热速率方程、总传热系数、平均温度差等传热过程的计算，要能够灵活应用上述概念和方程，进行工程传热问题的计算。

习 题

一、选择题

1. 导热系数的单位为（　　　）。

　　A. $W/(m \cdot ℃)$　　　　B. $W/(m^2 \cdot ℃)$　　　　C. $W/(kg \cdot ℃)$　　　　D. $W/(s \cdot ℃)$

2. 对间壁两侧流体一侧恒温、另一侧变温的传热过程，逆流和并流时 Δt_m 的大小为（　　　）。

　　A. $\Delta t_m（逆）> \Delta t_m（并）$　　　　　　B. $\Delta t_m（逆）< \Delta t_m（并）$

　　C. $\Delta t_m（逆）= \Delta t_m（并）$　　　　　　D. 不确定

3. 对流传热速率等于系数×推动力，其中推动力是（　　　）。

　　A. 两流体的温度差　　　　　　　　B. 流体温度和壁温度差

　　C. 同一流体的温度差　　　　　　　D. 两流体的速度差

4. 对流传热热阻主要集中在（　　　）。

　　A. 虚拟膜层　　　　B. 缓冲层　　　　C. 湍流主体　　　　D. 层流内层

5. 对于间壁式换热器，流体的流动速度增加，其热交换能力将（　　　）。

　　A. 减小　　　　B. 不变　　　　C. 增加　　　　D. 不能确定

6. 对于列管式换热器，当壳体与换热管温度差（　　　）时，产生的温度差应力具有破坏性，因此需要进行热补偿。

　　A. 大于45 ℃　　　　B. 大于50 ℃　　　　C. 大于55 ℃　　　　D. 大于60 ℃

7. 多层串联平壁稳定导热，各层平壁的导热速率（　　　）。

　　A. 不相等　　　　B. 不能确定　　　　C. 相等　　　　D. 下降

8. 热辐射和热传导、对流传热方式传递热量的根本区别是（　　　）。

　　A. 有无传递介质　　　　　　　　B. 物体是否运动

　　C. 物体内分子是否运动　　　　　D. 全部正确

9. 工业采用翅片状的暖气管代替圆钢管，其目的是（　　　）。

　　A. 增加热阻，减少热量损失　　　　B. 节约钢材

　　C. 使美观　　　　　　　　　　　　D. 增加传热面积，提高传热效果

10. 列管式换热器启动时，首先通入的流体是（　　　）。

　　A. 热流体　　　　　　　　　　B. 冷流体

　　C. 最接近环境温度的流体　　　D. 任意

11. 管式换热器与板式换热器相比（　　　）。

　　A. 传热效率高　　　B. 结构紧凑　　　C. 材料消耗少　　　D. 耐压性能好

12. 化工厂常见的间壁式换热器是（　　　）。

　　A. 固定管板式换热器　　　　　　B. 板式换热器

  C. 釜式换热器   D. 蛇管式换热器

13. 换热器中引起冷物料出口温度升高的可能原因有多个，除了(   )。

  A. 冷物料流量下降   B. 热物料流量下降

  C. 热物料进口温度升高   D. 冷物料进口温度升高

14. 会引起列管式换热器冷物料出口温度下降的事故有(   )。

  A. 正常操作时，冷物料进口管堵   B. 热物料流量太大

  C. 冷物料泵坏   D. 热物料泵坏

15. 可在器内设置搅拌器的是(   )换热器。

  A. 套管式   B. 釜式   C. 夹套式   D. 热管

16. 空气、水、金属固体的导热系数分别为 λ_1、λ_2、λ_3，其大小顺序正确的是(   )。

  A. $\lambda_1 > \lambda_2 > \lambda_3$ B. $\lambda_1 < \lambda_2 < \lambda_3$ C. $\lambda_2 > \lambda_3 > \lambda_1$ D. $\lambda_2 < \lambda_3 < \lambda_1$

17. 冷、热流体在换热器中进行无相变逆流传热，换热器用久后形成污垢层，在同样的操作条件下，与无垢层相比，结垢后的换热器的 K(   )。

  A. 变小   B. 变大   C. 不变   D. 不确定

18. 利用水在逆流操作的套管式换热器中冷却某物料，要求热流体的进、出口温度及流量不变。今因冷却水进口温度升高，为保证完成生产任务，提高冷却水的流量，其结果使 Δt_m(   )。

  A. 增大   B. 下降   C. 不变   D. 不确定

19. 利用水在逆流操作的套管式换热器中冷却某物料，要求热流体的温度 T_1，T_2 及流量 W_1 不变。今因冷却水进口温度 t_1 增高，为保证完成生产任务，提高冷却水的流量 W_2，其结果是(   )。

  A. K 增大，Δt_m 不变   B. Q 不变，Δt_m 下降，K 增大

  C. Q 不变，K 增大，Δt_m 不确定   D. Q 增大，Δt_m 下降

20. 列管式换热器中下列流体宜走壳程的是(   )。

  A. 不洁净或易结垢的流体   B. 腐蚀性的流体

  C. 压力高的流体   D. 被冷却的流体

21. 下列四种不同的对流给热过程：空气自然对流 α_1，空气强制对流 α_2（流速为 3 m/s），水强制对流 α_3（流速为 3 m/s），水蒸气冷凝 α_4。α 值的大小关系为(   )。

  A. $\alpha_3 > \alpha_4 > \alpha_1 > \alpha_2$ B. $\alpha_4 > \alpha_3 > \alpha_2 > \alpha_1$

  C. $\alpha_4 > \alpha_2 > \alpha_1 > \alpha_3$ D. $\alpha_3 > \alpha_2 > \alpha_1 > \alpha_4$

22. 选用换热器时，在管壁与壳壁温度相差(   )时需要考虑进行热补偿。

  A. 20 ℃   B. 50 ℃   C. 80 ℃   D. 100 ℃

23. 要求热流体从 300 ℃ 降到 200 ℃，冷流体从 50 ℃ 升高到 260 ℃，宜采用(   )换热。

  A. 逆流   B. 并流   C. 并流或逆流   D. 以上都不正确

24. 以下不能提高传热速率的途径是(   )。

  A. 延长传热时间   B. 增大传热面积   C. 增加传热温度差   D. 提高传热系数 K

25. 用120 ℃的饱和水蒸气加热常温空气。水蒸气的冷凝膜系数约为2 000 W/(m² · K)，空气的膜系数约为60 W/(m² · K)，其过程的传热系数K及传热面壁温接近于(　　　)。

    A. 2 000 W/(m² · ℃)，120 ℃　　　　B. 2 000 W/(m² · ℃)，40 ℃

    C. 60 W/(m² · ℃)，120 ℃　　　　　D. 60 W/(m² · ℃)，40 ℃

二、判断题

1. 对于同一种流体，有相变时的 α 值比无相变时的 α 值要大。　(　　　)

2. 为了提高传热效率，采用蒸汽加热时必须不断排除冷凝水并及时排放不凝性气体。(　　　)

3. 在螺旋板式换热器中，流体只能做严格的逆流流动。(　　　)

4. 当冷、热两流体的 α 相差较大时，欲提高换热器的 K 值，关键是采取措施提高较小 α。(　　　)

5. 列管式换热器中设置补偿圈的目的主要是便于换热器的清洗和强化传热。(　　　)

6. 间壁式换热器内热量的传递是由对流传热—热传导—对流传热这三个串联着的过程组成的。(　　　)

7. 导热系数是物质导热能力的标志，导热系数越大，导热能力越弱。(　　　)

8. 在列管式换热器中采用多程结构，可增大换热面积。(　　　)

9. 流体与壁面进行稳定的强制湍流对流传热，层流内层的热阻比湍流主体的热阻大，故层流内层内的传热比湍流主体内的传热速率小。(　　　)

10. 饱和水蒸气和空气通过间壁进行稳定热交换，由于空气侧的膜系数远远小于饱和水蒸气侧的膜系数，故空气侧的传热速率比饱和水蒸气侧的传热速率小。(　　　)

三、计算题

1. 用一列管式换热器来加热某溶液，加热剂为热水。拟定水走管程，溶液走壳程。已知溶液的平均比热容为3.05 kJ/(kg · ℃)，进、出口温度分别为35 ℃和60 ℃，其流量为600 kg/h；水的进、出口温度分别为90 ℃和70 ℃。若不考虑热损失，试求热水的消耗量和该换热器的热负荷。

2. 在一釜式列管换热器中，用280 kPa的饱和水蒸气加热并汽化某液体(水蒸气仅放出冷凝潜热)。液体的比热容为4.0 kJ/(kg · ℃)，进口温度为50 ℃，其沸点为88 ℃，汽化潜热为2 200 kJ/kg，液体的流量为1 000 kg/h。忽略热损失，求加热水蒸气消耗量。

3. 用一单壳程4管程的列管式换热器来加热某溶液，使其从30 ℃加热至50 ℃，加热剂则从120 ℃下降至45 ℃，试求换热器的平均温度差。

第5章习题参考答案

6 蒸 馏

▶ 学习目标

　　掌握：全塔物料衡算、操作线方程、理论塔板数的计算和回流比的确定。
　　理解：恒沸精馏和萃取精馏的原理、流程及适用场合。
　　了解：蒸馏与精馏的概念及其区别。

▶ 学习要求

　　学员学习本章时要注意，精馏操作是化工生产过程中比较重要的单元操作之一，是分离均相物系的常用方法之一。其操作过程中不仅存在传质，而且涉及动量和热量传递，是对前面已经学过的知识较为全面的运用。

　　化工生产过程中，常常需要将原料、中间产物或粗产物进行分离，以获得符合工艺要求的化工产品或中间产品。化工上常见的分离过程包括蒸馏、吸收、萃取、干燥及结晶等，其中蒸馏是分离液体混合物的典型单元操作，应用最为广泛。例如，将原油蒸馏可得到汽油、煤油、柴油及重油等；将混合芳烃蒸馏可得到苯、甲苯及二甲苯等；将液态空气蒸馏可得到纯态的液氧和液氮等。可见蒸馏对于均相液体混合物是最常用且最重要的分离方法。

6.1 蒸馏分离的依据与分类

6.1.1 蒸馏分离的依据

　　各种混合物分离的依据都是基于混合物中各组分间的某种差异。蒸馏分离的依据是，根据溶液中各组分挥发度（或沸点）的差异，使各组分得以分离。混合液中沸点低的组分易挥发，称为易挥发组分（或轻组分）；混合液中沸点高的组分较难挥发，称为难挥发组分（或重组分）。例如，在容器中将苯和甲苯的溶液加热，使溶液部分汽化，形成气液两相。当气液两相趋于平衡时，由于苯的挥发性比甲苯强（苯的沸点较低），气相中苯的含量必然较原来溶液高，将蒸气引出并冷凝后，即可得到苯含量较高的液体。而残留在容器中的液体，苯的含量比原来溶液低，也即甲苯的含量比原来溶液高。这样，溶液就得到了初步的分离。若多次进行上述分离过程，即可获得较纯的苯和甲苯。

应予指出，对均相混合物分离的条件是必须造成气、液两相系统。

6.1.2 蒸馏分离的分类

工业上蒸馏分离过程有多种分类方法，如表 6 – 1 所示。

表 6 – 1 蒸馏分离的分类

分类		特点及应用
按蒸馏方式分类	平衡蒸馏	平衡蒸馏和简单蒸馏，只能达到有限程度的提浓而不可能满足高纯度的分离要求，常用于混合物中各组分的挥发度相差较大，对分离要求又不高的场合
	简单蒸馏	
	精馏	精馏是借助回流技术来实现高纯度和高回收率的分离操作
	特殊精馏	特殊精馏适用于普通精馏难以分离或无法分离的物系
按操作压力分类	加压蒸馏 常压蒸馏 真空蒸馏	常压下为气态（如空气）或常压下沸点为室温的混合物，常采用加压蒸馏；对于常压下沸点较高（一般高于 150 ℃）或高温下易发生分解、聚合等变质现象的热敏性物料宜采用真空蒸馏，以降低操作温度
按被分离混合物中组分的数目分类	两组分精馏 多组分精馏	工业生产中，绝大多数为多组分精馏，多组分精馏过程较复杂
按操作流程分类	间歇精馏 连续精馏	间歇精馏操作是不稳定操作，主要应用于小规模、多品种或某些有特殊要求的场合，工业中以连续精馏为主

6.2 蒸馏分离的基础知识

6.2.1 相组成的表示方法

蒸馏操作是气液两相间的传质过程，气液两相达到平衡状态是传质过程的极限。因此，气液平衡关系是分析蒸馏原理、解决蒸馏计算的基础。

为了便于理解气液平衡，这里先介绍相组成的表示法。对于混合物中相的组成有多种表示方法，在蒸馏讨论中常用的有以下两种。

1. 摩尔分率

混合物中某组分的摩尔数与混合物总摩尔数的比值称为该组分的摩尔分率。若混合物的总摩尔数为 n，对两组分（A 和 B）的混合液，则有：

$$x_A = \frac{n_A}{n}, \; x_B = \frac{n_B}{n} \tag{6 – 1}$$

显然，任一组分的摩尔分率都小于1，各组分的摩尔分率之和等于1。即

$$x_A + x_B = 1$$

摩尔分率乘以100%即得摩尔百分率。

式中：n_A，n_B——A，B组分的摩尔数，kmol；

x_A，x_B——A，B组分的摩尔分率。

2. 质量分率

混合物中某组分的质量与混合物的总质量的比值，称为该组分的质量分率。

若混合物的总质量为m，对两组分(A和B)的混合液，则有：

$$a_A = \frac{m_A}{m}, \quad a_B = \frac{m_B}{m} \tag{6-2}$$

显然，任一组分的质量分率都小于1，各组分质量分率之和等于1，即

$$a_A + a_B = 1$$

质量分率乘以100%即得质量百分率。

式中：m_A，m_B——A，B组分的质量，kg；

a_A，a_B——A，B组分的质量分率。

3. 质量分率和摩尔分率的换算关系

质量分率和摩尔分率的换算关系如下(以A组分为例)：

$$x_A = \frac{a_A/M_A}{a_A/M_A + a_B/M_B} \tag{6-3}$$

$$a_A = \frac{x_A M_A}{x_A M_A + x_B M_B} \tag{6-4}$$

式中：M——组分的摩尔质量，kg/kmol。

6.2.2 两组分理想物系的气液平衡

所谓理想物系是指该物系的液相为理想溶液，遵循拉乌尔定律；气相为理想气体，遵循道尔顿分压定律。实际生产中，当总压不太高(一般不高于10^4 kPa)时，气相可视为理想气体。

理想物系的相平衡是相平衡关系中最简单的模型。严格地讲，理想溶液并不存在，但对于由化学结构相似、性质相近的组分组成的物系，如苯－甲苯、甲醇－乙醇、常压及150℃以下的各种轻烃的混合物，可近似按理想物系处理。

1. 温度组成图 ($t-x-y$图)

用相图来表达气液平衡关系较为清晰直观，尤其对两组分蒸馏的气液平衡关系的表达更为方便，影响蒸馏的因素可在相图上直接反映出来。蒸馏中常用的相图为恒压下的温度组成图($t-x-y$图)及气相－液相组成图($x-y$相图)。

蒸馏一般在恒定的压力下进行，溶液的平衡温度随组成而变，溶液的温度组成图是分析

蒸馏原理的理论基础。由平衡温度与液(气)相的组成关系绘成的曲线图称为温度组成图或 $t-x-y$ 图。

如图6-1所示为在总压为101.3 kPa下，苯-甲苯混合物系的温度组成图。图中以 x(或 y)为横坐标，以 t 为纵坐标组成坐标系。坐标系中有两条曲线，上方的曲线为 $t-y$ 线，表示混合液的平衡温度 t 与气相组成 y 之间的关系，称为饱和蒸气线或露点线；下方的曲线为 $t-x$ 线，表示混合液的平衡温度 t 与液相组成 x 之间的关系，称为饱和液体线或泡点线。上述的两条曲线将 $t-x-y$ 图分成三个区域。饱和液体线以下的区域代表未沸腾的液体，称为液相区；饱和蒸气线上方的区域，称为过热蒸气区；两条曲线包围的区域中，气液两相同时存在，称为气液共存区。

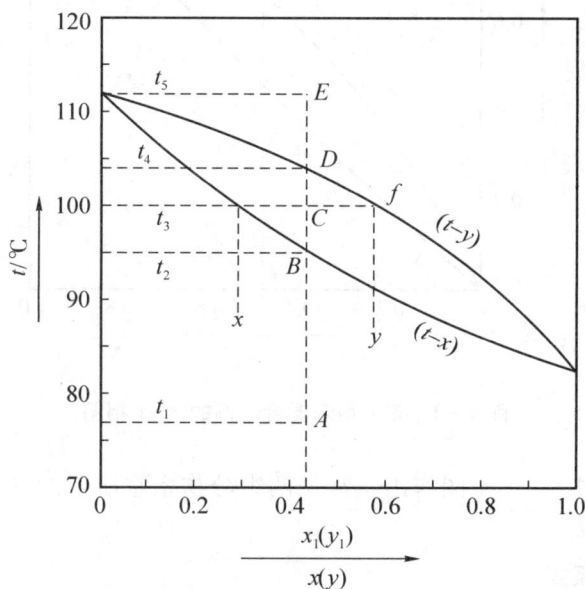

图6-1 苯-甲苯混合物系的 $t-x-y$ 图

在恒定的压力下，若将温度为 t_1，组成为 x_1(图6-1中点 A)的混合液加热。当温度升高到 t_2(点 B)时，溶液开始沸腾，此时产生第一个气泡，该温度即泡点温度 t_B。继续升温到 t_3(点 C)时，气液两相共存，其气相组成为 y，液相组成为 x，两相互成平衡。同样，若将温度为 t_5、组成为 y_1(点 E)的过热蒸气冷却，当温度降到 t_4(点 D)时，过热蒸气开始冷凝，此时产生第一个液滴，该温度即露点温度 t_D。继续降温到 t_3(点 C)时，气液两相共存。

由图6-1可见，气液两相平衡时，气液两相的温度相同，但气相组成(易挥发组分)大于液相组成；若气液两相组成相同，则露点温度总是大于泡点温度。

2. 气相-液相组成图($x-y$ 相图)

$x-y$ 相图直观地表达了在一定压力下，处于平衡状态的气液两相组成的关系，在蒸馏计算中应用最为普遍。

如图6-2所示为在总压为101.3 kPa下，苯-甲苯混合物系的 $x-y$ 相图。图中以 x 为横坐标，y 为纵坐标组成坐标系。坐标系中的曲线代表液相组成和与之平衡的气相组成间的关系，称为平衡曲线。若已知液相组成 x_1，可由平衡曲线得出与之平衡的气相组成 y_1，反之亦然。图中的直线为对角线 $x=y$，作为计算时的辅助线。对于理想溶液，达到平衡时，气相中易挥发组分 y 的浓度总是大于液相的浓度 x，故平衡线位于对角线上方。平衡线偏离对角线越远，表示该溶液越易分离。

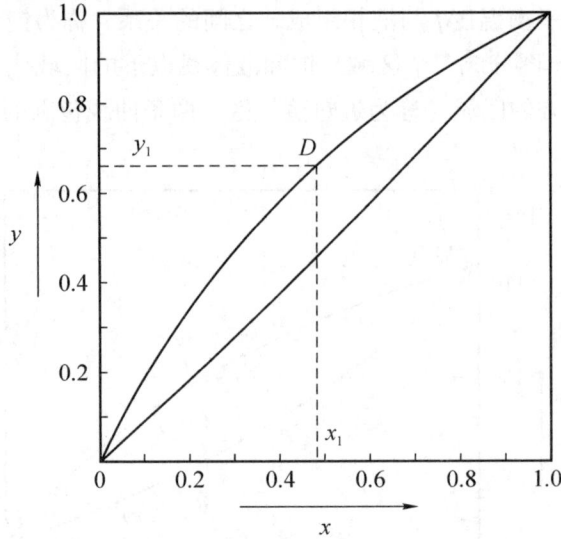

图 6-2　苯-甲苯混合物系的 $x-y$ 相图

$x-y$ 相图还可通过 $t-x-y$ 图作出。常见两组分物系常压下的平衡数据可由实验测定，也可从理化手册中查得。

3. 气液平衡的关系式

（1）拉乌尔定律

理想溶液的气液平衡关系遵循拉乌尔定律，即在一定的温度下，气液两相达到平衡时，气相中组分的分压等于该组分在同温度下溶液的饱和蒸气压与其溶液中的摩尔分数的乘积。

对两组分物系有：

$$p_A = p_A^0 x_A \tag{6-5}$$

$$p_B = p_B^0 x_B = p_B^0 (1 - x_A) \tag{6-6}$$

式中：x_A，x_B——易（难）挥发溶液中易（难）挥发组分的摩尔分数；

p_A，p_B——溶液上方易（难）挥发组分的平衡分压，Pa；

p_A^0，p_B^0——同温度下纯易（难）挥发组分的饱和蒸气压，Pa。

式（6-5）称为拉乌尔定律。公式中，纯组分的饱和蒸气压是温度的函数，通常可用安托尼方程计算，也可直接从理化手册中查得。

当外压不太高时，理想物系的气相服从道尔顿分压定律，即总压等于各组分分压之和，表达式为：

$$p = p_A + p_B \tag{6-7}$$

或

$$p = p_A^0 x_A^0 + p_B^0 (1 - x_A)$$

整理上式得到：

$$x_A = \frac{p - p_B^0}{p_A^0 - p_B^0} \tag{6-8}$$

式(6-8)表示气液平衡时，液相组成与平衡温度之间的关系，称为泡点方程。

气相组成可表示为：

$$y_A = \frac{p_A}{p} \tag{6-9}$$

或

$$y_A = \frac{p_A^0}{p} x_A$$

将式(6-8)代入式(6-9)后，可得：

$$y_A = \frac{p_A^0}{p} \left(\frac{p - p_B^0}{p_A^0 - p_B^0} \right) \tag{6-10}$$

式(6-10)表示气液平衡时，气相组成与平衡温度之间的关系，称为露点方程。气液平衡时，露点温度等于泡点温度。

在一定压强下，只要已知两组分理想溶液的平衡温度和纯组分的饱和蒸气压，根据泡点方程和露点方程，即可求得平衡时的气液相组成。当压强和温度一定时，气液两相中各组分浓度为定值。

(2) 以相对挥发度表示的气液平衡方程

蒸馏的基本依据是混合液中各组分挥发度的差异。要引出以相对挥发度表示的气液平衡方程，应首先介绍挥发度的概念。挥发度表示物质(组分)挥发的难易程度。在同一温度下，饱和蒸气压越大，物质(组分)挥发度越大。

在一定温度下，气液两相达到平衡时，组分在气相中的分压与其在液相中的摩尔分数的比值，称为该组分的挥发度。纯液体的挥发度可以用一定温度下该液体的饱和蒸气压表示。

对两组分(A 和 B)混合液有：

$$v_A = \frac{p_A}{x_A} \tag{6-11}$$

$$v_B = \frac{p_B}{x_B} \tag{6-12}$$

式中：v——组分的挥发度，kPa。

对于理想溶液，因符合拉乌尔定律，则有：

$$v_A = p_A^0$$

$$v_B = p_B^0$$

以上关系表明各组分的挥发度等于相应温度下其饱和蒸气压。

挥发度表示某组分挥发能力的大小，由于它随温度而变，在使用上不太方便，故引出相对挥发度的概念。

混合液中两组分的挥发度之比，称为相对挥发度。对多组分物质，习惯上将易挥发组分的挥发度与难挥发组分的挥发度相比，即：

$$\alpha = \frac{v_A}{v_B} = \frac{p_A x_B}{p_B x_A} \tag{6-13}$$

对于理想物系，气相遵循道尔顿分压定律，则式(6-13)可表示为：

$$\alpha = \frac{\dfrac{p y_A}{x_A}}{\dfrac{p y_B}{x_B}} = \frac{y_A x_B}{y_B x_A} \tag{6-14}$$

通常将式(6-14)称为相对挥发度的定义式。对理想溶液有：

$$\alpha = \frac{p_A^0}{p_B^0} \tag{6-15}$$

式(6-15)表明，理想溶液的相对挥发度等于同温度下两组分的饱和蒸气压之比。由于p_A^0与p_B^0随温度而变，因而α也随温度有所变化，但当α值变化不大时，一般可将α取作常数或取操作温度范围内的平均值。

对于两组分溶液，当总压不高时，由式(6-14)整理后(略去下标)可得：

$$y = \frac{\alpha x}{1 + (\alpha - 1) x} \tag{6-16}$$

式(6-16)即以相对挥发度表示的气液平衡方程。在蒸馏的分析和计算中，常用式(6-16)表示气液平衡关系。通常，相对挥发度的数值由实验测定。

根据相对挥发度α值的大小，可判断某混合液是否能用一般蒸馏方法分离及分离的难易程度。若$\alpha > 1$，则$y > x$，这表示组分A较B容易挥发，α值偏离1的程度越大，挥发度差异越大，越容易分离；若$\alpha = 1$，由式(6-16)可知$y = x$，此时不能用普通的蒸馏方法加以分离，需要采用特殊精馏或其他分离方法。

6.3　简单蒸馏与平衡蒸馏

要掌握蒸馏的操作技能，蒸馏原理和流程是一个很重要的环节，以下分别介绍不同操作方式下的蒸馏原理和流程。

6.3.1　平衡蒸馏装置与流程

平衡蒸馏又称闪急蒸馏，简称闪蒸，是一种单级蒸馏操作。此种操作既可以以间歇方式进行，又可以以连续方式进行。平衡蒸馏是将液体混合物在蒸馏釜内部分汽化，并使气液两相达到平衡状态,而将气液两相分离的过程。连续操作的平衡蒸馏装置与流程如图6-3所示。被分离的混合液先经加热器1加热,使之温度高于分离器压力下料液的泡点,然后通过减压阀使它的压力降低后进入分离器3。过热的液体混合物在分离器中部分汽化,将平衡的气、液两相分别从分离器的顶部、底部引出,即实现了混合液的初步分离。通常分离器也称闪蒸罐。

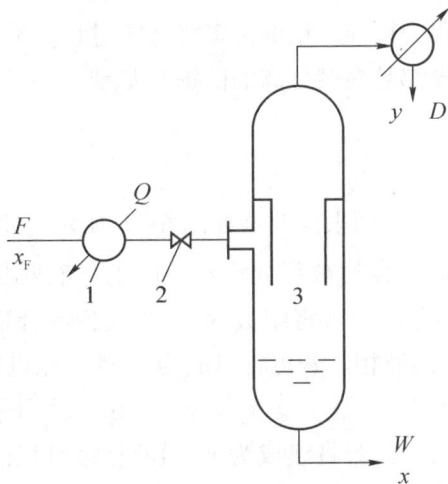

1—加热器;2—节流阀;3—分离器。

图6-3 连续操作的平衡蒸馏装置与流程

6.3.2 简单蒸馏装置与流程

简单蒸馏又称微分蒸馏,是一种间歇、单级的蒸馏操作。简单蒸馏是使在蒸馏釜中的混合液逐渐受热汽化,并不断将产生的蒸气引入冷凝器内冷凝,以达到混合液中各组分部分分离的方法。简单蒸馏装置与流程如图6-4所示。将原料液一次性加入蒸馏釜1中,通过间接加热使之部分汽化,再将产生的蒸气引入冷凝器2中冷凝,冷凝液作为馏出液产品排入接受器3中。随着蒸馏过程的进行,釜液中易挥发组分的含量不断降低,相应产生的气相组成(馏出液组成)也随之下降,釜中液体的泡点逐渐升高。通常馏出液平均组成或釜液组成降低至某规定值后,即停止蒸馏操作。在一批操作中,馏出液可分段收集,以得到不同组分的馏出液。简单蒸馏是非定态操作过程,釜液温度和组分随时间而变。简单蒸馏适用于混合液中组分的沸点相差较大而分离要求不高的初步分离。

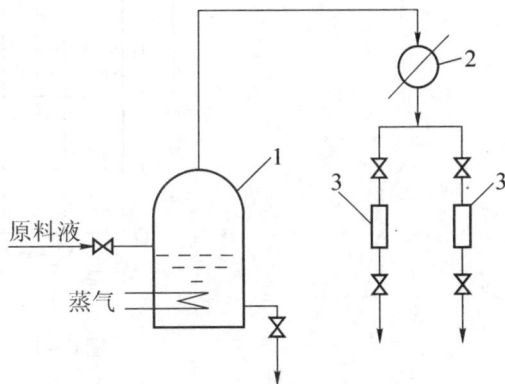

1—蒸馏釜;2—冷凝器;3—接受器。

图6-4 简单蒸馏装置与流程

6.4 精馏原理及操作流程

平衡蒸馏和简单蒸馏为单级分离过程，即仅对液体混合物进行一次部分汽化和冷凝的过程，故只能对液体混合物进行初步分离。若使液体混合物得到几乎完全的分离，必须进行多次部分汽化和冷凝，该过程称为精馏。精馏是多级分离过程，不论何种操作方式的精馏，混合液中各组分间挥发度的差异都是精馏分离的前提和基础。

6.4.1 精馏原理

精馏过程的原理可用 $t-x-y$ 图来说明。如图 6-5 所示，将组分为 x_F，温度为 t_F 的某混合液加热至泡点以上，则该混合物被部分汽化，产生气液两相，其组分分别为 y_1 和 x_1，此时 $y_1 > x_F > x_1$。将气液两相分离，并将组分为 y_1 的气相混合物进行部分冷凝，则可得到组成为 y_2 的气相和组成为 x_2 的液相。若再将组成为 y_2 的气相进行部分冷凝，又可得到组成为 y_3 的气相和组成为 x_3 的液相，显然 $y_3 > y_2 > y_1$。如此进行下去，最终在气相中即可获得高纯度的易挥发组分产品。同时，若将组成为 x_1 的液相进行加热升温使其部分汽化，则可得到组成为 y_2' 的气相和组成为 x_2' 的液相，若再将组成为 x_2' 的液相部分汽化，又可得到组成为 y_3' 的气相和组成为 x_3' 的液相，显然 $x_3' < x_2' < x_1'$。如此进行下去，最终在液相中可获得高纯度的难挥发组分产品。

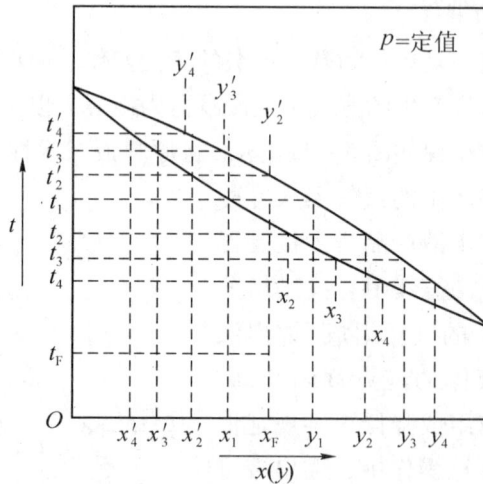

图 6-5　多次部分汽化和冷凝

由此可见，液体混合物经多次部分汽化和冷凝后，便可得到几乎完全的分离，这就是精馏过程的基本原理。

显然，在上述重复的单级操作中，所需的设备庞杂，能量消耗大，而且因产生中间馏分，产品收率降低。实际生产中的精馏过程是在精馏塔内进行的，即通过在精馏塔内将部分冷凝过程和部分汽化过程有机结合而实现的。

6.4.2 精馏塔模型

如图 6-6 所示为精馏塔模型。在精馏塔内通常装有一些塔板或一定高度的填料，前者称为板式塔，后者则称为填料塔。现以板式塔为例，说明在塔内进行的精馏过程。

如图 6-7 所示为精馏塔中任意第 n 层塔板上的操作情况。在塔板上设有升气道(筛孔、泡罩或浮阀等)，由下层塔板($n+1$ 层塔板)上升蒸气通过第 n 层塔板的升气道;而上层塔板($n-1$ 层塔板)上的液体通过降液管下降到第 n 层塔板上，在该板上横向流动而流入下一层板。蒸气鼓泡穿过液层，与液相进行热量和质量的交换。

设进入第 n 层塔板的气相组成和温度分别为 y_{n+1} 和 t_{n+1}，液相组成和温度分别为 x_{n-1} 和 t_{n-1}，且 t_{n+1} 大于 t_{n-1}，x_{n-1} 大于与 y_{n+1} 呈平衡的液相组成 x_{n+1}。由于两者互不平衡，因此组成为 y_{n+1} 的气相与组成为 x_{n-1} 的液相在第 n 层上接触时存在温度差和浓度差，气相发生部分冷凝，因难挥发组分更易冷凝，故气相中部分难挥发组分冷凝后进入液相;同时液相发生部分汽化，因易挥发组分更易汽化，故液相中部分易挥发组分汽化后进入气相。其结果是离开第 n 层塔

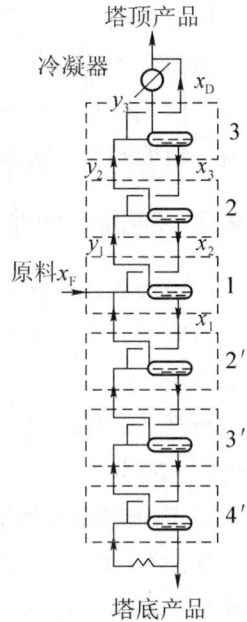

图 6-6 精馏塔模型

板的气相中，易挥发组分的组成较进入该板时增高，即 $y_n > y_{n+1}$，而离开该板的液相中，易挥发组分的组成较进入该板时降低，即 $x_n < x_{n-1}$。由此可见，气体通过一层塔板，即进行了一次部分汽化和一次部分冷凝的过程。当它们经过多层塔板后，则进行了多次部分汽化和多次部分冷凝的过程，最后在塔顶气相中获得较纯的易挥发组分，在塔底液相中获得较纯的难挥发组分，从而实现了液体混合物的分离。

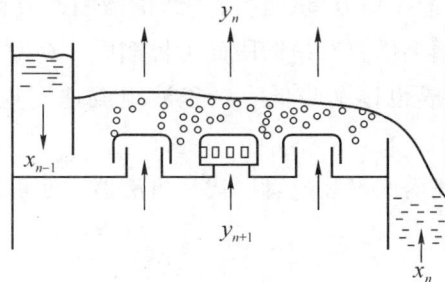

图 6-7 塔板上的操作情况

在每层塔板上所进行的热量交换和质量交换是密切相关的，气液两相温度差越大，则所交换的质量越多。气液两相在塔板上接触后，气相温度降低，液相温度升高，液相部分汽化所需要的潜热恰好等于气相部分冷凝所放出的潜热，故每层塔板上不需设置加热器和冷凝器。通常原料液是从塔中间的某一位置进入，并与塔内气液相混合，此进料位置是通过计算来确定的(将在后面介绍)。

还应指出，塔板是气液两相进行传热与传质的场所，每层塔板上必须有气相和液相流过。为实现上述操作，必须从塔顶引入下降液流(回流液)和从塔底产生上升蒸气流，以建立气液两相体系。因此，塔顶液体回流和塔底上升蒸气流是精馏过程连续进行的必要条件，回流是精馏与普通蒸馏的本质区别。

6.4.3 精馏操作流程

由精馏原理可知，若只有精馏塔时，尚不能完成精馏操作，还必须同时有塔底再沸器和塔顶冷凝器，有时还要配有原料预热器、回流液泵等附属设备。塔顶冷凝器的作用是提供塔顶馏出液产品以及保证塔顶一定量的回流液，塔底再沸器的作用是提供一定量的上升蒸气流，精馏塔的作用是提供气液两相相接触并进行传热和传质的场所。精馏过程根据操作方式的不同，可分为连续精馏和间歇精馏两种操作流程。

1. 连续精馏操作流程

如图6-8所示为典型的连续精馏操作流程。操作时，原料液连续地加入精馏塔1内，再从再沸器2不断地取出，部分液体作为塔底产品(称为釜残液)，部分液体被汽化，产生上升蒸气，依次通过各层塔板。塔顶蒸气进入冷凝器3后被全部冷凝，并将部分冷凝液用泵(或借重力作用)送回塔顶作为回流液体，其余部分作为塔顶产品(称为馏出液)采出。

通常，将原料液加入的那层塔板称为进料板。在进料板以上的塔段，称为精馏段，其作用是逐板增浓上升蒸气中易挥发组分的浓度。进料板以下的塔段(包括进料板)，称为提馏段，其作用是逐板减少下降液体中的易挥发组分的浓度。

2. 间歇精馏操作流程

如图6-9所示为间歇精馏操作流程。它与连续精馏操作流程的不同之处是：原料液一次加入精馏釜中，因而间歇精馏塔只有精馏段而无提馏段。在操作中，由于间歇釜内釜液的浓度不断变化，故产品的组成也逐渐降低。当釜液组成达到规定组成后，精馏操作即被停止。

应当指出，有时也可以在塔底安装蛇管以代替再沸器，使塔顶回流液依靠重力的作用直接流入塔内而省去回流液泵。

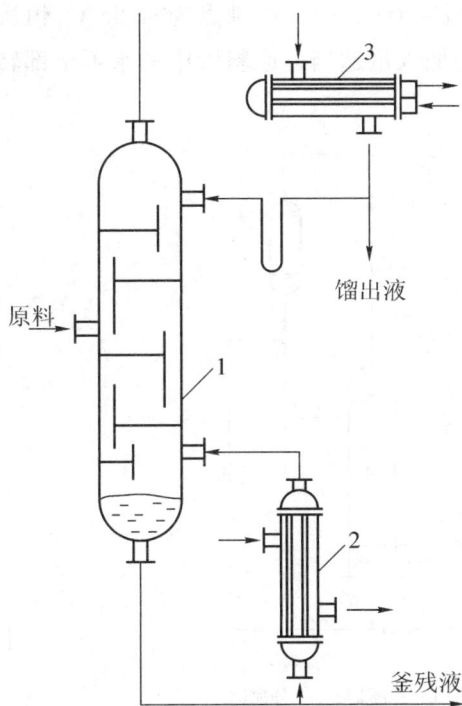

1—精馏塔；2—再沸器；3—冷凝器。

图6-8 连续精馏操作流程

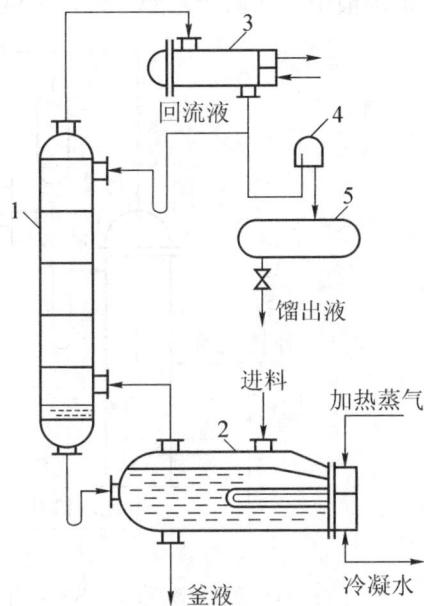

1—精馏塔；2—再沸器；3—全凝器；4—观察罩；5—储槽。

图6-9 间歇精馏操作流程

6.5 特殊精馏

前已述及，精馏操作是以液体混合物中，各组分的相对挥发度差异为依据的，组分间的挥发度差别越大，越容易分离。但对某些液体混合物，组分间的相对挥发度接近于1或形成恒沸物，以至于不宜或不能用一般的精馏方法进行分离。此时，需要采用特殊精馏方法。特殊精馏方法有恒沸精馏、萃取精馏、盐效应精馏、膜蒸馏、催化精馏、吸附精馏等。本书在此只介绍常用的恒沸精馏和萃取精馏，对于其他的特殊精馏方法可参考有关文献。

6.5.1 恒沸精馏

1. 恒沸精馏原理

若在两组分恒沸液中加入第三种组分(称为夹带剂)，该组分能与原料液中的一个或两个组分形成新的恒沸液，从而使原料液通过普通精馏方法得以分离，这种精馏操作称为恒沸精馏。恒沸精馏可分离具有最低恒沸点的溶液、具有最高恒沸点的溶液以及挥发度相近的物系。

如图6-10所示为分离乙醇-水混合液的恒沸精馏流程示意图。在原料液中加入适量的夹带剂苯，苯与原料液形成苯、乙醇及水三元非均相恒沸液（相应的恒沸点为64.85℃，恒沸摩尔组成为苯0.539，乙醇0.228，水0.233）。只要苯的加入量适当，原料液中的水可全部转入三元恒沸液中，从而使乙醇－水混合液得以分离。

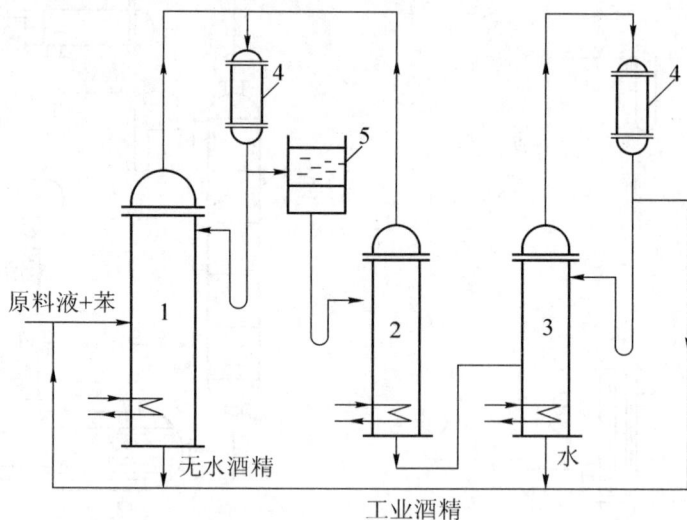

1—恒沸精馏塔；2—苯回收塔；3—乙醇回收塔；4—冷凝器；5—分离器。

图6-10　分离乙醇－水混合液的恒沸精馏流程示意图

由于常压下此恒沸液的恒沸点为64.85℃，故其由塔顶蒸出苯－乙醇－水三元恒沸物，塔底产品为近于纯态的乙醇。塔顶蒸气进入冷凝器4中冷凝后，部分液相回流到恒沸精馏塔1，其余的进入分离器5。塔顶蒸气在分离器内分为轻重两层液体，轻相富苯层返回恒沸精馏塔1作为补充回流。重相富水层送入苯回收塔2，以回收其中的苯。苯回收塔2顶部引出的蒸气也进入冷凝器4中，苯回收塔2底部的产品为稀乙醇，被送到乙醇回收塔3中。乙醇回收塔3中塔顶产品为乙醇－水的恒沸液，它被送回恒沸精馏塔1作为原料，塔底产品几乎为纯水。在操作中苯是循环使用的，但因有损耗，故隔一段时间后需补充一定量的苯。

2. 夹带剂的选择

在恒沸精馏中，夹带剂的选择是否适宜，对恒沸精馏过程的有效性和经济性起决定作用，通常从以下几方面考虑：

①夹带剂应能与被分离组分形成新的恒沸液，恒沸物的恒沸点最好比纯组分的沸点低，一般两者沸点差不小于10℃。

②新恒沸液所含夹带剂的量越少越好，以便降低夹带剂用量及汽化、回收时所需的能量。

③新恒沸液最好为非均相物系，便于使用分层法分离。

④夹带剂需无毒性、无腐蚀性，热稳定性好。

⑤夹带剂需来源容易，价格低廉。

6.5.2　萃取精馏

1. 萃取精馏原理

萃取精馏和恒沸精馏相似，也是向原料液中加入第三种组分（称为萃取剂或溶剂），以改变原有组分间的相对挥发度而达到分离要求的特殊精馏方法。但不同的是，萃取剂的沸点较原料中各组分的沸点要高，且不与组分形成恒沸液。萃取精馏常用于分离相对挥发度接近于1的物系（组分沸点十分接近）。例如，苯和环己烷的沸点（分别为80.1 ℃和80.73 ℃）十分接近，它们难以用普通精馏方法予以分离。若在苯－环己烷溶液中加入萃取剂糠醛（沸点为161.7 ℃），糠醛分子与苯分子之间较强的作用力使环己烷和苯之间的相对挥发度增大，且相对挥发度随萃取剂量的加大而增高。

如图6－11所示为分离苯－环己烷溶液的萃取精馏流程示意图。原料液进入萃取精馏塔1中，萃取剂（糠醛）由萃取精馏塔1顶部加入，以便在每层板上都与苯相结合。塔顶蒸出物为环己烷蒸气。为回收微量的糠醛蒸气，在萃取精馏塔1上部设置萃取剂回收段2（若萃取剂沸点很高，也可以不设回收段）。塔底釜液为苯－糠醛混合液，再将其送入苯回收塔3中，因苯与糠醛的沸点相差很大故两者容易分离。苯回收塔3中釜液为糠醛，可循环使用。

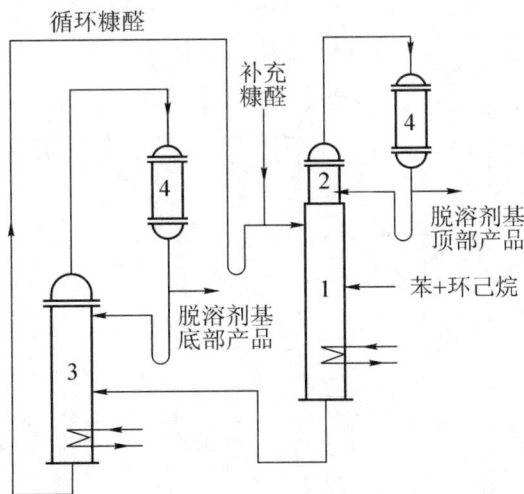

1—萃取精馏塔；2—萃取剂回收段；3—苯回收塔；4—冷凝器。

图6－11　分离苯－环己烷溶液的萃取精馏流程示意图

2. 萃取剂的选择

萃取精馏时，分离效果的好坏与萃取剂的选择有关，萃取剂的选择应主要考虑如下几方面：

①萃取剂应使原组分间相对挥发度发生显著变化。

②萃取剂的挥发性应低些，即其沸点应较原混合液中纯组分的沸点高，且不与原组分形成恒沸液。

③萃取剂需无毒性、无腐蚀性，热稳定性好。

④萃取剂需来源方便，价格低廉。

萃取精馏中萃取剂的加入量一般较多，以保证各层塔板上有足够浓度的添加剂，而且萃取精馏塔往往采用饱和蒸气加料，以使精馏段和提馏段的添加剂浓度基本相同。

6.6 双组分连续精馏的计算

精馏操作可在板式塔内进行，也可在填料塔内进行，本节主要对板式精馏塔的有关计算进行讨论。

6.6.1 全塔物料衡算

通过全塔的物料衡算，可以求出精馏产品的流量（塔顶产品、塔底产品）、组成和进料流量、组成的关系。

如图 6－12 所示为一连续精馏塔的物料衡算示意图。在图中虚线范围内做全塔物料衡算，并以单位时间为基准，有如下关系。

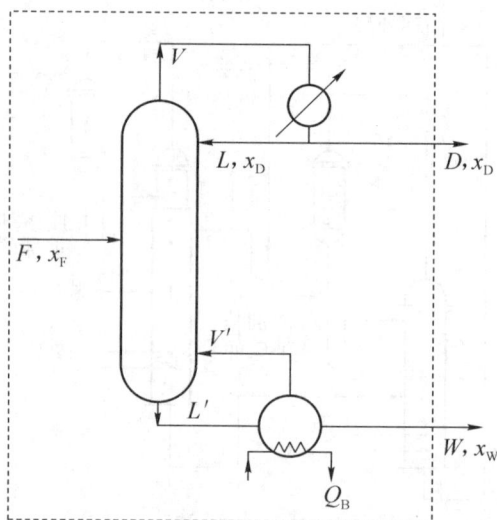

图 6－12 连续精馏塔的物料衡算示意图

对总物料衡算有：

$$F = D + W \tag{6－17}$$

对易挥发组分衡算有：

$$Fx_F = Dx_D + Wx_W \tag{6－18}$$

式中：F，D，W——原料液、塔顶馏出液、塔底釜残液的流量，kmol/h 或 kmol/s；

x_F，x_D，x_W——原料液中、馏出液中、塔底釜残液中的易挥发组分的摩尔分数。

在精馏计算中，除用两产品摩尔分数表示分离要求外，还可用采出率和回收率表示。

联立式(6-17)和式(6-18)，可解得馏出液的采出率为：

$$\frac{D}{F} = \frac{x_F - x_W}{x_D - x_W} \times 100\% \qquad (6-19)$$

塔顶易挥发组分的回收率为：

$$\eta_D = \frac{Dx_D}{Fx_F} \times 100\% \qquad (6-20)$$

【例6-1】 每小时将15 000 kg，含苯40%和含甲苯60%的溶液，在连续精馏塔中进行分离，要求将混合液分离为含苯97%的馏出液和含苯不高于2%（以上均为质量百分数）的釜残液。操作压力为101.3 kPa。试求馏出液及釜残液的流量及组成，以 kmol/h 及摩尔分数表示。

解：将质量百分数换算成摩尔分数：

$$x_F = \frac{\dfrac{0.4}{78}}{\dfrac{0.4}{78} + \dfrac{0.6}{92}} = 0.44$$

$$x_W = \frac{\dfrac{0.02}{78}}{\dfrac{0.02}{78} + \dfrac{0.98}{92}} = 0.0235$$

$$x_D = \frac{\dfrac{0.97}{78}}{\dfrac{0.97}{78} + \dfrac{0.03}{92}} = 0.974$$

原料液平均摩尔质量： $\quad M_{mF} = 0.44 \times 78 + 0.56 \times 92 = 85.8 (\text{kmol/h})$

原料液的摩尔流量： $\quad F = \dfrac{15\ 000}{85.8} = 175 (\text{kmol/h})$

由全塔物料衡算式：

$$F = D + W$$

$$Fx_F = Dx_D + Wx_W$$

代入数据：

$$175 = D + W$$

$$175 \times 0.44 = 0.974D + 0.0235W$$

解出： $\quad D = 76.7 (\text{kmol/h})，W = 98.3 (\text{kmol/h})$

6.6.2 理论板的概念及恒摩尔流假定

1. 理论板的概念

所谓理论板是指离开该板的气液两相互成平衡，塔板上各处的液相组成均匀、一致的理想化塔板。实际上，由于塔板上气液间的接触面积和接触时间是有限的，因此在任何形式的塔板上，气液两相难以达到平衡状态，也就是说理论板是不存在的。理论板仅作为一种假定，用来衡量实际塔板分离效率的依据和标准。通常，在计算时，先求得理论板层数后，再用塔板效率予以校正，即可求得实际塔板层数。总之，对于理论板，可用泡点方程和相平衡方程描述塔板上的传递过程，对精馏过程的分析和计算是非常有用的。

2. 恒摩尔流假定

精馏操作时，在精馏段和提馏段内，每层塔板上升的气相摩尔流量和下降的液相摩尔流量一般并不相等，为了简化精馏计算，通常引入恒摩尔流动的假定。

（1）恒摩尔气流

恒摩尔气流是指在精馏塔内，从精馏段或提馏段的每层塔板上升的气相摩尔流量都相等，但两段上升的蒸气摩尔流量不一定相等。即对于精馏段有：

$$V_1 = V_2 = V_3 = \cdots = V = 常数$$

对于提馏段有：

$$V_1' = V_2' = V_3' = \cdots = V' = 常数$$

式中下标表示塔板序号。

（2）恒摩尔液流

恒摩尔液流是指在精馏塔内，从精馏段或提馏段的每层塔板下降的液体摩尔流量都相等，但两段下降的液体摩尔流量不一定相等。即对于精馏段有：

$$L_1 = L_2 = L_3 = \cdots = L = 常数$$

对于提馏段有：

$$L_1' = L_2' = L_3' = \cdots = L' = 常数$$

式中下标表示塔板序号。

上述内容即恒摩尔流假定。在精馏塔的每层塔板上，若有 n kmol 的蒸气冷凝，相应有 n kmol 的液体汽化，这样恒摩尔流假定才能成立。为此必须满足以下条件：

①混合物中各组分的摩尔汽化热相等。

②各板上液体显热的差异可忽略。

③塔设备保温良好，热损失可以忽略。

由此，对基本符合以上条件的某些系统，在塔内可视为恒摩尔流动。后面介绍的精馏计算均是以恒摩尔流动为前提的。

6.6.3 操作线方程

操作线方程表示精馏塔中任意两个相邻塔板之间的气液两相组成的操作关系，即任意塔板下降的液相组成与其下一层塔板上升的蒸气组成之间的关系。操作线方程可通过塔板间的物料衡算求得。在连续精馏塔中，原料液不断从塔的中部加入，致使精馏段和提馏段具有不同的操作关系，下面分别进行讨论。

1. 精馏段操作线方程

如图 6 – 13 所示为精馏段物料衡算示意图，在图中虚线范围(包括精馏段的第 $n+1$ 层塔板以上塔段及冷凝器)内做物料衡算，以单位时间为基准，总物料衡算为：

$$V = L + D \tag{6-21}$$

易挥发组分衡算为：

$$Vy_{n+1} = Lx_n + Dx_D \tag{6-22}$$

式中：x_n——精馏段中第 n 层塔板的下降液相中易挥发组分的摩尔分数；

y_{n+1}——精馏段第 $n+1$ 层塔板的上升蒸气中易挥发组分的摩尔分数。

将式(6 – 21)代入式(6 – 22)，整理得：

$$y_{n+1} = \frac{R}{R+1}x_n + \frac{1}{R+1}x_D \tag{6-23}$$

式中：R——精馏段下降液体的摩尔流量与馏出液摩尔流量之比，称为回流比。

R 的表达式为 $R = L/D$。它是精馏操作的重要参数之一。根据恒摩尔流假定，L 为定值，且在稳态操作时，D 及 x_D 也为定值，故 R 也是常量，其值一般由设计者选定。R 值的确定将在后面讨论。

式(6 – 22)和式(6 – 23)均称为精馏段操作线方程。该方程表示在一定操作条件下，精馏段内自任意第 n 层塔板的下降液体的组成与相邻下一层($n+1$)塔板的上升蒸气的组成 y_{n+1} 之间的关系。精馏段操作线方程的斜率为 $R/(R+1)$，截距为 $x_D/(R+1)$，在 $x-y$ 相图中为一条直线，如图 6 – 14 所示。该线可由两点法作出，b 点由截距 $x_D/(R+1)$ 确定，精馏段操作线方程中变量的下标与对角线方程 $y=x$ 联立可得 $x=x_D$，$y=x_D$(图中 a 点)。连接 a，b 两点的直线，即精馏段操作线。

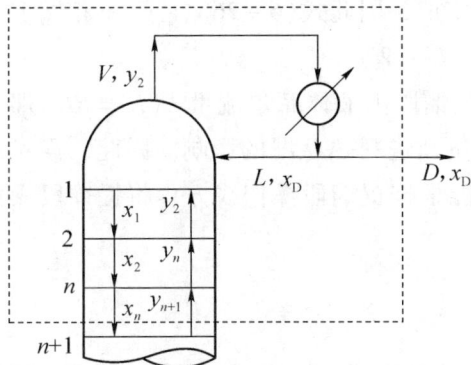

图 6 – 13　精馏段物料衡算示意图

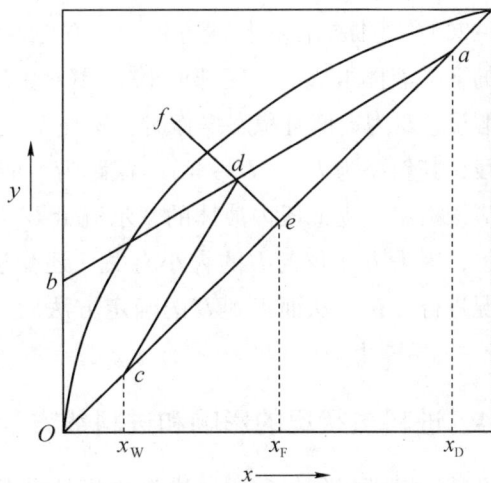

图 6 – 14　操作线与 q 线

2. 提馏段操作线方程

如图 6 - 15 所示为提馏段物料衡算示意图，在图中虚线范围(包括提馏段第 m 层塔板以下塔段及再沸器)内做物料衡算，以单位时间为基准，对总物料衡算有：

$$L' = V' + W \qquad (6-24)$$

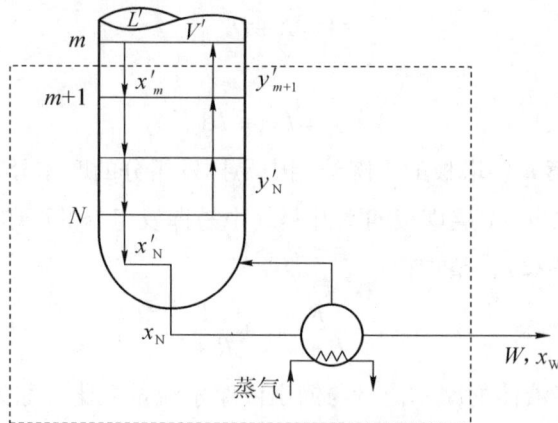

图 6 - 15　提馏段物料衡算示意图

对易挥发组分衡算有：

$$L'x'_m = V'y'_{m+1} + Wx_W \qquad (6-25)$$

式中：x'_m——提馏段第 m 层塔板的下降液相中易挥发组分的摩尔分数；

y'_{m+1}——提馏段第 $m+1$ 层塔板的上升蒸气中易挥发组分的摩尔分数。

将式(6-24)代入式(6-25)，经整理得：

$$y'_{m+1} = \frac{L'}{L'-W} x'_m - \frac{W}{L'-W} x_W \qquad (6-26)$$

式(6-26)称为提馏段操作线方程。该方程表示在一定操作条件下，提馏段内自任意第 m 层塔板的下降液体组成，与相邻的下一层($m+1$)塔板的上升蒸气组成之间的关系。根据恒摩尔流假设，L' 为定值且稳态操作时，W 与 x_W 也为定值，因此式(6-26)在 $x-y$ 相图上为一条直线，其斜率为 $L'/(L'-W)$，截距为 $-Wx_W/(L'-W)$。

应该指出，提馏段内液体的摩尔流量 L' 不如精馏段内液体摩尔流量 $L(L=RD)$ 那么容易求得，因为 L' 不仅与 L 的大小有关，还受进料量及进料热状况的影响。因此，需对进料热状况进行分析，从而得到 L' 的确定方法后，才能根据提馏段操作线方程将提馏段操作线绘于 $x-y$ 相图上。

6.6.4　进料热状况的影响和进料线方程

在精馏塔的操作过程中，进料热状况的不同，直接影响了精馏段和提馏段两段液体的流量 L 与 L' 间的关系，以及上升蒸气 V 与 V' 之间的关系。

1. 进料热状况的影响

（1）精馏塔的进料热状况

在实际生产中，根据工艺条件和操作要求，精馏塔可以以不同的热状况进料。其进料状况可有以下几种：

①冷液进料。

②饱和液体（泡点）进料。

③气液混合物进料。

④饱和蒸气（露点）进料。

⑤过热蒸气进料。

（2）进料热状况参数

要得出不同的进料热状况下，精馏塔中精馏段和提馏段两段气、液摩尔流量之间通用的定量关系，需先引入进料热状况参数。

如图6-16所示为进料板上的物料衡算和热量衡算示意图，在图中的虚线范围内，分别做进料板的物料衡算和热量衡算，以单位时间为基准，物料衡算为：

$$F + V' + L = V + L' \tag{6-27}$$

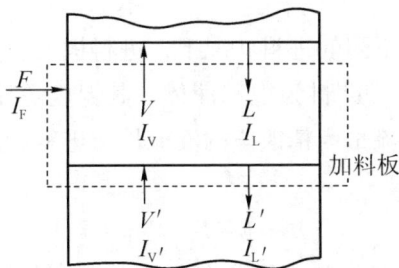

图6-16 进料板上的物料衡算和热量衡算示意图

热量衡算为：

$$FI_F + V'I_{V'} + LI_L = VI_V + L'I_{L'} \tag{6-28}$$

式中：I_F——原料液的焓，kJ/kmol；

I_V，$I_{V'}$——进料板上、下处饱和蒸气的焓，kJ/kmol；

I_L，$I_{L'}$——进料板上、下处饱和液体的焓，kJ/kmol。

由于塔中液体和蒸气都呈饱和状态，且进料板上、下处的温度及气液相浓度都比较相近，故：

$$I_V \approx I_{V'}, \quad I_L \approx I_{L'}$$

将上述关系代入式（6-27）与式（6-28）整理得：

$$\frac{I_V - I_F}{I_V - I_L} = \frac{L' - L}{F} \tag{6-29}$$

令：

$$q = \frac{I_V - I_F}{I_V - I_L} = \frac{1 \text{ kmol 原料变为饱和蒸气所需热量}}{\text{原料液的千摩尔汽化热}} \qquad (6-30)$$

式中：q——进料的热状况参数。

q 值的意义为进料为 1 kmol/h 时，提馏段中的液体流量较精馏段的液体流量增大的摩尔流量值。对于泡点、露点、混合物进料，q 值相当于进料中饱和液相所占的百分比。

由式(6-29)和式(6-30)可得：

$$L' = L + qF \qquad (6-31)$$

将式(6-31)代入式(6-27)可得：

$$V = V' + (1-q)F \qquad (6-32)$$

式(6-31)和式(6-32)即表示在精馏塔内，精馏段和提馏段两段的气、液相流量、进料量及进料热状况参数之间的基本关系。

（3）进料热状况对加料板上、下各股流量的影响

进料热状况不同，q 值就不同，因此直接影响精馏塔内精馏段和提馏段两段的上升蒸气量和下降液体量之间的关系，如图 6-17 所示，它定性地表示了不同的进料热状况对进料板上、下各股流量的影响。

根据 q 值的大小，在五种不同的进料状况下，进料板上、下两段气液流量的关系如下：

①饱和液体进料($q=1$)。若进料为饱和液体，其温度等于泡点，该原料加入后全部进入提馏段。因此，提馏段的液流量为精馏段的液流量与进料量之和，而精馏段的气流量等于提馏段的气流量，即：

$$L' = L + F, \quad V' = V$$

②饱和蒸气进料($q=0$)。若进料为饱和蒸气，其温度等于露点，该原料加入后全部进入精馏段。因而，精馏段的气流量为提馏段的气流量与进料量之和，提馏段的液流量等于精馏段的液流量，即：

$$V = V' + F, \quad L' = L$$

③气液混合物进料($0<q<1$)。若进料为气液混合物，其温度介于泡点和露点之间，该原料加入后，使得液相部分进入提馏段，气相部分进入精馏段。因此，提馏段的液流量大于精馏段的液流量，但小于精馏段液流量与进料量之和，而精馏段的气流量大于提馏段的气流量，即：

$$L < L' < L + F, \quad V' < V$$

④过热蒸气进料($q<0$)。若进料为过热蒸气，其温度高于露点，该原料加入后，使得进料板上部分液体汽化。因此，提馏段的液流量小于精馏段的液流量，而精馏段的气流量除包括提馏段的气流量与进料量之和外，还包括部分液体汽化所形成的蒸气量，即：

$$V > V' + F, \quad L' < L$$

⑤冷液进料($q>1$)。若进料为冷液体，其温度低于泡点，该原料加入后，使得进料板

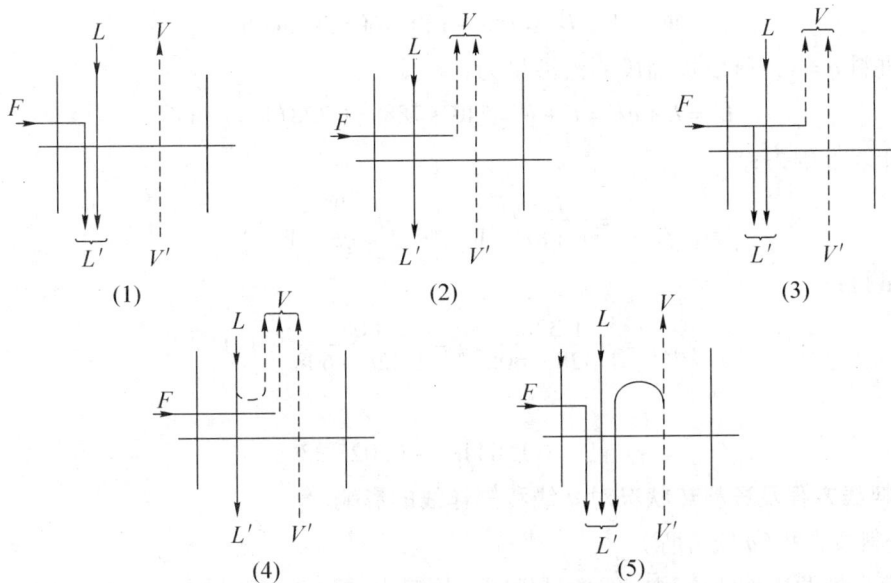

图 6 - 17   进料热状况对进料板上、下各股流量的影响

(1)饱和液体进料;(2)饱和蒸气进料;(3)气液混合物进料;(4)过热蒸气进料;(5)冷液进料

上部分蒸气冷凝。因此,提馏段的液流量除包括精馏段的液流量和进料量外,还包括部分蒸气冷凝所形成的液量,而精馏段的气流量小于提馏段的气流量,即:

$$L' > L + F, \quad V' > V$$

由以上分析可知,要计算提馏段内的下降流体流量 L',关键在于求出不同进料热状况参数 q,从而将 $L' = L + qF$ 代入式(6-30)中,得出提馏段操作线方程的另一表达式。

【例 6-2】   在某两组分的连续精馏塔中,已知原料液流量为788 kmol/h,进料热状况为饱和液体(泡点)进料。馏出液组成为 0.95(易挥发组分摩尔分数,下同),釜残液组成为0.03,回流比 R 为3,塔顶回流液量为540 kmol/h。求:(1)精馏段操作线方程;(2)提馏段操作线方程及提馏段回流液量 L'。

解:(1)精馏段操作线方程。

将已知量 $R = 3$,$x_D = 0.95$ 代入精馏段操作线方程可得:

$$y_{n+1} = \frac{R}{R+1}x_n + \frac{x_D}{R+1} = \frac{3}{3+1}x_n + \frac{0.95}{3+1}$$

即:

$$y_{n+1} = 0.75x_n + 0.238$$

(2)提馏段操作线方程及提馏段回流液量。

已知 $R = 3$,$L = 540$ kmol/h,可得:

$$D = \frac{L}{R} = \frac{540}{3} = 180(\text{kmol/h})$$

由全塔物料衡算方程 $F = D + W$ 可得:

$$W = F - D = 788 - 180 = 608(\text{kmol/h})$$

因为泡点进料 $q = 1$，所以提馏段回流液量为：

$$L' = L + qF = L + F = 540 + 788 = 1\,328(\text{kmol/h})$$

提馏段操作线方程为：

$$y'_{m+1} = \frac{L + qF}{L + qF - W}x'_m - \frac{W}{L + qF - W}x_W$$

代入已知量得：

$$y'_{m+1} = \frac{1\,328}{1\,328 - 608}x'_m - \frac{608}{1\,328 - 608} \times 0.03$$

即：

$$y'_{m+1} = 1.844x'_m - 0.025\,33$$

2. 进料线方程及进料热状况对 q 线和操作线的影响

（1）进料线方程（q 线方程）

因在交点处两操作线方程中的变量相同，故略去方程式中变量上、下标，即：

$$y = \frac{L}{L + D}x + \frac{Dx_D}{L + D}$$

$$y = \frac{L + qF}{L + qF - W}x - \frac{Wx_W}{L + qF - W}$$

将上两式联立，再将全塔的物料衡算式及全塔易挥发组分的衡算式代入，整理后得：

$$y = \frac{q}{q - 1}x - \frac{x_F}{q - 1} \tag{6-33}$$

式（6-33）称为进料线方程或 q 线方程。该方程为两操作线交点的轨迹方程。该式亦为直线方程，其斜率为 $q/(q-1)$，截距为 $-x_F/(q-1)$，在 $x-y$ 相图上为一条直线并必与两操作线相交于同一点。

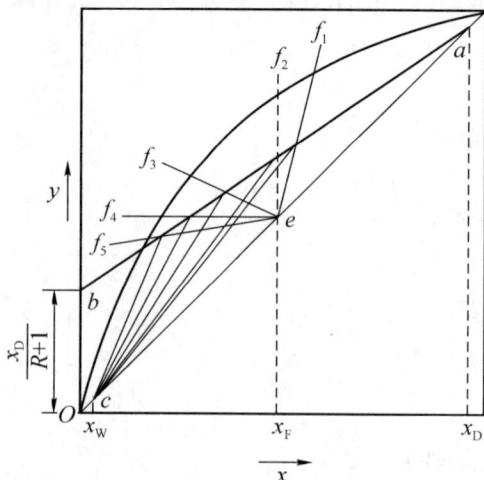

图 6-18 进料热状况对操作线的影响

q 线的做法是由 q 线方程与对角线方程联立，求得交点 $e(x = x_F, y = x_F)$，过点 e 作斜率为 $q/(q-1)$ 的直线 ef，即 q 线（进料线）。q 线与精馏段操作线 ab 相交于点 d，连接 c、d 两点即得到提馏段操作线，如图 6-14 所示。

（2）进料热状况对 q 线和操作线的影响

进料热状况不同，q 值便不同，q 线的位置亦不同，故 q 线和精馏段操作线的交点也随之而变，从而提馏段操作线的位置也相应变动。

当进料组成、回流比和分离要求一定时，上述五种不同的进料状况对 q 线及操作线的影响如图 6-18 所示。不同进料热状况对 q 线的影响情况列于表 6-2 中。

表 6-2 进料热状况对 q 线的影响

进料热状况	进料的焓 I_F	q 值	q 线的斜率 $\dfrac{q}{q-1}$	q 线在 x-y 相图上的位置
冷液体	$I_F < I_L$	>1	+	$ef_1(\nearrow)$
饱和液体	$I_F = I_L$	1	∞	$ef_2(\uparrow)$
气液混合物	$I_L < I_F < I_V$	0<q<1	−	$ef_3(\nwarrow)$
饱和蒸气	$I_F = I_V$	0	0	$ef_4(\leftarrow)$
过热蒸气	$I_F > I_V$	<0	+	$ef_5(\swarrow)$

6.6.5 理论板数的求法

理论板数的确定是精馏计算的主要内容之一，它是确定精馏塔有效高度的关键。对两组分的连续精馏塔，理论板数的求算通常采用逐板计算法和图解法。在求算时，不仅需已知 x_F、R、进料热状况及分离要求，还需根据气液平衡关系方程（或气液平衡线）和操作线方程（或操作线）求解。

1. 逐板计算法

对于理论塔板，离开塔板的气液相组成满足气液平衡关系方程；而相邻两块塔板间相遇的气液相组成之间属操作关系，满足操作线方程。这样，交替地使用气液平衡关系方程和操作线方程逐板计算每一块塔板上的气液相组成，所用气液平衡关系方程的次数就是理论塔板数。

如图 6-19 所示为一连续精馏塔，从塔顶最上一层塔板（序号为 1）的上升蒸气经全凝器全部冷凝成饱和温度下的液体，因此馏出液和回流液的组成均为 y_1，即：

$$y_1 = x_D$$

根据理论板的概念，由于离开每层理论板时，气液组成互成平衡，因此自第一层板的下降液相组成 x_1 与 y_1 互成平衡，由气液平衡关系方程得：

$$x_1 = \frac{y_1}{y_1 + \alpha(1 - y_1)}$$

由于第二层塔板的上升蒸气组成 y_2 与 x_1 符合精馏段操作线关系，故可用精馏段操作线方程由 x_1 求得 y_2，即：

$$y_2 = \frac{R}{R+1}x_1 + \frac{x_D}{R+1}$$

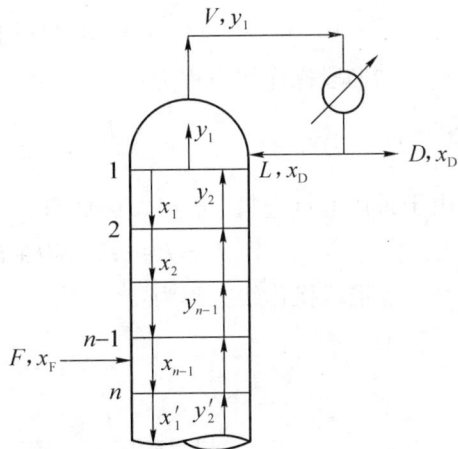

图 6-19 逐板计算法示意图

同理，如此交替地利用气液平衡关系方程及精馏段操作线方程逐板进行计算，直至求得 $x_n \leq x_F$（仅指饱和液体进料情况）时，则第 n 层理论板便为进料板（属于提馏段）。此后，可改用提馏段操作线和气液平衡关系方程，求提馏段理论板数，直至算得 $x_m \leq x_W$ 为止。在计算过程中使用气液平衡关系方程的次数即求得的理论板数（包括再沸器在内）。

在使用逐板计算法时，应注意如下两个问题：

①精馏段所需理论板数为 $n-1$，提馏段所需的理论板数为 $m-1$（不包括再沸器），精馏塔所需的理论板数为 $n+m-2$（不包括再沸器）。

②当为其他进料热状况时，应计算到 $x_n \leq x_q$（x_q 为两操作线交点下的液相组成）。

【例 6-3】　在常压下将含苯 25% 的苯和甲苯混合液连续精馏。已知原料液流量为 100 kmol/h，要求馏出液中含苯 98%，釜残液中含苯不超过 8.5%（以上组成皆为摩尔百分数）。选用回流比为 5，进料热状况为饱和液体（泡点）进料，塔顶为全凝器，泡点回流。试用逐板计算法确定所需的理论板数。已知常压下苯和甲苯混合液的平均相对挥发度为 2.47。

解：苯-甲苯气液平衡关系方程为：

$$y = \frac{2.47x}{1+(2.47-1)x}$$

通过物料衡算，可求出塔顶、塔底产品流量为：

$$F = D + W = 100$$

$$Fx_F = Dx_D + Wx_W$$

$$100 \times 0.25 = 0.98D + 0.085(100-D)$$

得出：

$$D \approx 18.44(\text{kJ/kmol}), \quad W \approx 81.56(\text{kJ/kmol})$$

精馏段操作线方程为：

$$y = \frac{R}{R+1}x + \frac{x_D}{R+1} = \frac{5}{5+1}x + \frac{0.98}{5+1} = 0.83x + 0.16$$

由于采用泡点进料，$q=1$，因此有：

$$L' = L + qF = RD + F = 5 \times 18.44 + 100 = 192.2(\text{kmol/h})$$

提馏段操作线方程为：

$$y = \frac{L+qF}{L+qF-W}x - \frac{Wx_W}{L+qF-W}$$

$$y = \frac{192.2}{192.2-81.56}x - \frac{81.56 \times 0.085}{192.2-81.56} = 1.75x - 0.063$$

由平衡线方程、两操作线方程可逐板计算理论板数。因采用全凝器，泡点回流，则 $y_1 = x_D = 0.98$，由气液平衡关系方程解得 x_1 为：

$$x_1 = \frac{y_1}{\alpha - (\alpha-1)y_1} = \frac{0.98}{2.47 - (2.47-1) \times 0.98} \approx 0.95$$

由精馏段操作线方程解得 y_2 为：

$$y_2 = 0.83x_1 + 0.16 = 0.83 \times 0.95 + 0.16 \approx 0.95$$

重复上述方法逐板计算，当求到 $x_n \leq 0.25$ 时，该板为进料板。然后改用提馏段操作线方程和气液平衡关系方程进行计算，直至求到 $x_m \leq 0.085$ 为止。计算结果如表 6-3 所示。

表 6-3　例 6-3 表

序号	1	2	3	4	5	6	7	8	9	10
y	0.980	0.956 7	0.912 8	0.837 6	0.726 8	0.595 5	0.474 5	0.386 4	0.290 3	0.184 20
x	0.952	0.889 4	0.809 1	0.676 2	0.518 6	0.373 4	0.267 7	0.203 2	0.142 1	0.083 76

故总理论板数为 10（包括再沸器），其中精馏段为 7 层，第 8 层为进料板。

2. 图解法

图解法是以逐板计算法的基本原理为基础，在 $x-y$ 相图上，用平衡曲线和操作线代替气液平衡关系方程和操作线方程，用简便的图解法求解理论板层数的方法，虽然图解法的准确性差，但此方法在两组分的精馏计算中仍得到广泛应用。

如图 6-20 所示，用直角梯级图解法求理论板数的方法步骤如下：

①在坐标纸上绘出要求处理的两组分混合液的 $x-y$ 相图，并作出对角线。

②作精馏段操作线。从 $x = x_D$ 处引垂直线与对角线交于 a 点，再由精馏段操作线的截距 $x_D/(R+1)$，在 y 轴上定出 b 点，连接 ab 得到精馏段操作线。

③作进料线。从 $x = x_F$ 处引垂直线与对角线交于 e 点，根据进料状况计算进料线斜率 $q/(q-1)$，从 e 点作 q 线与精馏段操作线 ab 交于 d 点。

④作提馏段操作线。从 $x = x_W$ 处引垂直线与对角线交于 c 点，连接 cd 便得提馏段操作线。

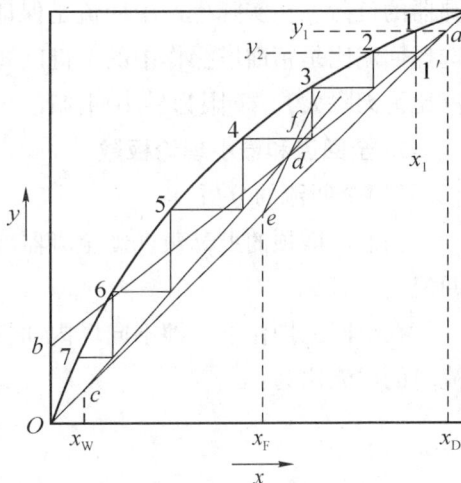

图 6-20　图解法求理论板数示意图

⑤绘直角梯级。如图 6-20 所示为图解法求理论板数示意图，自对角线上的 a 点开始，在精馏段操作线与平衡线之间作直角梯级，即从 a 点作水平线与平衡线交于点 1，该点即代表离开第一层理论板的气液相平衡组成 (x_1, y_1)，故由点 1 可确定 x_1。由点 1 作垂直线与精馏段操作线的交点 $1'$ 可确定 y_2，再由点 $1'$ 作水平线与平衡线交于点 2，由此点定出 x_2，如此重复在平衡线与精馏段操作线之间作梯级。当梯级跨过两操作线的交点 d 时，改在平衡线与提馏段操作线之间绘梯级，直至梯级的垂线达到或跨过点 $C(x_W, y_W)$ 为止。平衡线上每个梯级的顶点即代表一层理论板。跨过点 d 的梯级为进料板，最后一个梯级为再沸器。总理论板层数为梯级数减 1。图 6-20 中的图解结果为，所需理论板层数为 7，其中精馏段理论板数为 3，提馏段理论板数为 4（因再沸器相当于一层理论板），第 4 层为进料板。

3. 适宜的进料位置

如前所述，当用图解法求理论板时，进料位置应由精馏段操作线与提馏段操作线的交点确定，即适宜的进料位置应在跨过两操作线交点的梯级上，这是因为对一定的分离任务而言，如此作图所需理论板数最少。当进料组成一定时，进料位置随进料热状况而异。适宜的进料位置一般应在塔内液相或气相组成相同或相近的塔板上，这样可达到较好的分离效果，且在一定的分离要求下所需的理论板数较少。

对于已有的精馏装置，在适宜进料位置进料，可获得最佳分离效果。在实际操作中，如果进料位置不当，将会使馏出液和釜残液不能同时达到预期的组成。进料位置过高，馏出液的组成偏低（难挥发组分含量偏高）；反之，进料位置偏低，釜残液中易挥发组分含量增高，从而使馏出液中易挥发组分的收率降低。

6.6.6 回流比的影响及其选择

回流比是精馏过程的一个重要参数，它的大小直接影响着理论板数、塔径及冷凝器和再沸器的负荷。在实际生产中回流是保证精馏塔连续稳定操作的重要条件之一。因此，正确地选择回流比是精馏塔操作中的关键问题。回流比有两个极限值，其上限为全回流时的值（回流比为无限大），下限为最小回流比，操作时，回流比介于两个极限值之间。

1. 全回流和最小理论板数

（1）全回流的分析

精馏塔塔顶的上升蒸气经全凝器冷凝后，冷凝液全部回流到塔内，此种回流方式称为全回流。

在全回流操作下，即不向塔内加料，也不从塔内取走产品，即 F，D，W 皆为零。全回流时的回流比为：

$$R = \frac{L}{D} = \frac{L}{0} = \infty$$

在全回流操作下，精馏段操作线的斜率为 $R/(R+1)=1$，在 y 轴上的截距为 $x_D/(R+1)=0$。全回流时操作线方程为 $y_{n+1}=x_n$。

此时，在 $x-y$ 相图上，精馏段操作线及提馏段操作线与对角线重合，全塔无精馏段和提馏段之分，如图 6-21 所示，显然操作线和平衡线之间的距离最远，说明塔内气、液两相间的传质推动力最大，对完成同样的分离任务，所需的理论板数最少。

（2）最小理论板数

全回流时的理论板数除了可用如前介绍的逐板计算法和图解法计算外，还可用芬斯克方程计算，即：

$$N_{\min} = \frac{\lg\left[\left(\dfrac{x_D}{1-x_D}\right)\left(\dfrac{1-x_W}{x_W}\right)\right]}{\lg\alpha_m} - 1 \tag{6-34}$$

式中：N_{min}——全回流时的最小理论板数（不含再沸器）；

α_m——全塔平均相对挥发度，当 α 变化不大时，可取塔顶的 α_D 和塔底的 α_W 的几何平均值。

如前所述，全回流时因无生产能力，对正常生产无实际意义，只是用于精馏塔的开工阶段或实验研究中。但在精馏操作不正常时，会临时改为全回流操作，便于过程的调节和控制。

2. 最小回流比

（1）最小回流比的概念

对于一定的分离任务，若逐渐减小回流比，精馏段操作线的截距将随之不断增大，两操作线的位置向平衡线靠近，如图 6-22 所示。当回流比减小到某一数值后，两操作线的交点 d 落在平衡曲线上，此时，相应的回流比称为最小回流比，以 R_{min} 表示。

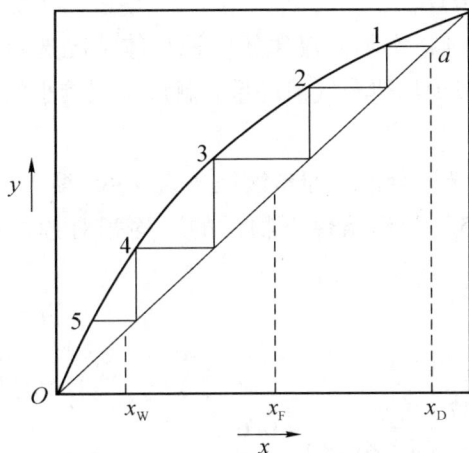

图 6-21　全回流最少理论板数的图解　　图 6-22　最小回流比的确定

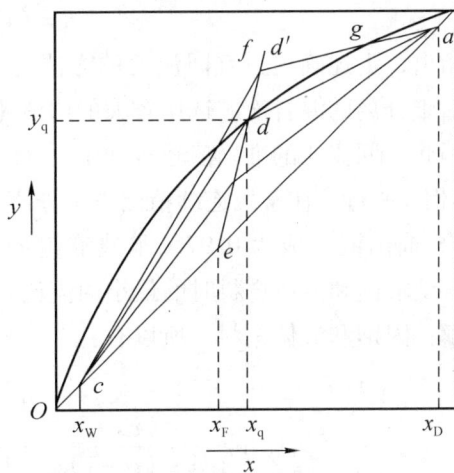

在最小回流比下，不论在平衡线和操作线之间绘多少梯级都不能跨过点 d，此时所需理论板数为无穷多。两操作线和平衡线的交点 d 称为夹点，而在点 d 前、后各板之间（通常在进料板附近）的区域，气、液两相的组成基本没有变化，即无增浓作用，故此区域称为恒浓区（又称夹紧区）。

最小回流比是回流的下限。当回流比较 R_{min} 还要低时，操作线和进料线的交点 d' 就落在平衡线之外，精馏操作无法达到指定的分离要求。这里还应指出，实际操作时，回流比应大于最小回流比，否则不论用多少理论板也无法达到规定的分离要求。当然在精馏操作中，因塔板数已固定，不同回流比将达到不同的分离程度，因此 R_{min} 也就无实际意义了。

（2）最小回流比的求法

如图 6-22 所示的平衡曲线，夹点 d' 出现在操作线与平衡线的交点外，此时精馏段操作线的斜率为：

$$\frac{R_{min}}{R_{min}+1}=\frac{x_D-y_q}{x_D-x_q} \tag{6-35}$$

整理上式，可得最小回流比为：

$$R_{min} = \frac{x_D - y_q}{y_q - x_q} \qquad (6-36)$$

式中：x_q，y_q——q 线与平衡线的交点坐标，可在图中读得，也可由 q 线方程与平衡线方程联立确定。

3. 适宜回流比的选择

由以上讨论可知，全回流和最小回流都不为实际生产所采用，实际回流比应在全回流时的回流比和最小回流比之间。精馏过程适宜的回流比是指操作费用和设备费用之和最低时的回流比，选择适宜的回流比应通过经济核算来确定。

在精馏过程中，常采用经验数值确定回流比。根据实践的总结，适宜的回流比范围为：

$$R = (1.1 \sim 2.0)R_{min} \qquad (6-37)$$

应当指出，上述确定适宜回流比的方法为一般原则，实际回流比还应视具体情况选定。例如，对难分离的混合液应选用较大的回流比；为减少加热蒸气消耗量，就应采用较小的回流比。因此，回流比的准确值较难确定。

【例6-4】 在常压连续精馏塔中分离苯-甲苯混合液。原料液组成为 0.46（摩尔分数，下同），馏出液组成为 0.97，釜残液组成为 0.05。操作条件下物系的平均相对挥发度为 2.47。试求饱和液体进料时的最小回流比。

解： 因饱和液体进料，所以有：

$$x_q = x_F = 0.46$$

$$y_q = \frac{\alpha x_q}{1+(\alpha-1)x_q} = \frac{2.47 \times 0.46}{1+(2.47-1)\times 0.46} \approx 0.68$$

故：

$$R_{min} = \frac{x_D - y_q}{y_q - x_q} = \frac{0.97-0.68}{0.68-0.46} = 1.32$$

6.7 塔高和塔径的计算

6.7.1 塔高的计算

精馏塔有板式精馏塔和填料精馏塔两类。对于板式精馏塔，首先要根据全塔效率将理论板数折算为实际板数，然后由实际板数和板间距计算精馏塔塔高。由上述方法计算得到的塔高，是精馏塔的有效高度，不包括精馏塔塔釜和塔顶等空间所需要的其他高度。

1. 板式精馏塔有效高度的计算

板式精馏塔的有效高度是指气、液接触段的高度。它由实际塔板数和板间距计算得到，即：

$$Z = (N_P - 1)H_T \qquad (6-38)$$

式中：Z——板式精馏塔的有效高度，m；

      H_T——两相邻塔板间的距离，板间距 H_T 为经验值，计算时可选定（选定方法可参考有关书籍）；

      N_P——实际塔板数。

2. 板效率

前已述及，当气、液两相在实际板上接触传质时，一般难以达到平衡状态，故实际塔板数多于理论板数。实际板偏离理论板的程度用板效率表示。板效率可用不同的方法表示，即总板效率（全塔效率）、单板效率和点效率等。以下只介绍前两种板效率。

（1）全塔效率

对一定结构的板式精馏塔，若已知在某种操作条件下的全塔效率，可根据理论板数求得实际板数。

全塔效率又称总板效率，它是指一定分离任务下所需理论板数与实际板数的比值，用 E 表示，即：

$$E = \frac{N_T}{N_P} \times 100\% \qquad (6-39)$$

式中：E——全塔效率；

      N_T——理论板数。

全塔效率反映塔中各层塔板的平均效率，因此它是理论板数的一个校正系数，其值恒小于 1。影响全塔效率的因素很多，因此，很难找到各影响因素之间的定量关系。计算时所用的全塔效率数据，一般是从条件相近的生产装置或实验装置中取得的经验数据，也可通过经验关联式计算，详细内容可参考有关书籍。

（2）单板效率

单板效率又称默弗里效率，它是以混合物经过实际板前后的组成变化与经过理论板前后的组成变化之比来表示的。单板效率即可用气相组成表示，也可用液相组成表示，分别称为气相单板效率和液相单板效率。对任意的第 n 层塔板，其气相单板效率表达式为：

$$E_{MV} = \frac{y_n - y_{n+1}}{y_n^* - y_{n+1}} \qquad (6-40)$$

液相单板效率表达式为：

$$E_{ML} = \frac{x_{n-1} - x_n}{x_{n-1} - x_n^*} \qquad (6-41)$$

式中：E_{MV}——气相单板效率（气相默弗里板效率）；

      E_{ML}——液相单板效率（液相默弗里板效率）；

      y_n^*——与 x_n 成平衡的气相组成，摩尔分数；

      x_n^*——与 y_n 成平衡的液相组成，摩尔分数。

应当指出，单板效率可直接反映该层塔板的传质效果，但各层塔板的单板效率通常不相等，即便塔内各板效率相等，全塔效率在数值上也不等于单板效率。这是因为两者定义的基准不同，全塔效率基于所需理论板数的概念，而单板效率基于该板理论增浓程度的概念。

6.7.2　塔径的计算

精馏塔的直径可由塔内上升的蒸气体积流量及空塔速度求得，即：

$$D = \sqrt{\frac{4V_s}{\pi u}} \tag{6-42}$$

式中：D——精馏塔内径，m；

u——空塔速度，m/s；

V_s——塔内上升蒸气的体积流量，m^3/s。

空塔速度是影响精馏操作的重要因素，适宜的空塔速度通常可取液泛速度的 60% ~ 80%，液泛速度的确定方法可参考有关书籍。

如前所知，由于精馏塔内两段上升的蒸气体积流量 V_s 可能不同，则两段 V_s 及直径应分别计算。

精馏塔上升的气体体积流量可按下式计算，即：

$$V_s = \frac{VM_m}{3\,600\rho_v} \tag{6-43}$$

式中：V——塔内上升蒸气的摩尔流量，kmol/h；

ρ_v——塔内上升蒸气的平均密度，kg/m^3；

M_m——塔内上升蒸气的平均摩尔质量，kg/kmol。

若操作压力较低，气相可视为理想气体混合物，则：

$$V_s = \frac{22.4VTP_0}{3\,600\,T_0P} \tag{6-44}$$

式中：T，T_0——精馏操作的平均温度和标准状况下的热力学温度，K；

P，P_0——精馏操作的平均压力和标准状况下的压力，Pa。

应当指出，若计算提馏段上升蒸气的体积流量，则式(6-43)和式(6-44)中的 V 应改为 V'。通过计算，当精馏塔两段塔径不相等时，为使塔的结构简化，两段宜采用相同的塔径(取两者中较大的)，经圆整后作为精馏塔塔径。

6.8　精馏装置的热量衡算

精馏装置的热量衡算通常是指对冷凝器和再沸器进行的热量衡算，通过对精馏装置的热量衡算，可求得冷凝器和再沸器的热负荷以及冷却介质和加热介质的消耗量。

6.8.1　冷凝器的热负荷

精馏塔的冷凝方式有全凝器冷凝和分凝器冷凝两种。工业上采用前者较多。对如图 6-12

所示的全凝器做热量衡算时，以单位时间为基准，并忽略热损失，有：

$$Q_c = VI_{VD} - (LI_{LD} + DI_{LD}) \tag{6-45}$$

将 $V = L + D = (R+1)D$ 代入上式并整理后，得：

$$Q_c = (R+1)D(I_{VD} - I_{LD}) \tag{6-46}$$

式中：Q_c——全凝器的热负荷，kJ/h；

  I_{VD}——塔顶上升蒸气的焓，kJ/kmol；

  I_{LD}——塔顶馏出液的焓，kJ/kmol。

冷却介质的消耗量可按下式计算，即：

$$W_c = \frac{Q_c}{c_{pc}(t_2 - t_1)} \tag{6-47}$$

式中：W_c——冷却介质的消耗量，kg/h；

  c_{pc}——冷却介质的平均比热容，kJ/(kg·℃)；

  t_1，t_2——冷却介质在冷凝器的进、出口处的温度，℃。

6.8.2 再沸器的热负荷

精馏的加热方式分为直接蒸气加热与间接蒸气加热两种。工业上采用后者较多。对间接蒸气加热的再沸器做热量衡算时，如图6-12所示，以单位时间为基准，有：

$$Q_B = V'I_{VW} + WI_{LW} - L'I_{Im} + Q_L \tag{6-48}$$

式中：Q_B——再沸器的热负荷，kJ/h；

  Q_L——再沸器的热损失，kJ/h；

  I_{VW}——再沸器中上升蒸气的焓，kJ/kmol；

  I_{LW}——釜残液的焓，kJ/kmol；

  I_{Im}——提馏段底层塔板下降液体的焓，kJ/kmol。

若近似取 $I_{LW} = I_{Im}$，且因 $V' = L' - W'$，则：

$$Q_B = V'(I_{VW} - I_{LW}) + Q_L \tag{6-49}$$

加热介质消耗量可计算如下：

$$W_h = \frac{Q_B}{I_{B1} - I_{B2}} \tag{6-50}$$

式中：W_h——加热介质消耗量，kg/h；

  I_{B1}，I_{B2}——加热介质进、出再沸器的焓，kJ/kg。

若用饱和蒸气加热，且冷凝液在饱和温度下排出时，加热蒸气消耗量可按式（6-51）计算，即：

$$W_h = \frac{Q_B}{r} \tag{6-51}$$

式中：r——加热蒸气的汽化热，kJ/kg。

6.9 精馏塔的操作

液体混合物的精馏操作是提纯物质和分离混合物的一种方法，它被广泛应用于化工生产中。

6.9.1 塔操作的基本概念

1. 沸点、泡点、露点

任何由单纯物质组成的液体受热后，其饱和蒸气压等于外界大气压时的温度，叫作该液体的沸点。外界压强越高，液体的沸点就越高；外界的压强越低，液体的沸点也越低。

在一定压力下，将某液体混合物加热至沸腾，并产生第一个气泡时所对应的温度称为该液体混合物的泡点温度，简称泡点。混合物蒸气冷凝并产生第一个液滴时所对应的温度称为露点温度，简称露点。

2. 雾沫夹带、液泛、漏液

在精馏操作过程中，塔内气、液两相不断地相互接触，上升蒸气穿过塔板上的液层，夹带着液滴鼓泡而出，当上升蒸气的动能大于被夹带液滴质量时，液滴便被上升蒸气带到上层塔板，这种液滴被上升蒸气带至上层塔板的现象称为雾沫夹带，正常操作中允许的雾沫夹带量不能超过10%。

在精馏操作过程中，当上升蒸气速度超过某一速度（液泛速度）时，塔内上升的蒸气将阻止液体沿塔向下流动，使下层塔板上的液体漏至上一层塔板（及物料上冲或冲料），导致操作被破坏，这种现象称为液泛。在精馏操作中，也会因塔板降液管被堵塞，塔内回流液流不到下层塔板，造成"淹塔"现象，这也是一种液泛。

在精馏操作中，当上升蒸气速度过慢时，穿过升气孔的气相动能低于塔板上液体静压能，即上升蒸气动能不足以穿过塔板上的液体时，塔板上的液体就会从升气孔往下流，这种现象称为漏液。它影响着气、液在塔板上的充分接触，使塔板效率明显下降。一般筛板、浮阀板和斜孔板等板式塔，操作不慎就会产生漏液现象，正常操作时，要求漏液量不大于液体流量的10%。

3. 湍动、脉冲、返混

在精馏操作中，当上升的蒸气压力足以克服塔板上液体层的阻力时，气体连续不断地鼓泡上升，呈湍动状态。此时，气液两相接触面大，传质效率好，塔板效率高。但是，若蒸气压头过大，蒸气上升速度超过允许限度，湍动过于激烈，便会产生雾沫夹带现象。

当液流量过大或蒸气量过小时，蒸气压头不足以克服塔板上液层的阻力而无法通过液层，当蒸气憋到一定压头后，才能穿过液层而上升。此时，蒸气压头立刻下降，又要待片刻再建立起一定压头并鼓泡上升。这种蒸气脉冲式间断鼓泡上升现象称为脉冲。脉冲时气、液接触很不激烈，塔板效率下降。

在有降液管的塔板上，液体横过塔板与蒸气呈错流，液体组成将沿着液体流动逐渐变化，塔内液体由于液层中气体鼓泡的扰动而形成涡流，使液体沿流动方向的浓度梯度遭到破坏的现象称返混，它导致塔板效率下降。返混现象的发生，受多种因素影响，如停留时间的分布、流道的长度、塔板水平度、水力梯度、气泡浓度和湍流等。

6.9.2 影响精馏操作的因素

影响精馏操作的因素是多方面的，精馏操作除了受被分离组分的性质及其组成的影响外，还表现在工艺条件上。

1. 塔釜温度

在操作压力没有变化的情况下，改变塔釜操作温度，对蒸气速度、气液相组成的变化，都有着一定的影响。

提高塔釜温度，则塔内液相中易挥发组分减少，同时上升蒸气的速度增大，有利于提高传质效率。如果由塔顶得到产品，则塔釜排出的难挥发物中，易挥发组分减少，减少损失；如果塔釜排出物为产品，则可提高产品质量，但塔顶排出的易挥发组分中夹带的难挥发组分增多，从而增大损失。因此，在提高温度的时候，既要考虑产品的质量，又要考虑工艺损失。一般在实际操作中，习惯通过调节温度来提高产品质量，降低工艺损失。

在平稳操作中，若釜温度突然升高，来不及调节相应的压力和塔釜温度时，必然导致塔釜液被蒸空，压力升高。这时，塔内气液相组成变化很大，重组分(难挥发组分)容易被蒸发到塔顶，使塔顶产品不合格。

2. 操作压力

在操作温度一定的情况下，改变操作压力，对产品质量、工艺损失都有影响。提高操作压力，可以相应地提高塔的生产能力，使操作稳定。但如果以塔釜难挥发组分为产品时，产品中的易挥发组分含量增加。如果从塔顶得到产品，则可提高产品的质量和易挥发组分的浓度。

操作压力改变或调节时，应考虑产品的质量和工艺损失，以及安全生产等问题。因此，在精馏操作中，常常规定操作压力的调节范围。当受到外界因素影响，操作压力受到破坏时，塔的正常操作就会被完全破坏。例如真空精馏时，当真空系统出故障时，塔的操作压力(真空度)因发生变化而迫使操作完全停止。一般精馏也是如此，塔顶冷凝器的冷凝剂流动突然停止时，塔的操作压力也就无法维持了。

3. 加料温度

进料热状况对精馏操作有着重要的意义。常见的进料热状况有饱和液体进料、冷液进料、饱和蒸气进料、气液混合物进料和过热蒸气进料。不同的进料情况，都直接显著地影响提馏段的回流量和塔内的气液平衡。

如果是冷液进料，并且进料温度低于加料板上的温度，那么，加入的物料全部进入提馏段，使提馏段负荷增加，塔釜消耗蒸气量增加，塔顶难挥发组分含量降低。此种情况下，若塔顶为产品，则会提高产品质量。如果是饱和蒸气进料，则进料温度高于加料板上的温度，所进物料全部进入精馏段，提馏段的负荷减少，精馏段的负荷增加，会使塔顶产品质量降低，甚至不合格。精馏塔较为理想的进料热状况是饱和液体进料，它较为经济和最为常用。

4. 加料量的变化

加料量的变化直接影响蒸气速度的改变。蒸气速度增大，会产生雾沫夹带，甚至液泛现象。当然，在允许负荷的范围内，提高加料量，对提高产量是有益的。如果超出允许负荷，只有提高操作压力，才可维持生产，但提高操作压力也有一定的局限性。

加料量过低，塔的平衡操作不好维持，特别是浮阀塔、筛板塔、斜孔塔等，由于负荷降低，蒸气速度减小，塔板容易漏液，精馏效率降低。在低负荷操作时，可适当地增大回流比，使塔在负荷下限以上操作，以维持塔的操作正常、稳定。

5. 加料组分的改变

加料组分的改变，直接影响到产品质量。加料中重组分增加，会使精馏段负荷增加，在塔板数不变的情况下，分离效果不好，重组分可能被带到塔顶，造成塔顶产品质量不合格；如是从塔釜得到产品，则塔顶损失增加。如果加料组分中易挥发组分增加，会使提馏段的负荷增加，可能因分离不好而造成塔釜产品质量不合格，其中夹带的易挥发组分增多。总之，加料组分的改变，直接影响着塔顶产品与塔釜产品的质量。加料中重组分增加时，加料口应往下移动，反之，则向上移动。同时，操作温度、回流量和操作压力等都须相应地调整，才能保证精馏操作的稳定性。

6. 回流

在精馏操作中，回流是维持全塔正常操作的必要条件。回流量（回流比）的大小，对精馏效果，产品质量，塔板数和水、电、气的消耗都有直接的影响。

一般来说，提高回流比可以提高产品质量，但回流比过大，会导致塔内的循环量增加，使水、电和气的消耗量增加，操作费用相应提高。当塔顶采出量变大，回流比减小时，塔内气、液接触不好，使平衡受到破坏，因而传质效率下降，同时压力下降，难挥发组分易被带到塔顶，导致精馏效果下降，塔顶产品质量不合格。

6.9.3 精馏塔的操作技术

1. 精馏塔工艺操作指标调节技术

（1）塔压的调节

精馏塔的压力是工艺操作诸多因素中最主要的因素之一，只有弄清楚塔压的影响因素，才能找准控制和调节塔压的方法。

在正常操作中，如果加料量、釜温以及塔顶冷凝器的冷凝剂的剂量（冷剂量）等条件都不变化，则塔压将随采出量的多少而发生变化。采出量太少，塔压升高；反之，采出量太大，塔压下降。可见，采出量的相对稳定可使塔压稳定，可用塔顶采出量来控制塔压。操作中有时釜温、加料量以及塔顶采出量都未变化，塔压却升高。这可能是冷凝器的冷剂量不足或冷剂温度升高，抑或冷剂压力下降引起的。这时应尽快联系供冷单位予以调节。如果一时间冷剂量不能恢复到正常操作情况，则应在允许的条件下，将塔压维持得高一点或适当加大塔顶采出量，并降低釜温，以保证精馏塔不超压。

一定的温度有相应的压力相对应。在加料量、回流量及冷剂量不变的情况下，塔顶或塔釜温度的波动，会引起塔压的相应波动，这是正常的现象。如果塔釜温度突然升高，塔内上升蒸气量增加，必然导致塔压的升高。这时除调节塔顶冷凝器中冷凝剂的剂量和加大采出量外，更重要的是恢复塔的正常温度。如果处理不及时，重组分被带到塔顶，将使塔顶产品不合格；如果单纯从采出量方面来调节压力，则会破坏塔内各板上的物料组成，严重影响塔顶产品质量。当釜温突然降低时，情况恰恰与上述情况相反，其处理方法也相应地变化。至于由塔顶温度的变化引起塔压变化的可能性很小。

若是设备问题引起塔压变化，则应使用改变其他操作因素的方法进行适当调节，严重时要停车修理。

（2）塔釜温度的调节

在一定压力下，被分离的液体混合物的汽化程度取决于温度，而温度由塔釜加热器（又称蒸发器或再沸器）的蒸气来控制。在釜温波动时，除了需要分析加热器的蒸气量和蒸气压力的变动外，还应考虑其他因素的影响。例如，塔压的升高或降低，也能引起釜温的变化。当塔压突然升高时，虽然釜温随之升高，但上升蒸气量下降，使塔釜轻组分变多，此时，要分析压力升高的原因并予以排除。如果塔压突然下降，此时釜温随之下降，上升蒸气量却增加，塔釜液可能被蒸空，重组分就会被带到塔顶。

在正常操作中，有时釜温会随着加料量或回流量的改变而改变。因此，在调节加料量或回流量时，要相应地调节塔釜温度和塔顶采出量，使塔釜温度和操作压力平稳。

（3）回流量的调节

回流量是直接影响产品质量和塔的分离效果的重要因素，在精馏操作中，回流的形式有强制回流和位差回流两种。

一般回流量是根据塔顶产品量按一定的比例来调节的。位差回流就是冷凝器按其回流比将塔顶蒸出来的气体冷凝，冷凝液借冷凝器与回流入口之间的位差（静压头）返回塔顶的回流形式。因此，回流量的波动与冷凝的效果有直接关系。冷凝效果不好，蒸出来的气体不能按其回流比冷凝，回流量将会减少。另外，采出量不均，也会引起压差的波动而影响回流量。强制回流是使用泵把回流液输送到塔顶的回流操作，它虽然克服了塔内压差的波动，保证了回流量的平稳，但冷凝器的冷凝好坏及塔顶采出量的情况都会影响回流，甚至使回流不能连续。

随着回流量的增加，塔压差明显增大，塔顶产品纯度会提高；当回流量减少时，塔压差变小，塔顶产品纯度变差（重组分含量增加）。在操作中，一般依据这两方面的因素来调节回流比。

（4）塔压差的调节

塔压差是判断精馏塔操作加料、取料是否均衡的重要标志之一。在加料、取料保持平衡和回流量保持稳定的情况下，塔压差基本不变。

如果塔压差增大，必然引起塔身各板温度的变化，这可能是塔板堵塞，或是采出量太少，或塔内回流量太大所致。此时应提高采出量来平衡操作，否则，塔压差逐渐增大，将引起液泛。当塔压差减小时，釜温不太好控制，这可能是塔内物料太少引起的，这时精馏塔处于干板操作，起不到分离作用，必然导致产品质量下降。此时，应及时减少塔顶采出量，加大回流量，使塔压差保持稳定。

（5）塔顶温度的调节

在精馏操作中，塔顶温度由回流温度来控制，但不是以回流量来控制。塔顶温度受多种因素影响。

正常操作中，在加料量、回流量、塔釜温度及操作压力都不变的情况下，塔顶温度处于稳定正常状态。当操作压力提高时，塔顶温度就会下降；反之，塔顶温度就要上升。如遇到这种情况，必须恢复正常操作压力，方能使塔顶温度正常。另外，在操作压力正常的情况下，塔顶温度随塔釜温度的变化而变化。塔釜温度稍有下降，塔顶温度也随之下降，塔釜温度稍有提高，塔顶温度也立即上升。遇到此种情况，若操作压力适当，产品质量很好，可适当调节塔釜温度，恢复塔顶温度。否则，塔顶温度的波动会影响塔顶或塔釜的产品质量。

在一般情况下，尽量不以回流温度来调节塔顶温度，如果塔顶冷凝器效果不好，或冷凝剂条件差，使回流温度升高而导致塔顶温度上升，进而使塔压提高不易控制时，则应尽快设法提高冷凝器的冷却效果，否则会影响精馏的正常进行，使塔釜排出物中易挥发组分增多。

（6）塔釜液面的调节

无论是哪一种精馏操作，严格控制塔釜液面都是很重要的。控制塔釜的液面至一定高度，一方面起到塔釜液封的作用，使被蒸发的轻组分蒸气不致从塔釜排料管跑掉；另一方面，使被蒸发的液体混合物在塔釜内有一定的液面高度和塔釜蒸发空间，并使塔釜混合液体在蒸发器内的蒸发面与塔釜液面有一个位差高度，保证液体因静压头作用而不断循环到蒸发器内进行蒸发。

塔釜液面一般以塔釜排出量来控制，在正常操作中，当加料、产品、取样和回流量等条件一定时，塔釜液的排出量也应该是一定的。但是，塔釜排出量随塔内温度、压力、回流量等条件的变化而变化，如果这些条件发生变化，将引起塔釜排出物组成的改变，塔釜液面亦随之改变，若不及时调节塔釜排出量，就会影响正常操作。例如，当加料不变时，塔釜温度下降。于是塔釜液中易挥发组分增多，促使塔釜液面上升，如不增大塔釜排出量，塔釜必然被充满，为了恢复正常，就得提高釜温，或增大塔釜排出量来稳定塔釜的液面。又如，加料组成中的重组分增加后，在其他操作条件都不变的情况下，必然导致塔釜液面上升，这时如不以增大塔釜排出量来控制塔釜液面，而是用提高温度保持塔釜液面的方法，则重组分将被蒸到塔顶，使塔顶产品质量下降。

2. 精馏塔操作中异常现象及处理方法

精馏塔操作中，常出现的一些异常现象及处理方法如表6-3所示。

表6-3　常见精馏塔设备操作异常现象的处理方法

异常现象	原　因	处理方法
釜温及压力不稳	①蒸气压力不稳	①调整蒸气压力至稳定
	②疏水器不畅通	②检查疏水器
	③加热器漏	③停车检查漏处
塔压差增大	①负荷升高	①降低负荷
	②回流量不稳定	②调节回流量，使其稳定
	③液泛	③查找原因，进行相应处理
	④设备堵塞	④疏通
釜温突然下降，提不起温度	①开车升温	①检查疏水器
	②疏水器失灵	②吹除凝液
	③蒸发器内冷凝液未排除，蒸气无法加入或蒸发器内水不溶物多	③清理蒸发器
	④釜温太高	④调节釜温至规定值
塔顶温度不稳定	①回流液温度不稳	①检查冷剂温度和冷剂量
	②回流管不畅通	②疏通回流管
	③操作压力波动	③稳定操作压力
	④回流比小	④调节回流比
	⑤冷剂温度高或循环量小	⑤与供冷单位联系
系统压力增高	①采出量太小	①增大采出量
	②塔釜温度突然上升	②调节加热蒸气
	③设备有损坏或堵塞	③停车检修
	④釜温突然升高	④调节加料量，降釜温
	⑤回流比大	⑤减少回流，增大采出量
液泛	①液体下降不畅，降液管局部被污物堵塞	①清理污物
	②塔釜列管漏	②停车检修

本章小结

　　精馏操作是分离均相物系的常用方法之一。其操作过程中不仅存在传质，而且涉及动量和热量的传递，是对前面已经学过的知识的较为全面的运用。通过本章的学习，学员应理解精馏的概念、基本流程和工作原理，掌握精馏塔的全塔衡算、操作线方程、理论板数的计算和回流比的确定方法。

本章的学习重点是物料衡算与操作关系、理论板数的计算和回流比的确定。学员应能够利用上述知识对两组分精馏过程进行计算和优化。

习　题

一、选择题

1. 不影响理论板数的是进料的（　　）。

　　A. 位置　　　　　　　　B. 热状态　　　　　　C. 组成　　　　　　　D. 进料量

2. 精馏塔中自上而下（　　）。

　　A. 分为精馏段、加料板和提馏段三个部分

　　B. 温度依次降低

　　C. 易挥发组分浓度依次降低

　　D. 蒸汽质量依次减少

3. 最小回流比（　　）。

　　A. 回流量接近于零

　　B. 在生产中有一定应用价值

　　C. 不能用公式计算

　　D. 是一种极限状态，可用来计算实际回流比

4. 由气体和液体流量过大两种原因共同造成的是（　　）现象。

　　A. 漏液　　　　　　　　B. 液沫夹带　　　　　C. 气泡夹带　　　　　D. 液泛

5. 其他条件不变的情况下，增大回流比能（　　）。

　　A. 减少操作费用　　　　　　　　　　　B. 增大设备费用

　　C. 提高产品纯度　　　　　　　　　　　D. 增大塔的生产能力

6. 在温度组成（$t-x-y$）图中的气液共存区内，当温度升高时，液相中易挥发组分的含量会（　　）。

　　A. 增大　　　　　　　　B. 增大及减少　　　　C. 减少　　　　　　　D. 不变

7. 只要求从混合液中得到高纯度的难挥发组分，采用只有提馏段的半截塔，则进料口应位于塔的（　　）部。

　　A. 顶　　　　　　　　　B. 中　　　　　　　　C. 中下　　　　　　　D. 底

8. 在四种典型塔板中，操作弹性最大的是（　　）型。

　　A. 泡罩　　　　　　　　B. 筛孔　　　　　　　C. 浮阀　　　　　　　D. 舌

9. 从节能观点出发，适宜回流比 R 应取（　　）倍最小回流比 R_{min}。

　　A. 1. 1　　　　　　　　B. 1. 3　　　　　　　C. 1. 7　　　　　　　D. 2. 0

10. 二元溶液连续精馏计算中，物料的进料状态变化将引起（　　）的变化。

　　A. 相平衡线　　　　　　　　　　　　　B. 进料线和提馏段操作线

C. 精馏段操作线　　　　　　　　　　　D. 相平衡线和操作线

11. 加大回流比，塔顶轻组分组成将(　　)。
　　A. 不变　　　　　B. 变小　　　　　C. 变大　　　　　D. 忽大忽小

12. 下述分离过程中不属于传质分离过程的是(　　)。
　　A. 萃取分离　　　B. 吸收分离　　　C. 精馏分离　　　D. 离心分离

13. 若要求双组分混合液分离成较纯的两个组分，则应采用(　　)。
　　A. 平衡蒸馏　　　B. 一般蒸馏　　　C. 精馏　　　　　D. 无法确定

14. 以下说法正确的是(　　)。
　　A. 冷液进料 $q=1$ 　　　　　　　　　B. 气液混合进料 $0 < q < 1$
　　C. 过热蒸气进料 $q=0$ 　　　　　　　D. 饱和液体进料 $q < 1$

15. 某精馏塔的馏出液量是 50 kmol/h，回流比是 2，则精馏段的回流量是(　　)。
　　A. 100 kmol/h　　B. 50 kmol/h　　C. 25 kmol/h　　D. 125 kmol/h

16. 当分离沸点较高，而且是热敏性混合液时，精馏操作压力应采用(　　)。
　　A. 加压　　　　　B. 减压　　　　　C. 常压　　　　　D. 不确定

17. 蒸馏操作的依据是组分间的 (　　) 差异。
　　A. 溶解度　　　　B. 沸点　　　　　C. 挥发度　　　　D. 蒸气压

18. 塔顶全凝器改为分凝器后，其他操作条件不变，则所需理论塔板数 (　　)。
　　A. 增多　　　　　B. 减少　　　　　C. 不变　　　　　D. 不确定

19. 某二元混合物，若液相组成 x_A 为 0.45，相应的泡点温度为 t_1；气相组成 y_A 为 0.45，相应的露点温度为 t_2，则(　　)。
　　A. $t_1 < t_2$ 　　　B. $t_1 = t_2$ 　　　C. $t_1 > t_2$ 　　　D. 不能判断

20. 两组分物系的相对挥发度越小，则表示分离该物系越(　　)。
　　A. 容易　　　　　B. 困难　　　　　C. 完全　　　　　D. 不完全

21. 在相同的 R、x_D、x_F、x_W 下，q 值越大，所需理论塔板数(　　)。
　　A. 越少　　　　　B. 越多　　　　　C. 不变　　　　　D. 不确定

22. 在再沸器中溶液(　　)而产生上升蒸气，是精馏得以连续稳定操作的一个必不可少条件。
　　A. 部分冷凝　　　B. 全部冷凝　　　C. 部分气化　　　D. 全部气化

23. 正常操作的二元精馏塔，塔内某截面上升气相组成 y_{n+1} 和下降液相组成 X_n 的关系是(　　)。
　　A. $Y_{n+1} > X_n$ 　　B. $Y_{n+1} < X_n$ 　　C. $Y_{n+1} = X_n$ 　　D. 不能确定

24. 精馏过程设计时，增大操作压强，塔顶温度(　　)。
　　A. 增大　　　　　B. 减小　　　　　C. 不变　　　　　D. 不能确定

25. 某精馏塔的理论板数为17块(包括塔釜)，全塔效率为0.5，则实际塔板数为(　　)块。
　　A. 34　　　　　　B. 31　　　　　　C. 33　　　　　　D. 32

26. 若仅仅加大精馏塔的回流量，会引起的结果是（　　）。

    A. 塔顶产品中易挥发组分浓度提高

    B. 塔底产品中易挥发组分浓度提高

    C. 提高塔顶产品的产量

    D. 塔釜温度升高

27. 冷凝器的作用是提供（　　）产品及保证有适宜的液相回流。

    A. 塔顶气相　　　　B. 塔顶液相　　　　C. 塔底气相　　　　D. 塔底液相

28. 连续精馏中，精馏段操作线随（　　）而变。

    A. 回流比　　　　　B. 进料热状况　　　C. 残液组成　　　　D. 进料组成

29. 精馏塔塔顶产品纯度下降，可能是（　　）引起的。

    A. 提馏段板数不足　　　　　　　　B. 精馏段板数不足

    C. 塔顶冷凝量过多　　　　　　　　D. 塔顶温度过低

30. 精馏塔操作时，回流比与理论板数的关系是（　　）。

    A. 回流比增大时，理论板数也增多

    B. 回流比增大时，理论板数减少

    C. 全回流时，理论板数最多，但此时无产品

    D. 回流比为最小回流比时，理论板数最小

二、判断题

1. 实现规定的分离要求，所需实际板数比理论板数多。（　　）

2. 根据恒摩尔流假设，精馏塔中每层塔板液体的摩尔流量和蒸气的摩尔流量均相等。（　　）

3. 实现稳定的精馏操作必须保持全塔系统的物料平衡和热量平衡。（　　）

4. 回流是精馏稳定连续进行的必要条件。（　　）

5. 在对热敏性混合液进行精馏时必须采用加压分离。（　　）

6. 连续精馏预进料时，先打开放空阀，充氮置换系统中的空气，以防在进料时出现事故。（　　）

7. 连续精馏停车时，先停再沸器，后停进料。（　　）

8. 在精馏塔中从上到下，液体中的轻组分逐渐增大。（　　）

9. 精馏操作中，操作回流比小于最小回流比时，精馏塔不能正常工作。（　　）

10. 最小回流比状态下的理论板数为最少理论板数。（　　）

三、计算题

1. 某常压精馏塔，用来分离甲醇–水液体混合物，以获得纯度不低于98%的甲醇。已知塔的生产处理量为204 kg/h的甲醇–水混合液，其中甲醇含量为69%。现要求塔釜残液中甲醇含量不大于1%（以上均为质量分数），试计算塔顶、塔釜的采出量。

2. 某连续精馏塔处理苯–氯仿混合液，要求馏出液中含有96%（摩尔分数，下同）的苯。

进料量为 75 kmol/h，进料液中含苯 45%，残液中苯含量 10%，回流比为 3，泡点进料，求：
(1) 塔顶的回流液量及塔釜上升蒸气的摩尔流量；(2) 精馏段、提馏段操作线方程。

3. 连续精馏塔的操作线方程，精馏段：$y = 0.75x + 0.205$；提馏段：$y = 1.25x - 0.020$，
试求泡点进料时，原料液、馏出液、釜液组成及回流比。

第 6 章习题参考答案

7 吸 收

▶ **学习目标**

掌握：吸收操作线方程、吸收塔物料衡算、吸收剂最小用量、填料层高度的计算。
理解：吸收单元操作的基本概念，相平衡与吸收的关系。
了解：分子扩散、费克尔定律、扩散系统、双膜理论的概念。

▶ **学习要求**

能正确选择吸收操作的条件，对吸收过程进行正确的调节控制。

吸收是分离气体混合物的重要单元操作，这种操作是利用混合气体中，各组分在同一种液体(溶剂)中溶解度差异而实现分离的过程，也称为气体吸收。混合气体中，能够溶解于溶剂中的组分称为吸收质或溶质，以 A 表示；不溶解的组分称为惰性组分或载体，以 B 表示；吸收所采用的溶剂称为吸收剂，以 S 表示。吸收操作结束时所得到的溶液称为吸收液，其成分为吸收剂 S 和溶质 A；排出的气体称为吸收尾气，其主要成分应是惰性组分 B 和未被吸收的组分 A。

7.1 吸收的过程与流程

7.1.1 吸收在工业生产中的应用

化工生产中，吸收操作常常有以下几方面的应用：

①分离气体混合物。例如在合成橡胶工业中，用酒精吸收反应气，以分离丁二烯及烃类气体。

②制备溶液。如用 98.3% 的硫酸吸收 SO_3，以制备浓硫酸，用水吸收 HCl 来制备盐酸等。

③除去混合气体中的有害气体，达到净化的目的。如用碱或高压水来吸收合成氨原料气中的 CO_2，用醋酸酮氨溶液吸收除去 CO 等。

④回收废气中的有用组分。如用汽油吸收焦炉气中的苯；从烟道气中回收 CO_2 制取其他产品等。这样不但可以物尽其用，又消除了"三废"，防止了环境的污染。

气体吸收过程与溶液的蒸馏过程一样，都属于传质过程。但它们之间又有区别，蒸馏是根据混合物中各组分挥发能力的不同将液体混合物进行分离的单元操作。蒸馏的传质过程不仅有气相中的难挥发组分进入液相，同时也有液相中的易挥发组分转入气相，属双向传质。而吸收则是根据混合物中各组分在吸收剂中溶解度的不同将气体混合物进行分离的单元操作，吸收只进行气相到液相的传质，属单向传质。

7.1.2 吸收操作的流程

吸收过程通常在吸收塔中进行，根据气、液两相的流动方向，分为逆流操作和并流操作两类，工业生产中以逆流操作为主。作为一种完整的分离方法，吸收过程应包括"吸收"和"脱吸"两个步骤。"吸收"仅起到把溶质从混合气体中分离出去的作用，在吸收设备底端得到的是由溶剂和溶质组成的混合液，这种液相混合物还须进行"脱吸"才能得到纯溶质，并将溶剂进行回收。

下面以合成氨生产中 CO_2 气体的净化为例，说明吸收与脱吸联合操作的流程。

如图 7-1 所示，合成氨原料气(含 CO_2 30% 左右)从吸收塔底部进入，塔顶喷入乙醇胺溶液。气、液逆流接触传质，乙醇胺吸收了 CO_2 后从塔底排出，从塔顶排出的气体中 CO_2 含量可降至 0.5% 以下。将吸收塔底部排出的含 CO_2 的乙醇胺溶液用泵送至加热器，加热到 130 ℃左右后，从解吸塔顶喷淋下来，与塔底送入的水蒸气逆流接触，CO_2 在高温、低压下自溶液中脱吸出来。从解吸塔顶排出的气体经冷却、冷凝后得到可用的 CO_2。解吸塔底部排出的含少量 CO_2 的乙醇胺溶液经冷却降温至 50 ℃左右时，加压后仍可作为吸收剂送入吸收塔循环使用。

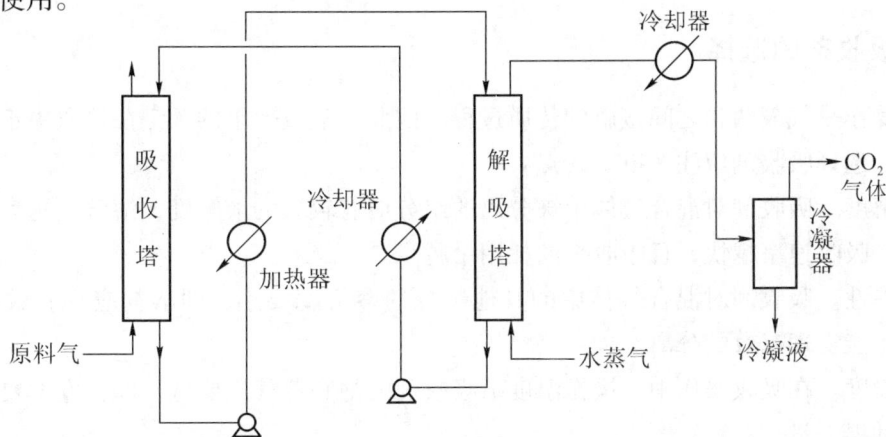

图 7-1　合成氨生产中的吸收与脱吸流程

由此可见，采用吸收操作实现气体混合物的分离时，必须解决以下几个问题：

①选择合适的吸收剂，吸收剂需能选择性地溶解某个（或某些）被分离组分。

②选择适当的传质设备以实现气液两相接触，使溶质从气相转移至液相。

③吸收剂的再生和循环使用。

7.1.3 气体吸收的分类

吸收过程通常按以下方法分类。

1. 物理吸收与化学吸收

在吸收过程中，如果溶质与溶剂之间不发生显著的化学反应，可以当作气体溶质单纯地溶解于液相溶剂的物理过程，称为物理吸收。相反，如果在吸收过程中气体溶质与溶剂（或其中的活泼组分）发生显著的化学反应，则称为化学吸收。

2. 低浓度吸收与高浓度吸收

在吸收过程中，若溶质在气、液两相中的浓度均较低（通常不超过 0.1），这种吸收称为低浓度吸收；反之，则称为高浓度吸收。对于低浓度吸收过程，由于气相中溶质浓度较低，传递到液相中的溶质量相对于气、液相流量也较小，因此流经吸收塔的气液相流量均可视为常数。

3. 等温吸收与非等温吸收

气体溶质溶解于溶剂时，溶解热或化学反应热产生的热效应使液相的温度逐渐升高，这种吸收称为非等温吸收。如果吸收过程的热效应很小，或被吸收的组分在气相中浓度很低，而吸收剂的用量相对很大时，液相的温度变化并不显著，这种吸收称为等温吸收。

4. 单组分吸收与多组分吸收

吸收过程按被吸收组分数目的不同，可分为单组分吸收和多组分吸收。若混合气体中只有一个组分进入液相，其余组分不溶（或微溶）于吸收剂，这种吸收过程称为单组分吸收。反之，若在吸收过程中，混合气中有两个以上的组分进入液相，这样的吸收称为多组分吸收。

7.1.4 吸收剂的选择

吸收操作是气液两相之间接触的传质过程。因此，吸收效果的关键往往取决于吸收剂性能的优劣。选择吸收剂应注意以下几点：

①溶解度。吸收剂对混合气体中被分离的组分应有较大的溶解度，溶解度越大则传质推动力越大，吸收速率越快，且吸收剂的耗用量越少。

②选择性。吸收剂对混合气体中的其他组分的溶解度要小，即溶剂应具有较高的选择性，否则不能实现有效的分离。

③挥发度。在吸收操作中，操作温度下吸收剂的饱和蒸气压要低，即挥发度要小，以减少吸收剂的损失量。

④黏度。在操作温度下，吸收剂的黏度要低。吸收剂的黏度越低，塔内的流动阻力越

小，这样扩散系数就较大，有助于传质速率的提高。

吸收剂应尽可能具有无毒性、无腐蚀性、不易燃易爆、不发泡、冰点低、价廉易得，且化学性质稳定的性质。

7.2 吸收的基础知识

7.2.1 相平衡关系

1. 气体在液体中的溶解度

在一定的压力和温度下，使一定量的吸收剂与混合气体接触，气相中的溶质便向液相溶剂中转移，直至液相中溶质达到饱和浓度为止，这种状态称为相际动平衡，简称相平衡或平衡。平衡状态下气相中的溶质分压称为平衡分压或饱和分压，液相中的溶质组成称为平衡组成或饱和组成，即气体在液体中的溶解度。气体在液相中的溶解度表明在一定条件下吸收过程可能达到的极限程度。一般而言，气体溶质在一定液体中的溶解度与整个物系的温度、压强及该溶质在气相中的浓度有关。在总压不很高的情况下，可认为溶解度只取决于温度和溶质在气相中的分压，与总压无关。

气体在液体中的溶解度可通过实验测定。溶解度的单位习惯上用单位质量（或体积）液体中所含溶质的质量来表示。由实验结果绘成的曲线称为溶解度曲线，某些气体在液体中的溶解度曲线可从有关书籍、手册中查得。

图 7-2、图 7-3 和图 7-4 分别为总压不很高的情况下，氨、氧和二氧化硫在水中的溶解度曲线。从图中可以分析知道：

①对同一溶质，在相同气相分压下，溶解度随温度的升高而减小。

②对同一溶质，在相同温度下，溶解度随气相分压的升高而增大。

③对同一溶剂（水），在相同温度和溶质分压下，对不同气体的溶解度不同，其中氨在水中的溶解度最大，氧在水中的溶解度最小。这表明氨易溶于水，氧难溶于水，而二氧化硫则居中。

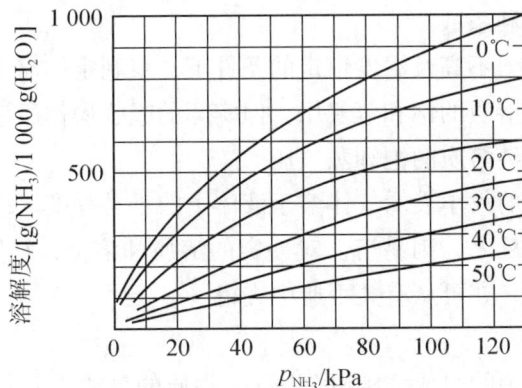

图 7-2　氨在水中的溶解度曲线

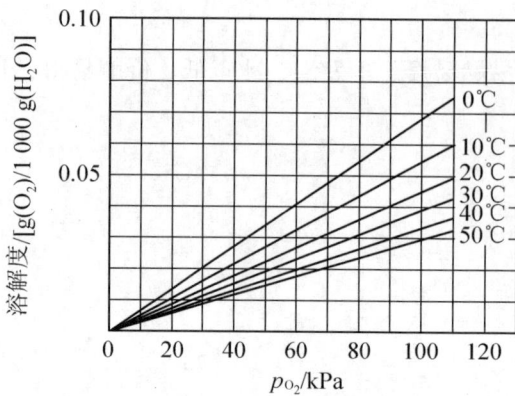

图7-3 氧在水中的溶解度曲线

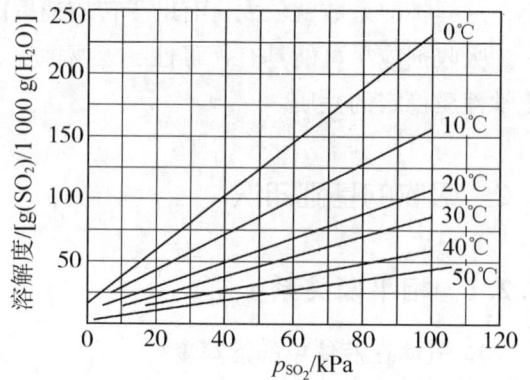

图7-4 二氧化硫在水中的溶解度曲线

从溶解度曲线所表现出来的规律可以得知，加压和降温均有利于吸收操作，因为加压和降温可提高气体溶质的溶解度。反之，减压和升温则有利于脱吸操作。

2. 亨利定律

当总压不高时(一般不超过500×10^3 Pa)，在一定温度下，对于稀溶液(或难溶气体)互成平衡的气、液两相组成之间的关系可用亨利定律表示。由于组成可采用不同的表示方法，故亨利定律的表达式也有所不同。

(1)$p-x$关系

若溶质在气、液两相中的组成分别以分压p、摩尔分数x表示，则亨利定律可写成如下的关系，即：

$$p^* = Ex \tag{7-1}$$

式中：p^*——溶质在气相中的平衡分压，kPa；

x——溶质在液相中的摩尔分数；

E——亨利系数，kPa。

式(7-1)称为亨利定律。该式表明：稀溶液上方的溶质分压与该溶质在液相中的摩尔分数成正比，其比例系数即亨利系数。

对于理想溶液，在压力不高及温度恒定的条件下，亨利定律与拉乌尔定律是一致的，此时亨利系数即该温度下纯溶质的饱和蒸气压。但实际的吸收操作所涉及的系统多为非理想溶液，此时亨利系数不等于纯溶质的饱和蒸气压。

应当指出，亨利系数的大小表示气体溶于液体中的难易程度。E值越大，表示气体的溶解度越小，即越难溶解。反之，则易溶。对一定的溶质和溶剂，E值随温度的升高而增大。亨利系数是由实验测定的，亦可从有关手册中查得。

(2)$p-c$关系

若溶质在气、液两相中的组成分别以分压p、物质的量浓度c表示，则亨利定律可写成如下的关系，即：

$$p^* = \frac{c}{H} \qquad\qquad (7-2)$$

式中：c——溶液中溶质的物质的量浓度，$kmol/m^3$；

$\quad\quad$ p^*——气相中溶质的平衡分压，kPa；

$\quad\quad$ H——溶解度系数，$kmol/(m^3 \cdot kPa)$。

$\quad$ 溶解度系数是温度的函数，其数值随物系而变。对一定的溶质和溶剂，H 值随温度的升高而减小。易溶气体的 H 值很大，难溶气体的 H 值很小。对于稀溶液，H 值可由下式近似估算，即：

$$H = \frac{\rho}{EM_s} \qquad\qquad (7-3)$$

式中：ρ——溶液的密度，kg/m^3，对于稀溶液，ρ 可取纯溶剂的密度值 ρ_s；

$\quad\quad$ M_s——溶剂的分子量。

$\quad$ (3) $y-x$ 关系

$\quad$ 若溶质在气、液两相中的组成分别以摩尔分数 y、x 表示，则亨利定律可写成如下的关系，即：

$$y^* = mx \qquad\qquad (7-4)$$

式中：x——液相中溶质的摩尔分数；

$\quad\quad$ y^*——与液相成平衡的气相中溶质的摩尔分数；

$\quad\quad$ m——相平衡常数，或称为分配系数。

若系统的总压为 P，由理想气体分压定律可知 $p = Py$，同理 $p^* = Py^*$ 且代入式(7-1)后有：

$$y^* = \frac{E}{P}x$$

将此式与式(7-4)比较可得：

$$m = \frac{E}{P} \qquad\qquad (7-5)$$

$\quad$ 对于一定的物系，相平衡常数 m 是温度和压力的函数，其数值可由实验测得。由 m 值同样可以比较不同气体溶解度的大小，m 值越大，则表明该气体的溶解度越小；反之，则溶解度越大。由式(7-5)可以看出，温度升高时，总压下降，m 值增大，不利于吸收操作。

$\quad$ (4) $Y-X$ 关系

$\quad$ 在吸收计算中，为方便起见，常采用摩尔比 Y、X 表示气、液两相组成。摩尔比的定义如下：

$$X = \frac{液相中溶质的物质的量}{液相中溶剂的物质的量} = \frac{x}{1-x} \qquad\qquad (7-6)$$

$$Y = \frac{气相中溶质的物质的量}{气相中惰性组分的物质的量} = \frac{y}{1-y} \qquad\qquad (7-7)$$

由上两式可变换为：

$$x = \frac{X}{1+X} \qquad\qquad (7-8)$$

$$y = \frac{Y}{1+Y} \qquad\qquad (7-9)$$

当溶液很稀时，则式(7-4)可简化为：

$$Y^* = mX \qquad\qquad (7-10)$$

式(7-10)表明，当液相中溶质浓度足够低时，平衡关系在 $Y-X$ 直角坐标系中的图形可近似地表示成一条通过原点的直线，其斜率为 m，如图7-5所示。

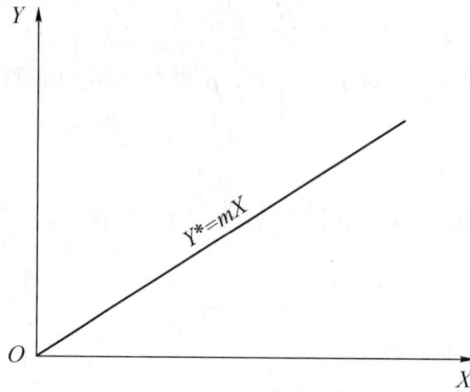

图7-5 吸收平衡线（稀溶液）

3. 相平衡关系在吸收过程中的应用

（1）判别过程的方向

对于一切未达到相际平衡的系统，组分将由其中一相向另一相传递，其结果是使系统趋于相平衡。所以，传质的方向是使系统达到平衡的方向。一定浓度的混合气体与某种溶液接触后，溶质是由液相向气相转移，还是由气相向液相转移，可以利用相平衡关系做出判断，下面举例说明。

【例7-1】 设在101.3 kPa，20℃下，稀氨水的相平衡方程为 $y^* = 0.94x$，现将含氨摩尔分数为0.1的混合气体与 $x=0.05$ 的氨水接触，试判断传质方向。若以含氨摩尔分数为0.05的混合气体与 $x=0.10$ 的氨水接触，传质方向又如何？

解：实际气相摩尔分数 $y=0.1$。根据相平衡关系与实际 $x=0.05$ 的溶液成平衡得气相摩尔分数为：

$$y^* = 0.94 \times 0.05 = 0.047$$

由于 $y>y^*$，故两相接触时将有部分氨自气相转入液相，即发生吸收过程。

同样，此吸收过程也可理解为实际液相摩尔分数 $x=0.05$，与实际气相摩尔分数 $y=0.1$ 成平衡的液相摩尔分数为：

$$x^* = \frac{y}{m} = 0.106$$

故 $x^* > x$，两相接触时部分氨自气相转入液相。

反之，若以含氨 $y = 0.05$ 的气相与 $x = 0.10$ 的氨水接触，则因 $y < y^*$ 或 $x^* < x$，部分氨将由液相转入气相，即发生脱吸。

（2）指明过程的极限

将溶质摩尔分数为 y_1 的混合气体送入某吸收塔的底部，溶剂从塔顶淋入做逆流吸收，如图 7 – 6 所示。在气、液两相的流量、温度和压力一定的情况下，设塔无限高（接触时间无限长），最终完成液中溶质极限浓度的最大值是与气相进口摩尔分数 y_1 相平衡的液相组成 x_1^*，即：

$$x_{1max} = x_1^* = \frac{y_1}{m} \qquad (7-11)$$

同理，混合气体尾气溶质含量 y_2 的最小值是与进塔吸收剂的溶质摩尔分数 x_2 相平衡的气相组成 y_2^*，即 $y_{2min} = y_2^* = mx_2$。

图 7 – 6 逆流吸收塔

由此可见，相平衡关系限制了吸收剂出塔时溶质的最高含量和气体混合物离塔时的最低含量。

（3）计算过程的推动力

相平衡是过程的极限，不平衡的气、液两相相互接触后，就会发生气体的吸收或脱吸过程。吸收过程通常以实际浓度与平衡浓度的差值来表示吸收传质推动力的大小。推动力可用气相推动力或液相推动力表示，气相推动力表示塔内任何一个截面上气相实际浓度 y 和与该截面上液相实际浓度 x 平衡的 y^* 的差，即 $y - y^*$，其中 $y^* = mx$。液相推动力以液相摩尔分数之差 $x^* - x$ 表示，即吸收推动力，其中 $x^* = y/m$。

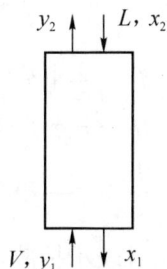

7.2.2 吸收机理

1. 传质的基本方式

吸收操作是溶质从气相转移到液相的传质过程，其中包括溶质由气相主体向气液相界面的传递和由气液相界面向液相主体的传递。因此，讨论吸收过程的机理时，首先要说明物质在单一相（气相或液相）中的传递规律。

物质在单一相（气相或液相）中的传递是扩散作用导致的。发生在流体中的扩散有分子扩散与涡流扩散两种。一般发生在静止或层流流体里，凭借流体分子的热运动而进行物质传递的是分子扩散；发生在湍流流体里，凭借流体质点的湍动和旋涡而传递物质的是涡流扩散。

（1）分子扩散

分子扩散是物质在单一相内部存在组分浓度差的条件下，由流体分子的无规则热运动而产生的物质传递现象。分子扩散现象在我们日常生活中经常碰到，如向杯子里静止的水中滴一滴蓝墨水，过一段时间水就变成了均匀的蓝色，这就是墨水中有色物质的分子扩散到水中的结果。物质以分子运动的方式通过静止流体或层流流体的转移称为分子扩散。此外，物质通过层流流体且传质方向与流体的流动方向相垂直时，也属于分子扩散。分子扩散速率可由费克定律表示，表达式如下：

$$J_A = -D\frac{dC_A}{dZ} \tag{7-12}$$

式中：J_A——组分 A 的分子扩散速率，$kmol/(m^2 \cdot s)$；

D——分子扩散系数，表示组分 A 在介质 B 中的扩散能力；

$\dfrac{dC_A}{dZ}$——组分 A 的浓度梯度，$kmol/m^4$。

式中负号表示扩散是沿组分 A 浓度降低的方向进行的。

费克定律表明，只要混合物中存在某组分的浓度梯度，就必然产生物质分子的扩散，且扩散速率与浓度梯度成正比。

分子扩散速率主要取决于扩散物质、流体的温度以及某些物理性质。分子扩散系数是物质的物理性质之一，扩散系数大表示分子扩散快，其值由实验方法求取或估算。

（2）涡流扩散

物质在湍流流体中扩散时，主要依靠的是流体质点的无规则运动。流体质点在湍流中产生旋涡而引起各部位流体间的剧烈混合，当存在浓度差时，物质便朝着浓度降低的方向进行传递。这种凭借流体质点的湍动和旋涡来传递物质的现象，称为涡流扩散。显然，在湍流流体中，分子扩散与涡流扩散同时发挥着传递作用，由于在湍流流体中，质点传递的规模和速度远大于单个分子，因此涡流扩散的效果占主要地位，扩散速率可用式（7-13）表示：

$$J_A = -(D + D_e)\frac{dC_A}{dZ} \tag{7-13}$$

式中：D_e——涡流扩散系数，m^2/s。

涡流扩散系数 D_e 不是物性常数，它与湍流程度有关，且随物质的位置而不同，其值难以测定与计算，因而常将分子扩散与涡流扩散两种传质作用结合起来考虑。

（3）对流扩散

对流扩散是湍流主体与相界面之间的涡流扩散及分子扩散两种传质作用的总称。由于对流扩散过程极为复杂且影响因素很多，所以对流扩散的速率一般难以解析求出，而是依靠实验测定。

2. 双膜理论

双膜理论的基本论点如下。

①当气、液两相相互接触时，在气、液两相间存在着稳定的相界面，界面的两侧各有一

层很薄的滞流膜层，气相一侧的称为"气膜"，液相一侧的称为"液膜"，溶质 A（吸收质）经过两膜层的传质方式为分子扩散。

②在气、液相界面处，气、液两相处于平衡状态，即相界面上，液相浓度 c_i 和气相浓度 p_i 成平衡状态。

③在气膜、液膜以外的部分分别称为气相主体和液相主体。在气、液两相主体中由于两相流体各自的强烈湍动，各处浓度基本均匀一致，即两相主体内浓度梯度各为零，全部浓度变化集中在两个膜层中。

如图 7 – 7 所示的双膜模型把复杂的相际传质过程归结为气、液两膜层的分子扩散过程。依此模型，在相界面处及两相主体中均无传质阻力存在。这样，整个相际传质过程中的阻力便全部集中在两个滞流膜层内。在两相主体一定的情况下，两膜层的阻力决定了传质速率的大小。因此，双膜模型又称为双阻力模型。

对于具有固定相界面的系统以及流动速度不高的两流体间的传质，双膜理论与实际情况能够达到很好的吻合。根据这一理论确定的吸收过程的传质速率关系，至今仍然是传质设备计算的主要依据。本章后面关于吸收速率的讨论仍以双膜理论为基础。

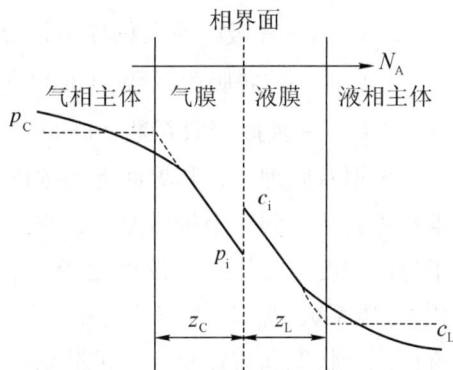

图 7 – 7　双膜模型示意图

7.2.3　气体吸收速率方程

由吸收机理可知，吸收过程的相际传质过程是由气相与液相的对流传质、界面上溶质组分的溶解、液相与界面的对流传质三个过程构成的。仿照间壁两侧对流传热过程中传热速率的分析思路，来对对流传质的传质速率 N_A 的表达式及传质阻力的控制进行分析。

1. 气相与相界面的传质速率

气相与相界面的传质速率可参照牛顿冷却定律得出，即：

$$N_A = k_G(p - p_i) \qquad (7 - 14)$$

或

$$N_A = k_y(y - y_i) \qquad (7 - 15)$$

式中：N_A——吸收速率，$kmol/(m^2 \cdot s)$；

p, p_i——吸收质在气相主体中和相界面处的分压，kPa；

y, y_i——吸收质在气相主体中和相界面处的摩尔分数；

k_G——气膜吸收系数，$kmol/(m^2 \cdot s \cdot kPa)$；

k_y——气膜吸收系数，$kmol/(m^2 \cdot s)$。

2. 液相与相界面的传质速率

液相与相界面的传质速率也可参照牛顿冷却定律得出，即：

$$N_A = k_L(c_i - c) \tag{7-16}$$

或

$$N_A = k_x(x_i - x) \tag{7-17}$$

式中：N_A——吸收速率，$kmol/(m^2 \cdot s)$；

c_i，c——吸收质在相界面及液相主体的浓度，$kmol/m^3$；

x_i，x——吸收质在相界面处及液相主体中的摩尔分数；

k_L——液膜吸收系数，$kmol/(m^2 \cdot s \cdot kmol/m^3)$；

k_x——液膜吸收系数，$kmol/(m^2 \cdot s)$。

根据双膜理论，相界面上的浓度 y_i 和 x_i 成平衡关系，但是无法测取。以上公式用不同的推动力表达了同一个传质速率，它在形式上类似于传热中的牛顿冷却定律，即传质速率正比于界面浓度与流体主体浓度之差。它将所有影响对流传质的其他因素均包括在气相（或液相）传质系数 (k_G, k_y, k_L, k_x) 之中，传质系数的数值只能根据具体操作条件由实验测取，它与流体流动状态和流体物性、扩散系数、密度、黏度、传质界面形状等因素有关。类似于传热中对流给热系数的研究方法，对流传质系数也有经验关联式，可查阅有关手册得到。

3. 总吸收速率方程

总吸收速率方程中的推动力都涉及相界面处吸收质的浓度，而相界面处吸收质的浓度 p_i，c_i，x_i，y_i 不易直接测定，故在工程中很少应用气、液总吸收速率方程，通常采用相际传质速率方程来表示吸收速率，即：

$$N_A = K_G(p - p^*) = \frac{p - p^*}{\dfrac{1}{K_G}} \tag{7-18}$$

$$N_A = K_Y(Y - Y^*) = \frac{Y - Y^*}{\dfrac{1}{K_Y}} \tag{7-19}$$

$$N_A = K_L(c^* - c) = \frac{c^* - c}{\dfrac{1}{K_L}} \tag{7-20}$$

$$N_A = K_X(X^* - X) = \frac{(X^* - X)}{\dfrac{1}{K_X}} \tag{7-21}$$

式中：c^*，X^*，Y^*，p^*——与气相主体或液相主体组成成平衡关系的溶质的浓度、摩尔比、分压；

K_L——以液相浓度差为推动力的总传质系数，m/s；

K_G——以气相分压差为推动力的总传质系数，$kmol/(m^2 \cdot s \cdot kPa)$；

K_Y——以气相摩尔比差为推动力的总传质系数，$kmol/(m^2 \cdot s)$；

K_X——以液相摩尔比差为推动力的总传质系数，$kmol/(m^2 \cdot s)$；

X，Y——溶质在液相主体及气相主体中的摩尔比。

采用与对流传热过程相类似的处理方法，气液传质系数与总传质系数之间的关系如下：

$$N_A = \frac{p-p_i}{\frac{1}{k_G}} = \frac{c_i - c}{\frac{1}{k_L}} = \frac{\frac{c_i}{H} - \frac{c}{H}}{\frac{1}{k_L H}} = \frac{p_i - p}{\frac{1}{k_L H}} = \frac{p - p_i + p_i - p^*}{\frac{1}{k_G} + \frac{1}{k_L H}} = \frac{p - p^*}{\frac{1}{k_G} + \frac{1}{k_L H}}$$

故：

$$\frac{1}{K_G} = \frac{1}{H k_L} + \frac{1}{k_G} \qquad\qquad (7-22)$$

$$N_A = \frac{p - p_i}{\frac{1}{k_G}} = \frac{Hp - Hp_i}{\frac{H}{k_G}} = \frac{c^* - c_i}{\frac{H}{k_G}} = \frac{c_i - c}{\frac{1}{k_L}} = \frac{c^* - c}{\frac{H}{k_G} + \frac{1}{k_L}}$$

故：

$$\frac{1}{K_L} = \frac{H}{k_G} + \frac{1}{k_L} \qquad\qquad (7-23)$$

可见，气、液两相的相际传质总阻力等于分阻力之和，总推动力等于各层推动力之和。

4. 吸收阻力的控制

对于 H 值很大的易溶气体，在 k_G 与 k_L 数量级相同或接近的情况下，存在如下关系：

$$\frac{1}{H k_L} \ll \frac{1}{k_G}$$

上式说明吸收总阻力的绝大部分存在于气膜之中，液膜阻力可忽略，因此式（7-22）可简化为：

$$\frac{1}{K_G} \approx \frac{1}{k_G} \ \text{或}\ K_G \approx k_G$$

由上面关系式可以看出，吸收过程的总阻力主要集中在气膜一方，气膜阻力控制着整个吸收过程的速率，这种情况称为气膜控制。对于气膜控制的吸收过程，若要提高吸收速率，在选择设备形式及确定操作条件时，应设法减小气膜阻力。例如用水吸收 HCl，NH_3 等气体都属于此类控制过程。

对于 H 值很小的难溶气体，在 k_G 与 k_L 数量级相同或接近的情况下，存在如下关系：

$$\frac{H}{k_G} \ll \frac{1}{k_L}$$

上式说明吸收总阻力的绝大部分存在于液膜之中，气膜阻力可以忽略，因此式（7-22）可简化为：

$$\frac{1}{K_L} \approx \frac{1}{k_L} \text{或}\ K_L \approx k_L$$

由上面关系式可以看出，吸收过程的总阻力主要集中在液膜一方，液膜阻力控制着整个吸收过程的速率，这种情况称为液膜控制。对于液膜控制的吸收过程，若要提高吸收速率，在选择设备形式及确定操作条件时应特别注意减小液膜阻力。例如用水吸收 O_2，CO_2 等气体都属于此类控制过程。

一般情况下，对于具有中等溶解度气体的吸收过程，气膜阻力和液膜阻力均不能忽略，欲提高过程速率，应同时降低气、液两膜的阻力。

以上介绍了吸收速率方程，它的使用前提是气、液相浓度保持不变。因此该方程只适用于描述稳定操作的吸收塔内任意截面上的速率关系，而不能直接用来描述全塔的吸收速率，这是由于在塔内不同截面上的气、液浓度各不相同，所以吸收速率也不相同。

7.3　吸收塔的计算

在填料塔内，气、液两相可为逆流，也可为并流。在相同的条件下，逆流吸收操作时的平均推动力大于并流吸收操作时的平均推动力，从而逆流吸收速率高于并流吸收速率。另外，逆流时上升至塔顶的气体恰与刚刚进塔的新鲜吸收剂接触，有利于降低出塔气体的浓度，可提高溶质的吸收率；下降至塔底的吸收液恰与刚刚进塔的混合气体接触，有利于提高出塔吸收液的浓度，可以减少吸收剂的用量。因此，填料塔通常采用逆流操作。

7.3.1　物料衡算与操作线方程

1. 物料衡算

如图 7 - 8 所示为一个处于稳态操作下，气、液两相逆流接触的吸收塔。塔底截面用下标 1 表示，塔顶截面用下标 2 表示，塔中任一横截面用 $m - n$ 表示。图中符号的意义为，V 表示单位时间通过吸收塔的惰性气体量，单位为 kmol/s；L 表示单位时间通过吸收塔的吸收剂量，单位为 kmol/s；Y_1，Y_2 分别表示进塔、出塔气体中吸收质的摩尔比；X_1，X_2 分别表示出塔、进塔液体中吸收质的摩尔比。

在吸收塔的全塔范围内，对吸收质做物料衡算，可得：

$$VY_1 + LX_2 = VY_2 + LX_1$$

或

$$V(Y_1 - Y_2) = L(X_1 - X_2) \qquad (7 - 24)$$

图 7 - 8　逆流吸收塔的物料衡算示意图

一般情况下，进塔混合气的组成与流量是由吸收任务规定的，若吸收剂的组成和流量已确定，则 V，Y_1，L，及 X_2 均为已知，再根据规定的溶质回收率 ϕ_A，便可求出气体出塔时的吸收质浓度 Y_2，即：

$$Y_2 = Y_1(1 - \phi_A) \qquad (7 - 25)$$

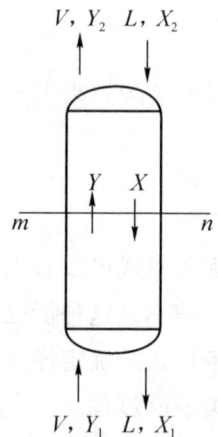

式中：ϕ_A——吸收质的吸收率或回收率。

若已知 V，Y_1，L，X_2，Y_2 的值，可根据式（7-24），即全塔的物料衡算式求得吸收液中吸收质的浓度 X_1。

2. 操作线方程

在吸收塔内任一横截面上，气、液组成 Y 与 X 之间的关系称为操作关系，描述该关系的方程即操作线方程。在稳态操作的情况下，操作线方程可在吸收塔任一截面与塔的一个端面之间做吸收质的物料衡算获得。参照图 7-8，任取一横截面 $m-n$，对它与塔底端面之间对吸收质进行衡算，可得：

$$VY_1 + LX = VY + LX_1$$

或

$$Y = \frac{L}{V}(X - X_1) + Y_1 \tag{7-26}$$

式（7-26）称为逆流吸收塔的操作线方程。

由式（7-26）的操作线方程可知，塔内任一横截面上的气相浓度 Y 与液相浓度 X 呈线性关系，直线的斜率为 L/V，该直线通过点 $B(X_1, Y_1)$ 及点 $A(X_2, Y_2)$，如图 7-9 所示的直线 BA 即逆流吸收塔的操作线。操作线 BA 上任一点 C 的坐标 (X, Y) 代表塔内相应截面上液、气组成 X，Y 之间的操作关系。端点 B 代表填料层底部端面，即塔底的情况，该处具有最大的气、液组成，故称为"浓端"；端点 A 代表填料层顶部端面，即塔顶的情况，该处具有最小的气、液组成，故称为"稀端"。图 7-9 中的曲线 OE 为相平衡曲线 $Y^* =$

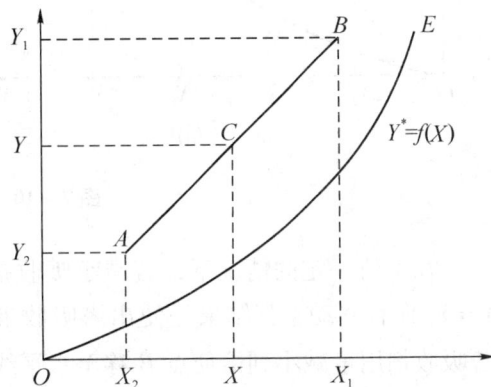

图 7-9 逆流吸收塔的操作线

$f(X)$。当进行吸收操作时，在塔内任一截面上，吸收质在气相中的实际组成 Y 总是高于与其相接触的平衡液相组成 Y^*，所以操作线 BA 总是位于相平衡曲线 OE 的上方。反之，如果操作线位于相平衡曲线的下方，则应进行脱吸过程。

应当指出，操作线方程及操作线都是由物料衡算求得的，与吸收系统的平衡关系、操作条件以及设备的结构形式等无关。

7.3.2 吸收剂的用量

在吸收塔的计算中，通常气体处理量以及气相的初始和最终浓度 Y_1，Y_2 均由生产任务规定，吸收剂的入塔浓度 X_2 则由工艺条件决定，而吸收剂的用量需要通过工艺计算来确定。在气量 V 一定的情况下，确定吸收剂的用量也即确定液气比 L/V。仿照精馏中适宜（操作）回流比的确定方法，可先求出吸收过程的最小液气比，然后根据工程经验，确定适宜（操作）

液气比。

1. 最小液气比

操作线斜率 L/V 是指在吸收操作中，吸收剂与惰性气体摩尔流量的比值，也称为吸收剂的单位耗用量，简称液气比。如图 7 – 10(a)所示，在 Y_1，Y_2 及 X_2 已知的情况下，吸收塔操作线的端点 A 已固定，另一端点 B 则可在 $Y = Y_1$ 的水平线上移动。点 B 的横坐标取决于操作线的斜率 L/V，若 V 值一定，则取决于吸收剂用量 L 的大小。

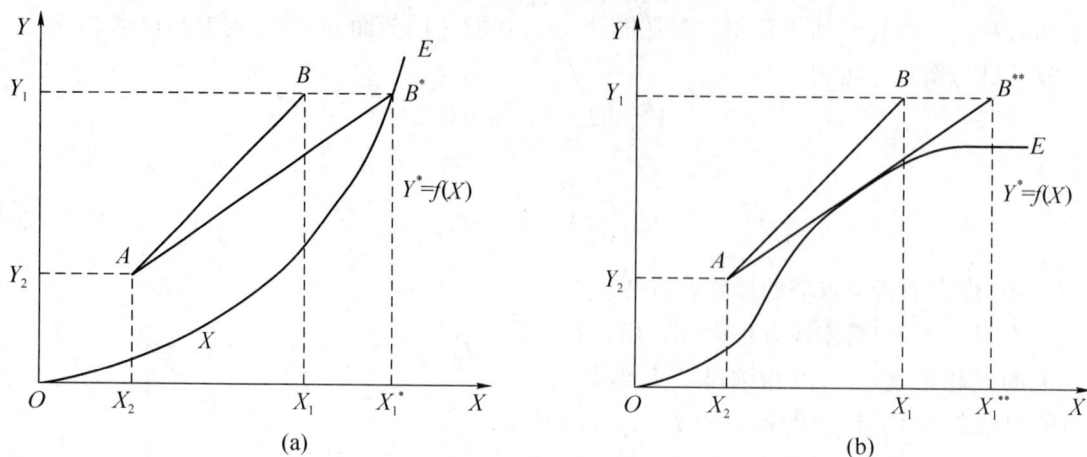

图 7 – 10　吸收塔的最小液气比

在 V 值一定的情况下，若减小吸收剂用量为 L，则操作线斜率将变小，点 B 沿水平线 $Y = Y_1$ 向右移动，其结果是使出塔吸收液的浓度 X_1 增大，但此时吸收推动力也相应减小。若吸收剂用量减小到恰使点 B 移至水平线 $Y = Y_1$ 与平衡线 OE 的交点 B^* 时，得到 $X_1 = X_1^*$，即塔底吸收液浓度与刚进塔的混合气组成达到平衡。这是理论上吸收液所能达到的最大浓度，但此时吸收过程的推动力已变为零，因而需要无限大的相际接触面积，即吸收塔需要无限高的填料层。显然上述情况是一种极限情况，实际生产中是不能实现的。此种状况下吸收操作线 AB^* 的斜率称为最小液气比，以 $(L/V)_{min}$ 表示，相应的吸收剂用量为最小吸收剂用量，以 L_{min} 表示。

最小液气比可用图解法求得。如果平衡关系符合如图 7 – 10(a)所示的情况，则只要找到水平线 $Y = Y_1$ 与平衡线的交点 B^*，再读出 X_1^* 的数值，然后使用式（7 – 27）便可得到最小液气比，即：

$$\left(\frac{L}{V}\right)_{min} = \frac{Y_1 - Y_2}{X_1^* - X_2} \qquad (7 - 27)$$

或

$$L_{min} = \frac{Y_1 - Y_2}{X_1^* - X_2} V \qquad (7 - 28)$$

如果平衡曲线为如图 7 – 10(b)所示的形状，则应过点 A 作平衡曲线的切线，找到水平

线 $Y = Y_1$ 与此切线的交点 B^{**}，读出点 B^{**} 的横坐标 X_1^{**} 的数值，用 X_1^{**} 代替式（7 - 27）或式（7 - 28）中的 X_1^*，便可求得最小液气比或最小吸收剂用量。若平衡关系可用 $Y^* = mX$ 表示，则可依下式算出最小液气比，即：

$$\left(\frac{L}{V}\right)_{\min} = \frac{Y_1 - Y_2}{\dfrac{Y_1}{m} - X_2} \tag{7 - 29}$$

或

$$L_{\min} = \frac{V(Y_1 - Y_2)}{\dfrac{Y_1}{m} - X_2} \tag{7 - 30}$$

2. 适宜吸收剂用量

由以上分析可见，若吸收剂用量不断减小，则所需的相际传质面积逐渐增加，因而使设备费用增大；相反，若不断增大吸收剂用量，会使操作费用增加。因此，吸收剂用量的大小，应从设备费用与操作费用两方面综合考虑后，选择适宜的液气比，使两种费用之和最小。根据生产实践经验，一般情况下比较适宜的吸收剂用量为最小用量的 1.1~2.0 倍，即：

$$\frac{L}{V} = (1.1 \sim 2.0)\left(\frac{L}{V}\right)_{\min} \tag{7 - 31}$$

或

$$L = (1.1 \sim 2.0)L_{\min} \tag{7 - 32}$$

在填料吸收塔中，填料表面必须被液体润湿后，才能起到传质作用。为了保证填料表面能被液体充分地润湿，液体用量不得小于某一最低允许值。如果按式（7 - 31）算出的吸收剂用量不能满足充分润湿填料的起码要求，则应采用较大的液气比。

【例 7 - 2】 用油吸收混合气体中的苯蒸气，混合气体中苯的摩尔分数为 0.04，油中不含苯。吸收塔内操作压强为 101.33 kPa，温度为 30 ℃，吸收率为 80%，操作条件下平衡关系为 $Y^* = 0.126X$。混合气体流量为 1 000 kmol/h，油用量为最少用量的 1.9 倍，求油的用量 L（单位使用 kmol/h）和溶液出塔浓度 X_1。

解：由式（7 - 7）知：

$$Y_1 = \frac{y_1}{1 - y_1} = \frac{0.04}{1 - 0.04} \approx 0.041\ 7$$

由式（7 - 25）可得：

$$Y_2 = Y_1(1 - \phi_1) = 0.041\ 7 \times (1 - 0.80) = 0.008\ 34$$

由题意知，$X_2 = 0$，$m = 0.126$，混合气体流量 $V = 1\ 000$ kmol/h，因此可得：

$$V = V_{混}(1 - y_1) = 1\ 000 \times (1 - 0.04) = 960(\text{kmol/h})$$

由式（7 - 30）可得：

$$L_{\min} = \frac{V(Y_1 - Y_2)}{\dfrac{Y_1}{m} - X_2} = \frac{960 \times (0.041\ 7 - 0.008\ 34)}{\dfrac{0.041\ 7}{0.126} - 0} \approx 96.8(\text{kmol/h})$$

由式(7－32)可得：

$$L = 1.9 L_{\min} = 1.9 \times 96.8 = 184 (\text{kmol/h})$$

由式(7－24)可得：

$$X_1 = \frac{V(Y_1 - Y_2)}{L} + X_2 = \frac{960(0.041\ 7 - 0.008\ 34)}{184} \approx 0.174$$

7.3.3　填料层高度的计算

填料层高度计算的基本思路是：根据塔内的吸收速率[单位时间内单位气、液接触面积上的溶质的吸收量,单位为 kmol/(m² · s)]与吸收塔的吸收负荷(单位时间内的溶质的吸收量,单位为 kmol/s)计算完成规定任务所需的总吸收面积。然后由单位体积填料层所提供的气、液接触面积(有效比表面积)求得所需填料层的体积,该体积除以塔的截面积便得到所需填料层的高度。

1. 填料层高度的基本计算式

为了使填料吸收塔出口的气体达到一定的工艺要求,就需要塔内装填一定高度的填料层来提供足够的气、液两相接触面积。在塔径已经被确定的前提下,填料层高度仅取决于完成规定生产任务所需的总吸收面积和每立方米填料层所能提供的气、液接触面积。

在填料塔中任取一段高度的微元填料层,从以气相浓度差(或液相浓度差)表示的吸收总速率方程和物料衡算出发,可导出填料层的基本计算式为：

$$Z = \frac{V}{K_Y a \Omega} \int_{Y_2}^{Y_1} \frac{\mathrm{d}Y}{Y - Y^*} \tag{7－33}$$

$$Z = \frac{L}{K_X a \Omega} \int_{X_2}^{X_1} \frac{\mathrm{d}X}{X^* - X} \tag{7－34}$$

式(7－33)和式(7－34)即填料层高度的基本计算式。式中的 $K_Y a$ 及 $K_X a$ 分别称为气相总体积吸收系数及液相总体积吸收系数,它们的单位均为 kmol/(m³ · s)。其中有效比表面积 a 总是小于单位体积填料层中的固体表面积(比表面积)σ,这是因为只有那些被流动液体膜层湿润的填料表面,才能提供气、液接触的有效面积。有效比表面积 a 不仅与填料的形状、尺寸及填充状况有关,而且受物性及流动状况的影响。一般 a 的数值不易测定,常将其与吸收系数的乘积视为一个整体,作为一个完整的物理量,称为"体积吸收系数"。体积吸收系数的物理意义为,在单位推动力的作用下,单位时间内,单位体积填料层所吸收溶质的量。

2. 传质单元高度与传质单元数

在填料层的基本计算式(7－33)中,等号右边的因式 $V/(K_Y a \Omega)$ 是由过程条件所决定的,具有高度的单位,定义为气相总传质单元高度,以 H_{OG} 表示,即：

$$H_{\text{OG}} = \frac{V}{K_Y a \Omega} \tag{7－35}$$

等号右边积分项 $\int_{Y_2}^{Y_1} \mathrm{d}Y / (Y - Y^*)$ 中的分子与分母具有相同的单位，因而整个积分的结果为无因次的数值，可认为它代表所需填料层总高度 Z 相当于气相总传质单元高度 H_{OG} 的倍数，定义为气相总传质单元数，以 N_{OG} 表示，即：

$$N_{OG} = \int_{Y_2}^{Y_1} \frac{\mathrm{d}Y}{Y - Y^*} \tag{7-36}$$

于是，式(7-33)可改写为：

$$Z = H_{OG} N_{OG} \tag{7-37}$$

同理，式(7-34)可写成如下的形式，即：

$$Z = H_{OL} N_{OL} \tag{7-38}$$

式中：H_{OL}——液相总传质单元高度，$H_{OL} = L / K_X a\Omega$，m；

N_{OL}—— 液相总传质单元数，$N_{OL} = \int_{X_2}^{X_1} \mathrm{d}X / (X^* - X)$，无因次。

由此，可写出如下的通式：

$$填料层高度 = 传质单元数 \times 传质单元高度$$

传质单元数反映了吸收过程进行的难易程度。生产任务所要求的气体组成变化越大，吸收过程的平均推动力越小，则意味着过程的难度越大，此时所需的传质单元数也就越大。

传质单元高度反映了传质阻力的大小、填料性能的优劣以及润湿情况的好坏。吸收过程的传质阻力越大，填料层有效比表面积越小，则每个传质单元所相当的填料层高度就越大。吸收塔常用的传质单元高度的数值范围为 0.15~1.5 m，具体数值可根据填料类型和操作条件进行计算，或查找有关资料，也可由实验测定。

3. 传质单元数的求法

在吸收操作所涉及的浓度范围内，若平衡线和操作线均为直线，则可仿照传热中对数平均温度差的方法，根据吸收塔进口端和出口端的推动力来计算全塔的平均推动力，即：

$$\Delta Y_m = \frac{\Delta Y_1 - \Delta Y_2}{\ln \dfrac{\Delta Y_1}{\Delta Y_2}} = \frac{(Y_1 - Y_1^*) - (Y_2 - Y_2^*)}{\ln \dfrac{Y_1 - Y_1^*}{Y_2 - Y_2^*}} \tag{7-39}$$

式中：ΔY_m——气相对数平均推动力。

结合填料吸收塔全塔的吸收负荷 G 和全塔的吸收速率方程，整理可得：

$$Z = \frac{V}{K_Y a\Omega} \times \frac{Y_1 - Y_2}{\Delta Y_m} \tag{7-40}$$

与式(7-33)比较，可知：

$$N_{OG} = \int_{Y_2}^{Y_1} \frac{\mathrm{d}Y}{Y - Y^*} = \frac{Y_1 - Y_2}{\Delta Y_m}$$

同理，可写出液相总传质单元数与液相对数平均推动力的计算式，即：

$$N_{OL} = \frac{X_1 - X_2}{\Delta X_m} \qquad (7-41)$$

$$\Delta X_m = \frac{\Delta X_1 - \Delta X_2}{\ln \frac{\Delta X_1}{\Delta X_2}} = \frac{(X_1^* - X_1) - (X_2^* - X_2)}{\ln \frac{X_1^* - X_1}{X_2^* - X_2}} \qquad (7-42)$$

式中：ΔX_m——液相对数平均推动力。

因此，当 $1/2 < \Delta Y_1/\Delta Y_2 < 2$ 或 $1/2 < \Delta X_1/\Delta X_2 < 2$ 时，可用算术平均推动力来代替相应的对数平均推动力，使计算得以简化。

【例 7-3】 某填料塔用纯轻油吸收混合气中的苯，进气量为 1 000 m^3/h（标准状态下），进料气体含苯 5%（体积分数），其余为惰性气体。现要求回收率为 95%，操作时轻油用量为最小用量的 1.5 倍，平衡关系为 $Y = 1.4X$，已知气相体积总吸收系数 $K_Y a = 125$ kmol/($m^3 \cdot h$)，塔径为 1 m。试以对数平均推动力法求填料层高度。

解： 由已知可得，$Y_1 = 0.05/(1-0.05) \approx 0.052\ 6$，$X_2 = 0$。

$$Y_2 = Y_1(1 - \phi_A) = 0.052\ 6(1 - 0.95) = 0.002\ 63$$

因此可得：

$$V = \frac{1\ 000}{22.4}(1 - 0.05) \approx 42.4 (\text{kmol/h})$$

$$\left(\frac{L}{V}\right)_{min} = \frac{Y_1 - Y_2}{\dfrac{Y_1}{m} - X_2} = \frac{0.052\ 6 - 0.002\ 63}{\dfrac{0.052\ 6}{1.4}} \approx 1.33$$

所以

$$L = 1.5 \times 1.33 \times 42.4 = 84.6 (\text{kmol/h})$$

由全塔物料衡算式可得：

$$X_1 = \frac{V(Y_1 - Y_2)}{L} + X_2 = \frac{42.4(0.052\ 6 - 0.002\ 63)}{84.6} \approx 0.025$$

$$\Delta Y_1 = Y_1 - Y_1^* = Y_1 - mX_1 = 0.052\ 6 - 1.4 \times 0.025 = 0.017\ 6$$

$$\Delta Y_2 = Y_2 - Y_2^* = 0.002\ 63$$

$$\Delta Y_m = \frac{\Delta Y_1 - \Delta Y_2}{\ln \dfrac{\Delta Y_1}{\Delta Y_2}} = \frac{0.017\ 6 - 0.002\ 63}{\ln \dfrac{0.017\ 6}{0.002\ 63}} = 0.007\ 88$$

$$Z = H_{OG}N_{OG} = \frac{V}{K_Y a\Omega} \frac{(Y_1 - Y_2)}{\Delta Y_m} = \frac{42.4}{125 \times 0.785} \frac{0.052\ 6 - 0.002\ 63}{0.007\ 88} \approx 2.76 (\text{m})$$

7.4 吸收设备

填料塔是化工生产最常用的气液传质设备之一，它广泛应用于蒸馏、吸收、脱吸、汽提、萃取、化学交换、洗涤和热交换等过程。近年来，由于填料塔研究工作已日益深入，填料结构的形式不断更新和开发，填料性能也得到了迅速提高。金属鞍环、改型鲍尔环及波纹填料等大通量、低压力降、高效率填料的开发，使大型填料塔不断地出现，并已推广到大型气液系统操作中，尤其是孔板波纹填料，由于具有较好的综合性能，且其在许多方面优于各种塔盘，因此其不仅在大规模生产中被采用，也越来越得到人们的重视，在某些领域中，有取代板式塔的趋势。近年来，在蒸馏和吸收领域，最突出的变化是新型填料，特别是规整填料在大直径塔中的使用，这标志着塔填料、塔内件及塔设备的综合设计技术已进入一个新的阶段。

7.4.1 填料塔的结构与特点

吸收过程常在吸收塔中进行。吸收塔既可是填料塔，也可是板式塔。本节主要介绍填料塔。

填料塔是以塔内的填料作为气、液两相间接接触构件的传质设备。填料塔的结构如图 7-11 所示，其主要由直立圆柱形塔壳体 1、填料 4、填料支撑板 6、液体再分布装置 5 组成。操作时，液体从塔顶经液体分离器 2 喷淋到填料上，并沿填料表面成液膜流下，最后由塔底取出。气体从塔底送入，经气体分布装置(小直径塔一般不设气体分布装置)分布后，与填料表面的液膜呈逆流，并连续通过填料层的空隙，在填料表面上，气、液两相密切接触进行传质，最后由塔顶排出管排出。填料塔属于连续接触式气液传质设备，两相组成沿塔高连续变化，在正常操作下，气相为连续相，液相为分散相。

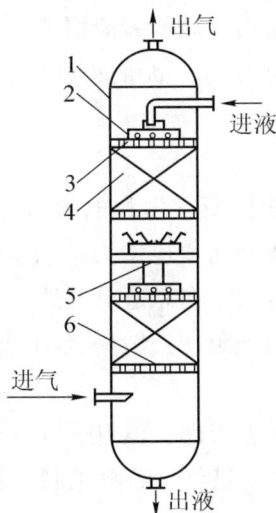

1—塔壳体；2—液体分离器；3—填料压板；4—填料；5—液体再分布装置；6—填料支撑板。

图 7-11 填料塔结构图

当液体沿填料层向下流动时，有逐渐向塔壁集中的趋势，使得塔壁附近的液相流量逐渐增大，这种现象称为壁流。壁流效应造成气、液两相在填料层中分布不均，从而使传质效率下降。因此，当填料层较高时，往往需要进行分段，在塔的中间设置液体再分布装置。液体再分布装置包括液体收集器和液体再分布器两部分，上层填料层中流下的液体经液体收集器收集后，送到液体再分布器，经重新分布后再喷淋到下层填料上。

填料塔的优点是结构简单，生产能力大，分离效率高，压降小，持液量小，操作弹性大等。其缺点是填料造价高，当液体负荷较小时不能有效地润湿填料表面，使传质效率降低。填料塔不适用于有悬浮物或容易聚合的物料，也不适用于侧线进料和出料的操作。

7.4.2 填料的类型及性能评价

填料是填料塔的核心部分，它提供了气、液两相接触传质的界面，是决定填料塔性能的主要因素。对操作影响较大的填料特性如下。

1. 比表面积

单位体积填料层所具有的表面积称为填料的比表面积，以 δ 表示，其单位为 m^2/m^3。显然，填料应具有较大的比表面积，以增大塔内传质面积。同一种类的填料，尺寸越小，则其比表面积越大。

2. 空隙率

单位体积填料层所具有的空隙体积，称为填料的空隙率，以 ε 表示，其单位为 m^3/m^3。填料的空隙率大，气液通过能力大且气体流动阻力小。

3. 填料因子

将 δ 与 ε 组合成 δ/ε^3 的形式称为干填料因子，单位为 m^{-1}。干填料因子表示填料的流体力学性能。当填料被喷淋的液体润湿后，填料表面覆盖了一层液膜，δ 与 ε 均发生相应的变化，此时 δ/ε^3 称为湿填料因子，以 ϕ 表示。ϕ 值小则填料层阻力小，发生液泛时的气速提高，亦即流体力学性能好。

4. 单位堆积体积的填料数目

对于同一种填料，单位堆积体积内所含填料的数目是由填料尺寸决定的。填料尺寸减小，填料数目可以增加，填料层的比表面积也增大，而空隙率减小，气体阻力亦相应增加，填料造价提高。反之，若填料尺寸过大，在靠近塔壁处，填料层空隙很大，将有大量气体由此短路流过。为控制气流分布不均匀现象，一般塔径与填料公称直径的比值 D/d 应大于8，小于10。

此外，从经济、实用及可靠的角度考虑，填料还应具有质量轻、造价低，坚固耐用，不易堵塞，耐腐蚀，有一定的机械强度等特性。各种填料往往不能完全具备上述各种条件，实际应用时，应依具体情况加以选择。

填料的种类很多，大致可分为散装填料和整砌填料两大类。散装填料是一粒粒具有一定几何形状和尺寸的颗粒体，一般以散装方式堆积在塔内。根据结构特点的不同，散装填料分为环形填料、鞍形填料、环鞍形填料及球形填料等。整砌填料是一种在塔内整齐、有规则排列的填料，根据其几何结构可以分为格栅填料、波纹填料、脉冲填料等。

7.5 吸收塔的操作

7.5.1 影响吸收操作的因素

1. 温度

吸收温度对塔的吸收率影响很大。吸收剂的温度降低，会使气体的溶解度增大，溶解度系数增大。对于液膜控制的吸收过程，降低操作温度，会使吸收过程的阻力（$1/K_G \approx 1/Hk_L$）减小，使吸收效果提高，Y_2 降低，传质推动力增大。对于气膜控制的吸收过程，降低操作温度，吸收过程的阻力（$1/K_G \approx 1/k_G$）基本不变，但传质推动力增大，吸收效果同样变好。总之，吸收剂温度的降低，改变了相平衡常数，对过程阻力及过程推动力都产生影响，使吸收总效果变好，溶质回收率增大。

2. 压力

提高操作压力，可以提高混合气体中溶质组分的分压，增大吸收的推动力，有利于气体吸收。但压力过高，操作难度和生产费用会增大，因此，吸收一般在常压下操作。若吸收后，气体在高压下加工，则可采用高压吸收操作，这样既有利于吸收，又有利于增强吸收塔的处理能力。

3. 气体流量

在稳定的操作情况下，当气相流速不大时，液体做层流流动，流体阻力小，吸收速率很低；当气相流速增大，为湍流流动时，气膜变薄，气膜阻力减小，吸收速率增大；当气相流速增大到液泛速度时，液体不能顺畅向下流动，造成雾沫夹带，甚至液泛现象。因此，稳定操作流速，是吸收高效、平稳操作的可靠保证。对于易溶气体的吸收，传质阻力通常集中在气侧，气体流量的大小及其湍动情况对传质阻力的影响很大。对于难溶气体，传质阻力通常集中在液侧，此时气体流量的大小及湍动情况虽可改变气侧阻力，但对总阻力的影响很小。

4. 吸收剂用量

改变吸收剂用量是吸收过程中最常用的方法。当气体流量一定时，增大吸收剂流量，会使吸收速率增大，溶质吸收量增加，气体的出口浓度减小，回收率增大。当液相阻力较小时，增大液体的流量后，传质总系数变化较小或基本不变。此时溶质吸收量的增大主要是由传质推动力的增加引起的，吸收过程的调节主要靠传质推动力的变化。当液相阻力较大时，增大吸收剂流量，会使传质系数大幅增加，传质速率增大，溶质吸收量增大。

5. 吸收剂入塔浓度 X_2

吸收剂入塔浓度的升高，会使塔内的吸收推动力减小，气体出口浓度 Y_2 升高。吸收剂的再循环会使吸收剂入塔浓度提高，对吸收过程不利。但有时采用吸收剂再循环也可能是有利的，例如，当新鲜吸收剂量过小以至于不能满足良好润湿填料的要求时，应采用吸收剂再循环，使推动力降低，再由有效比表面积 a 和体积传质系数 $K_Y a$ 的增大得到补偿，吸收效果好；某些有显著热效应的吸收过程，吸收剂经塔外冷却后再循环可降低吸收剂的温度，使相平衡常数减小，全塔吸收推动力提高，吸收效果也很好。

7.5.2　吸收塔的操作注意事项

总体来说，吸收塔开车时应先进吸收剂，待其流量稳定后，再将混合气体送入塔中；停车时应先停混合气体，再停吸收剂；长期不操作时，应将塔内液体卸空。操作过程中，应注意维持塔内的温度、压力、气液流量的稳定，维持塔釜液封高度的恒定。

▶ 本章小结

吸收是化工生产中分离气体混合物的方法。通过本章的学习，学员应了解吸收装置的结构和特点；理解吸收单元操作的基本概念、吸收传质机理、相平衡与吸收的关系。

本章的学习重点是气体吸收过程的相平衡关系，以及吸收过程的计算。学员应能够进行低浓度气体吸收过程的计算，分析填料塔的操作特性。

▶ 习　　题

一、选择题

1. 对气体吸收有利的操作条件应是(　　　)。

    A. 低温＋高压　　　　B. 高温＋高压　　　　C. 低温＋低压　　　　D. 高温＋低压

2. 氨水的摩尔分数为20%，而它的摩尔比应是(　　　)。

    A. 15%　　　　　　　B. 20%　　　　　　　C. 25%　　　　　　　D. 30%

3. 选择吸收剂时应重点考虑的性能是(　　　)。

    A. 挥发度＋再生性　　　　　　　　　　B. 选择性＋再生性

    C. 挥发度＋选择性　　　　　　　　　　D. 溶解度＋选择性

4. 从节能观点出发，适宜的吸收剂用量 L 应取(　　　)倍最小用量 L_{min}。

    A. 2.0　　　　　　　B. 1.5　　　　　　　C. 1.3　　　　　　　D. 1.1

5. 利用气体混合物各组分在液体中溶解度的差异而使气体中不同组分分离的操作称为(　　　)。

    A. 蒸馏　　　　　　　B. 萃取　　　　　　　C. 吸收　　　　　　　D. 解吸

6. 下述说法错误的是(　　　)。

    A. 溶解度系数 H 值很大，为易溶气体　　B. 亨利系数 E 值大，为易溶气体

    C. 亨利系数 E 值大，为难溶气体　　　　D. 平衡常数 m 值大，为难溶气体

7. 吸收操作的目的是分离(　　　)。

    A. 气体混合物　　　　　　　　　　　　B. 液体均相混合物

C. 气液混合物　　　　　　　　　　　　D. 部分互溶的均相混合物

8. 在一符合亨利定律的气液平衡系统中，溶质在气相中的摩尔浓度与其在液相中的摩尔浓度的差值为（　　）。

    A. 正值　　　　　　B. 负值　　　　　　C. 零　　　　　　D. 不确定

9. 只要组分在气相中的分压（　　）液相中该组分的平衡分压，解吸就会继续进行，直至达到一个新的平衡为止。

    A. 大于　　　　　　B. 小于　　　　　　C. 等于　　　　　　D. 不等于

10. 填料支撑装置是填料塔的主要附件之一，要求支撑装置的自由截面积应（　　）填料层的自由截面积。

    A. 小于　　　　　　B. 大于　　　　　　C. 等于　　　　　　D. 都可以

11. 适宜的空塔气速为液泛速度的（　　），可用来计算吸收塔的塔径。

    A. 0.6% ~80%　　B. 1.1 ~2.0 倍　　C. 30% ~50%　　D. 1.6 ~2.4 倍

12. 在吸收操作中，保持 L 不变，随着气体速度的增加，塔压的变化趋势为（　　）。

    A. 变大　　　　　　B. 变小　　　　　　C. 不变　　　　　　D. 不确定

13. 低浓度逆流吸收塔设计中，若气体流量、进出口组成及液体进口组成一定，减小吸收剂用量，传质推动力将（　　）。

    A. 变大　　　　　　B. 不变　　　　　　C. 变小　　　　　　D. 不确定

14. 逆流填料塔的泛点气速与液体喷淋量的关系是（　　）。

    A. 喷淋量减小，泛点气速减小　　　　　　B. 无关

    C. 喷淋量减小，泛点气速增大　　　　　　D. 喷淋量增大，泛点气速增大

15. 正常操作下的逆流吸收塔，若因某种原因液体量减少以至液气比小于原定的最小液气比时，将发生（　　）。

    A. 出塔液体浓度增加，回收率增加

    B. 出塔气体浓度增加，但出塔液体浓度不变

    C. 出塔气体浓度与出塔液体浓度均增加

    D. 在塔下部将发生解吸现象

16. 在填料塔中，低浓度难溶气体逆流吸收时，若其他条件不变，但入口气量增加，则出口气体组成将（　　）。

    A. 增加　　　　　　B. 减少　　　　　　C. 不变　　　　　　D. 不确定

17. 低浓度的气膜控制系统，在逆流吸收操作中，若其他条件不变，但入口液体组成增大时，则气相出口组成将（　　）。

    A. 增大　　　　　　B. 减小　　　　　　C. 不变　　　　　　D. 不确定

18. 在吸收操作中，当吸收剂用量趋于最小用量时，为完成一定的任务，则（　　）。

    A. 回收率趋向最高　　　　　　B. 吸收推动力趋向最大

    C. 总费用最低　　　　　　　　D. 填料层高度趋向无穷大

19. 吸收塔尾气超标，可能的原因是(　　)。

    A. 塔压增大   B. 吸收剂降温

    C. 吸收剂用量增大   D. 吸收剂纯度下降

20. 吸收过程是溶质(　　)的传递过程。

    A. 从气相向液相   B. 气、液两相之间

    C. 从液相向气相   D. 任一相态

二、判断题

1. 吸收操作中吸收剂用量越多越有利。(　　)

2. 吸收既可以用板式塔，也可以用填料塔。(　　)

3. 吸收过程一般只能在填料塔中进行。(　　)

4. 在吸收操作中，改变传质单元数的大小对吸收系数无影响。(　　)

5. 根据双膜理论，吸收过程的主要阻力集中在两流体的双膜内。(　　)

6. 填料塔正常操作时的气速必须小于载点气速。(　　)

7. 填料塔开车时，我们总是先用较大的吸收剂流量来润湿填料表面，甚至淹塔，然后调节到正常的吸收剂用量，这样吸收效果较好。(　　)

8. 吸收操作中，增大液气比有利于增加传质推动力，提高吸收速率。(　　)

9. 水吸收氨－空气混合气中的氨的过程属于液膜控制。(　　)

10. 在逆流吸收操作中，若已知平衡线与操作线为互相平行的直线，则全塔的平均推动力 $\triangle Y_m$ 与塔内任意截面的推动力 $Y - Y^*$ 相等。(　　)

三、计算题

1. 某逆流吸收塔用纯溶剂吸收混合气体中的可溶组分，气体入塔组成为 0.06(摩尔分数)，要求吸收率为 90%，操作液气比为 2，求塔溶液的组成。

2. 吸收塔中用清水吸收空气中含氨的混合气体，逆流操作，气体流量为 5 000 m³/h(标况)，其中氨含量为 10%(体积分数)，回收率为 95%，操作温度 293 K，压力 101.33 kPa。已知操作液气比为最小液气比的 1.5 倍，操作范围内 $Y^* = 26.7X$，求用水量为多少？

3. 流量为 1.26 kg/s 的空气中含氨 0.02(摩尔分数，下同)，拟用塔径 1 m 的吸收塔回收其中 90% 的氨。塔顶淋入摩尔分数为 4×10^{-4} 的稀氨水。已知操作液气比为最小液气比的 1.5 倍，操作范围内 $Y^* = 1.2X$，$K_y a = 0.052$ kmol/(m³·s)。求所需的填料层高度。

第7章习题参考答案

8 干　燥

▶ **学习目标**

掌握：干燥过程的物料和热量衡算。

理解：湿空气的性质，物料中所含水分的性质，影响干燥速率的因素。

了解：工业生产中的干燥原理及过程分析，干燥器的主要类型及特点。

▶ **学习要求**

能熟练进行干燥过程的物料衡算、热量衡算，能够根据选型依据选择适宜的干燥器，并能够分析如何提高干燥过程热效率。

化工、食品、制药、纺织、采矿、农产品加工等行业，往往需要将潮湿的固体物料中的水分或其他液体除去，以便于运输、储藏或达到生产规定的含湿率的要求。

工业生产中，固体物料去湿的方法很多，常用的有：

①机械分离法。机械分离法即通过压榨、过滤和离心分离等去湿的方法。这是一种耗能较少，较为经济的去湿方法，但湿分的除去不完全。

②吸附脱水法。吸附脱水法即用固体吸附剂，如氯化钙、硅胶等吸去物料中所含的水分的去湿方法。这种方法去除的水分量很少且成本较高。

③干燥法。干燥法即利用热能使湿物料中的湿分汽化，从而去湿的方法。该方法在工业生产中应用较多，去湿较彻底，但耗能较大，因此工业上往往将机械分离法与干燥法联合起来去湿，即先利用机械分离法尽可能除去湿物料中的大部分湿分，再利用干燥法继续去除残余的湿分。

8.1 干燥过程的分类

干燥过程的分类方法很多，按照传热方式的不同，干燥过程可分为以下几种：

①传导干燥。热能通过传热壁面用传导方法传给湿物料，水分汽化产生的蒸气被干燥介质带走，或用真空泵排走的方法即传导干燥。例如，纸制品铺在热滚筒上进行干燥就是传导干燥。

②对流干燥。对流干燥是使干燥介质直接与湿物料接触，干燥介质以对流方式加入物料，并把产生的蒸气带走的干燥方法。对流干燥过程如下，以热空气或烟道气等惰性气体为干燥介质吹过物料表面，干燥介质中的热能传给湿物料，物料表面湿分自行汽化，从而造成物料表面与内部湿分浓度的差异。在这一差异下，内部湿分就以液态或气态的形式向表面扩散。汽化的水分由热空气或烟道气带走，因此，热空气或烟道气既是载热体，又是载湿体。对流干燥过程是传热与传质同时进行的过程，干燥速率由传热速率和传质速率共同控制。

③辐射干燥。辐射干燥是由辐射器产生的辐射能以电磁波的形式达到物料表面后，被物料吸收而重新变为热能，从而使湿分汽化的干燥方法。例如，用红外线干燥法将自行车表面的油漆烘干就是辐射干燥。

④介电加热干燥。介电加热干燥是把需要干燥的电解质物料放在高频电场中，使电能在潮湿的电解质中变为热能，并将液体很快升温而汽化的干燥方法。这种加热过程发生在物料内部，故干燥速率较快，如微波炉干燥食品。

工业生产中，干燥过程多数为连续操作的对流干燥过程，其优点是温度容易控制，缺点是传热效率不高，蒸发的效率也不高，并且蒸发的湿分很难从干燥介质中回收。

本章以热空气干燥湿物料中的水分为例，介绍对流干燥过程的机理、计算以及对流干燥过程的设备。

8.2 干燥过程基本知识

8.2.1 湿空气的性质

空气中混入水蒸气后，形成的混合气体称为湿润空气，简称湿空气。湿空气的性质对于干燥过程计算很重要，故本章首先讨论湿空气的性质。

1. 湿度 H

湿度又称含湿量或者绝对湿度，为湿空气中水汽的质量与绝干空气质量之比（质量比），以符号 H 表示，单位为 kg（水汽）/kg（绝干空气），其表达式为：

$$H = \frac{湿空气中水汽的质量}{湿空气中绝干空气的质量}$$

$$= \frac{湿空气中水汽的物质的量}{湿空气中绝干空气的物质的量} \times \frac{M_{\mathrm{v}}}{M_{\mathrm{a}}}$$

$$= \frac{p}{P-p} \times \frac{M_{\mathrm{v}}}{M_{\mathrm{a}}}$$

$$= 0.662 \frac{p}{P-p} \tag{8-1}$$

式中：p——水汽分压，Pa；

P——总压，Pa；

M_V——水的摩尔质量，18 kg/kmol；

M_a——绝干空气的摩尔质量，29 kg/kmol。

由式(8-1)可见，湿空气的湿度 H 是总压 P 和水汽分压 p 的函数。

总压一定时，湿空气中水汽分压 p 等于该空气温度下纯水的饱和蒸气压 p_s，这种情况下，湿空气再也不能吸收水分，此时的湿空气称为饱和空气，其湿度称为饱和湿度，用 H_s 表示，即：

$$H_s = 0.622 \frac{p_s}{P - p_s} \qquad (8-2)$$

当湿空气中水汽分压 p 小于该空气温度下纯水的饱和蒸气压 p_s 时，称为不饱和空气。

2. 相对湿度

在一定总压下，湿空气中水汽分压 p 与同温度下水的饱和蒸气压 p_s 之比，称为相对湿度，用 φ 表示，即：

$$\varphi = \frac{p}{p_s} \times 100\% \qquad (8-3)$$

相对湿度 φ 代表空气中水汽含量的相对大小。当 $p=0$ 时，$\varphi=0$，表示湿空气中不含水分，为绝干空气。当 $p=p_s$ 时，$\varphi=1$，表示湿空气被水汽所饱和，为饱和空气，这种湿空气不能用作干燥介质。由此可见，φ 值越小，表示空气的吸湿能力越大。因此，湿空气的饱和湿度为：

$$H_s = 0.622 \frac{\varphi p_s}{P - \varphi p_s} \qquad (8-4)$$

式中：H_s——湿空气的饱和湿度，kg(水汽)/kg(绝干空气)；

p_s——在湿空气的温度下，纯水的饱和蒸气压，Pa 或 kPa；

φ——相对湿度，单位为 1。

3. 湿比容 v_H (湿空气的比体积)

以每千克绝干空气体积为基准，其湿空气的体积，称为湿空气的比容，简称湿比容，用 v_H 表示，单位为 m³(湿空气)/kg(绝干空气)，即：

$$v_H = \frac{绝干空气体积 + 水汽体积}{绝干空气的质量}$$

$$= (0.773 + 1.244H) \times \frac{273 + t}{273} \times \frac{1.013 \times 10^5}{P} \qquad (8-5)$$

标准状态下，湿空气的比容为：

$$v_H = (0.773 + 1.244H) \times \frac{273 + t}{273} \qquad (8-6)$$

式中：v_H——湿空气的比容，m³(湿空气)/kg(绝干空气)。

式(8-5)和式(8-6)中的 0.773 表示在标准状态下，1 kg 绝干空气的体积，单位为 m³/kg；

1. 244 表示在标准状态下，1 kg水蒸气的体积，单位为 m^3/kg。

4. 比热容

当湿空气的温度为 t，湿度为 H 时，以单位质量的绝干空气为基准，将1 kg湿空气温度升高或降低1 ℃所需要吸收或放出的热量称为湿空气的比热容，简称湿比热容，用 c_H 表示，单位为 kJ/［kg(绝干空气)·℃］。

$$c_H = c_g + c_V H \qquad (8-7)$$

式中：c_g——绝干空气的比热容，kJ/(kg·℃)；

c_V——水汽的比热容，kJ/［kg(水汽)·℃］。

在常用的温度范围内，$c_g \approx 1.01$ kJ/(kg·℃)，$c_V \approx 1.88$ kJ/(kg·℃)则：

$$c_H = 1.01 + 1.88H \qquad (8-8)$$

式（8-8）表明湿比热容只是湿度的函数。

5. 干球温度 t 和湿球温度 t_w

干球温度是指空气的真实温度，可直接用普通温度计测量，湿球温度则需要用湿球温度计来测量，如图8-1所示。

用湿纱布包住温度计的感温球，并将纱布的一部分浸在水中，以保持纱布表面的湿润，就制成了湿球温度计。将湿球温度计放在温度为 t，湿度为 H 的湿空气流中，在绝热条件下，达到平衡时所显示的温度就称为该湿空气的湿球温度 t_w。

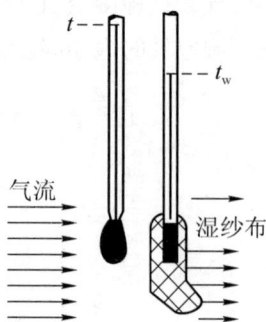

图8-1 普通温度计与湿球温度计

假设开始时，湿纱布中的水温与湿空气的温度相同，但因湿空气是不饱和的，湿纱布表面的水蒸气压力(空气干球温度下水的饱和蒸气压)大于湿空气中的水汽分压，故纱布表面的水分汽化，并向空气主动扩散。汽化所需要的潜热只能由水本身温度下降所放出的显热供给(湿球温度计读数自然随之下降)。水温降低后，湿纱布与空气间出现温度差，于是，引起空气与湿纱布之间的对流传热。当对流传热速率不足以补偿水分汽化所需的热量速率时，水温将继续下降。水温越低，对流传热温差越大，对流传热速率越快。当水温达到某一数值时，空气通过对流传递给水的热量恰好等于水分汽化所需要的热量，水温不再变化，这一水温，即湿球温度计所指示的温度，就称为湿球温度，用 t_w 表示。前面分析时，假设了初始水温与湿空气温度相同，但实际上，不论初始温度如何，最终都会达到这种稳定的温度，只不过达到稳定状态所需的时间不同。

在一定总压下，只要测出湿空气的干、湿球温度，就可以确定湿空气的湿度。这里应指出，测湿球温度时，只有在空气的流速大于5 m/s，且气温不太高，以减少辐射和导热传热影响的情况下，才能使测量结果更为精确。

6. 露点 t_d

在总压不变的条件下，不饱和湿空气冷却达到饱和状态时的温度称为露点，用 t_d 表示。

当空气温度低于露点温度时，开始有水珠冷凝出来，此即用冷冻的方法去除不凝性气体中水汽的原理。

湿空气冷却过程中，水汽分压、湿度均不变，但纯水的饱和蒸气压 p_s 随着温度下降而不断降低，所以，相对湿度不断增大，当达到露点时，相对湿度达到极大值 100%，即湿空气饱和度 $\varphi = 1$。露点对应的湿度是饱和湿度，用 H_d 表示，由式(8-4)可得：

$$H_d = H = 0.622 \frac{p}{P - p_s} = 0.622 \frac{p_d}{P - p_d} \qquad (8-9)$$

式中：P——初始湿空气的水汽分压，Pa；

p_d——露点温度下水的饱和蒸气压，Pa。

在总压一定时，若能测出露点温度下的饱和蒸气压，就可以用式(8-9)计算出空气的湿度，这也是湿度的测量方法之一。

露点是由空气中的水汽分压决定的，对一定温度的空气，其相对湿度越低时，水汽分压越低，露点就越低，干球温度与露点温度差值就越大。饱和空气中水汽分压即空气温度 t 下水的饱和蒸气压，其露点就是空气的温度，即 $t = t_d$，对于不饱和的空气有 $t > t_w > t_d$，对于饱和空气有 $t = t_w = t_d$。

8.2.2　物料中含水量的表示方法

湿物料的含水率是指湿物料中的水分含量，通常用下面两种方法表示：

1. 湿基含水率

湿基含水率是指水分质量占湿物料总质量的百分率，用 w 表示，即：

$$w = \frac{水分质量}{湿物料的总质量} \times 100\% \qquad (8-10)$$

2. 干基含水率

湿物料在干燥的过程中，绝干物料的质量不变，故常取绝干物料为基准定义水分含量。把水分质量与绝干物料的质量之比称为干基含水率，以 X 表示，即：

$$X = \frac{湿物料水分质量}{湿物料总质量 - 湿物料水分质量} \times 100\% \qquad (8-11)$$

两种含水率之间的换算关系为：

$$w = \frac{X}{1 + X} \qquad (8-12)$$

$$X = \frac{w}{1 - w} \qquad (8-13)$$

8.3　干燥过程的物料衡算

如图 8-2 所示为连续逆流操作的干燥过程，设干燥器内无物料损失，以 1 s 为基准进行物料衡算。

新鲜空气L, H_1 → | W ↑ | → 废气L, H_2

干燥产品G_2', X_2 ← | | ← 湿物料G_1', X_1

干燥器

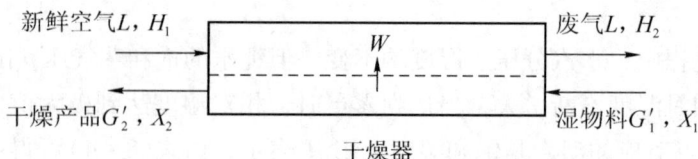

图 8 – 2　各流股进出逆流干燥器示意图

图 8 – 2 中，L 为绝干空气的消耗量，单位为 kg（绝干空气）/s；H_1，H_2 分别为空气进出干燥器时的湿度，单位为 kg/kg（绝干空气）；X_1，X_2 分别为湿物料进出干燥器时的干基含水量，单位为 kg（水分）/kg（干料）；G_1'，G_2' 分别为湿物料进出干燥器时的流量，单位为 kg（物料）/s。

8.3.1　水分蒸发量 W

对湿物料进行水分衡算时，湿物料经过干燥后的水分减少量即水分蒸发量，其表达式为：

$$W = G(X_1 - X_2) = L(H_2 - H_1) \tag{8 – 14}$$

式中：G——绝干物料量，kg（绝干空气）/s；

　　　X_1，X_2——干燥前后物料中的干基含水量；

　　　H_1，H_2——湿空气进、出干燥器的湿度，kg/kg（绝干空气）；

　　　L——绝干空气的质量流量，kg（绝干空气）/s；

　　　W——水分蒸发量，kg（水分）/s。

8.3.2　干空气消耗量 L

在对流干燥过程中，湿物料中所有被汽化的水分都进入了干燥介质空气中，即物料水分蒸发的量应等于水分增加的量，则有：

$$LH_1 + GX_1 = LH_2 + GX_2$$

整理得：

$$L = \frac{G(X_1 - X_2)}{H_2 - H_1} = \frac{W}{H_2 - H_1} \tag{8 – 15}$$

将式（8 – 15）的等号两边同除以 W，得：

$$I = \frac{L}{W} = \frac{1}{H_2 - H_1} \tag{8 – 16}$$

式中：I——单位空气消耗量，kg（绝干空气）/kg（水分），即每蒸发1 kg水分所消耗的绝干空气量。

8.3.3 干燥产品流量 G_2'

由干燥过程中绝干物料质量恒定，可得：

$$G_2'(1 - w_2) = G_1'(1 - w_1) \tag{8-17}$$

解得：

$$G_2' = \frac{G_1'(1 - w_1)}{1 - w_2} \tag{8-18}$$

式中：w_1，w_2——物料进、出干燥器时的湿基含水量。

应当注意，干燥产品是指离开干燥器时的物料，并非绝干物料，它仍是含少量水分的湿物料。

8.4 干燥过程的热量衡算

通过热量衡算，可求得预热器的热负荷、向干燥器补充的热量、干燥过程消耗的总热量。它是预热器传热面积、加热介质用量、干燥器尺寸以及干燥系统热效率等计算的基础。

8.4.1 热量衡算的基本方程

如图 8-3 所示为连续干燥过程的热量衡算示意图，图中 H_0，H_1，H_2 分别为湿空气进入预热器、离开预热器（进入干燥器）及离开干燥器时的湿度，单位为 kg/kg（绝干空气）；I_0，I_1，I_2 分别为湿空气进入预热器、离开预热器（进入干燥器）及离开干燥器时的焓，单位为 kJ/kg（绝干空气）；t_0，t_1，t_2 分别为湿空气进入预热器、离开预热器（进入干燥器）及离开干燥器时的温度，单位为℃；L 表示绝干空气流量，单位为 kg（绝干空气）/s；Q_p 表示单位时间内预热器消耗的热量，单位为 kW；G_1'，G_2' 分别为湿物料进、出干燥器时的流量，单位为 kg（湿物料）/s；θ_1，θ_2 分别为湿物料进、出干燥器时的温度，单位为℃；X_1，X_2 分别为湿物料进、出干燥器时的干基含水量，单位为 kg/kg（绝干物料）；I_1'，I_2' 分别为湿物料进、出干燥器时的焓，单位为 kJ/kg；Q_D 表示单位时间内向干燥器补充的热量，单位为 kW；Q_L 表示干燥器的热损失速率（若干燥器中采用输送装置输送物料，则装置带出的热量也应计入热损失中），单位为 kW。

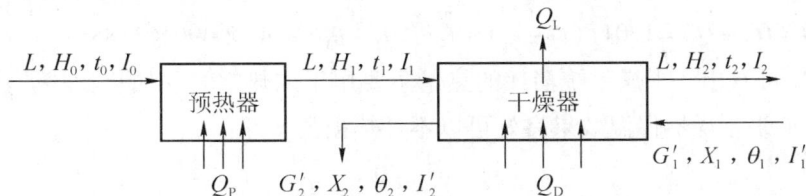

图 8-3　连续干燥过程的热量衡算示意图

对预热器做衡算时，若忽略预热器的热损失，以单位时间为基准进行热量衡算有：

$$LI_0 + Q_P = LI_1 \tag{8-19}$$

故预热器的热负荷为：

$$Q_P = L(I_1 - I_0) = L(1.01 + 1.88H_0)(t_1 - t_0) \tag{8-20}$$

对干燥器衡算时，有：

$$Q_D = L(I_2 - I_1) + G(I_2' - I_1') + Q_L \tag{8-21}$$

对整个干燥系统衡算时，有

$$Q = Q_P + Q_D = L(I_2 - I_0) + G(I_2' - I_1') + Q_L \tag{8-22}$$

其中物料的焓 I' 包括绝干物料的焓和水分的焓，即：

$$I' = c_s\theta + Xc_w\theta = (c_s + 4.187X)\theta = c_m\theta \tag{8-23}$$

$$c_m = c_s + 4.187X \tag{8-24}$$

式中：c_s——绝干物料的比热容，kJ/［kg(绝干物料)·℃］；

c_w——水的比热容，取为 4.187 kJ/［kg(水)·℃］；

c_m——湿物料的比热容，kJ/［kg(绝干物料)·℃］。

式(8-21)，式(8-22)及式(8-23)为连续干燥系统热量衡算的基本方程，可通过以下的分析得到更为简明的形式。

干燥系统的总热负荷 Q 被用于下面三种条件下，可简化处理。

条件一，将新鲜空气 L(湿度为 H_0)由 t_0 加热至 t_2 时，所需热量为：

$$Q = L(1.01 + 1.88H_0)(t_2 - t_0)$$

条件二，湿物料进料 $G_1' = G_2' + W$，其中干燥产品 G_2' 由 θ_1 加热至 θ_2 时，所需热量为：

$$Q = G c_m(\theta_2 - \theta_1)$$

水分 W 由 θ_1 被加热汽化并升温至 t_2 时，所需热量为：

$$Q = W(1.88t_2 + 2490 - 4.187q_1)$$

条件三，干燥系统损失的热量为 Q_a。

因此干燥系统的总热负荷应为：

$$Q = Q_P + Q_D = L(1.01 + 1.88H_0)(t_2 - t_0) + Gc_m(\theta_2 - \theta_1) + W(2490 + 1.88t_2 - 4.187\theta_1) + Q_L$$

若忽略空气中水汽进出干燥系统的焓变和湿物料中水分带入干燥系统的焓，则上式可简化为：

$$Q = Q_P + Q_D = 1.01L(t_2 - t_0) + Gc_m(\theta_2 - \theta_1) + W(2490 + 1.88t_2) + Q_L \tag{8-25}$$

由式(8-25)可看出，干燥系统消耗的热量主要用于加热空气、加热物料、蒸发水分和热损失四方面。如果干燥器保温效果良好可以不计热损失，即：

$$Q_a = 0$$

又由于加热物料所用的热量也可忽略，则空气干燥过程可近似为等焓过程，在湿度图中沿等焓线可以确定废气的状态。

8.4.2 干燥系统的热效率

干燥系统的热效率定义为：

$$\eta = \frac{\text{蒸发水分所需的热量}}{\text{向干燥系统输入的总热量}} \times 100\% \qquad (8-26)$$

若忽略湿物料中水分带入干燥系统的焓，则蒸发水分所需的热量为：

$$Q_v \approx W(2\,490 + 1.88t_2)$$

将上式代入式(8-26)得：

$$\eta = \frac{W(2\,490 + 1.88t_2)}{Q} \times 100\% \qquad (8-27)$$

其中加入干燥系统的能量消耗为汽化水分、加热物料、加热空气、干燥器热损失。因此，加热量一定的干燥过程只有增加汽化水分所用的热量，并尽量减少加热物料、加热空气、干燥器热损失三项用热，才能更有效地提高热效率。

8.5 干燥速率和干燥速率曲线

8.5.1 干燥速率

干燥速率是指单位时间内，单位干燥面积上汽化的水分质量，即：

$$U = \frac{dW'}{Sd\tau} \qquad (8-28)$$

式中：U——干燥速率，又称干燥通量，$kg/(m^2 \cdot s)$；

S——干燥面积，m^2；

W'——一批操作中汽化的水分量，kg；

τ——干燥时间，s。

式（8-28）中的 dW 满足下列条件，即：

$$dW' = -G'dX \qquad (8-29)$$

式中：G'——一批操作中绝干物料的质量，kg。

公式中的负号表示 X 随干燥时间的增加而减小。将式(8-29)代入式(8-28)得：

$$U = -\frac{G'dX}{Sd\tau} \qquad (8-30)$$

8.5.2 干燥速率曲线

干燥过程中，干燥速率 U 与物料含水量 X 之间的关系曲线称为干燥速率曲线。干燥过程中，若干燥介质的状态、流速以及与物料的接触方式均保持恒定，则称为恒定干燥条件。为简化干燥过程的影响因素，干燥速率曲线通常是在恒定干燥条件下测得的。

从如图 8-4 所示的恒定干燥条件下干燥速率曲线中可以看出，干燥过程明显地分为两个阶段：恒速干燥阶段和降速干燥阶段。

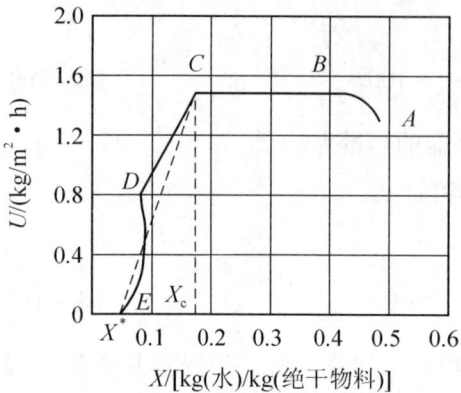

图 8-4   恒定干燥条件下干燥速率曲线

ABC 段表示干燥第一阶段，其中 AB 段为预热段。在这个阶段中，随着干燥过程的进行，干燥速率升高，物料含水量略有下降，表面温度略有升高。预热段一般很短，通常被并入 BC 段内一起考虑。当物料的表面温度升至空气状态的湿球温度时，干燥进入 BC 段，在此段内，空气传给物料的显热恰等于水分汽化所需的潜热，而物料表面的温度维持在 t_w 不变，物料的含水量随干燥时间直线下降，而干燥速率保持恒定，故称为恒速干燥阶段。CDE 段表示干燥的第二阶段，称为降速干燥阶段。干燥进入 CD 段后，物料开始升温，热空气传给物料的热量一部分用于加热物料使其温度由 t_w 升高到 θ_2，另一部分用于水分汽化，在此阶段内干燥速率随物料含水量的减少而降低，直至 E 点。干燥过程达到 E 点后，物料的含水量等于平衡含水量 X^*，干燥速率降为零，干燥过程停止。两个干燥阶段之间的交点 C 称为临界点，与点 C 对应的物料含水量称为临界含水量，以 X_c 表示。点 C 为恒速段的终点，降速段的起点，其干燥速率仍等于恒速干燥阶段的速率，以 U_c 表示。

8.6   干燥设备

在化工生产中，根据被干燥物料的形状(块状、粒状、溶液、浆状及膏糊状等)和性质(耐热性、含水量、分散性、黏性、耐酸碱性、防爆性及湿度等)、生产能力的差别、干燥产品的要求来选用干燥器形式。干燥器的类型是多种多样的，通常按照加热方式将干燥器分成如表 8-1 所示的类型。

表 8-1   常用干燥器按照加热方式的分类

类　　　型	干　　　燥　　　器
对流干燥器	厢式干燥器，气流干燥器，沸腾干燥器，转筒干燥器，喷雾干燥器
传导干燥器	滚筒干燥器，真空盘架式干燥器
辐射干燥器	红外线干燥器
介电加热干燥器	微波干燥器

针对实际生产对干燥器的要求，下面选择介绍几种适用于化工产品的常用干燥器。

8.6.1 厢式干燥器

厢式干燥器又称为盘式干燥器，有的还称为室式干燥器。它是历史悠久的常压间歇操作干燥设备之一。通常，小型的厢式干燥器称为烘箱，大型的称为烘房。按气体的流动方式，厢式干燥器又可分为厢式并流干燥器、厢式穿流干燥器和厢式真空干燥器。

厢式并流干燥器的基本结构如图 8-5 所示，湿物料放在盘架 7 上的浅盘内，物料的堆积厚度为 10~100 mm。风机 3 吸入的新鲜空气，经加热机 5 预热后沿挡板 6 均匀地进入各挡板间，并水平掠过各浅盘内物料的表面，对物料进行干燥。部分废气经空气出口 2 排出，余下的进行循环使用，用来提高热效率。废气循环量由空气入口或空气出口的挡板进行调节。空气的流速根据物料的粒度来定，应使物料不被气流夹带出干燥器为原则，一般空气的流速为 1~10 m/s。这种干燥器的浅盘也可放在能移动的小车盘架上，用以方便物料的装卸，而减轻劳动强度。

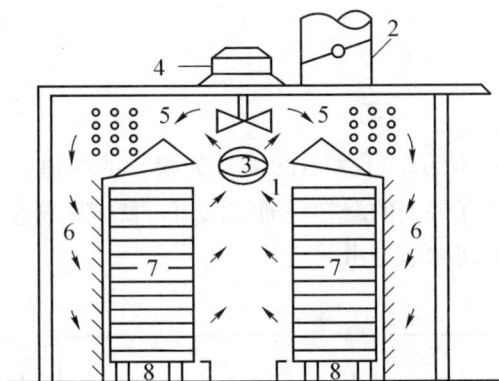

1—空气入口；2—空气出口；3—风机；4—电动机；
5—加热机；6—挡板；7—盘架；8—移动轮。
图 8-5 厢式并流干燥器的基本结构

当对干燥过程有特殊要求时，比如干燥热敏性物料、易燃易爆物料或物料的湿分需要回收等，厢式干燥器可以在真空条件下操作，称为厢式真空干燥器。厢式真空干燥器的干燥厢是密封的，并将浅盘架制成空心，以使加热蒸气从中通过。干燥时，空气以传导方式加热物料，使盘中物料所含水分或溶剂汽化，汽化出的水汽或溶剂蒸气用真空泵抽出，以维持厢内的真空度。

厢式穿流干燥器的结构如图 8-6 所示，使用时，将物料铺在多孔的浅盘（或网）上，气流垂直地穿过物料层，两层物料之间设有倾斜的挡板，用来防止从一层物料中吹出的湿空气再吹入另一层。空气通过小孔的速度为0.3~1.2 m/s。厢式穿流干燥器通常适用于通气性好的颗粒状物料，其干燥速率一般为厢式并流干燥器的8~10倍。

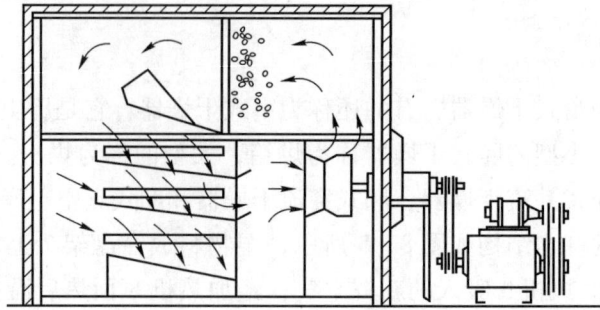

图 8 - 6　厢式穿流干燥器的结构

厢式干燥器也可使用烟道气作为干燥介质。厢式干燥器的优点为结构简单，设备投资少，适应性大。其缺点为劳动强度大，装卸物料热损失大，物料干燥不易均匀。厢式干燥器通常应用于小规模、多品种物料的干燥，适用于干燥条件变化大及要求干燥时间长的场合，特别适合于实验室应用。

8.6.2　洞道式干燥器

洞道式干燥器如图 8 - 7 所示，干燥器的器身为狭长的洞道，内部设有铁轨，一系列的小车载着盛在浅盘中或悬挂在架上的湿物料通过洞道，使湿物料在洞道中与热空气接触从而被干燥。小车可以连续地或间歇地进出洞道。

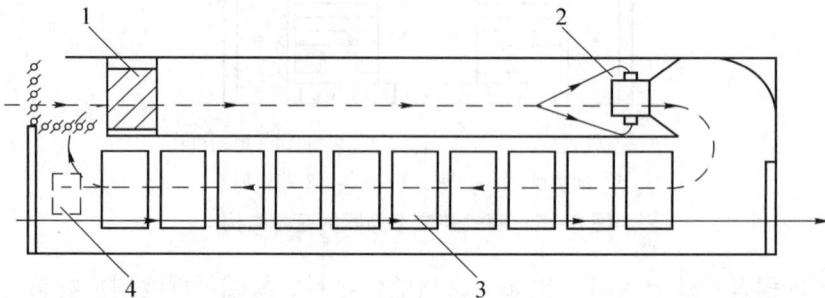

1—加热器；2—风扇；3—装料车；4—排气口。

图 8 - 7　洞道式干燥器

因洞道式干燥器的容积大，小车在器内停留时间长，故适用于处理量大、干燥时间长的物料，如木材、陶瓷等。干燥介质为热空气或烟道气，气速通常大于2 m/s。洞道中也可采用中间加热或废气循环操作。

8.6.3　带式干燥器

带式干燥器如图 8 - 8 所示，干燥室的截面为长方形，内部装有网状传送带，物料置于传送带上，气流与物料错流流动。干燥时，带子在前移过程中，物料不断地与热空气接触而被干燥。传送带可以是单层的，也可以是多层的，带宽为1 ~ 3 m，带长为 4 ~ 50 m，干燥时间为 5 ~ 120 min。通常在物料的运动方向上，带式干燥器被分成许多区段，每个区段都装有风机和加热器。在不同区段内，气流的方向、温度、湿度及速度都可以不同，如果在湿料区段，操作气速可以大些。

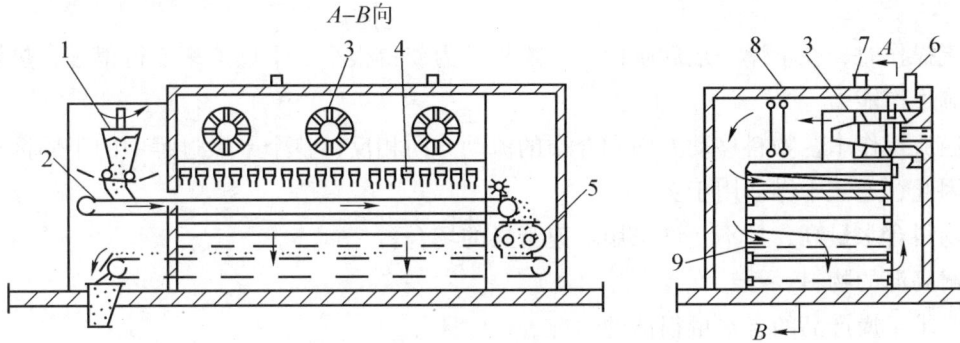

1—加料器；2—传送带；3—风机；4—热空气喷嘴；5—压碎机；6—空气入口；

7—空气出口；8—加热器；9—空气再分配器。

图 8 - 8　带式干燥器

根据湿物料性质的不同，传送带可选用帆布、橡胶、涂胶布或金属丝网制成。物料在带式干燥器内基本可保持原状，带式干燥器也可以同时连续干燥多种固体物料，但是要求传送带上物料的堆积厚度、装载密度必须均匀，否则通风不均匀，会使产品质量下降。这种干燥器的生产能力及热效率都较低，热效率在 40% 以下。但对于颗粒状、块状和纤维状的物料，通常用带式干燥器进行干燥。

8.7　干燥器的操作

8.7.1　干燥操作条件的确定

1. 干燥介质的选择

干燥介质的选择取决于干燥过程的工艺及可利用的热源。基本的热源有饱和水蒸气、液态或气态的燃料和电能。对流干燥介质可采用热空气、惰性气体、烟道气和过热蒸气。

当干燥操作温度不太高，且氧气的存在不影响被干燥物料的性能时，可采用热空气作为干燥介质。对某些易氧化的物料，或可蒸发出易爆气体的物料，则宜采用惰性气体作为干燥介质。烟道气适用于高温干燥，但要求被干燥的物料不怕污染，且不与烟道气中的 SO_2 和 CO_2 等气体发生作用。由于烟道气温度高，故可强化干燥过程，缩短干燥时间。此外还应考虑干燥介质的经济性及来源。

2. 流动方式的选择

在并流操作中，物料移动方向与干燥介质流动方向相同，其特点是推动力沿物料移动方向逐渐减小。因此并流干燥适用于：

①物料在湿度较大且允许快速干燥而不会发生裂纹或焦化现象的场合。

②干燥后的物料不能耐高温，即产物会发生分解、氧化等物理或化学变化的场合。

③干燥后的物料具有很小的吸湿性，不易从干燥介质中吸回水分而使产品质量降低的场合。

并流操作时，在干燥的最后阶段，干燥推动力变得很小，干燥速率变得很慢，热效率较低，影响生产能力。

在逆流操作中，物料移动方向和介质的流动方向相反，整个干燥过程中的干燥推动力较均匀。因此，逆流干燥适用于：

①物料含水量高，且不允许采用快速干燥的场合。

②耐高温的物料。

③要求干燥产品的含水量很低的情况。

在错流操作中，干燥介质与物料间运动方向互相垂直。各个位置上的物料都与高温、低湿的介质相接触，因此干燥推动力比较大，又可采用较高的气体速度，所以干燥速率很高。因此错流干燥适用于：

①无论含水量的多少，都可以进行快速干燥的场合。

②耐高温的物料。

③因阻力大或干燥器结构的要求不适宜采用并流或逆流操作的场合。

3. 干燥介质进入干燥器时的温度

为了强化干燥过程并提高经济效益，应将干燥介质的进口温度保持在物料允许的最高温度范围内，但应考虑避免物料发生变色、分解等理化变化。对于同一种物料，允许的介质进口温度随干燥器类型的不同而异。例如，在厢式干燥器中，由于物料是静止的，因此应选择较低的介质进口温度；在转筒、沸腾、气流等干燥器中，物料不断地翻动，致使干燥温度较高、较均匀、速度快、时间短，因此介质进口温度可高些。

8.7.2 干燥器的选型

在选择干燥器时，首先应根据湿物料的形状、特性、处理量、处理方式及可选用的热源等选择出适宜的干燥器类型。通常，干燥器选型应考虑以下各项因素：

①被干燥物料的性质，如热敏性、黏附性、颗粒的大小及形状、磨损性及腐蚀性、毒性、可燃性等。

②对干燥产品的要求，以及干燥产品的含水量、几何形状、粒度分布、粉碎程度等。如干燥食品时，产品的几何形状、粉碎程度均对成品的质量及价格有直接的影响。干燥脆性物料时应特别注意成品的粉碎与粉化。

③利用物料的干燥速率曲线与临界含水量确定干燥时间时，应先由实验测出干燥速率曲线，确定临界含水量 X_c。这是因为，物料与介质接触状态、物料尺寸与几何形状对干燥速率曲线的影响很大。如物料粉碎后再进行干燥时，除了干燥面积增大外，一般临界含水量

X_c 值也降低，有利于干燥。因此，当无法用与设计类型相同的干燥器进行实验时，应尽可能用其他干燥器模拟设计时的湿物料状态进行实验，并确定临界含水量 X_c 值。

④固体粉粒及溶剂的回收问题。

⑤可利用热源的选择及能量的综合利用。

⑥干燥器的占地面积、排放物及噪声是否满足环保要求。

本章小结

干燥过程是热量与质量同时反方向传递的过程，影响因素颇为复杂。在某些情况下，定量计算难度较大，要做一些简化处理。通过本章的学习，学员应了解湿空气的性质，掌握干燥过程的物料衡算和热量衡算方法。

本章的学习重点是干燥过程的物料衡算和热量衡算，学员应能应用物料衡算及热量衡算解决干燥过程中的计算问题，了解干燥器的类型及强化干燥操作的基本方法。

习　　题

一、选择题

1. 下列叙述正确的是（　　　）。

　　A. 空气的相对湿度越大，吸湿能力越强

　　B. 湿空气的比体积为 1 kg 湿空气的体积

　　C. 湿球温度与绝热饱和温度必相等

　　D. 对流干燥中，空气是最常用的干燥介质

2. （　　　）越少，湿空气吸收水汽的能力越大。

　　A. 湿度　　　　　　B. 绝对湿度　　　　　　C. 饱和湿度　　　　　　D. 相对湿度

3. 50 kg 湿物料中含水 10 kg，则干基含水量为（　　　）。

　　A. 15%　　　　　　B. 20%　　　　　　C. 25%　　　　　　D. 40%

4. 进行干燥过程的必要条件是干燥介质的温度大于物料表面温度，使得（　　　）。

　　A. 物料表面所产生的湿分分压大于气流中湿分分压

　　B. 物料表面所产生的湿分分压小于气流中湿分分压

　　C. 物料表面所产生的湿分分压等于气流中湿分分压

　　D. 物料表面所产生的湿分分压大于或小于气流中湿分分压

5. 以下关于对流干燥特点，不正确的是（　　　）。

　　A. 对流干燥过程是气、固两相热、质同时传递的过程

　　B. 对流干燥过程中气体传热给固体

　　C. 对流干燥过程中湿物料的水被汽化进入气相

D. 对流干燥过程中湿物料表面温度始终恒定于空气的湿球温度

6. 将氯化钙与湿物料放在一起，以除去物料中水分，这是采用(　　　)的方法。

    A. 机械去湿　　　　　　　　　　　　B. 吸附去湿

    C. 供热去湿　　　　　　　　　　　　D. 无法确定

7. 在总压101.33 kPa，温度20℃下，某空气的湿度为0.01 kg(水分)/kg(绝干空气)，现维持总压不变，将空气温度升高到50℃，则相对湿度(　　　)。

    A. 增大　　　　　　　　　　　　　　B. 减小

    C. 不变　　　　　　　　　　　　　　D. 无法判断

8. 下面关于湿空气的干球温度 t、湿球温度 t_w、露点 t_d，三者关系的公式正确的是(　　　)。

    A. $t > t_w > t_d$　　　　　　　　　　　B. $t > t_d > t_w$

    C. $t_d > t_w > t$　　　　　　　　　　　D. $t_w > t_d > t$

9. 反映热空气容纳水汽能力的参数是(　　　)。

    A. 绝对湿度　　　　　　　　　　　　B. 相对湿度

    C. 湿容积　　　　　　　　　　　　　D. 湿比热容

10. 用对流干燥方法干燥湿物料时，不能除去的水分为(　　　)。

    A. 平衡水分　　　　B. 自由水分　　　　C. 非结合水分　　　　D. 结合水分

二、判断题

1. 湿空气温度一定时，相对湿度越低，湿球温度也越低。(　　　)

2. 若以湿空气作为干燥介质，由于夏季的气温高，则湿空气用量就少。(　　　)

3. 同一种物料在一定的干燥速率下，物料越厚，则其临界含水量越高。(　　　)

4. 恒速干燥阶段，湿物料表面的湿度也维持不变。(　　　)

5. 湿空气在预热过程中，露点是不变的参数。(　　　)

第8章习题参考答案

9 实　训

9.1　机械能转换实训

9.1.1　实训目的

①理解流体在流动过程中自身具有的机械能之间的相互转化。

②测量各项压头变化规律，加深对伯努利方程的理解。

③测定阀门在不同开度下的流速变化。

9.1.2　实训装置与操作

1. 装置流程

如图9-1所示，离心泵将储水槽中的水抽出，经过调节阀送入高位槽中。高位槽中的水进入被测量的直管段后回到储水槽，水槽内的水循环使用。

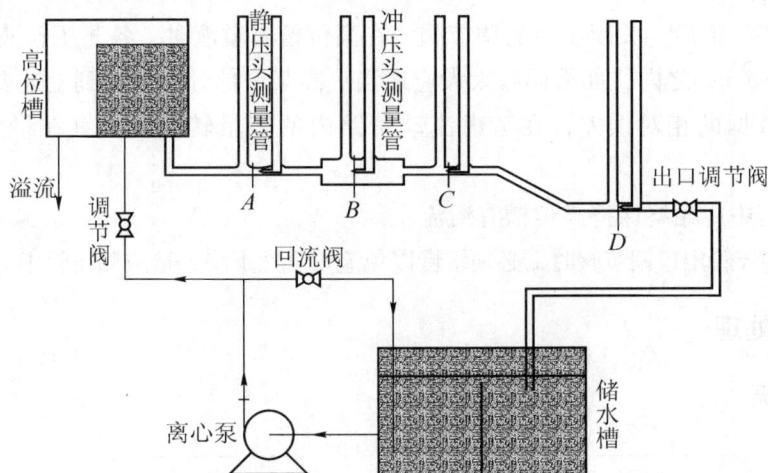

图9-1　机械能转化装置

2. 设备参数

①A 截面、C 截面和 D 截面处玻璃管直径为 15 mm。

②B 截面处玻璃管直径为 25 mm。

③C 截面和 D 截面的位差为 100 mm。

3. 操作训练

（1）开车前准备工作

①检查储水槽内是否保持有一定体积的水（水槽体积的 2/3）。

②关闭离心泵出口的调节阀和回流阀。

③关闭玻璃导管出口的调节阀。

（2）开车操作

①按下离心泵的绿色按钮，启动离心泵。

②打开离心泵回流阀后，再打开离心泵出口的调节阀。

③待高位槽有水溢出后，全开玻璃导管出口的调节阀，排出系统气泡。

④关闭玻璃导管出口的调节阀，待各截面处测压管内的液柱高度稳定后，观察它们是否处于同一水平面，比较截面静压头大小。

⑤全开玻璃导管出口的调节阀，观察并记录各截面处测压管内液柱高度变化。

⑥改变玻璃导管出口的调节阀开度，观察并记录各截面处测压管内液柱高度变化。

（3）停车操作

①关闭离心泵出口调节阀。

②关闭回流阀。

③关闭离心泵电源开关。

④切断总电源。

4. 注意事项

①排出系统气泡后，关闭出口的调节阀，在高位槽有溢流时，各测压管液面在标尺上的读数误差应在 ±1 mm 之内，如果误差太大应适当垫高某个部分，以达到上述要求。

②为减少数据的相对误差，在考虑流动管路内的能量转换时，宜在最大流量下进行测量。

③实训过程中应始终保持高位槽有溢流。

④关小玻璃导管出口调节阀时，必须缓慢以免流量突然下降，造成测压管中的水溢出管外。

9.1.3 数据处理

1. 基础数据

实训日期：_____　　　　室　　温：_____

设备名称：_____　　　　管径(d_1)：_____

水　　温：_____　　　　管径(d_2)：_____

2. 实训数据

（1）阀门全开

阀门全开的数据如表9－1所示。

表9－1 阀门全开的数据

截面项目	A	B	C	D
静压头/mm				
动压头/mm				

（2）阀门半开

阀门半开的数据如表9－2所示。

表9－2 阀门半开的数据

截面项目	A	B	C	D
静压头/mm				
动压头/mm				

9.2 雷诺实训

9.2.1 实训目的

①实际观察流体流动的两种形态，加深对层流和湍流的认识。

②测定液体（水）在圆管中流动的临界雷诺数，学会测定的方法。

9.2.2 实训装置与操作

1. 装置流程

如图9－2所示为自循环液体两种流态演示实验装置图。它由能保持恒定水位的恒压水箱、实验管道及能注入有色液体的有色水水管等组成。实验时，只要微微开启出水阀，并打开有色液体盒连接管上的小阀，有色液体即可流入圆管中，显示出层流或紊流状态。

供水流量由可控硅无级调速器调控，使恒压水箱4始终保持微溢流的状态，以提高进口前水体的稳定度。恒压水箱4设有多道稳水隔板，可使稳水时间缩短到3～5 min。有色水经有色水水管5注入实验管道8后，可据有色水散开与否判别流态。为防止自循环水污染，有色指示水应采用能自行消色的专用有色水。

2. 操作训练

①开启电流开关并向水箱充水，使水箱保持溢流。

②微微开启泄水阀及有色液体盒的出水阀，使有色液体流入管中。调节泄水阀，使管中的有色液体呈一条直线流动，此时水流即层流。使用体积法测定管中的流量。

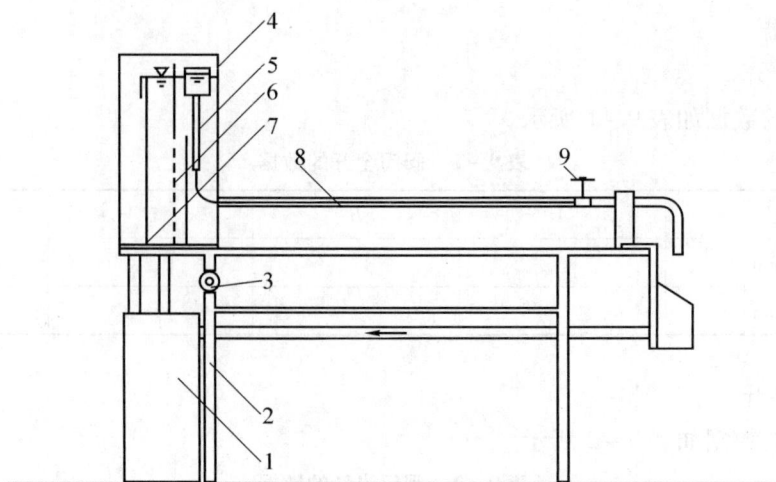

1—自循环供水器；2—实验台；3—可控硅无级调速器；4—恒压水箱；

5—有色水水管；6—稳水孔板；7—溢流板；8—实验管道；9—实验流量调节阀。

图9－2　自循环液体两种流态演示实验装置图

③慢慢加大泄水阀开度，观察有色液体的变化，在某一开度时，有色液体由直线变成波状形。再用体积法测定管中的流量。

④继续逐渐加大泄水阀开度，使有色液体由波状形变成微小涡体扩散到整个管内，此时管中流体呈紊流。用体积法测定管中的流量。

⑤用与以上步骤相反的程序，即泄水阀开度从大逐渐关小，再观察管中流态的变化现象，并用体积法测定管中的流量。

3. 注意事项

做湍流时，为了使湍流状态较快地形成，且能够保持稳定，应注意以下两点。第一，水槽的溢流应尽可能小。因为溢流大时，上水的流量也大，上水和溢流两者造成的震动都比较大，影响实训结果。第二，应尽量减少人为因素引起的实训装置的震动。为减小震动，当条件允许时，可对实训装置的底架进行紧固。

9.2.3　数据处理

1. 实验记录表

实验记录表如表9－3所示。

表9－3　实验记录表

次数	$V/10^{-3} m^3$	τ/s	$V_s/$ $(m^3 \cdot s^{-1})$	临界流速 $u_k/(m \cdot s^{-1})$	临界雷诺数 Re_k	附注
1						实验管内径
2						$d=\quad mm$
3						水温：　℃

2. 实验数据计算

$$Re_k = \frac{u_k \cdot d}{v}$$

其中：

$$u_k = \frac{V_S}{A} = \frac{V_S}{\dfrac{\pi d^2}{4}}$$

$$V_S = \frac{V}{\tau}$$

式中：v——水的运动黏度，可根据实验的水温，从水的黏度 – 温度曲线上查得；

A——实验管内横截面积，m^2；

u_k——临界流速，m/s；

V_S——体积流量，m^3/s。

水的黏度 – 温度曲线图，如图 9 – 3 所示。

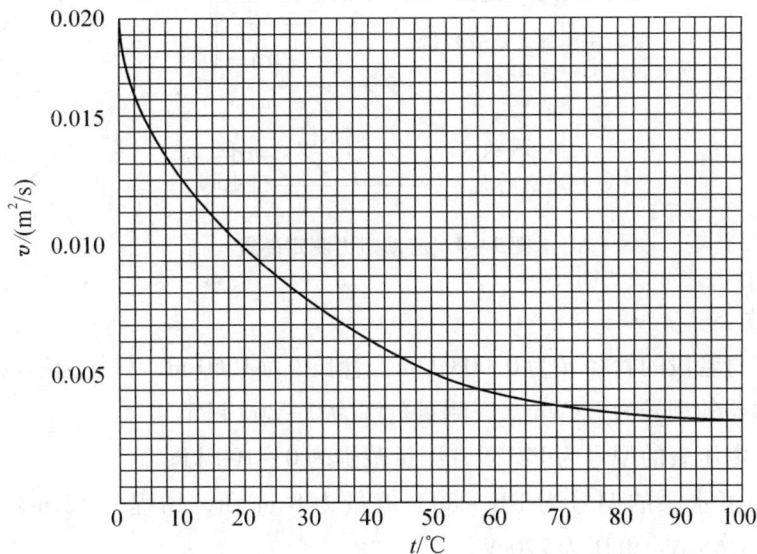

图 9 – 3　水的黏度 – 温度曲线图

9.3　流动阻力测定实训

9.3.1　实训目的

①熟练地进行离心泵的开车、停车。

②熟悉流体流动阻力损失的测定方法。

③学习使用压差计测量压差、使用流量计测量流量的方法。

④掌握对数坐标纸的使用方法。

9.3.2 实训装置与操作

1. 装置流程

如图9-4所示，离心泵将储水槽中的水抽出，送入操作系统。进入系统的水流首先经过转子流量计测量流量，然后进入被测量的直管段后回到储水槽，水槽内的水可循环使用。被测直管段流体的流动阻力可根据其数值大小分别采用压力传感器或者倒U形压差计来测量。

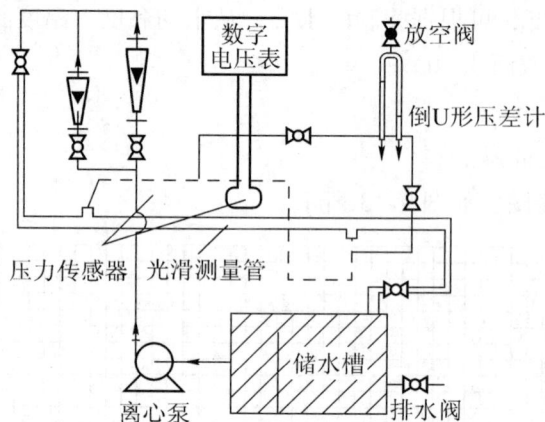

图9-4 流动阻力测定装置

2. 设备参数

①被测光滑直管段的管径 d 为0.008 1 m，管长 l 为1.60 m，材料为不锈钢。

②压力传感器的型号为LXWY，其测量范围为0～200 kPa。

③直流数字电压表的型号为PZ139，测量范围为0～100 kPa。

④单相离心清水泵的型号为DB-80，流量为8 m^3/h，扬程为12 m。电动机功率为550 W，电流为4.65 A，电压为220 V。

⑤玻璃转子流量计的型号可选LZB-25，它的测量范围为100～1 000 L/h，其精度为1.5。也可选择LZB-10转子流量计，它的测量范围为10～100 L/h，精度为2.5。

3. 操作训练

(1)开车前准备工作

①检查储水槽内是否保持有一定体积的水(水槽体积的2/3)。

②检查所用仪表是否完好。

③关闭离心泵出口的流量调节阀。

④数字仪表预热。按下电源的绿色按钮，使数字仪表通电预热。在大流量状态下的压差测量系统，应先接电预热10～15 min，调好数字仪表的零点，方可启动泵。若流量为零时，

仪表显示不为零，则应记录下初始值备用。

（2）离心泵的开车操作

①按下离心泵的绿色按钮，启动离心泵。

②测试系统排气。打开离心泵出口的流量调节阀至适当位置，打开系统的所有阀门，并使泵运转一定时间，以排净测量管道及测试系统内的空气为止。

③测试系统检查。关闭流量调节阀使流量为零，慢慢旋开倒 U 形压差计上部的放空阀，当两边液柱降至中间时，马上关闭，使管内形成气 – 水柱，并检查两边液柱是否水平。若两边液柱的高度差不为 0，说明系统内仍有气泡存在，应重复步骤②进行排气，直至赶净气泡，液柱水平后方可测取数据。

④分配测试点进行测试。在最小流量到最大流量间，分配 15 ~ 20 个测试点。将分配的测试点按由大到小或由小到大的顺序，分别测量它们在不同流量下的压差值。

在测量小流量压差时，可以使用倒 U 形压差计测量压差，尽量不用压力传感器进行测量。建议流量读数在 50 L/h 的范围内，应不少于四组数据；建议流量读数在 300 L/h 以下时，使用倒 U 形压差计进行测量。

在测量大流量压差时，应采用压力传感器进行测压。使用时，应关闭倒 U 形压差计后面的两个阀门，使其与测试系统断开，否则会影响测量数值。

⑤用温度计在水箱里测取水温。

（3）离心泵的停车操作

①关闭离心泵出口的流量调节阀。

②关闭离心泵的电源开关。

③切断总电源。

④若离心泵不经常使用，需排净水槽及泵内液体。

4. 注意事项

①启动离心泵前，离心泵出口的流量调节阀必须处于关闭状态，否则将损坏转子流量计和电动机。

②操作完毕后也要先关闭离心泵出口的流量调节阀再停泵，以防液体倒流、叶轮倒转而损坏离心泵。

③当倒 U 形压差计达到最大量程后，必须切断倒 U 形压差计后面的两个阀门，使其与测试系统断开，方可采用压力传感器进行测压。

④在操作过程中，每调节一个流量后，应待流量以及压差数值稳定，方可记录。

9.3.3　数据处理

1. 基础数据

实训日期：＿＿＿＿＿＿＿　　　　　　室　　温：＿＿＿＿＿＿＿

管内径(d)：＿＿＿＿＿＿＿　　　　　　管长(l)：＿＿＿＿＿＿＿

黏度(μ)：_____   密度(ρ)：_____

水温(t)：_____

2. 实训数据

实训数据如表9-4所示。

表9-4　实训数据

序号	流量 Q/h^{-1}	压强差		倒 U 形压差计读数/mmH₂O	
		P/kPa	$R/\text{mmH}_2\text{O}$	左	右
1					
2					
3					
4					
5					
6					
7					
8					
9					
10					
11					
12					
13					
14					
15					
16					
17					
18					
19					
20					

9.4　离心泵性能测定实训

9.4.1　实训目的

①了解离心泵的构造。

②了解离心泵仿真实训流程，掌握各个工艺操作点。

③能够独立完成离心泵开停车仿真操作。

9.4.2 实训装置与操作

1. 装置流程

本工艺为单独培训离心泵而设计,其工艺流程(标况)如图 9-5 所示:

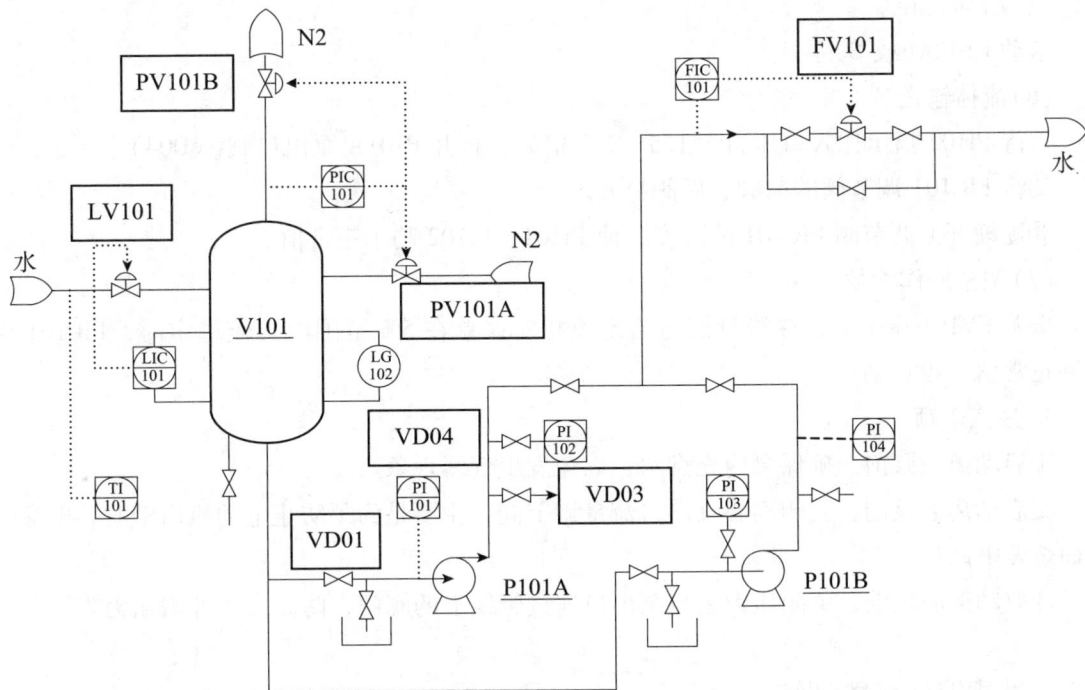

图 9-5 离心泵工艺流程(标况)

来自某一设备约 40 ℃的带压液体经调节阀 LV101 进入带压罐 V101,罐液位由液位控制器 LIC101 通过调节 V101 的进料量来控制。罐内压力由 PIC101 分程控制,PV101A、PV101B 分别调节进入 V101 和出 V101 的氮气量,从而保持罐压恒定为 5.0 atm(表)。罐内液体由泵 P101A/B 抽出,泵出口流量在流量调节器 FIC101 的控制下输送到其他设备。

2. 操作训练

(1)向罐 V101 充液

①打开 LIC101 调节阀,开度约为 30%,向罐 V101 充液。

②当 LIC101 液位达到 50% 时,LIC101 设定 50%,投自动。

(2)罐 V101 充压

①待罐 V101 液位大于 5% 后,缓慢打开分程压力调节阀 PV101A 向罐 V101 充压。

②当压力升高到 5.0 atm 时,PIC101 设定 5.0 atm,投自动。

(3)灌泵

待罐 V101 充压到正常值 5.0 atm 后,打开 P101A 泵入口阀 VD01,向离心泵充液。观察 VD01 出口标志变为绿色后,说明灌泵完毕。

（4）排气

①打开 P101A 泵后排空阀 VD03 排放泵内不凝气体。

②观察 P101A 泵后排空阀 VD03 的出口，当有液体溢出时，显示标志变为绿色，标志着 P101A 泵已无不凝气体，关闭 P101A 泵后排空阀 VD03，启动离心泵的准备工作就绪。

（5）启动离心泵

启动 P101A（或 B）泵。

（6）流体输送

①待 PI102 指示比入口压力大 1.5 ~ 2.0 倍后，打开 P101A 泵出口阀（VD04）。

②将 FIC101 调节阀的前阀、后阀打开。

③逐渐开大调节阀 FIC101 的开度，使 PI101、PI102 趋于正常值。

（7）调整操作参数

微调 FV101 调节阀，在测量值与给定值相对误差在 5% 范围内且较稳定时，FIC101 设定到正常值，投自动。

3. 注意事项

①启动离心泵前，确保泵内充满水，以免发生气缚现象。

②启动离心泵前，关闭离心泵出口流量调节阀，主要是为了防止电动机启动时，电流过大而烧毁电动机。

③启动离心泵前，关闭压力表与泵出口连接管线上的阀门，防止水压冲击压力表。

9.5 过滤操作技能训练

9.5.1 实训目的

①熟悉板框压滤机的结构和原理。

②熟练地进行过滤操作。

9.5.2 实训装置与操作

1. 装置流程

如图 9 - 6 所示的过滤操作装置，滤浆槽内配有一定浓度的轻质碳酸钙悬浮液（浓度为 2% ~ 4%），用电动搅拌器进行均匀搅拌（以浆液不出现旋涡为好）。启动旋涡泵，调节压力为规定值。滤液在计量桶内计量。过滤板规格为：60 mm × 180 mm × 11 mm；过滤面积为 0.047 5 m^2；计量桶的长为 285 mm，宽为 324 mm。

2. 操作训练

（1）开车前准备工作

①在滤框两侧先铺好滤布，注意要将滤布上的孔对准滤框角上的进料孔，应铺平滤布，

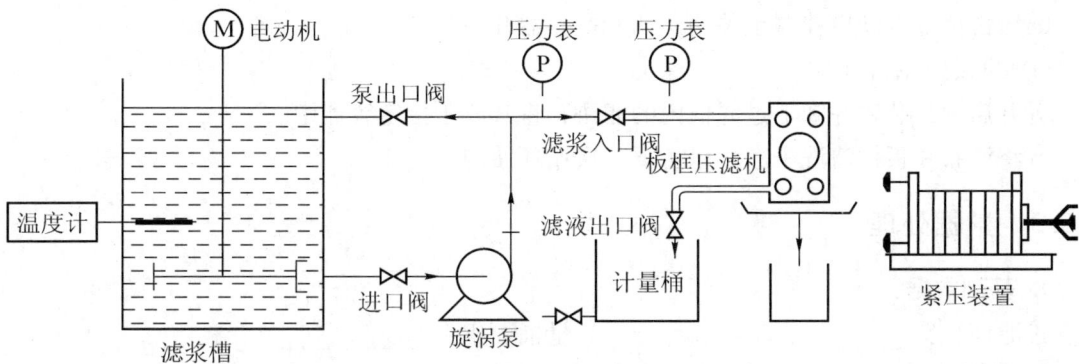

图 9 - 6　过滤操作装置

滤布如有折叠，操作时容易产生泄漏。

②板框压滤机板和框排列顺序为：固定头—非洗涤板—框—洗涤板—框—非洗涤板—可动头。过滤板与框之间的密封垫应注意放正，过滤板与框的滤液进出口对齐。用摇柄把过滤设备压紧，以免漏液。

③将待分离的滤浆放入滤浆槽内。

④系统接上电源，打开搅拌器电源开关，启动电动搅拌器。转速设定在60 r/min左右，将滤浆槽内浆液搅拌均匀。

⑤在滤液排出口准备好滤液受液器(计量桶)。

⑥调节旋涡泵进、出口的阀门处于全开状态。

⑦调节其他阀门处于全关状态。

(2)板框压滤机的开车操作

①启动旋涡泵，调节泵的出口阀门使压力表达到规定值(0.05 ~ 0.15 MPa)。

②打开滤浆入口阀和滤液出口阀，开始过滤。

③观察滤液，若滤液为清液时，表明过滤正常。当发现滤液有浑浊或带有滤渣时，说明过滤过程中出现问题，应停止过滤，检查滤布及其安装情况，检查滤板、滤框是否变形，有无裂纹，查看管路有无泄漏等。

④当计量桶内见到第一滴液体时按表计时，记录滤液每增高 10 mm 所用的时间。

⑤当滤液速度减慢至滴状流出时，即可停止计时，并立即关闭滤浆入口阀和滤液出口阀。过滤完毕。

⑥洗涤。开启洗水入口阀向过滤机内送入洗涤水，打开洗水出口阀洗涤滤饼，直至洗涤符合要求。

⑦洗涤完毕后关闭洗水入口阀和出口阀。

(3)板框压滤机的停车操作

①打开泵的出口阀门使管路上压力表的指示值下降。

②切断旋涡泵电源开关。

③缓慢调节电动搅拌器至关闭，切断搅拌器开关。

④切断总电源。

⑤开启压紧装置并卸下过滤框内的滤饼，将其放于指定容器中。

⑥将滤布和板框清洗干净，以备下一次循环使用。

9.5.3 数据处理

1. 基础数据

过滤面积：＿＿＿＿＿＿＿＿＿　　　　计量桶面积：＿＿＿＿＿＿＿＿＿

2. 实训数据

实训数据如表9-5所示。

表9-5　实训数据

0.05 MP				0.15 MP			
液面高度/mm	滤液量/L	过滤时间/s	流量/$(m^3 \cdot h^{-1})$	液面高度/mm	滤液量/L	过滤时间/s	流量/$(m^3 \cdot h^{-1})$

9.6 精馏操作技能训练

9.6.1 实训目的

①熟悉精馏塔的结构和原理。

②能够熟练地进行精馏塔操作。

9.6.2 实训装置与操作

1. 装置流程

精馏操作装置如图9-7所示。

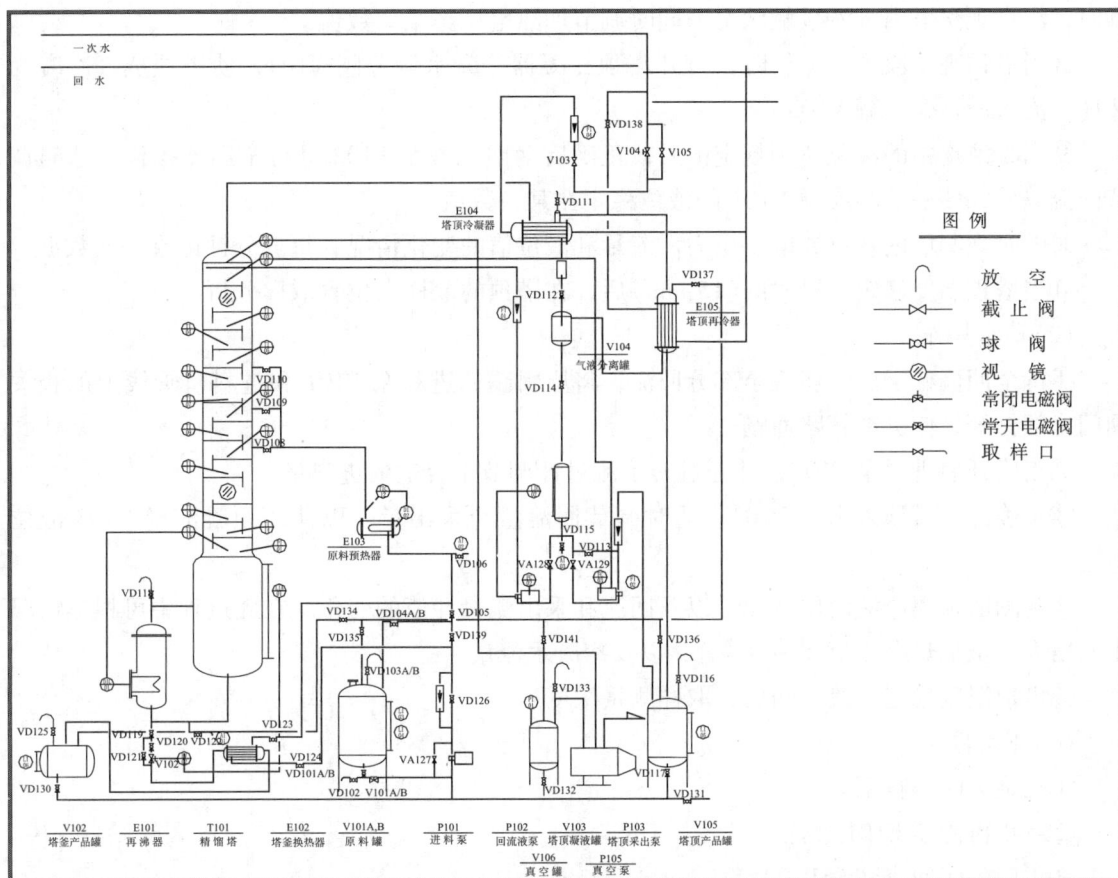

图 9 – 7　精馏操作装置

本实训装置用来分离一定浓度的乙醇 – 水溶液。将原料在再沸器中加热至一定温度后，轻组分乙醇逐层通过塔板上升至塔顶，在塔顶冷凝器的作用下冷凝至液态，流至凝液罐中，一部分回流至塔中，一部分作为产品采出至塔顶产品罐。塔釜残液经过塔釜换热器热量交换后至塔釜产品罐中。最终经过精馏操作得到提纯至一定浓度的乙醇。

2. 操作训练

（1）正常开车

①从原料取样点取样分析原料组成。

②精馏塔上有三个进料位置，根据实训要求，选择合适的进料板位置，打开相应进料管线上的阀门。

③开启操作台总电源开关。

④正确启动进料泵 P101。

⑤当塔釜液位指示计达到合适位置时，关闭进料泵，同时关闭 VD126 阀门。

⑥打开再沸器 E101 的电加热开关，调节加热电压至合适值，加热塔釜内原料液。

⑦通过第十二节塔段上的视镜和第二节玻璃观测段，观察液体加热情况。当液体开始沸

腾时，注意观察塔内气液接触状况，同时调节加热电压至某一数值。

⑧当塔顶观测段出现蒸气时，打开塔顶冷凝器冷凝水调节阀 V104，使塔顶蒸气冷凝为液体，流入塔顶凝液罐 V103。

⑨当凝液罐中的液位达到规定值后，正确启动回流液泵 P102 进行全回流操作，适时调节回流流量，使塔顶凝液罐 V103 的液位稳定在某一数值。

⑩随时观测塔内各点温度、压力、流量和液位值的变化情况，每五分钟记录一次数据。

⑪当塔顶温度稳定一段时间(15 min)后，在塔顶的取样点位置取样分析。

（2）正常操作

①待全回流稳定后，切换至部分回流，将原料罐、进料泵 P101 和进料口管线上的相关阀门全部打开，使进料管路通畅。

②正确开启进料泵 P101，并通过转子流量计调节至合适的进料量。

③正确开启塔顶采出泵 P103，适时调节回流量与采出量，以使塔顶凝液罐 V103 液位稳定。

④观测塔顶回流液液位变化，以及回流和采出流量计值的变化。在此过程中可根据情况小幅增大塔釜加热电压值(5~10 V)，以及冷凝水流量。

⑤塔顶温度稳定一段时间后，取样测量浓度。

（3）正常停车

①正确关闭进料泵。

②停止再沸器 E101 加热。

③正确关闭回流液泵 P102。

④待塔顶冷液罐液体采出完毕后，正确关闭塔顶采出泵 P103。

⑤关闭塔顶冷凝器 E104 的冷凝水。

⑥将各阀门恢复到初始状态。

⑦关仪表电源和总电源。

9.6.3　数据处理

1. 基础数据

室温：＿＿＿＿＿＿＿＿＿　　　　　　　实训日期：＿＿＿＿＿＿＿＿

①全回流操作：加热电压＿＿＿＿＿＿＿V　　　加热电流＿＿＿＿＿＿＿A

　　　　　　　　塔顶温度＿＿＿＿＿＿＿℃

②部分回流操作：加热电压＿＿＿＿＿＿＿V　　加热电流＿＿＿＿＿＿＿A

　　　　　　　　　塔顶温度＿＿＿＿＿＿＿℃　　进料流量计读数＿＿＿＿＿＿＿

　　　　　　　　　回流比＿＿＿＿＿＿＿

2. 实训数据

实训数据如表 9-6 所示。

表 9 – 6 实训数据

折光指数	全回流操作	部分回流操作
塔顶样品(n_D)		
塔釜样品(n_D)		
原料液(n_D)	无	

9.7 吸收操作技能训练

9.7.1 实训目的

①熟悉吸收塔的结构和原理。

②能够熟练地进行吸收塔操作。

③掌握尾气、吸收液的分析方法。

9.7.2 实训装置

1. 装置流程

如图 9 – 8 所示的吸收操作装置，空气由鼓风机送入空气转子流量计中计量，空气通过流量计处的温度由温度计测量，空气流量由空气流量调节阀调节；氨气由氨瓶送出，经过氨瓶总阀进入氨气转子流量计中计量，氨气通过转子流量计处温度由操作时大气温度代替，其流量由氨气流量调节阀调节，然后进入空气管道与空气混合后进入填料吸收塔的底部。水由自来水管经水转子流量计进入塔顶，水的流量由水流量调节阀调节。分析塔顶尾气浓度时，靠降低水准瓶的位置，将塔顶尾气吸入吸收瓶和量气管。在吸入塔顶尾气之前，预先在吸收瓶内放入 5 mL 已知浓度的硫酸作为吸收尾气中氨之用。吸收液的取样可于塔底吸收液取样口进行，填料层压降用 U 形管压差计测定。

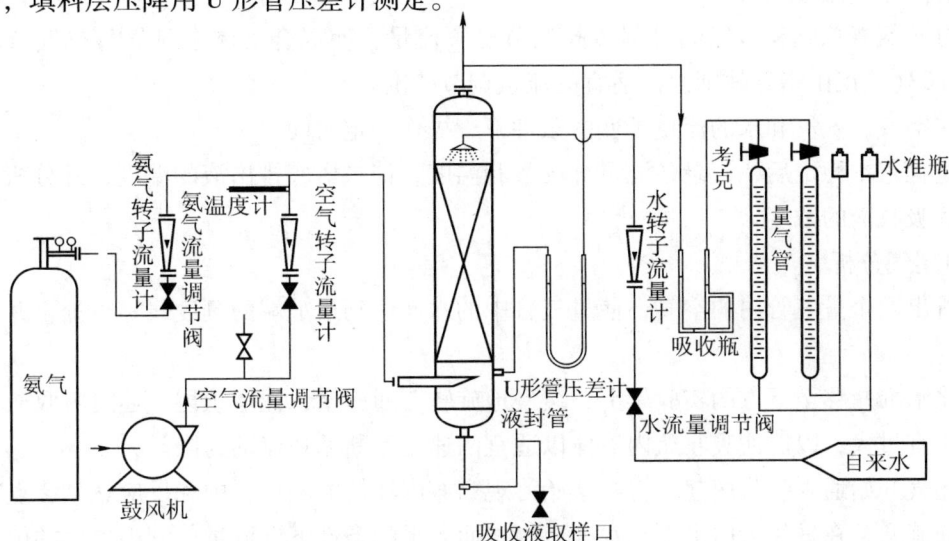

图 9 – 8 吸收操作装置

2. 操作训练

（1）开车前准备工作

①检查空气流量调节阀是否处于全开状态。

②检查装置上的其他旋塞、阀门是否处于关闭状态。

③用移液管向吸收瓶内装入 5 mL 浓度为 0.005 mol/L 左右的硫酸，并加入 1~2 滴甲基橙指示液。

（2）测量干填料层 $(\Delta P/Z)-u$ 关系曲线

①开启鼓风机电源开关，注意观察鼓风机的运转是否正常。

②缓慢调节空气流量调节阀开度，调节到指定的空气流量。

③按空气流量从小到大的顺序读取填料层压降 ΔP、空气转子流量计读数和空气转子流量计处空气温度。

④在对数坐标纸上以空塔气速 u 为横坐标，以单位高度的压降 $\Delta P/Z$ 为纵坐标，标绘干填料层 $(\Delta P/Z)-u$ 关系曲线。

（3）测量某喷淋量下填料层 $(\Delta P/Z)-u$ 关系曲线

①调节水喷淋量为 40 L/h。

②按空气流量从小到大的顺序读取填料层压降 ΔP、空气转子流量计读数和空气转子流量计处空气温度并注意观察塔内的操作现象，一旦看到液泛现象时，记下对应的空气转子流量计读数。

③在对数坐标纸上标出液体喷淋量为 40 L/h 下 $(\Delta P/Z)-u$ 关系曲线，确定液泛气速并与观察的液泛气速相比较。

（4）测定气相总体积吸收系数 K_{Ya}

①打开水流量调节阀，并调节到指定的水流量（建议水流量为 30 L/h）。

②打开空气流量调节阀。

③打开氨瓶总阀和氨气流量调节阀调节氨气流量，使混合气体中氨气与空气摩尔比为 0.02~0.03（建议由指导教师给出适宜的流量调节范围）。

④在空气、氨气和水的流量不变的条件下，操作一定时间。

⑤过程基本稳定后，记录各流量计读数和温度，记录塔底排出液的温度，并分析塔顶尾气及塔底吸收液的浓度。

（5）尾气分析

①排出两个量气管内的空气，使量气管中的水面达到最上端的刻度线零点处，并关闭三通旋塞。

②将水准瓶移至下方的实验架上，缓慢地旋转三通旋塞，让塔顶尾气通过吸收瓶，旋塞的开度不宜过大，以能使吸收瓶内液体以适宜的速度不断循环流动为限。

从尾气开始通入吸收瓶起，就必须始终观察瓶内液体的颜色，中和反应达到终点时立即关闭三通旋塞，在量气管内水面与水准瓶内水面齐平的条件下读取量气管内空气的体积。

若某量气管内已充满空气，但吸收瓶内未达到终点，可关闭对应的三通旋塞，读取该量气管内的空气体积，同时启用另一个量气管，继续让尾气通过吸收瓶。

③计算尾气浓度 Y_2。

（6）塔底吸收液的分析

①当尾气分析吸收瓶达终点后即用三角瓶接取塔底吸收液样品约 200 mL，并加盖。

②用移液管移取塔底吸收液 10 mL 置于另一个三角瓶中，加入 2 滴甲基橙指示剂。

③用浓度约为 0.1 mol/L 的硫酸置于酸滴定管内，用以滴定三角瓶中的塔底吸收液至终点。

（7）吸收塔的停车操作

①关闭氨瓶阀门和氨气流量调节阀。

②关闭水流量调节阀。

③调节空气流量调节阀至全开，关闭鼓风机。

④排空系统内的溶液，再用清水清洗吸收塔内部。

9.7.3 数据处理

1. 基础数据

实训日期：＿＿＿＿＿＿＿＿＿　　　室温：＿＿＿＿＿＿＿＿＿

填料层高度(Z)：＿＿＿＿＿＿　　　塔径：＿＿＿＿＿＿

水的温度：＿＿＿＿＿＿＿＿　　　水的密度(ρ)：＿＿＿＿＿＿

黏度(μ)：＿＿＿＿＿＿＿＿　　　吸收剂：＿＿＿＿＿＿

被吸收的气体混合物：＿＿＿＿＿＿　　　填料种类：＿＿＿＿＿＿

2. 实训原始数据及计算结果

（1）干填料层原始数据及计算结果

干填料层原始数据及计算结果如表 9-7 所示。

表 9-7　干填料层原始数据及计算结果

序号	填料层压强降/mmH$_2$O	单位填料层压强降/(mmH$_2$O·m^{-1})	空气转子流量计读数/(m^3·h^{-1})	空气转子流量计处温度/℃	对应温度下空气流量/(m^3·h^{-1})	空塔气速/(m·s^{-1})
1						
2						
3						
4						
5						
6						
7						
8						
9						
10						

（2）湿填料时原始数据及计算结果

吸收剂清水的流量(L)：_____

湿填料时原始数据及计算结果如表9-8所示。

表9-8　湿填料时原始数据及计算结果

序号	填料层压强降/mmH$_2$O	单位填料层压强降/(mmH$_2$O·m^{-1})	空气转子流量计读数/(m^3·h^{-1})	空气转子流量计处温度/℃	对应温度下空气流量/(m^3·h^{-1})	空塔气速/(m·s^{-1})	塔内操作现象
1							
2							
3							
4							
5							
6							
7							
8							
9							
10							
11							
12							

（3）传质实训的原始数据及计算结果

传质实训的原始数据及计算结果如表9-9所示。

表9-9　传质实训的原始数据及计算结果

有关参数　填料尺寸：10 mm×10 mm×1.5 mm		塔内径：75 mm
实　验　项　目		
空气流量	空气转子流量计读数/(m^3·h^{-1})	8.000
	空气转子流量计处空气温度/℃	
	空气转子流量计处空气的体积流量/(m^3·h^{-1})	
氨气流量	氨气转子流量计读数/(m^3·h^{-1})	0.816
	氨气转子流量计处氨气温度/℃	
	氨气转子流量计处氨气的体积流量/(m^3·h^{-1})	
水流量	水转子流量计读数/L	
	水流量/(L·h^{-1})	30.0
塔顶Y_2的测定	测定用硫酸的浓度/(mol·L^{-1})	
	测定用硫酸的体积/mL	
	量气管内空气的总体积/mL	
	量气管内空气的温度/℃	

有关参数	填料尺寸：10 mm×10 mm×1.5 mm		塔内径：75 mm
	实　验　项　目		
塔底 X_1 的测定	滴定用硫酸的浓度/（mol·L^{-1}）		
	滴定用硫酸的体积/mL		
	样品的体积/mL		
相平衡	塔底液相的温度/℃		
	相平衡常数 m		

9.8　干燥操作技能训练

9.8.1　实训目的

①熟悉实训用干燥设备的流程。

②掌握干燥设备的工作原理。

③能够熟练地进行干燥设备的开车、停车。

9.8.2　实训装置与操作

1. 装置流程

如图 9-9 所示的干燥操作装置，新鲜空气由空气进气阀进入旋涡气泵内，并被送入管路，空气在电加热器处被加热后送入干燥室内。湿物料在干燥室内被干燥。废气一部分由废气排出阀排出，另一部分由废气循环阀与新鲜空气混合进入旋涡气泵。

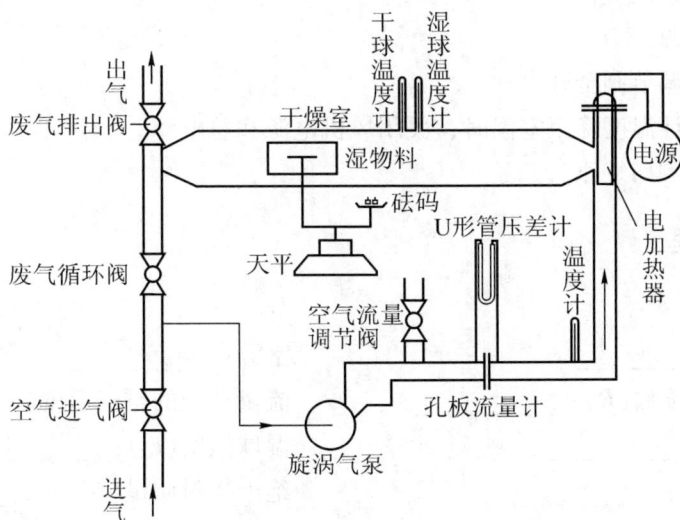

图 9-9　干燥操作装置

2. 操作训练

（1）开车前准备工作

①检查电器仪表是否齐全、灵敏。

②检查所有温度计、阀门、流量计等测量仪表是否完好。

③检查仪表旋钮是否旋至零位。

④检查压差计液位是否调零，注意调零时眼睛应该与指示剂凹液面保持水平。

⑤将空气进气阀、空气流量调节阀和废气排出阀调节到全开状态。将废气循环阀微开（两圈到三圈）。

⑥准备一块帆布和适量的水。

（2）干燥设备开车操作

①开启风机电源开关，启动风机，向系统内吹入空气。

②通过空气流量调节阀调节流量达到规定值，使U形管压差计读数为10~15 cm。干燥过程中空气的流量要保持稳定。

③开启加热电源，预热空气，调节电压为100 V，通过干球温度计和湿球温度计可以观察到温度缓慢上升。等到空气温度、流量稳定后，记录空气入口温度t_0、孔板流量计处U形管压差计读数R、干球温度t、湿球温度t_w。

④称取框架质量G_D，称取绝干物料的质量G'，量取干燥面积S。

⑤将干燥物料放入水中充分浸湿（不能有水滴自由滴下，且含水质量在25~35 g）。

⑥将湿物料固定在支架上并与气流平行放置，干燥过程开始。

⑦称量湿物料质量，当天平达到平衡时开始计时。记录每减轻1 g水分所用的累计时间，直到物料的质量接近绝干物料，质量不再明显减轻为止。

（3）干燥设备停车操作

①关闭加热电源。

②将空气流量调节阀全开。

③待干球温度计温度降至室温时，关闭风机电源和总电源。

④取出帆布，一切复原。

9.8.3 数据处理

1. 基础数据

实训日期：_____   室温：_____

U形管压差计读数（R）：_____   流量计处的空气温度（t_0）：_____

干球温度（t）：_____   湿球温度（t_w）：_____

框架质量（G_D）：_____   绝干物料质量（G'）：= _____

干燥面积（S）：_____   洞道截面积：_____

2. 实训数据

实训数据如表 9 – 10 所示。

表 9 – 10　实训数据

序号	总质量/g	累计时间/min	干基含水量/ (kg·kg^{-1})	平均含水量/ (kg·kg^{-1})	干燥速率 $U \times 10^4$/ [kg/(s·m^2)]
1					
2					
3					
4					
5					
6					
7					
8					
9					
10					
11					
12					
13					
14					
15					
16					
17					
18					
19					
20					
21					

参考文献

[1] 柴诚敬, 张国亮. 化工原理: 上册: 化工流体流动与传热. 3 版. 北京: 化学工业出版社, 2020.

[2] 柴诚敬, 夏清. 化工原理学习指南. 3 版. 北京: 高等教育出版社, 2019.

[3] 贾绍义, 柴诚敬. 化工原理: 下册: 化工传质与分离过程. 3 版. 北京: 化学工业出版社, 2020.

[4] 申奕, 顾玲. 化工典型设备操作技术. 天津: 天津大学出版社, 2013.

[5] 冷士良. 化工单元操作. 3 版. 北京: 化学工业出版社, 2019.

[6] 侯炜, 吕利霞. 化工单元操作实训. 北京: 化学工业出版社, 2012.

[7] 刘爱国. 化工专业学生职业素养. 北京: 化学工业出版社, 2019.

[8] 中石化上海工程有限公司. 化工工艺设计手册: 上册. 5 版. 北京: 化学工业出版社, 2018.

[9] 中石化上海工程有限公司. 化工工艺设计手册: 下册. 5 版. 北京: 化学工业出版社, 2018.

[10] 朱国华, 喻红梅. 化工过程及单元操作设备设计. 北京: 化学工业出版社, 2019.

[11] 周福富, 郭霞飞. 现代化工 HSE 案例推演. 北京: 化学工业出版社, 2017.

[12] 王洪林, 熊航行. 化工实习指导. 北京: 化学工业出版社, 2018.

附 录

1. 中华人民共和国法定计量单位制度

(1)化工中常用的、具有专门名称的导出单位(见附表1)

附表1 化工中常用的、具有专门名称的导出单位

物理量	专用名称	代号	与基本单位的关系
力	牛顿	N	$1\ N = 1\ kg \cdot m/s^2$
压强、应力	帕斯卡	Pa	$1\ Pa = 1\ N/m^2$
能、功、热量	焦耳	J	$1\ J = 1\ N \cdot m$
功率	瓦特	W	$1\ W = 1\ J/s$

(2)化工中常用的十进倍数单位和分数单位的词头(见附表2)

附表2 化工中常用的十进倍数单位和分数单位的词头

词头符号	词头名称	所表示的因素	词头符号	词头名称	所表示的因素
M	兆	10^6	d	分	10^{-1}
k	千	10^3	c	厘	10^{-2}
h	百	10^2	m	毫	10^{-3}
da	十	10^1	μ	微	10^{-6}
			n	毫微(纳)	10^{-9}

(3)化工中常用物理量的单位与单位符号(见附表3)

附表3 化工中常用物理量的单位与单位符号

项　　目		单　位　符　号
基本单位	长度	m
	时间	s
		min
		h
	质量	kg
		t(吨)
	温度	K
		℃
	物理的量	mol

续表

项　目		单 位 符 号
辅助单位	平面角	rad
		°（度）
		′（分）
		″（秒）
导出单位	面积	m²
	容积	m³
		L
	密度	kg/m³
	角速度	rad/s
	速度	m/s
	加速度	m/s²
	旋转速度	r/min
	力	N
	压强，压力	Pa
	黏度	Pa·s
	功、能、热量	J
	功率	W
	热流量	W
	导热系数	W/(m·K)
		W/(m·℃)

2. 常用单位的换算

（1）质量（见附表4）

附表4　常用质量单位的换算

kg	t ［吨］①	［磅］
1	0.001	2.204 62
1 000	1	2 204.62
0.453 6	4.536×10^{-4}	1

---

①　本附录中非法定单位制度中单位符号均用中文加方括号书写。

(2)长度(见附表5)

附表5　常用长度单位的换算

m	[英寸]	[英尺]	[码]
1	39.370 1	3.280 8	1.093 61
0.025 400	1	0.073 333	0.027 78
0.304 80	12	1	0.333 33
0.914 4	36	3	1

(3)力(见附表6)

附表6　常用力的单位的换算

N	[千克(力)]	[磅](力)	[达因]
1	0.102	0.224 8	1×10^3
9.806 65	1	2.204 6	$9.806\ 65 \times 10^5$
4.448	0.453 6	1	4.448×10^3
1×10^{-5}	1.02×10^{-6}	2.248×10^{-6}	1

(4)压强(见附表7)

附表7　常用压强单位的换算

Pa	bar	[千克(力)/厘米^2]	[大气压]	mmH$_2$O	mmHg
1	1×10^{-5}	1.02×10^{-5}	0.99×10^{-5}	0.102	0.007 5
1×10^5	1	1.02	0.986 9	10 197	750.1
98.07×10^3	0.980 7	1	0.967 8	1×10^4	735.56
$1.013\ 25 \times 10^5$	1.013	1.033 2	1	$1.033\ 2 \times 10^4$	760
9.807	98.07	0.000 1	$0.967\ 8 \times 10^{-4}$	1	0.073 6
133.32	1.33×10^{-3}	0.136×10^{-2}	0.001 32	13.6	1
6 894.8	0.068 95	0.070 3	0.068	703	51.71

(5)动力黏度(简称黏度)(见附表8)

附表8　常用动力黏度单位的换算

Pa·s	[泊](P)	[厘泊](cP)	[磅/英尺·秒]	[千克(力)·秒/米^2]
1	10	1×10^3	0.672	0.102
1×10^{-1}	1	1×10^2	0.067 20	0.010 2
1×10^{-3}	0.01	1	6.720×10^{-4}	0.102×10^{-3}
1.488 1	14.881	1 488.1	1	0.151 9

续表

Pa·s	［泊］（P）	［厘泊］（cP）	［磅/英尺·秒］	［千克（力）·秒/米²］
9.81	98.1	9 810	6.59	1

注：1 cP = 0.01 P = 0.01 dyn·s/cm³ = 0.001 Pa = 1 mPa。

（6）运动黏度（见附表9）

附表 9　常用运动黏度单位的换算

m²/s	cm²/s	［英尺²/秒］
1	1×10^4	10.76
10^{-4}	1	1.076×10^{-3}
92.9×10^{-3}	929	1

注：cm²/s 又称斯托克斯，简称泊，以 St 表示，泊的百分之一为厘泊，以 cSt 表示。

（7）功、能和热（见附表10）

附表 10　常用功、能和热的单位的换算

J（N·m）	［千克（力）·米］	kW·h	［英制马力·时］	［千卡］	［英热单位］	［英尺·磅（力）］
1	0.102	2.778×10^{-7}	3.725×10^{-7}	2.39×10^{-4}	9.485×10^{-4}	0.737 7
9.806 7	1	2.724×10^{-6}	3.653×10^{-6}	2.342×10^{-3}	9.296×10^{-3}	7.233
3.6×10^6	3.671×10^5	1	1.341 0	860.0	3 413	$2 655 \times 10^3$
2.685×10^6	273.8×10^3	0.745 7	1	641.33	2 544	1.980×10^3
$4.186 8 \times 10^3$	426.9	$1.162 2 \times 10^{-3}$	$1.577 6 \times 10^{-3}$	1	3.963	3.087
1.055×10^3	107.58	2.930×10^{-4}	3.926×10^{-4}	0.252 0	1	778.1
1.355 8	0.138 3	$0.376 6 \times 10^{-6}$	$0.505 1 \times 10^{-6}$	3.239×10^{-4}	1.285×10^{-3}	1

注：1erg = 1dyn·cm = 10^{-7}J = 10^{-7}N·m。

（8）功率（见附表11）

附表 11　常用功率单位的换算

W	［千克（力）·米/秒］	［英尺·磅（力）/秒］	［英制马力］	［千卡/秒］	［英热单位/秒］
1	0.101 97	0.737 6	1.341×10^{-3}	$0.238 9 \times 10^{-3}$	$0.948 6 \times 10^{-3}$
9.806 7	1	7.233 14	0.013 15	$0.234 2 \times 10^{-2}$	$0.929 3 \times 10^{-2}$
1.355 8	0.138 25	1	0.001 818 2	$0.323 8 \times 10^{-3}$	$0.128 51 \times 10^{-2}$
745.69	76.037 5	550	1	0.178 03	0.706 75
4 186.8	426.85	3 087.44	5.613 5	1	3.968 3
1 055	107.58	778.168	1.414 8	0.251 996	1

注：1 kW = 1 000 W = 1 000 J/s = 1 000 N·m/s。

（9）比热容（见附表 12）

附表 12　常用比热容单位的换算

kJ/(kg·℃)	［千卡/(千克·℃)］	［英热单位/(磅·℉)］
1	0.238 9	0.238 9
4.186 8	1	1

（10）导热系数（见附表 13）

附表 13　常用导热系数单位的换算

W/(m·℃)	J/(cm·s·℃)	［卡/(厘米·秒·℃)］	［千卡/(米·时·℃)］	［英热单位/(英尺·时·℉)］
1	1×10^{-2}	2.389×10^{-3}	0.859 8	0.578
1×10^{2}	1	0.238 9	86.0	57.79
418.6	4.186	1	360	241.9
1.163	0.011 6	$0.277 8 \times 10^{-2}$	1	0.672 0
1.73	0.017 30	$0.413 4 \times 10^{-2}$	1.488	1

（11）传热系数（见附表 14）

附表 14　常用传热系数单位的换算

W/(m²·℃)	［千卡/(米²·时·℃)］	［卡/(厘米²·秒·℃)］	［英热单位/(英尺²·时·℉)］
1	0.86	2.389×10^{-5}	0.176
1.163	1	2.778×10^{-5}	0.204 8
4.186×10^{4}	3.6×10^{4}	1	7 374
5.678	4.882	1.356×10^{-4}	1

（12）温度

① $℃ = (℉ - 32℉) \times \dfrac{5}{9}$

② $℉ = ℃ \times \dfrac{9}{5} + 32℃$

③ $K = 273.3℃ + ℃$

④ $°R = 460℉ + ℉$

⑤ $K = °R \times \dfrac{5}{9}$

（13）温度差

① $1℃ = \dfrac{9}{5} \times ℉$

② $1K = \dfrac{9}{5} \times °R$

（14）气体常数

$R = 8.315 J/(kmol \cdot K) = 848 [kg \cdot m/(kmol \cdot K)]$

$= 82.06 [atm \cdot cm^3/(kmol \cdot K)] = 1.987 [kcal/(kmol \cdot K)]$

（15）扩散系数（见附表15）

附表15　常用扩散系数单位的换算

m^2/s	cm^2/s	m^2/h	［英尺²/时］	［英寸²/秒］
1	10^4	3 600	3.875×10^4	1 550
10^{-4}	1	0.360	3.875	0.155 0
2.778×10^{-4}	2.778	1	10.764	0.430 6
$0.258 1 \times 10^{-4}$	0.258 1	0.092 90	1	0.040
6.452×10^{-4}	6.452	2.323	25.0	1

3. 某些气体的重要物理性质（见附表16）

附表16　某些气体的重要物理性质

名称	分子式	密度*/$(kg \cdot m^{-3})$	比热容/$[kJ \cdot (kg \cdot ℃)^{-1}]$	黏度$(\mu \times 10^5)/(Pa \cdot s)$	沸点**/℃	汽化热/$(kJ \cdot kg^{-1})$	临界点		导热系数/$[W \cdot (m \cdot ℃)^{-1}]$
							温度/℃	压强/kPa	
空气	—	1.293	1.009	1.73	−195	197	−140.7	3 768.4	0.024 4
氧	O_2	1.429	0.653	2.03	−132.98	213	−118.83	5 036.6	0.024 0
氮	N_2	1.251	0.745	1.70	−195.78	199.2	−147.13	3 392.5	0.022 8
氢	H_2	0.089 9	10.13	0.842	−252.75	454.2	−239.9	1 296.6	0.163
氦	He	0.178 5	3.18	1.88	−268.95	19.5	−267.96	228.94	0.144
氩	Ar	1.782 0	0.322	2.09	−185.87	163	−122.44	4 862.4	0.017 3
氯	Cl_2	3.217	0.355	1.29(16 ℃)	−33.8	305	+144.0	7 708.9	0.007 2
氨	NH_3	0.771	0.67	0.918	−33.4	1 373	+132.4	11 295	0.021 5
一氧化碳	CO	1.250	0.754	1.66	−191.48	211	−140.2	3 497.9	0.022 6
二氧化碳	CO_2	1.976	0.653	1.37	−78.2	574	+31.1	7 384.8	0.013 7
二氧化硫	SO_2	2.927	0.502	1.17	−10.8	394	+157.5	7 879.1	0.007 7
二氧化氮	NO_2	—	0.615	—	+21.2	712	+158.2	10 130	0.040 0
硫化氢	H_2S	1.539	0.804	1.166	−60.2	548	+100.4	19 136	0.013 1
甲烷	CH_4	0.717	1.70	1.03	−161.58	511	−82.15	4 619.3	0.030 0

续表

名称	分子式	密度*/ $(kg \cdot m^{-3})$	比热容/ $[kJ \cdot (kg \cdot ℃)^{-1}]$	黏度 $(\mu \times 10^5)$/ $(Pa \cdot s)$	沸点**/ ℃	汽化热/ $(kJ \cdot kg^{-1})$	临界点		导热系数/ $[W \cdot (m \cdot ℃)^{-1}]$
							温度/ ℃	压强/ kPa	
乙烷	C_2H_6	1.357	1.44	0.850	−88.50	486	+32.1	4 948.5	0.018 0
丙烷	C_3H_8	2.020	1.65	0.795(18 ℃)	−42.1	427	+95.6	4 355.9	0.014 8
正丁烷	C_4H_{10}	2.673	1.73	0.810	−0.5	386	+152	3 798.8	0.013 5
正戊烷	C_5H_{12}	—	1.57	0.874	−36.08	151	+197.1	3 342.9	0.012 8
乙烯	C_2H_4	1.261	1.222	0.985	−103.7	481	+9.7	5 135.9	0.016 4
丙烯	C_3H_6	1.914	1.436	0.835(20 ℃)	−47.7	440	+91.4	4 599.0	—
乙炔	C_2H_2	1.171	1.352	0.935	−83.66(升华)	829	+35.7	6 240.0	0.018 4
氯甲烷	CH_3Cl	2.308	0.582	0.989	−24.1	406	+148	6 685.8	0.008 5
苯	C_6H_6	—	1.139	0.72	+80.2	394	+288.5	4 832.0	0.008 8

注: * 表示 0 ℃, 101.33 kPa 条件下的测定值;

    ** 表示 101.33 kPa 条件下的测定值。

4. 某些液体的重要物理性质(见附表 17)

附表 17 某些液体的重要物理性质

名称	分子式	密度*/ $(kg \cdot m^{-3})$	沸点**/ ℃	汽化热/ $(kJ \cdot kg^{-1})$	比热容* /$[kJ \cdot (kg \cdot ℃)^{-1}]$	黏度*/ $(mPa \cdot s)$	导热系数* /$[W \cdot (m \cdot ℃)^{-1}]$	体积膨胀系数* $\beta \times 10^4$ /$℃^{-1}$	表面张力* $\sigma \times 10^3$ /$(N \cdot m^{-1})$
水	H_2O	998	100	2 258	4.183	1.005	0.599	1.82	72.8
氯化钠盐水(25%)	—	1 186 (25 ℃)	107	—	3.39	2.3	0.57 (30 ℃)	(4.4)	—
氯化钙盐水(25%)	—	1 228	107	—	2.89	2.5	0.57	(3.4)	—
硫酸	H_2SO_4	1 831	340 (分解)	—	1.47 (98%)	—	0.38	5.7	—
硝酸	HNO_3	1 513	86	481.1	—	1.17 (10℃)	—	—	—
盐酸(30%)	HCl	1 149	—	—	2.55	2(31.5%)	0.42	—	—
二硫化碳	CS_2	1 262	46.3	352	1.005	0.38	0.16	12.1	32
戊烷	C_5H_{12}	626	36.07	357.4	2.24 (15.6 ℃)	0.229	0.113	15.9	16.2

续表

名称	分子式	密度*/$(kg \cdot m^{-3})$	沸点**/℃	汽化热/$(kJ \cdot kg^{-1})$	比热容*/$[kJ \cdot (kg \cdot ℃)^{-1}]$	黏度*/$(mPa \cdot s)$	导热系数*/$[W \cdot (m \cdot ℃)^{-1}]$	体积膨胀系数*$\beta \times 10^4$/℃$^{-1}$	表面张力*$\sigma \times 10^3$/$(N \cdot m^{-1})$
己烷	C_6H_{14}	659	68.74	335.1	2.31（15.6℃）	0.313	0.119	—	18.2
庚烷	C_7H_{16}	684	98.43	316.5	2.21（15.6℃）	0.411	0.123	—	20.1
辛烷	C_8H_{18}	763	125.67	306.4	2.19（15.6℃）	0.540	0.131	—	21.8
二氯甲烷	$CHCl_3$	1 489	61.2	253.7	0.992	0.58	0.138（30℃）	12.6	28.5（10℃）
四氯化碳	CCl_4	1 594	76.8	195	0.850	1.0	0.12	—	26.8
苯	C_6H_6	879	80.10	393.9	1.704	0.737	0.148	12.4	28.6
甲苯	C_7H_8	867	110.63	363	1.70	0.675	0.138	10.9	27.9
邻二甲苯	C_8H_{10}	880	144.42	347	1.74	0.811	0.142	—	30.2
间二甲苯	C_8H_{10}	864	139.10	343	1.70	0.611	0.167	10.1	29.0
对二甲苯	C_8H_{10}	861	138.35	340	1.704	0.643	0.129	—	28.0
苯乙烯	C_8H_9	911（15.6℃）	145.2	(352)	1.733	0.72	—	—	—
氯苯	C_6H_5Cl	1 106	131.8	325	1.298	0.85	0.14（30℃）	—	32
硝基苯	$C_6H_5NO_2$	1 203	210.9	396	1.47	2.1	0.15	—	41
苯胺	$C_6H_5NH_2$	1 022	184.4	448	2.07	4.3	0.17	8.5	42.9
酚	C_6H_5OH	1 050（50℃）	181.8（熔点40.9）	511	—	3.4（50℃）	—	—	—
萘	$C_{16}H_8$	1 145（固体）	217.9（熔点80.2）	314	1.80（100℃）	0.59（100℃）	—	—	—
甲醇	CH_3OH	791	64.7	1 101	2.48	0.6	0.212	12.2	22.6
乙醇	C_2H_5OH	789	78.3	846	2.39	1.15	0.172	11.6	22.8
乙醇(95%)	—	804	78.2	—	—	1.4	—	—	—
乙二醇	$C_2H_4(OH)_2$	1 113	197.6	780	2.35	23	—	—	47.7

续表

名称	分子式	密度*/ $(kg \cdot m^{-3})$	沸点**/ ℃	汽化热/ $(kJ \cdot kg^{-1})$	比热容*/ $[kJ \cdot (kg \cdot ℃)^{-1}]$	黏度*/ $(mPa \cdot s)$	导热系数*/ $[W \cdot (m \cdot ℃)^{-1}]$	体积膨胀系数*/ $\beta \times 10^4$ /℃$^{-1}$	表面张力*/ $\sigma \times 10^3$ /$(N \cdot m^{-1})$
甘油	$C_3H_5(OH)_3$	1 261	290 (分解)	—	—	1 499	0.59	5.3	63
乙醚	$(C_2H_5)_2O$	714	34.6	360	2.34	0.24	0.14	16.3	18
乙醛	CH_3CHO	783 (18 ℃)	20.2	574	1.9	1.3 (18 ℃)	—	—	21.2
糠醛	$C_5H_4O_2$	1 168	161.7	452	1.6	1.15 (50 ℃)	—	—	43.5
丙酮	CH_3COCH_3	792	56.2	523	2.35	0.32	0.17	—	23.7
甲酸	$HCOOH$	1 220	100.7	494	2.17	1.9	0.26	—	27.8
醋酸	CH_3COOH	1 049	118.1	406	1.99	1.3	0.17	10.7	23.9
醋酸乙酯	$CH_3CO-OC_2H_5$	901	77.1	368	1.92	0.48	0.14 (10 ℃)	—	—
煤油	—	780 ~ 820	—	—	—	3	0.15	10.0	—
汽油	—	680 ~ 800	—	—	—	0.7 ~ 0.8	0.19 (30 ℃)	12.5	—

注: * 表示 20 ℃ 条件下的测定值;

* * 表示 101.33 kPa 条件下的测定值。

5. 某些固体的重要物理性质(见附表18)

附表18 某些固体的重要物理性质

名称	密度/$(kg \cdot m^{-3})$	导热系数/$[W \cdot (m \cdot ℃)^{-1}]$	比热容/$[kJ \cdot (kg \cdot ℃)^{-1}]$
(1)金属			
钢	7 850	45.3	0.46
不锈钢	7 900	17	0.50
铸铁	7 220	62.8	0.50
铜	8 800	383.8	0.41
青铜	8 000	64.0	0.38
黄铜	8 600	85.5	0.38
铝	2 670	203.5	0.92
镍	9 000	58.2	0.46
铅	11 400	34.9	0.13
(2)塑料			

续表

名称	密度/$(kg \cdot m^{-3})$	导热系数/$[W \cdot (m \cdot ℃)^{-1}]$	比热容/$[kJ \cdot (kg \cdot ℃)^{-1}]$
酚醛	1 250 ~ 1 300	0.13 ~ 0.26	1.3 ~ 1.7
聚氯乙烯	1 380 ~ 1 400	0.16	1.8
低压聚乙烯	940	0.29	2.6
高压聚乙烯	920	0.26	2.2
有机玻璃	1 180 ~ 1 190	0.14 ~ 0.20	—
(3)建筑、绝热、耐酸 材料及其他			
黏土砖	1 600 ~ 1 900	0.47 ~ 0.67	0.92
耐火砖	1 840	1.05 (800 ~ 1 100 ℃)	0.88 ~ 1.0
绝缘砖(多孔)	600 ~ 1 400	0.16 ~ 0.37	—
石棉板	770	0.11	0.816
石棉水泥板	1 600 ~ 1 900	0.35	—
玻璃	2 500	0.74	0.67
橡胶	1 200	0.06	1.38
冰	900	2.3	2.11

6. 干空气的物理性质(101.33×10^3Pa)（见附表19）

附表19 干空气的物理性质

温度 t/℃	密度 ρ/ $(kg \cdot m^{-3})$	比热容 c_p/ $[kJ \cdot (kg \cdot ℃)^{-1}]$	导热系数 $\lambda \times 10^2$/ $[W \cdot (m \cdot ℃)^{-1}]$	黏度 $\mu \times 10^5$/ $(Pa \cdot s)$	普朗特准数 Pr
−50	1.584	1.013	2.035	1.46	0.728
−40	1.515	1.013	2.117	1.52	0.728
−30	1.453	1.013	2.198	1.57	0.723
−20	1.395	1.009	2.279	1.62	0.716
−10	1.342	1.009	2.360	1.67	0.712
0	1.293	1.005	2.442	1.72	0.707
10	1.247	1.005	2.512	1.77	0.705
20	1.205	1.005	2.593	1.81	0.703
30	1.165	1.005	2.675	1.86	0.701
40	1.128	1.005	2.756	1.91	0.699

温度 $t/℃$	密度 $\rho/$ $(kg \cdot m^{-3})$	比热容 $c_p/$ $[kJ \cdot (kg \cdot ℃)^{-1}]$	导热系数 $\lambda \times 10^2/$ $[W \cdot (m \cdot ℃)^{-1}]$	黏度 $\mu \times 10^5/$ $(Pa \cdot s)$	普朗特准数 Pr
50	1.093	1.005	2.826	1.96	0.698
60	1.060	1.005	2.896	2.01	0.696
70	1.029	1.009	2.966	2.06	0.694
80	1.000	1.009	3.047	2.11	0.692
90	0.972	1.009	3.128	2.15	0.690
100	0.946	1.009	3.210	2.19	0.688
120	0.898	1.009	3.338	2.29	0.686
140	0.854	1.013	3.489	2.37	0.684
160	0.815	1.017	3.640	2.45	0.682
180	0.779	1.022	3.780	2.53	0.681
200	0.746	1.026	3.931	2.60	0.680
250	0.674	1.038	4.288	2.74	0.677
300	0.615	1.048	4.605	2.97	0.674
350	0.566	1.059	4.908	3.14	0.676
400	0.524	1.068	5.210	3.31	0.678
500	0.456	1.093	5.745	3.62	0.687
600	0.404	1.114	6.222	3.91	0.699
700	0.362	1.135	6.711	4.18	0.706
800	0.329	1.156	7.176	4.43	0.713
900	0.301	1.172	7.630	4.67	0.717
1 000	0.277	1.185	8.041	4.90	0.719
1 100	0.257	1.197	8.502	5.12	0.722
1 200	0.239	1.206	9.153	5.35	0.724

7. 水的物理性质（见附表 20）

附表 20　水的物理性质

温度/℃	饱和蒸气压/kPa	密度/(kg·m⁻³)	焓/(kJ·kg⁻¹)	比热容/[kJ·(kg·℃)⁻¹]	导热系数 $\lambda \times 10^2$/[W·(m·℃)⁻¹]	黏度 $\mu \times 10^5$/(Pa·s)	体积膨胀系数 $\beta \times 10^4$/℃⁻¹	表面张力 $\sigma \times 10^5$/(N·m⁻¹)	普朗特准数 Pr
0	0.608 2	999.9	0	4.212	55.13	179.21	-0.63	75.6	13.66
10	1.226 2	999.7	42.04	4.191	57.45	130.77	+0.70	74.1	9.52
20	2.334 6	998.2	83.90	4.183	59.89	100.50	1.82	72.6	7.01
30	4.247 1	995.7	125.69	4.174	61.76	80.07	3.21	71.2	5.42
40	7.376 6	992.2	167.51	4.174	63.38	65.60	3.87	69.6	4.32
50	12.34	988.1	209.30	4.174	64.78	54.94	4.49	67.7	3.54
60	19.923	983.2	251.12	4.178	65.94	46.88	5.11	66.2	2.98
70	31.164	977.8	292.99	4.187	66.76	40.61	5.70	64.3	2.54
80	47.379	971.8	334.94	4.195	67.45	35.65	6.32	62.6	2.22
90	70.136	965.3	376.98	4.208	68.04	31.65	6.95	60.7	1.96
100	101.33	958.4	419.10	4.220	68.27	28.38	7.52	58.8	1.76
110	143.31	951.0	461.34	4.238	68.50	25.89	8.08	56.9	1.61
120	198.64	943.1	503.67	4.260	68.62	23.73	8.64	54.8	1.47
130	270.25	934.8	546.38	4.266	68.62	21.77	9.17	52.8	1.36
140	361.47	926.1	589.08	4.287	68.50	20.10	9.72	50.7	1.26
150	476.24	917.0	632.20	4.312	68.38	18.63	10.3	48.6	1.18
160	618.28	907.4	675.33	4.346	68.27	17.36	10.7	46.6	1.11
170	792.59	897.3	719.29	4.379	67.92	16.28	11.3	45.3	1.05
180	1 003.5	886.9	763.25	4.417	67.45	15.30	11.9	42.3	1.00
190	1 255.6	876.0	807.63	4.460	66.99	14.42	12.6	40.0	0.96
200	1 554.77	863.0	852.43	4.505	66.29	13.63	13.3	37.7	0.93
210	1 917.72	852.8	897.65	4.555	65.48	13.04	14.1	35.4	0.91
220	2 320.88	840.3	943.70	4.614	64.55	12.46	14.8	33.1	0.89
230	2 798.59	827.3	990.18	4.681	63.73	11.97	15.9	31	0.88
240	3 347.91	813.6	1 037.49	4.756	62.80	11.47	16.8	28.5	0.87
250	3 977.67	799.0	1 085.64	4.844	61.76	10.98	18.1	26.2	0.86
260	4 693.75	784.0	1 135.04	4.949	60.48	10.59	19.7	23.8	0.87

温度/ ℃	饱和 蒸气压/ kPa	密度/ (kg·m⁻³)	焓/ (kJ· kg⁻¹)	比热容/ [kJ·(kg· ℃)⁻¹]	导热系数 λ×10²/ [W·(m· ℃)⁻¹]	黏度 μ×10⁵/ (Pa·s)	体积膨 胀系数 β×10⁴/ ℃⁻¹	表面张力 σ×10⁵/ (N·m⁻¹)	普朗特 准数 Pr
270	5 503.99	767.9	1 185.28	5.070	59.96	10.20	21.6	21.5	0.88
280	6 417.24	750.7	1 236.28	5.229	57.45	9.81	23.7	19.1	0.89
290	7 443.29	732.3	1 289.95	5.485	55.82	9.42	26.2	16.9	0.93
300	8 592.94	712.5	1 344.80	5.736	53.96	9.12	29.2	14.4	0.97
310	9 877.6	691.1	1 402.16	6.071	52.34	8.83	32.9	12.1	1.02
320	11 300.3	667.1	1 462.03	6.573	50.59	8.3	38.2	9.81	1.11
330	12 879.6	640.2	1 526.19	7.243	48.73	8.14	43.3	7.67	1.22
340	14 615.8	610.1	1 594.75	8.164	45.71	7.75	53.4	5.67	1.38
350	16 538.5	574.4	1 671.37	9.504	43.03	7.26	66.8	3.81	1.60
360	18 667.1	528.0	1 761.39	13.984	39.54	6.67	109	2.02	2.36
370	21 040.9	450.5	1 892.43	40.319	33.73	5.69	264	0.471	6.80

8. 水在不同温度下的饱和蒸气压与黏度(−20 ℃ ～ 100 ℃)(见附表 21)

附表 21　水在不同温度下的饱和蒸气压与黏度

温度/℃	压　强		黏度/(mPa·s)
	mmHg	Pa	
−20	0.772	102.93	—
−19	0.850	113.33	—
−18	0.935	124.66	—
−17	1.027	136.93	—
−16	1.128	150.40	—
−15	1.238	165.06	—
−14	1.357	180.93	—
−13	1.486	198.13	—
−12	1.627	216.93	—
−11	1.780	237.33	—
−10	1.946	259.46	—
−9	2.125	283.32	—

续表

温度/℃	压 强		黏度/(mPa·s)
	mmHg	Pa	
−8	2.321	309.46	—
−7	2.532	337.59	—
−6	2.761	368.12	—
−5	3.008	401.05	—
−4	3.276	436.79	—
−3	3.566	475.45	—
−2	3.876	516.78	—
−1	4.216	562.11	—
0	4.579	610.51	1.792 1
1	4.93	657.31	1.731 3
2	5.29	705.31	1.672 8
3	5.69	758.64	1.619 1
4	6.10	813.31	1.567 4
5	6.54	871.97	1.518 8
6	7.01	934.64	1.472 8
7	7.51	1 001.30	1.428 4
8	8.05	1.073.30	1.386 0
9	8.61	1 147.96	1.346 2
10	9.21	1 227.96	1.307 7
11	9.84	1 311.96	1.271 3
12	10.52	1 402.62	1.236 3
13	11.23	1 497.28	1.202 8
14	11.99	1 598.61	1.170 9
15	12.79	1 705.27	1.140 3
16	13.63	1 817.27	1.111 1
17	14.53	1 937.27	1.082 8
18	15.48	2 063.93	1.055 9
19	16.48	2 197.26	1.029 9
20	17.54	2 338.59	1.005 0

温度/℃	压 强		黏度/(mPa·s)
	mmHg	Pa	
20.2	—	—	1.000 0
21	18.65	2 486.58	0.981 0
22	19.83	2 643.7	0.957 9
23	21.07	2 809.24	0.935 9
24	22.38	2 983.90	0.914 2
25	23.76	3 167.89	0.897 3
26	25.21	3 361.22	0.873 7
27	26.74	3 565.21	0.854 5
28	28.35	3 779.87	0.836 0
29	30.04	4 005.20	0.818 0
30	31.82	4 242.53	0.800 7
31	33.70	4 493.18	0.784 0
32	35.66	4 754.51	0.767 9
33	37.73	5 030.50	0.752 3
34	39.90	5 319.82	0.737 1
35	42.18	5 623.81	0.722 5
36	44.56	5 941.14	0.708 5
37	47.07	6 275.79	0.697 4
38	49.65	6 619.78	0.681 4
39	52.44	6 991.77	0.668 5
40	55.32	7 375.75	0.656 0
41	58.34	7 778.41	0.643 9
42	61.50	8 199.73	0.632 1
43	64.80	8 639.71	0.620 7
44	68.26	9 101.03	0.609 7
45	71.88	9 583.68	0.598 8
46	75.65	10 086.33	0.588 3
47	79.60	10 612.98	0.578 2
48	83.71	11 160.96	0.568 3

温度/℃	压 强		黏度/（mPa·s）
	mmHg	Pa	
49	88.02	11 735.61	0.558 8
50	92.51	12 333.43	0.549 4
51	97.20	12 959.57	0.540 4
52	102.10	13 612.88	0.531 5
53	107.2	14 292.86	0.522 9
54	112.5	14 999.50	0.514 6
55	118.0	15 732.81	0.506 4
56	123.8	16 505.12	0.498 5
57	129.8	17 306.09	0.490 7
58	136.1	18 146.06	0.483 2
59	142.6	19 012.70	0.475 9
60	149.4	19 919.34	0.468 8
61	156.4	20 852.64	0.461 8
62	163.8	21 839.27	0.455 0
63	171.4	22 852.57	0.448 3
64	179.3	23 905.87	0.441 8
65	187.5	24 999.17	0.435 5
66	196.1	26 145.80	0.429 3
67	205.0	27 332.42	0.423 3
68	214.2	28 559.05	0.417 4
69	223.7	29 825.67	0.411 7
70	233.7	31 158.96	0.406 1
71	243.9	32 518.92	0.400 6
72	254.6	33 945.54	0.395 2
73	265.7	35 425.49	0.390 0
74	277.2	36 958.77	0.384 9
75	289.1	38 545.38	0.379 9
76	301.4	40 185.33	0.375 0
77	314.1	41 878.61	0.370 2

温度/℃	压 强		黏度/（mPa·s）
	mmHg	Pa	
78	327.3	43 638.55	0.365 5
79	341.0	45 465.15	0.361 0
80	355.1	47 345.09	0.356 5
81	369.3	49 235.08	0.352 1
82	384.9	51 318.29	0.347 8
83	400.6	53 411.56	0.343 6
84	416.8	55 571.49	0.339 5
85	433.6	57 811.41	0.335 5
86	450.9	60 118.00	0.331 5
87	466.1	62 140.45	0.327 6
88	487.1	64 944.50	0.323 9
89	506.1	67 477.76	0.320 2
90	525.8	70 104.33	0.316 5
91	546.1	72 810.91	0.313 0
92	567.0	75 597.49	0.309 5
93	588.6	78 477.39	0.306 0
94	610.9	81 450.63	0.302 7
95	633.99	84 517.89	0.299 4
96	657.6	87 677.08	0.296 2
97	682.1	90 943.64	0.293 0
98	707.3	94 303.53	0.289 9
99	733.2	97 756.75	0.286 8
100	760.0	101 330.0	0.283 8

9. 饱和水蒸气表（按温度顺序排）（见附表 22）

附表 22　饱和水蒸气表（按温度顺序排）

温度/℃	绝对压强/		蒸汽的密度/（kg·m^{-3}）	焓/				汽化热/	
	千克（力）·厘米$^{-2}$	kPa		液 体		蒸 汽		千卡·千克$^{-1}$	kJ·kg^{-1}
				千卡·千克$^{-1}$	kJ·kg^{-1}	千卡·千克$^{-1}$	kJ·kg^{-1}		
0	0.006 2	0.608 2	0.004 84	0	0	595	2 491.1	595	2 491.1

续表

温度/ °C	绝对压强/ 千克(力)· 厘米⁻²	kPa	蒸汽的 密度/ (kg·m⁻³)	焓/ 液体 千卡·千克⁻¹	kJ·kg⁻¹	蒸汽 千卡·千克⁻¹	kJ·kg⁻¹	汽化热/ 千卡· 千克⁻¹	kJ·kg⁻¹
5	0.008 9	0.873 0	0.006 80	5.0	20.94	597.3	2 500.8	592.3	2 479.9
10	0.012 5	1.226 2	0.009 40	10.0	41.87	599.6	2 510.4	589.6	2 468.5
15	0.017 4	1.706 8	0.012 83	15.0	62.80	602.0	2 520.5	587.0	2 457.7
20	0.023 8	2.334 6	0.017 19	20.0	83.74	604.3	2 530.1	584.3	2 446.3
25	0.032 3	3.168 4	0.023 04	25.0	104.67	606.6	2 539.7	581.6	2 435.0
30	0.043 3	4.247 4	0.030 36	30.0	125.60	608.9	2 549.3	578.9	2 423.7
35	0.057 3	5.620 7	0.039 60	35.0	146.54	611.2	2 559.0	576.2	2 412.4
40	0.075 2	7.376	0.051 14	40.0	167.47	613.5	2 568.6	573.5	2 401.1
45	0.097 7	9.583 7	0.065 43	45.0	188.41	615.7	2 577.8	570.7	2 389.4
50	0.125 8	12.340	0.083 0	50.0	209.34	618.0	2 587.4	568.0	2 378.1
55	0.160 5	15.742	0.104 3	55.0	230.27	620.2	2 596.7	565.2	2 366.4
60	0.203 1	19.923	0.130 1	60.0	251.21	622.5	2 606.3	562.0	2 355.1
65	0.255 0	25.014	0.161 1	65.0	272.14	624.7	2 615.5	559.7	2 343.4
70	0.317 7	31.164	0.197 9	70.0	293.08	626.8	2 624.3	556.8	2 331.2
75	0.393	38.551	0.241 6	75.0	314.01	629.0	2 633.5	554.0	2 319.5
80	0.483	47.379	0.292 9	80.0	334.94	631.1	2 642.3	551.2	2 307.8
85	0.590	57.875	0.353 1	85.0	355.88	633.2	2 651.1	548.2	2 295.2
90	0.715	70.136	0.422 9	90.0	376.81	635.3	2 659.9	545.3	2 283.1
95	0.862	84.556	0.503 9	95.0	397.75	637.4	2 668.7	542.4	2 270.9
100	1.033	101.33	0.597 0	100.0	418.68	639.4	2 677.0	539.4	2 258.4
105	1.232	120.85	0.703 6	105.1	440.03	641.3	2 685.0	536.3	2 245.4
110	1.461	143.31	0.825 4	110.1	460.97	643.3	2 693.4	533.1	2 232.0
115	1.724	169.11	0.963 5	115.2	482.32	645.2	2 701.3	530.0	2 219.0
120	2.025	198.64	1.119 9	120.3	503.67	647.0	2 708.9	526.7	2 025.2
125	2.367	232.19	1.296	125.4	525.02	648.8	2 716.4	523.5	2 191.8
130	2.755	270.25	1.496	130.5	546.38	650.6	2 723.9	520.1	2 177.6
135	3.192	313.11	1.715	135.6	567.73	652.3	2 731.0	516.7	2 163.3
140	3.685	361.47	1.962	140.7	589.08	653.9	2 737.7	513.2	2 148.7

温度/ °C	绝对压强/		蒸汽的 密度/ (kg·m⁻³)	焓/				汽 化 热/	
	千克(力)· 厘米⁻²	kPa		液 体		蒸 汽		千卡· 千克⁻¹	kJ·kg⁻¹
				千卡·千克⁻¹	kJ·kg⁻¹	千卡·千克⁻¹	kJ·kg⁻¹		
145	4.238	415.72	2.238	145.9	610.85	655.5	2 744.4	509.7	2 134.0
150	4.855	476.24	2.543	151.0	632.21	657.0	2 750.7	506.0	2 118.5
160	6.303	618.28	3.252	161.4	675.75	659.9	2 762.9	498.5	2 087.1
170	8.080	792.59	4.113	171.8	719.29	662.4	2 773.3	490.6	2 054.0
180	10.23	1 003.5	5.145	182.3	763.25	664.6	2 782.5	482.3	2 019.3
190	12.80	1 255.6	6.378	192.9	807.64	666.4	2 790.1	473.5	1 982.4
200	15.85	1 554.77	7.840	203.5	852.01	667.7	2 795.5	464.2	1 943.5
210	19.55	1 917.72	9.567	214.3	897.23	668.6	2 799.3	454.4	1 902.5
220	23.66	2 320.88	11.60	225.1	942.45	669.0	2 801.0	443.9	1 858.5
230	28.53	2 798.59	13.98	236.1	988.50	668.8	2 800.1	432.7	1 811.6
240	34.13	3 347.91	16.76	247.1	1 034.56	668.0	2 796.8	420.8	1 761.8
250	40.55	3 977.67	20.01	258.3	1 081.45	664.0	2 790.1	408.1	1 708.6
260	47.85	4 693.75	23.82	269.6	1 128.76	664.2	2 780.9	394.5	1 651.7
270	56.11	5 503.99	28.27	281.1	1 176.91	661.2	2 768.3	380.1	1 591.4
280	65.42	6 417.24	33.47	292.7	1 225.48	657.3	2 752.0	364.6	1 526.5
290	75.88	7 443.29	39.60	304.4	1 274.46	652.6	2 732.3	348.1	1 457.4
300	87.6	8 592.94	46.93	316.6	1 325.54	646.8	2 708.0	330.2	1 382.5
310	100.7	9 877.96	55.59	329.3	1 378.71	640.1	2 680.0	310.8	1 301.3
320	115.2	11 300.3	65.95	343.0	1 436.07	632.5	2 648.2	289.5	1 212.1
330	131.3	12 879.6	78.53	357.5	1 446.78	623.5	2 610.5	266.6	1 116.2
340	149.0	14 615.8	93.98	373.3	1 562.93	613.5	2 568.6	240.2	1 005.7
350	168.6	16 538.5	113.2	390.8	1 636.20	601.1	2 516.7	210.3	880.5
360	190.3	18 667.1	139.6	413.0	1 729.15	583.4	2 442.6	170.3	713.0
370	214.5	21 040.9	171.0	451.0	1 888.25	549.8	2 301.9	98.2	411.1
374	225	22 070.9	322.6	501.1	2 098.0	501.1	2 098.0	0	0

10. 饱和水蒸气表（按绝对压强顺序排）（见附表 23）

附表 23　饱和水蒸气表（按绝对压强顺序排）

绝对压强/kPa	温度/℃	蒸汽的密度/(kg·m^{-3})	焓/(kJ·kg^{-1})		汽化热/(kJ·kg^{-1})
			液　体	蒸　汽	
1.0	6.3	0.007 73	26.48	2 503.1	2 476.8
1.5	12.5	0.113 3	52.26	2 515.3	2 463.0
2.0	17.0	0.014 86	71.21	2 524.2	2 452.9
2.5	20.9	0.018 36	87.45	2 531.8	2 444.3
3.0	23.5	0.021 79	98.38	2 536.8	2 438.4
3.5	26.1	0.025 23	109.30	2 541.8	2 432.5
4.0	28.7	0.028 67	120.23	2 546.8	2 426.6
4.5	30.8	0.032 05	129.00	2 550.9	2 421.9
5.0	32.4	0.035 37	135.69	2 554.0	2 418.3
6.0	35.6	0.042 00	149.06	2 560.1	2 411.0
7.0	38.8	0.048 64	162.44	2 566.3	2 403.8
8.0	41.3	0.055 14	172.73	2 571.0	2 398.2
9.0	43.3	0.061 56	181.16	2 574.8	2 393.6
10.0	45.3	0.067 98	189.59	2 578.5	2 388.9
15.0	53.5	0.099 56	224.03	2 594.0	2 370.0
20.0	60.1	0.130 68	251.51	2 606.4	2 854.9
30.0	66.5	0.190 93	288.77	2 622.4	2 333.7
40.0	75.0	0.249 75	315.93	2 634.1	2 312.2
50.0	81.2	0.307 99	339.80	2 644.3	2 304.5
60.0	85.6	0.365 14	358.21	2 652.1	2 293.9
70.0	89.9	0.422 29	376.61	2 659.8	2 283.2
80.0	93.2	0.478 07	390.08	2 665.3	2 275.3
90.0	96.4	0.533 84	403.49	2 670.8	2 267.4
100.0	99.6	0.589 61	416.90	2 676.3	2 259.5
120.0	104.5	0.698 68	437.51	2 684.3	2 246.8
140.0	109.2	0.807 58	457.67	2 692.1	2 234.4
160.0	113.0	0.829 81	473.88	2 698.1	2 224.2
180.0	116.6	1.020 9	489.32	2 703.7	2 214.3

绝对压强/kPa	温度/℃	蒸汽的密度/(kg·m⁻³)	焓/(kJ·kg⁻¹) 液体	焓/(kJ·kg⁻¹) 蒸汽	汽化热/(kJ·kg⁻¹)
200. 0	120. 2	1. 127 3	493. 71	2 709. 2	2 204. 6
250. 0	127. 2	1. 390 4	534. 39	2 719. 7	2 185. 4
300. 0	133. 3	1. 650 1	560. 38	2 728. 5	2 168. 1
350. 0	138. 8	1. 907 4	583. 76	2 736. 1	2 152. 3
400. 0	143. 4	2. 161 8	603. 61	2 742. 1	2 138. 5
450. 0	147. 7	2. 415 2	622. 42	2 747. 8	2 125. 4
500. 0	151. 7	2. 667 3	639. 59	2 752. 8	2 113. 2
600. 0	158. 7	3. 168 6	670. 22	2 761. 4	2 091. 1
700. 0	164. 7	3. 665 7	696. 27	2 767. 8	2 071. 5
800. 0	170. 4	4. 161 4	720. 96	2 773. 7	2 052. 7
900. 0	175. 1	4. 652 5	741. 82	2 778. 1	2 036. 2
1.0×10^3	179. 9	5. 143 2	762. 68	2 782. 5	2 019. 7
1.1×10^3	180. 2	5. 633 9	780. 34	2 785. 5	2 005. 1
1.2×10^3	187. 8	6. 124 1	797. 92	2 788. 5	1 990. 6
1.3×10^3	191. 5	6. 614 1	814. 25	2 790. 9	1 976. 7
1.4×10^3	194. 8	7. 103 8	829. 06	2 792. 4	1 963. 7
1.5×10^3	198. 2	7. 593 5	843. 86	2 794. 5	1 950. 7
1.6×10^3	201. 3	8. 081 4	857. 77	2 796. 0	1 938. 2
1.7×10^3	204. 1	8. 567 4	870. 58	2 797. 1	1 926. 5
1.8×10^3	206. 9	9. 053 3	883. 39	2 798. 1	1 914. 8
1.9×10^3	209. 8	9. 539 2	896. 21	2 799. 2	1 903. 0
2.0×10^3	212. 2	10. 033 8	907. 32	2 799. 7	1 892. 4
3.0×10^3	233. 7	15. 007 5	1 005. 4	2 798. 9	1 793. 5
4.0×10^3	250. 3	20. 096 9	1 082. 9	2 789. 8	1 706. 8
5.0×10^3	263. 8	25. 366 3	1 146. 9	2 776. 2	1 629. 2
6.0×10^3	275. 4	30. 849 4	1 203. 2	2 759. 5	1 556. 3
7.0×10^3	285. 7	36. 574. 4	1 253. 2	2 740. 8	1 487. 6
8.0×10^3	294. 8	42. 576 8	1 299. 2	2 720. 5	1 403. 7
9.0×10^3	303. 2	48. 894 5	1 343. 5	2 699. 1	1 356. 6

绝对压强/kPa	温度/℃	蒸汽的密度/(kg·m⁻³)	焓/(kJ·kg⁻¹)		汽化热/(kJ·kg⁻¹)
			液　体	蒸　汽	
1.0×10^4	310.9	55.5407	1 384.0	2 677.1	1 293.1
1.2×10^4	324.5	70.3075	1 463.4	2 631.2	1 167.7
1.4×10^4	336.5	87.3020	1 567.9	2 583.2	1 043.4
1.6×10^4	347.2	107.8010	1 615.8	2 531.1	915.4
1.8×10^4	356.9	134.4813	1 699.8	2 466.0	766.1
2.0×10^4	365.6	176.5961	1 817.8	2 364.2	544.9

11. 一些液体的导热系数(见附表24)

附表24　一些液体的导热系数

液　体	温度 t/℃	导热系数 λ/[W·(m·℃)⁻¹]	液　体	温度 t/℃	导热系数 λ/[W·(m·℃)⁻¹]
醋酸　100%	20	0.171	乙苯	30	0.149
醋酸　50%	20	0.35		60	0.142
丙酮	30	0.177	乙醚	30	0.138
	75	0.164		75	0.135
丙烯醇	25~30	0.180	汽油	30	0.135
氨	25~30	0.50	三元醇　100%	20	0.284
氨,水溶液	20	0.45	三元醇　80%	20	0.327
	60	0.50	三元醇　60%	20	0.381
正戊醇	30	0.163	三元醇　40%	20	0.448
	100	0.154	三元醇　20%	20	0.481
异戊醇	30	0.152	三元醇　100%	100	0.284
	75	0.151	正庚烷	30	0.140
苯胺	0~20	0.173		60	0.137
苯	30	0.159	正己烷	30	0.138
	60	0.151		60	0.135
正丁醇	30	0.168	正庚醇	30	0.163
	75	0.164		75	0.157
异丁醇	10	0.157	正己醇	30	0.164
氯化钙盐水　30%	30	0.55		75	0.156

液 体	温度 $t/℃$	导热系数 $\lambda/$ $W \cdot (m \cdot ℃)^{-1}$	液 体	温度 $t/℃$	导热系数 $\lambda/$ $W \cdot (m \cdot ℃)^{-1}$
氯化钙盐水 15%	30	0.59	煤油	20	0.149
二氧化碳	30	0.161		75	0.140
	75	0.152	盐酸 25%	32	0.52
四氧化碳	0	0.185		32	0.48
	68	0.163	盐酸 38%	32	0.44
氯苯	10	0.144	水银	28	0.36
三氯甲烷	30	0.138	甲醇 100%	20	0.215
乙酸乙酯	20	0.175	甲醇 80%	20	0.267
乙醇 100%	20	0.182	甲醇 60%	20	0.329
乙醇 80%	20	0.237	甲醇 40%	20	0.405
乙醇 60%	20	0.305	甲醇 20%	20	0.492
乙醇 40%	20	0.388	甲醇 100%	50	0.197
乙醇 20%	20	0.486	氯甲烷	-15	0.192
乙醇 100%	50	0.151		30	0.154
硝基苯	30	0.164	正丙醇	30	0.171
	100	0.152		75	0.164
硝基甲苯	30	0.216	异丙醇	30	0.157
	60	0.208		60	0.155
正辛烷	60	0.14	氯化钠盐水 25%	30	0.57
	0	0.138~0.156	氯化钠盐水 12.5%	30	0.59
石油	20	0.180	硫酸 90%	30	0.36
蓖麻油	0	0.173	硫酸 60%	30	0.43
	20	0.168	硫酸 30%	30	0.52
橄榄油	100	0.164	二氧化硫	15	0.22
正戊烷	30	0.135		30	0.192
	75	0.128	甲苯	30	0.149
氧化钾 15%	32	0.58		75	0.145
氧化钾 30%	32	0.56	松节油	15	0.128
氢氧化钾 21%	32	0.58	二甲苯 邻位	20	0.155
氢氧化钾 42%	32	0.55	二甲苯 对位	20	0.155
硫酸钾 10%	32	0.60			

12. 常用液体的导热系数与温度的关系

如附录图 1 所示为几种常用的液体导热系数与温度的关系。

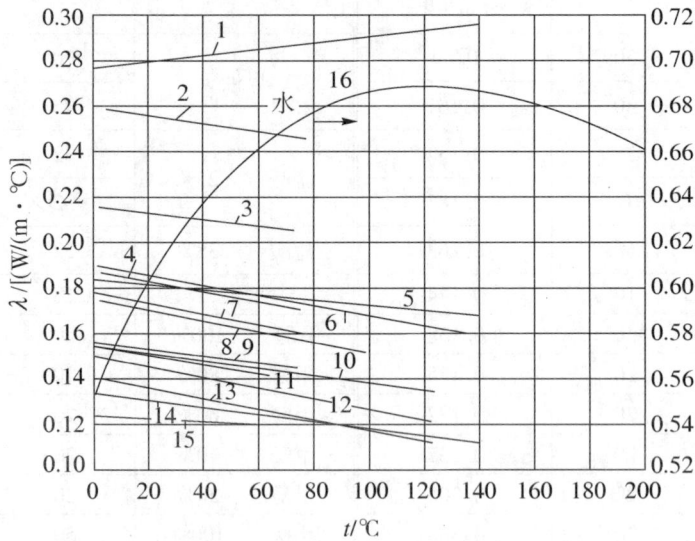

1—无水甘油；2—甲酸；3—甲醇；4—乙醇；5—蓖麻油；6—苯胺；

7—醋酸；8—丙酮；9—丁醇；10—硝基苯；11—异丙醇；12—苯；

13—甲苯；14—二甲苯；15—凡士林油；16—水（用右边的坐标）。

附录图 1 液体的导热系数与温度的关系

13. 一些气体和蒸气的导热系数

附表 25 中列出的极限温度数值是实验范围的数值。当外推到其他温度时，建议将所列的数据按 $\lg\lambda$ 对 $\lg T$[λ——导热系数，W/(m·℃)；T——温度，K] 作图，或者假定 Pr 准数与温度（或压强，在适当范围内）无关。

附表 25 一些气体和蒸气的导热系数

物 质	温度/℃	导热系数/ [W·(m·℃)$^{-1}$]	物 质	温度/℃	导热系数/ [W·(m·℃)$^{-1}$]
丙酮	0	0.009 8	四氯化碳	467	0.007 1
	46	0.012 8		100	0.009 0
	100	0.017 1		184	0.011 12
	184	0.025 4	氯	0	0.007 4
空气	0	0.024 2	三氯甲烷	0	0.006 6
	100	0.031 7		46	0.008 0
	200	0.039 1		100	0.010 0
	300	0.045 9		184	0.013 3

物　质	温度/℃	导热系数/ [W·(m·℃)⁻¹]	物　质	温度/℃	导热系数/ [W·(m·℃)⁻¹]
氨	−60	0.016 4	硫化氢	0	0.013 2
	0	0.022 2	水银	200	0.034 1
	50	0.027 2	甲烷	−100	0.017 3
	100	0.032 0		−50	0.025 1
苯	0	0.009 0		0	0.030 2
	46	0.012 6		50	0.037 2
	100	0.017 8	甲醇	0	0.014 4
	184	0.026 3		100	0.022 2
	212	0.030 5	氯甲烷	0	0.006 7
正丁烷	0	0.013 5		46	0.008 5
	100	0.023 4		100	0.010 9
异丁烷	0	0.013 8		212	0.016 4
	100	0.024 1	乙烷	−70	0.011 4
二氧化碳	−50	0.011 8		−34	0.014 9
	0	0.014 7		0	0.018 3
	100	0.023 0		100	0.030 3
	200	0.031 3	乙醇	20	0.015 4
	300	0.039 6		100	0.021 5
二硫化物	0	0.006 9	乙醚	0	0.031 3
	−73	0.007 3		46	0.017 1
一氧化碳	−189	0.007 1		100	0.022 7
	−179	0.008 0		184	0.032 7
	−60	0.023 4		212	0.036 2
乙烯	−71	0.011 1		100	0.031 2
	0	0.017 5	氧	−100	0.016 4
	50	0.026 7		−50	0.020 6
	100	0.027 9		0	0.024 6
正庚烷	200	0.019 4		50	0.028 4
	100	0.017 8		100	0.032 1

物　　质	温度/℃	导热系数/ [W·(m·℃)⁻¹]	物　　质	温度/℃	导热系数/ [W·(m·℃)⁻¹]
正己烷	0	0.012 5	丙烷	0	0.015 1
	20	0.013 8		100	0.026 1
氢	−100	0.011 3	二氧化硫	0	0.008 7
	−50	0.014 4		100	0.011 9
	0	0.017 3	水蒸气	46	0.020 8
	50	0.019 9		100	0.023 7
	100	0.223		200	0.032 4
	300	0.030 8		300	0.042 9
氮	−100	0.016 4		400	0.054 5
	0	0.024 2		500	0.076 3
	50	0.027 7			

14. 一些固体材料的导热系数

（1）常用金属的导热系数（见附表26）

附表 26　常用金属的导热系数

物质	导热系数/[W·(m·℃)⁻¹]				
	0 ℃	100 ℃	200 ℃	300 ℃	400 ℃
铝	227.95	227.95	227.95	227.95	227.95
铜	383.79	379.14	372.16	367.51	362.86
铁	73.27	67.45	61.64	54.66	48.85
铅	35.12	33.38	31.40	29.77	—
镁	172.12	167.47	162.82	158.17	—
镍	93.04	82.57	73.27	63.97	59.31
银	414.03	409.38	373.32	361.69	359.37
锌	112.81	109.90	105.83	401.18	93.04
碳钢	52.34	48.85	44.19	41.87	34.89
不锈钢	16.28	17.45	17.45	18.49	—

（2）常用非金属材料的导热系数（见附表27）

附表27　常用非金属材料的导热系数

材　　料	温　　度/℃	导热系数/[W·(m·℃)⁻¹]
软木	30	0.043 03
玻璃棉	—	0.034 89 ~ 0.069 78
保温灰	—	0.069 78
锯屑	20	0.046 52 ~ 0.058 15
棉花	100	0.069 78
厚纸	20	0.139 6 ~ 0.348 9
玻璃	30	1.093 2
搪瓷	−20	0.756 0
	—	0.872 3 ~ 1.163
云母	50	0.430 3
泥土	20	0.697 8 ~ 0.930 4
冰	0	2.326
软橡胶	—	0.129 1 ~ 0.159 3
硬橡胶	0	0.150 0
聚四氟乙烯	—	0.241 9
泡沫玻璃	−15	0.004 885
	−80	0.003 489
泡沫塑料	—	0.046 52
木材(横向)	—	0.139 6 ~ 0.174 5
木材(纵向)	—	0.383 8
耐火砖	230	0.872 3
	1 200	1.639 8
混凝土	—	1.279 3
绒毛毡	—	0.046 5
85% 氧化镁粉	0 ~ 100	0.069 78
聚氯乙烯	—	0.116 3 ~ 0.174 5
酚醛加玻璃纤维	—	0.259 3
酚醛加石棉纤维	—	0.294 2
聚酯加玻璃纤维	—	0.259 4
聚碳酸酯	—	0.190 7
聚苯乙烯泡沫	25	0.041 87
	−150	0.001 745
聚乙烯	—	0.329 1
石墨	—	139.56

15. 液体的黏度和密度

如附录图 2 所示为液体黏度与密度的关系。

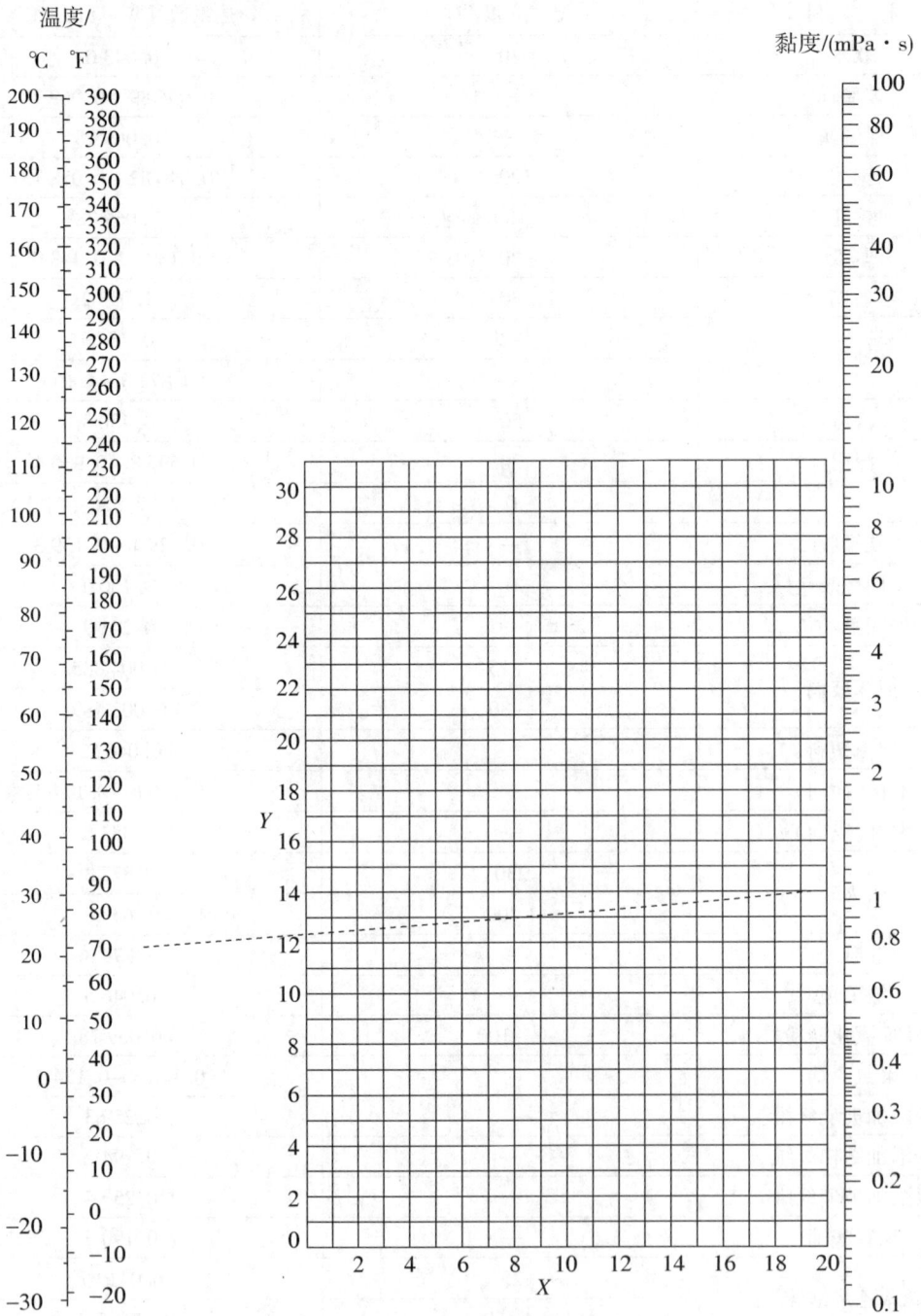

附录图 2　液体黏度共线图

液体黏度共线图的坐标值及液体的密度列于附表28中。

附表28　液体黏度与密度

序　号	液　　　体		X	Y	密度①/(kg·m^{-3})
1	乙醛		15.2	14.8	783(18℃)
2	醋酸	100%	12.1	14.2	1 049②
3	醋酸	70%	9.5	17.0	1 069
4	醋酸酐		12.7	12.8	1 083
5	丙酮	100%	14.5	7.2	792
6	丙酮	35%	7.9	15.0	948
7	丙烯醇		10.2	14.3	854
8	氨	100%	12.6	2.0	817(-79℃)
9	氨	26%	10.1	13.9	904
10	醋酸戊酯		11.8	12.5	879
11	戊醇		7.5	18.4	817
12	苯胺		8.1	18.7	1 022
13	苯甲醚		12.3	13.5	990
14	三氯化砷		13.9	14.5	2 163
15	苯		12.5	10.9	880
16	氯化钙盐水	25%	6.6	15.9	1 228
17	氯化钙盐水	25%	10.2	16.6	1 186(25℃)
18	溴		14.2	13.2	3 119
19	溴甲苯		20	15.9	1 410
20	乙酸丁酯		12.3	11.0	882
21	丁醇		8.6	17.2	810
22	丁酸		12.1	15.3	964
23	二氧化碳		11.6	0.3	1 101(-37℃)
24	二硫化碳		16.1	7.5	1 263
25	四氯化铁		12.7	13.1	1 595
26	氯苯		12.3	12.4	1 107

序　号	液　　　体		X	Y	密度[①]/(kg·m⁻³)
27	三氯甲烷		14.4	10.2	1 489
28	氯磺酸		11.2	18.1	1 787(25 ℃)
29	氯磺酸(邻位)		13.0	13.3	1 082
30	氯甲苯(间位)		13.3	12.5	1 072
31	氯甲苯(对位)		13.3	12.5	1 070
32	甲酚(间位)		2.5	20.8	1 034
33	环己醇		2.9	24.3	962
34	二溴乙烷		12.7	15.8	2 495
35	二氯乙烷		13.2	12.2	1 256
36	二氯甲烷		14.6	8.9	1 336
37	草酸乙酯		11.0	16.4	1 079
38	草酸二甲酯		12.3	15.8	1 148(54 ℃)
39	联苯		12.0	18.3	992(73 ℃)
40	草酸二丙酯		10.3	17.7	1 038(0 ℃)
41	乙酸乙酯		13.7	9.1	901
42	乙醇	100%	10.5	13.8	789
43	乙醇	95%	9.8	14.3	804
44	乙醇	40%	6.5	16.6	935
45	乙苯		13.2	11.5	867
46	溴乙烷		14.5	8.1	1 431
47	氯乙烷		14.8	6.0	917(6 ℃)
48	乙醚		14.5	5.3	708(25 ℃)
49	甲酸乙酯		14.2	8.4	923
50	碘乙烷		14.7	10.3	1 933
51	乙二醇		6.0	23.6	1 113
52	甲酸		10.7	15.8	1 220
53	氟利昂 – 11(CCl_2F)		14.4	9.0	1 494(17 ℃)

序 号	液 体		X	Y	密度[①]/(kg·m⁻³)
54	氟利昂 - 12(CCl_2F_2)		16.8	5.6	1 486(20 ℃)
55	氟利昂 - 21($CHCl_2F$)		15.7	7.5	1 426(0 ℃)
56	氟利昂 - 22($CHClF_2$)		17.2	4.7	3 870(0 ℃)
57	氟利昂 - 113(CCl_2F—$CClF_2$)		12.5	11.4	1 576
58	甘油	100%	2.0	30.0	1 261
59	甘油	50%	6.9	19.6	1 126
60	庚烷		14.1	8.4	684
61	己烷		14.7	7.0	659
62	盐酸	31.5%	13.0	16.6	1 157
63	异丁醇		7.1	18.0	779(26 ℃)
64	异丁酸		12.2	14.4	949
65	异丙醇		8.2	16.0	789
66	煤油		10.2	16.9	780 ~ 820
67	粗亚麻仁油		7.5	27.2	930 ~ 938(15 ℃)
68	水银		18.4	16.4	13 546
69	甲醇	100%	12.4	10.5	792
70	甲醇	90%	12.3	11.8	820
71	甲醇	40%	7.8	15.5	935
72	乙酸甲酯		14.2	8.2	924
73	氯甲烷		15.0	3.8	952(0 ℃)
74	丁酮		13.9	8.6	805
75	萘		7.9	18.1	1 145
76	硝酸	95%	12.8	13.8	1 493
77	硝酸	60%	10.8	17.0	1 367
78	硝基苯		10.6	16.2	1 205(15 ℃)
79	硝基甲苯		11.0	17.0	1 160
80	辛烷		13.7	10.0	703

序 号	液 体		X	Y	密度[①]/($kg \cdot m^{-3}$)
81	辛醇		6.6	21.1	827
82	五氯乙烷		10.9	17.3	1 672(25 ℃)
83	戊烷		14.9	5.2	630(18 ℃)
84	酚		6.9	20.8	1 071(25 ℃)
85	三溴化磷		13.8	16.7	2 852(15 ℃)
86	三氯化磷		16.2	10.9	1 574
87	丙酸		12.8	13.8	992
88	丙醇		9.1	16.5	804
89	溴丙烷		14.5	9.6	1 353
90	氯丙烷		14.4	7.5	890
91	碘丙烷		14.1	11.6	1 749
92	钠		16.4	13.9	970
93	氢氧化钠	50%	3.2	25.8	1 525
94	四氯化锡		13.5	12.8	2 226
95	二氧化硫		15.2	7.1	1 434(0 ℃)
96	硫酸	110%	7.2	27.4	1 980
97	硫酸	98%	7.0	24.8	1 836
98	硫酸	60%	10.2	21.3	1 498
99	二氯二氧化硫		15.2	12.4	1 667
100	四氯乙烷		11.9	15.7	1 600
101	四氯乙烯		14.2	12.7	1 624(15 ℃)
102	四氯化钛		14.4	12.3	1 726
103	甲苯		13.7	10.4	886
104	三氯乙烯		14.8	10.5	1 436
105	松节油		11.5	14.9	861~867
106	醋酸乙烯		14.0	8.8	932
107	水		10.2	13.0	998

①本表中的密度值除特殊标注外，均为20 ℃下的测定值；

②醋酸的密度不能用加和方法计算。

16. 气体的黏度

101.33 kPa 压强下气体的黏度如附录图 3 所示。

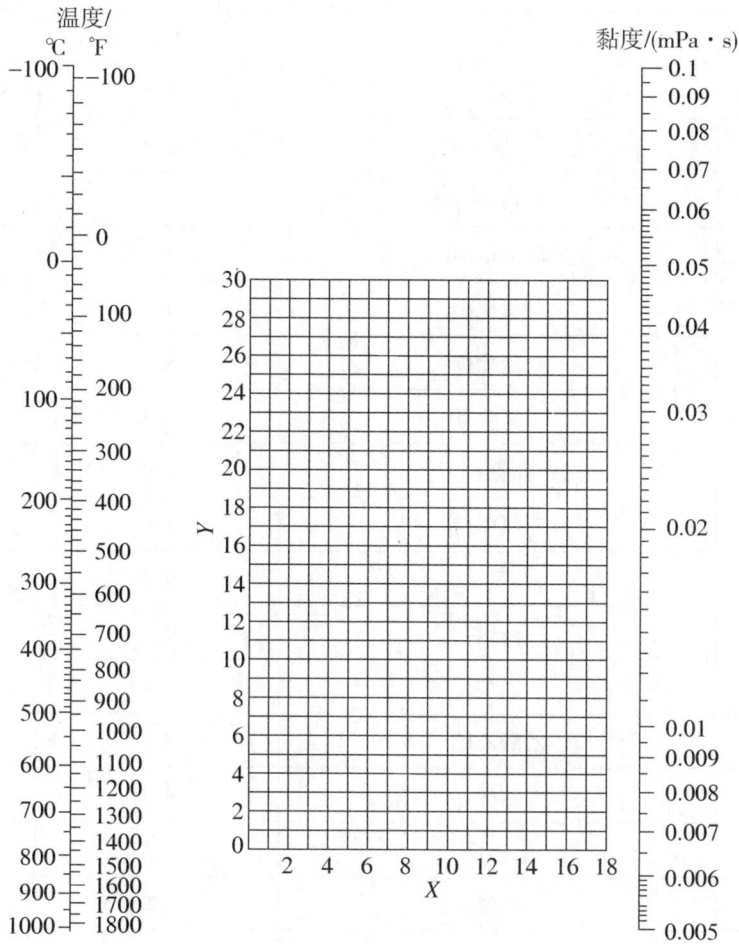

附录图 3　气体黏度共线图

气体黏度共线图的坐标值列于附表 29 中。

附表 29　气体黏度

序　　号	气　　体	X	Y
1	醋酸	7.7	14.3
2	丙酮	8.9	13.0
3	乙炔	9.8	4.9
4	空气	11.0	20.0
5	氨	8.4	16.0

序　号	气　　　体	X	Y
6	氩	10.5	22.4
7	苯	8.5	13.2
8	溴	8.9	19.2
9	丁烯(butene)	9.2	13.7
10	丁烯(butylene)	8.9	13.0
11	二氧化碳	9.5	18.7
12	二硫化碳	8.0	16.0
13	一氧化碳	11.0	20.0
14	氯	9.0	18.4
15	三氯甲烷	8.9	15.7
16	氰	9.2	15.2
17	环己烷	9.2	12.0
18	乙烷	9.1	14.5
19	乙酸乙酯	8.5	13.2
20	乙醇	9.2	14.2
21	氯乙烷	8.5	15.6
22	乙醚	8.9	13.0
23	乙烯	9.5	15.1
24	氟	7.3	23.8
25	氟利昂—11(CCl_3F)	10.6	15.1
26	氟利昂—12(CCl_2F_2)	11.1	16.0
27	氟利昂—21($CHCl_2F$)	10.8	15.3
28	氟利昂—22($CHClF_2$)	10.1	17.0
29	氟利昂—113($CCl_2F—CClF_2$)	11.3	14.0
30	氦	10.9	20.5
31	己烷	8.6	11.8
32	氢	11.2	12.4

序　号	气　　体	X	Y
33	$3H_2 + 1N_2$	11.2	17.2
34	溴化氢	8.8	20.9
35	氯化氢	8.8	18.7
36	氰化氢	9.8	14.9
37	碘化氢	9.0	21.3
38	硫化氢	8.6	18.0
39	碘	9.0	18.4
40	水银	5.3	22.9
41	甲烷	9.9	15.5
42	甲醇	8.5	15.6
43	一氧化氮	10.9	20.5
44	氮	10.6	20.0
45	五硝酰氯	8.0	17.6
46	一氧化二氮	8.8	19.0
47	氧	11.0	21.3
48	戊烷	7.0	12.8
49	丙烷	9.7	12.9
50	丙醇	8.4	13.4
51	丙烯	9.0	13.8
52	二氧化硫	9.6	17.0
53	甲苯	8.6	12.4
54	2，3，3—三甲(基)丁烷	9.5	10.5
55	水	8.0	16.0
56	氙	9.3	23.0

17. 液体的比热容

液体的比热容如附录图4所示。

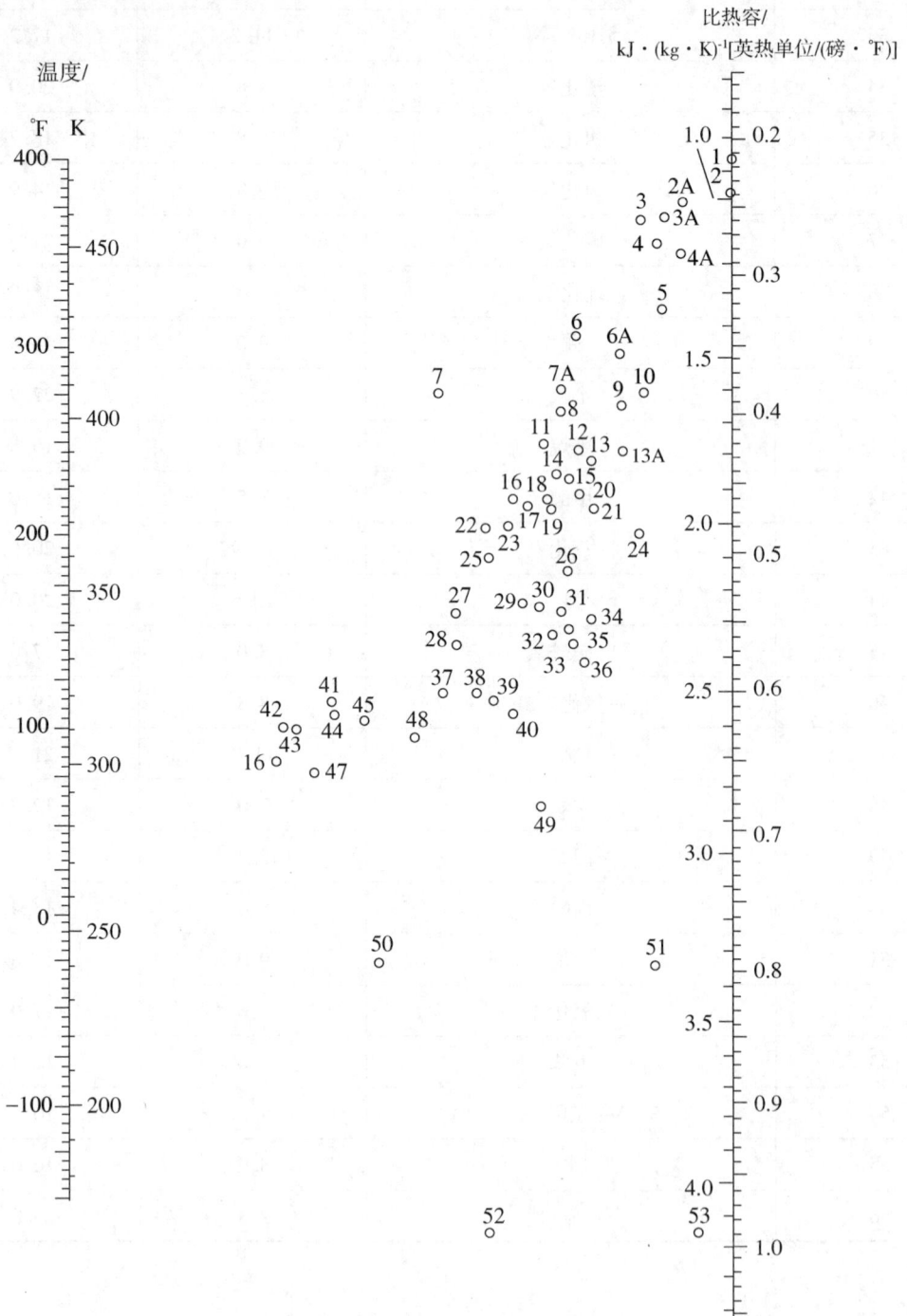

附录图4　液体比热容共线图

液体比热容共线图的编号列于附表30。

附表30 液体的比热容

号　数	液　体		温度范围/℃
29	醋酸	100%	0～80
32	丙酮		20～50
52	氨		−70～50
37	戊醇		−50～25
26	乙酸戊酯		0～100
30	苯胺		0～130
23	苯		10～80
27	苯甲醇		−20～30
10	卡基氧		−30～30
49	CaCl₂ 盐水	25%	−40～20
51	NaCl 盐水	25%	−40～20
44	丁醇		0～100
2	二硫化碳		−100～25
3	四氯化碳		10～60
8	氯苯		0～100
4	三氯甲烷		0～50
21	癸烷		−80～25
6A	二氯乙烷		−30～60
5	二氯甲烷		−40～50
15	联苯		80～120
22	二苯甲烷		80～100
16	二苯醚		0～200
16	道舍姆 A（DowthermA）		0～200
24	乙酸乙酯		−50～25
42	乙醇	100%	30～80
46	乙醇	95%	20～80
50	乙醇	50%	20～80
25	乙苯		0～100
1	溴乙烷		5～25
13	氯乙烷		−80～40
36	乙醚		−100～25

号　数	液　体	温度范围/℃
7	碘乙烷	0～100
39	乙二醇	−40～200
2A	氟利昂—11（CCl_3F）	−20～70
6	氟利昂—12（CCl_2F_2）	−40～15
4A	氟利昂—21（$CHCl_2F$）	−20～70
7A	氟利昂—22（$CHClF_2$）	−20～60
3A	氟利昂—113（$CCl_2F～CClF_2$）	−20～70
38	三元醇	−40～20
28	庚烷	0～60
35	己烷	−80～20
48	盐酸　　　　　　　　30%	20～100
41	异戊醇	10～100
43	异丁醇	0～100
47	异丙醇	−20～50
31	异丙醚	−80～20
40	甲醇	−40～20
13A	氯甲烷	−80～20
14	萘	90～200
12	硝基苯	0～100
34	壬烷	−50～125
33	辛烷	−50～25
3	过氯乙烯	−30～140
45	丙醇	−20～100
20	吡啶	−51～25
9	硫酸　　　　　　　　98%	10～45
11	二氧化硫	−20～100
23	甲苯	0～60
53	水	−10～200
19	二甲苯（邻位）	0～100
18	二甲苯（间位）	0～100
17	二甲苯（对位）	0～100

18. 气体比热容

101.33 kPa 压强下气体的比热容如附录图 5 所示。

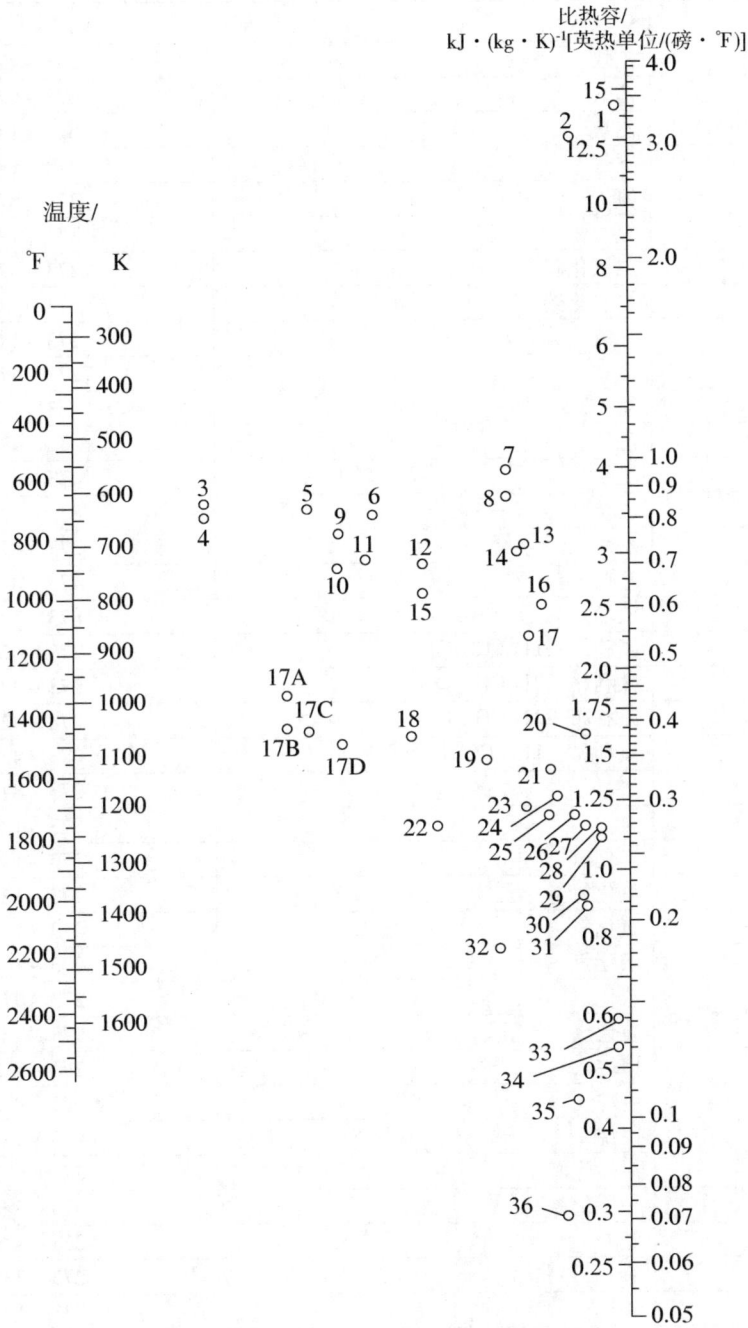

附录图 5　气体比热容共线图

气体比热容共线图的编号列于附表31。

附表31　气体的比热容

号　　数	气　　体	温度范围/K
10	乙炔	273 ~ 473
15	乙炔	473 ~ 673
16	乙炔	673 ~ 1 673
27	空气	273 ~ 1 673
12	氨	273 ~ 873
14	氨	873 ~ 1 673
18	二氧化碳	273 ~ 673
24	二氧化碳	673 ~ 1 673
26	一氧化碳	273 ~ 1 673
32	氯	273 ~ 473
34	氯	473 ~ 1 673
3	乙烷	273 ~ 473
9	乙烷	473 ~ 873
8	乙烷	873 ~ 1 673
4	乙烯	273 ~ 473
11	乙烯	473 ~ 873
13	乙烯	873 ~ 1 673
17B	氟利昂—11（CCl_3F）	273 ~ 423
17C	氟利昂—21（$CHCl_2F$）	273 ~ 423
17A	氟利昂—22（$CHClF_2$）	278 ~ 423
17D	氟利昂—113（$CCl_2F - CClF_2$）	273 ~ 423
1	氢	273 ~ 873
2	氢	873 ~ 1 673
35	溴化氢	273 ~ 1 673
30	氯化氢	273 ~ 1 673
20	氟化氢	273 ~ 1 673
36	碘化氢	273 ~ 1 673
19	硫化氢	273 ~ 973
21	硫化氢	973 ~ 1 673
5	甲烷	273 ~ 573
6	甲烷	573 ~ 973
7	甲烷	973 ~ 1 673
25	一氧化氮	273 ~ 973
28	一氧化氮	973 ~ 1 673
26	氮	273 ~ 1 673
23	氧	273 ~ 733
29	氧	733 ~ 1 673
33	硫	573 ~ 1 673
22	二氧化硫	273 ~ 673
31	二氧化硫	673 ~ 1 673
17	水	273 ~ 1 673

19. 汽化热（蒸发潜热）

汽化热共线图如附录图 6 所示。

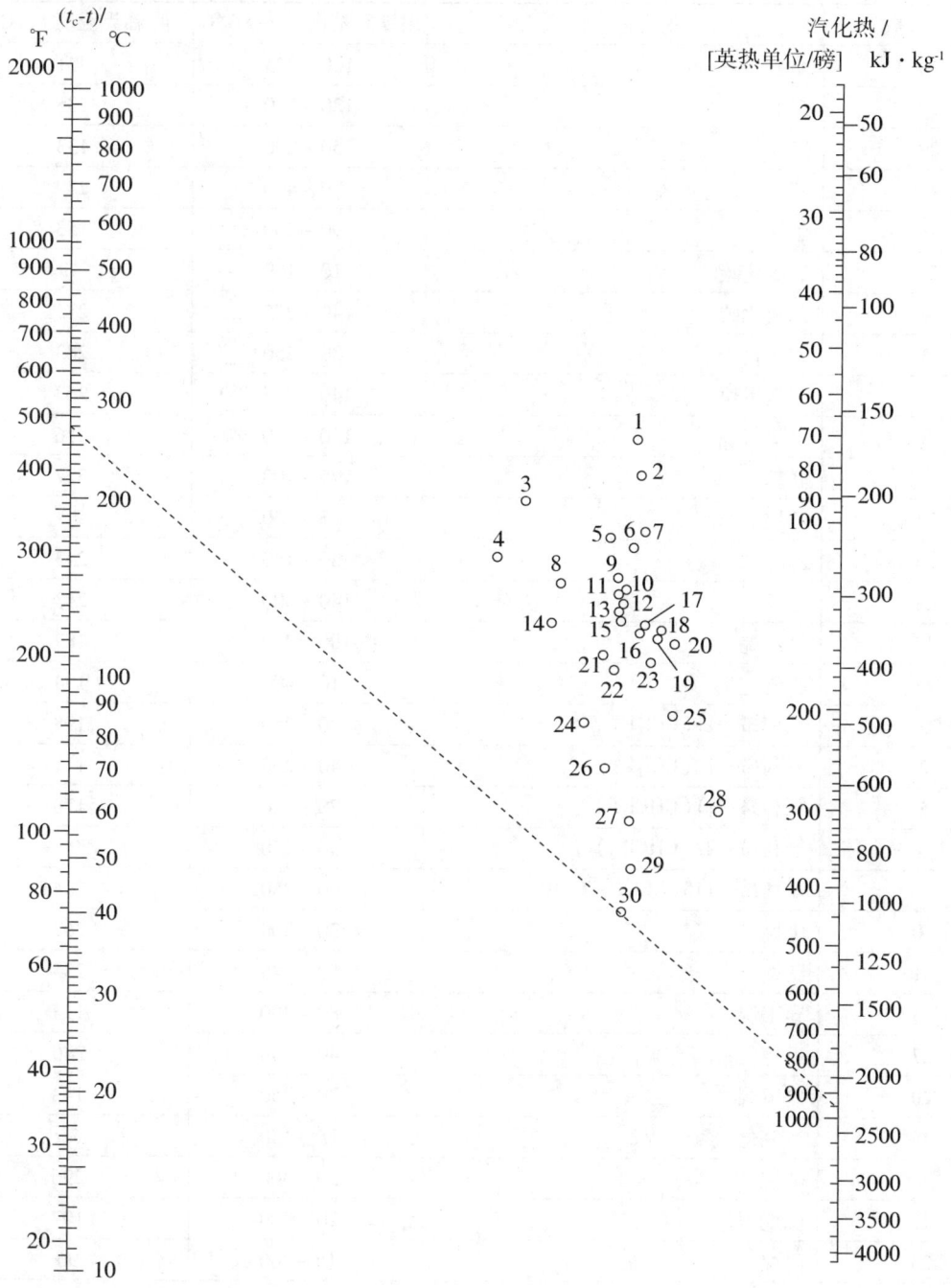

附录图 6　汽化热共线图

汽化热共线图的编号列于附表32。

附表32　汽化热

号　　数	化　合　物	温度差范围$(t_c - t)$/℃	临界温度 t_c/℃
18	醋酸	$100 \sim 225$	321
22	丙酮	$120 \sim 210$	235
29	氨	$50 \sim 200$	133
13	苯	$10 \sim 400$	289
16	丁烷	$90 \sim 200$	153
21	二氧化碳	$10 \sim 100$	31
4	二硫化碳	$140 \sim 275$	273
2	四氯化碳	$30 \sim 250$	283
7	三氯甲烷	$140 \sim 275$	263
8	二氯甲烷	$150 \sim 250$	216
3	联苯	$175 \sim 400$	527
25	乙烷	$25 \sim 150$	32
26	乙醇	$20 \sim 140$	243
28	乙醇	$140 \sim 300$	243
17	氯乙烷	$100 \sim 250$	187
13	乙醚	$10 \sim 400$	194
2	氟利昂—11(CCl_3F)	$70 \sim 250$	198
2	氟利昂—12(CCl_2F)	$40 \sim 200$	111
5	氟利昂—21($CHCl_2F$)	$70 \sim 250$	178
6	氟利昂—22($CHClF_2$)	$50 \sim 170$	96
1	氟利昂—113($CCl_2F - CClF_2$)	$90 \sim 250$	214
10	庚烷	$20 \sim 300$	267
11	己烷	$50 \sim 225$	235
15	异丁烷	$80 \sim 200$	134
27	甲醇	$40 \sim 250$	240
20	氯甲烷	$70 \sim 250$	143
19	一氧化二氮	$25 \sim 150$	36
9	辛烷	$30 \sim 300$	296
12	戊烷	$20 \sim 200$	197
23	丙烷	$40 \sim 200$	96
24	丙醇	$20 \sim 200$	264
14	二氧化硫	$90 \sim 160$	157
30	水	$100 \sim 500$	374

【例】求 100 ℃水蒸气的汽化热。

解：从附表 32 中查出水的编号为 30，临界温度 t_c 为 374 ℃，故

$$t_c - t = 374 - 100 = 274(℃)$$

在温度标尺上找出相应于 274 ℃的点，将该点与编号 30 的点相连，延长与汽化热标尺相交，由此读出 100 ℃时水的汽化热为 2 257 kJ/kg。

20. 液体的表面张力

液体的表面张力如附图 7 所示。

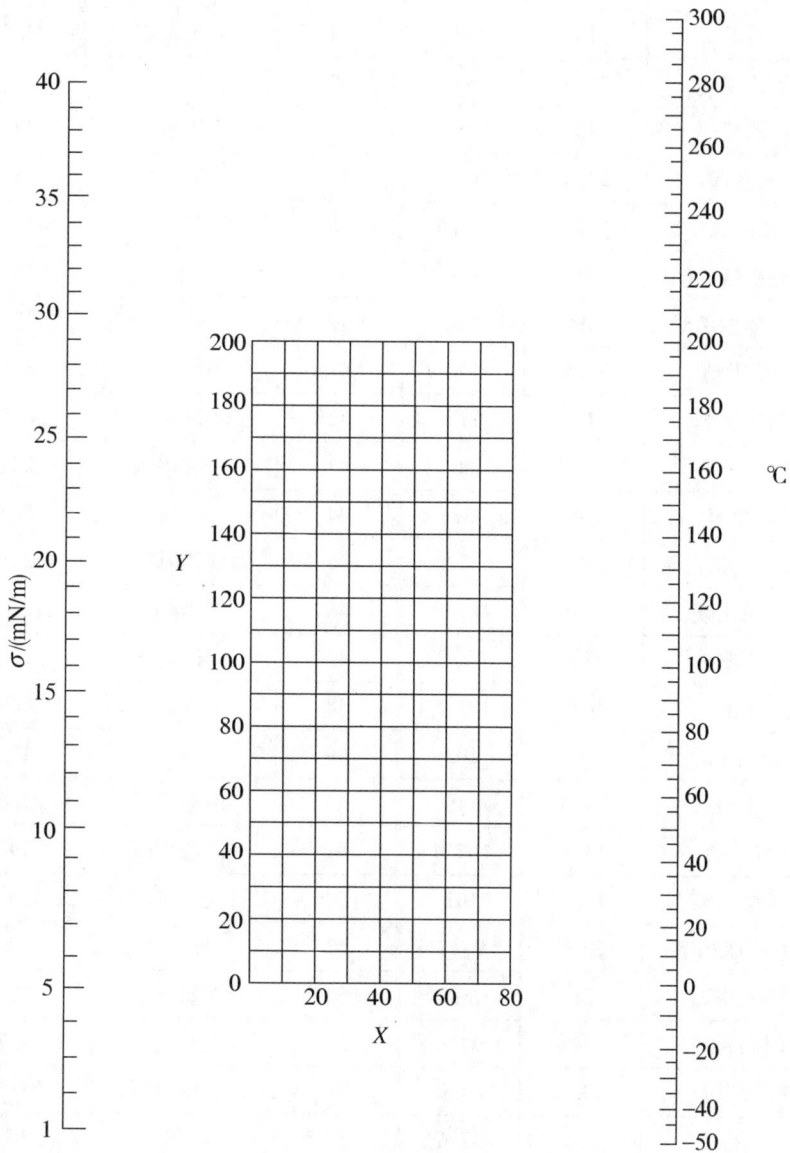

附录图 7　液体表面张力共线图

液体表面张力共线图坐标值列于附表33。

附表33 液体表面张力

序号	液体名称	X	Y	序号	液体名称	X	Y
1	环氧乙烷	42	83	30	三苯甲烷	12.5	182.7
2	乙苯	22	118	31	三氯乙醛	30	113
3	乙胺	11.2	83	32	三聚乙醛	22.3	103.8
4	乙硫醇	35	81	33	乙烷	22.7	72.2
5	乙醇	10	97	34	六氢吡啶	24.7	120
6	乙醚	27.5	64	35	甲苯	24	113
7	乙醛	33	78	36	甲胺	42	58
8	乙醛肟	23.5	127	37	间甲酚	13	161.2
9	乙酰胺	17	192.5	38	对甲酚	11.5	160.5
10	乙酰醋酸乙酯	21	132	39	邻甲酚	20	161
11	二乙醇缩乙醛	19	88	40	甲醇	17	93
12	间二甲苯	20.5	118	41	甲酸甲酯	38.5	88
13	对二甲苯	19	117	42	甲酸乙酯	30.5	88.8
14	二甲胺	16	66	43	甲酸丙酯	24	97
15	二甲醚	44	37	44	丙胺	25.5	87.2
16	1，2-二氯乙烯	32	122	45	对异丙基甲苯	12.8	121.2
17	二硫化碳	35.8	117.2	46	丙酮	28	91
18	丁酮	23.6	97	47	异丙醇	12	111.5
19	丁醇	9.6	107.5	48	丙醇	8.2	105.2
20	异丁醇	5	103	49	丙酸	17	112
21	丁酸	14.5	115	50	丙酸乙酯	22.6	97
22	异丁酸	14.8	107.4	51	丙酸甲酯	29	95
23	丁酸乙酯	17.5	102	52	二乙（基）酮	20	101
24	丁（异）酸甲酯	20.9	93.7	53	异戊醇	6	106.8
25	丁酸甲酯	25	88	54	四氯化碳	26	104.5
26	丁（异）酸甲酯	24	93.8	55	辛烷	17.7	90
27	三乙胺	20.1	83.9	56	亚硝酰氯	38.5	93
28	三甲胺	21	57.6	57	苯	30	110
29	1，3，5-三甲苯	17	119.8	58	苯乙酮	18	163

序号	液体名称	X	Y	序号	液体名称	X	Y
59	苯乙醚	20	134.2	81	氰化苯(苯腈)	19.5	159
60	苯二乙胺	17	142.6	82	氰化氢	30.6	66
61	苯二甲胺	20	149	83	硫酸二乙酯	19.5	139.5
62	苯甲醚	24.4	138.9	84	硫酸二甲酯	23.5	158
63	苯甲酸乙酯	14.8	151	85	硝基乙烷	25.4	126.1
64	苯胺	22.9	171.8	86	硝基甲烷	30	139
65	苯(基)甲胺	25	156	87	萘	22.5	165
66	苯酚	20	168	88	溴乙烷	31.6	90.2
67	苯并吡啶	19.5	183	89	溴苯	23.5	145.5
68	氨	56.2	63.5	90	碘乙烷	28	113.2
69	氧化亚氮	62.5	0.5	91	茴香脑	13	158.1
70	草酸乙二酯	20.5	130.8	92	醋酸	17.1	116.5
71	氯	45.5	59.2	93	醋酸甲酯	34	90
72	氯仿	32	101.3	94	醋酸乙酯	23	97
73	对氯甲苯	18.7	134	95	醋酸丙酯	23	97
74	氯甲烷	45.8	53.2	96	醋酸异丁酯	16.4	130.1
75	氯苯	23.5	132.5	97	醋酸异戊酯	16.4	130.1
76	对氯溴苯	14	162	98	醋酸酐	25	129
77	氯甲苯(吡啶)	34	138.2	99	噻吩	35	121
78	氰化乙烷(丙腈)	23	108.6	100	环己烷	42	86.7
79	氰化丙烷(丁腈)	20.3	113	101	磷酰氯	26	125.2
80	氰化甲烷(乙腈)	33.5	111				

21. 壁面污垢热阻(污垢系数)(m² · K/W)

壁面污垢热阻见附表34~附表37。

(1) 冷却水

附表34　冷却水的壁面污垢热阻

加热流体的温度/℃	115 以下		115~205	
水的温度/℃	25 以下		25 以上	
水的流速/(m · s⁻¹)	1 以下	1 以上	1 以下	1 以上
海水	0.8598×10^{-4}	0.8598×10^{-4}	1.7197×10^{-4}	1.7197×10^{-4}
自来水、井水、湖水、软化锅炉水	1.7197×10^{-4}	1.7197×10^{-4}	3.4394×10^{-4}	3.4394×10^{-4}

续表

加热流体的温度/℃	115 以下		115～205	
水的温度/℃	25 以下		25 以上	
水的流速/(m·s⁻¹)	1 以下	1 以上	1 以下	1 以上
蒸馏水	$0.859\,8 \times 10^{-4}$	$0.859\,8 \times 10^{-4}$	$0.859\,8 \times 10^{-4}$	$0.859\,8 \times 10^{-4}$
硬水	$5.159\,0 \times 10^{-4}$	$5.159\,0 \times 10^{-4}$	8.598×10^{-4}	8.598×10^{-4}
河水	$5.159\,0 \times 10^{-4}$	$3.439\,4 \times 10^{-4}$	$6.878\,8 \times 10^{-4}$	$5.159\,0 \times 10^{-4}$

（2）工业用气体

附表 35　工业用气体的壁面污垢热阻

气体名称	热阻/(m²·K·W⁻¹)
有机化合物	$0.859\,8 \times 10^{-4}$
水蒸气	$0.859\,8 \times 10^{-4}$
空气	$3.439\,4 \times 10^{-4}$
溶剂蒸气	$1.719\,7 \times 10^{-4}$
天然气	$1.719\,7 \times 10^{-4}$
焦炉气	$1.719\,7 \times 10^{-4}$

（3）工业用液体

附表 36　工业用液体的壁面污垢热阻

液体名称	热阻/(m²·K·W⁻¹)
有机化合物	$1.719\,7 \times 10^{-4}$
盐水	$1.719\,7 \times 10^{-4}$
熔盐	$0.859\,8 \times 10^{-4}$
植物油	$5.159\,0 \times 10^{-4}$

（4）石油分馏物

附表 37　石油分馏物的壁面污垢热阻

馏出物名称	热阻/(m²·K·W⁻¹)
原油	$3.439\,4 \times 10^{-4} \sim 12.098 \times 10^{-4}$
汽油	$1.719\,7 \times 10^{-4}$
石脑油	$1.719\,7 \times 10^{-4}$
煤油	$1.719\,7 \times 10^{-4}$
柴油	$3.439\,4 \times 10^{-4} \sim 5.159\,0 \times 10^{-4}$
重油	8.598×10^{-4}
沥青油	17.197×10^{-4}

22. 溶液的沸点升高与浓度的关系

101.33 kPa 压强下溶液的沸点升高与浓度的关系如附录图 8 所示。

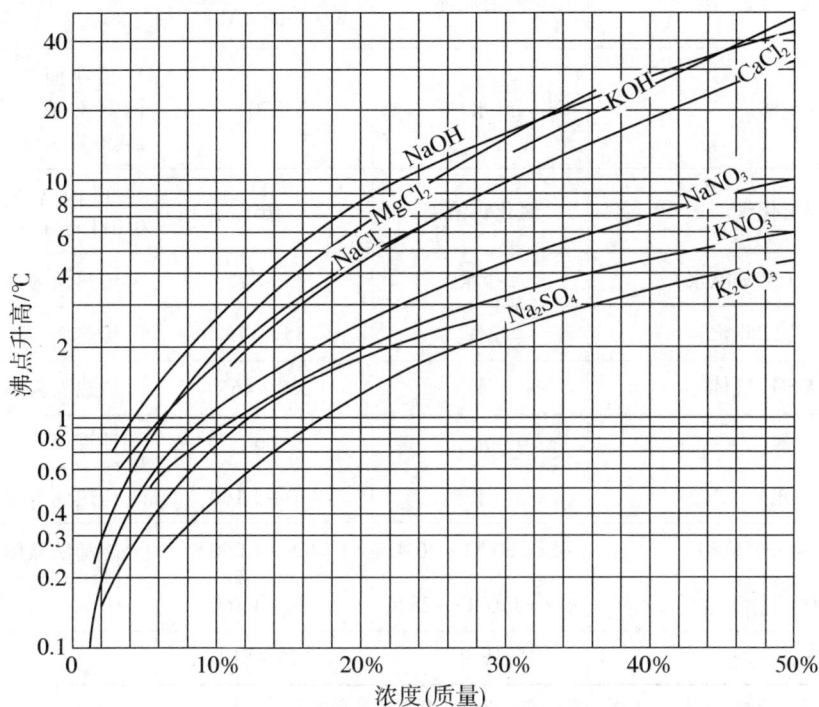

附录图 8　溶液的沸点升高与浓度的关系

23. 管壳式换热器总传热系数 K_O 的推荐值

（1）管壳式换热器用作冷却器时的 K_O 值范围（见附表 38）

附表 38　管壳式换热器用作冷却器时的 K_O 值范围

高 温 流 体	低温流体	总传热系数范围/ $[W \cdot (m^2 \cdot \mathcal{C})^{-1}]$	备　　注
水	水	1 400 ~ 2 840	污垢系数 0.52 $m^2 \cdot K \cdot kW^{-1}$
甲醇、氢	水	1 400 ~ 2 840	
有机物黏度 $0.5 \times 10^{-3} Pa \cdot s$ 以下[①]	水	430 ~ 850	
有机物黏度 $0.5 \times 10^{-3} Pa \cdot s$ 以下[①]	冷冻盐水	220 ~ 570	
有机物黏度 $(0.5 \sim 1) \times 10^{-3} Pa \cdot s$[②]	水	280 ~ 710	
有机物黏度 $1 \times 10^{-3} Pa \cdot s$ 以上[③]	水	28 ~ 430	
气体	水	12 ~ 280	
水	冷冻盐水	570 ~ 1 200	
水	冷冻盐水	230 ~ 580	传热面为塑料衬里

高 温 流 体	低温流体	总传热系数范围/ [W·(m²·℃)⁻¹]	备　注
硫酸	水	870	传热面为不透性石墨，两侧对流传热系数均为 2 400 W·(m²·℃)⁻¹
四氯化铁	氯化钙溶液	76	管内流速 0.005 2 ~ 0.011 m/s
氯化氢气（冷却除水）	盐水	35 ~ 175	传热面为不透性石墨
氯气（冷却除水）	水	35 ~ 175	传热面为不透性石墨
焙烧 SO₂ 气体	水	230 ~ 465	传热面为不透性石墨
氮	水	66	计算值
水	水	410 ~ 1 160	传热面为塑性衬里
20% ~40% 硫酸	水 t = 60 ℃ ~30 ℃	465 ~ 1 050	冷却洗涤用硫酸冷却
20% 盐酸	水 t = 110 ℃ ~25 ℃	580 ~ 1 160	
有机溶剂	盐水	175 ~ 510	

①为苯、甲苯、丙酮、乙醇、丁酮、汽油、轻煤油、石脑油等有机物；
②为煤油、热柴油、热吸收油、原油馏分等有机物；
③为冷柴油、燃料油、原油、焦油、沥青等有机物。

（2）管壳式换热器用作冷凝器时的 K_0 值范围（见附表39）

附表39　管壳式换热器用作冷凝器时的 K_0 值范围

高 温 流 体	低温流体	总传热系数范围/ [W·(m²·℃)⁻¹]	备　注
有机质蒸气	水	230 ~ 930	传热面为塑料衬里
有机质蒸气	水	290 ~ 1 160	传热面为不透性石墨
饱和有机质蒸气（大气压下）	盐水	570 ~ 1 140	
饱和有机质蒸气（减压下且含有少量不凝性气体）	盐水	280 ~ 570	
低沸点碳氢化合物（大气压下）	水	450 ~ 1 140	
高沸点碳氢化合物（减压下）	水	60 ~ 175	
21% 盐酸蒸气	水	110 ~ 1 750	传热面为不透性石墨

高 温 流 体	低温流体	总传热系数范围/ $[W \cdot (m^2 \cdot ℃)^{-1}]$	备 注
氨蒸气	水	870 ~ 2 330	水流速，1 ~ 1.5 m/s
有机溶剂蒸气和水蒸气混合物	水	350 ~ 1 160	传热面为塑料衬里
有机质蒸气(减压下且含有大量不凝性气体)	水	60 ~ 280	
有机质蒸气(大气压下且含有大量不凝性气体)	盐水	115 ~ 450	
氟利昂液蒸气	水	870 ~ 990	水流速 1.2 m/s
汽油蒸气	水	520	水流速 1.5 m/s
汽油蒸气	原油	115 ~ 175	原油流速 0.6 m/s
煤油蒸气	水	290	水流速 1 m/s
水蒸气(加压下)	水	1 990 ~ 4 260	
水蒸气(减压下)	水	1 700 ~ 3 440	
氯乙醛(管外)	水	165	直立式，传热面为搪瓷玻璃
甲醇(管内)	水	640	直立式
四氯化碳(管内)	水	360	直立式
缩醛(管内)	水	460	直立式
糖醛(管外)(有不凝性气体)	水	220	直立式
糠醛(管外)(有不凝性气体)	水	190	直立式
糠醛(管外)(有不凝性气体)	水	125	直立式
水蒸气(管外)	水	610	卧式

24. 管子规格

流体输送用不锈钢无缝钢管规格(摘自 GB/T 17395—2008)。

(1) 热轧(挤、扩)钢管的外径和壁厚 (见附表40)

附表40　热轧(挤、扩)钢管的外径和壁厚

外径/mm	壁厚/mm														
	4.5	5	6	7	8	9	10	11	12	13	14	15	16	17	18
68	◎	◎	◎	◎	◎	◎	◎	◎	◎						
70	◎	◎	◎	◎	◎	◎	◎	◎	◎						
73	◎	◎	◎	◎	◎	◎	◎	◎	◎						
76	◎	◎	◎	◎	◎	◎	◎	◎	◎						
80	◎	◎	◎	◎	◎	◎	◎	◎	◎						
83	◎	◎	◎	◎	◎	◎	◎	◎	◎						
89	◎	◎	◎	◎	◎	◎	◎	◎	◎						
95	◎	◎	◎	◎	◎	◎	◎	◎	◎	◎	◎				
102	◎	◎	◎	◎	◎	◎	◎	◎	◎	◎	◎				
108	◎	◎	◎	◎	◎	◎	◎	◎	◎	◎	◎				
114		◎	◎	◎	◎	◎	◎	◎	◎	◎	◎				
121		◎	◎	◎	◎	◎	◎	◎	◎	◎	◎				
127		◎	◎	◎	◎	◎	◎	◎	◎	◎	◎				
133		◎	◎	◎	◎	◎	◎	◎	◎	◎	◎				
140			◎	◎	◎	◎	◎	◎	◎	◎	◎	◎	◎		
146			◎	◎	◎	◎	◎	◎	◎	◎	◎	◎	◎		
152			◎	◎	◎	◎	◎	◎	◎	◎	◎	◎	◎		
159			◎	◎	◎	◎	◎	◎	◎	◎	◎	◎	◎		
168			◎	◎	◎	◎	◎	◎	◎	◎	◎	◎	◎	◎	◎
180			◎	◎	◎	◎	◎	◎	◎	◎	◎	◎	◎	◎	◎
194				◎	◎	◎	◎	◎	◎	◎	◎	◎	◎	◎	◎
219					◎	◎	◎	◎	◎	◎	◎	◎	◎	◎	◎
145							◎	◎	◎	◎	◎	◎	◎	◎	◎
273									◎	◎	◎	◎	◎	◎	◎
325									◎	◎	◎	◎	◎	◎	◎
351									◎	◎	◎	◎	◎	◎	◎
377									◎	◎	◎	◎	◎	◎	◎
426									◎	◎	◎	◎	◎	◎	◎

注：◎表示热轧规格。通常钢管的长度为 2~12 m。

（2）冷拔(轧)钢管的外径和壁厚（见附表41）

附表41　冷拔(轧)钢管的外径和壁厚

外径/mm	壁厚/mm																																
	0.5	0.6	0.8	1.0	1.2	1.4	1.5	1.6	2.0	2.2	2.5	2.8	3.0	3.2	3.5	4.0	4.5	5.0	5.5	6.0	6.5	7.0	7.5	8.0	8.5	9.0	9.5	10	11	12	13	14	15
6	●	●	●	●	●	●	●	●	●																								
7	●	●	●	●	●	●	●	●	●																								
8	●	●	●	●	●	●	●	●	●																								
9	●	●	●	●	●	●	●	●	●	●	●																						
10	●	●	●	●	●	●	●	●	●	●	●																						
11	●	●	●	●	●	●	●	●	●	●	●																						
12	●	●	●	●	●	●	●	●	●	●	●	●	●																				
13	●	●	●	●	●	●	●	●	●	●	●	●	●																				
14	●	●	●	●	●	●	●	●	●	●	●	●	●	●	●																		
15	●	●	●	●	●	●	●	●	●	●	●	●	●	●	●																		
16	●	●	●	●	●	●	●	●	●	●	●	●	●	●	●	●																	
17	●	●	●	●	●	●	●	●	●	●	●	●	●	●	●	●																	
18	●	●	●	●	●	●	●	●	●	●	●	●	●	●	●	●	●																
19	●	●	●	●	●	●	●	●	●	●	●	●	●	●	●	●	●																
20	●	●	●	●	●	●	●	●	●	●	●	●	●	●	●	●	●																
21	●	●	●	●	●	●	●	●	●	●	●	●	●	●	●	●	●	●															
22	●	●	●	●	●	●	●	●	●	●	●	●	●	●	●	●	●	●															
23	●	●	●	●	●	●	●	●	●	●	●	●	●	●	●	●	●	●															
24	●	●	●	●	●	●	●	●	●	●	●	●	●	●	●	●	●	●	●														
25	●	●	●	●	●	●	●	●	●	●	●	●	●	●	●	●	●	●	●	●													
27	●	●	●	●	●	●	●	●	●	●	●	●	●	●	●	●	●	●	●	●	●												
28	●	●	●	●	●	●	●	●	●	●	●	●	●	●	●	●	●	●	●	●	●												
30	●	●	●	●	●	●	●	●	●	●	●	●	●	●	●	●	●	●	●	●	●	●	●										
32	●	●	●	●	●	●	●	●	●	●	●	●	●	●	●	●	●	●	●	●	●	●	●										
34	●	●	●	●	●	●	●	●	●	●	●	●	●	●	●	●	●	●	●	●	●	●	●	●									
35	●	●	●	●	●	●	●	●	●	●	●	●	●	●	●	●	●	●	●	●	●	●	●	●									
36	●	●	●	●	●	●	●	●	●	●	●	●	●	●	●	●	●	●	●	●	●	●	●	●									
38	●	●	●	●	●	●	●	●	●	●	●	●	●	●	●	●	●	●	●	●	●	●	●	●									
40	●	●	●	●	●	●	●	●	●	●	●	●	●	●	●	●	●	●	●	●	●	●	●	●									

续表

外径/mm	壁厚/mm																																
	0.5	0.6	0.8	1.0	1.2	1.4	1.5	1.6	2.0	2.2	2.5	2.8	3.0	3.2	3.5	4.0	4.5	5.0	5.5	6.0	6.5	7.0	7.5	8.0	8.5	9.0	9.5	10	11	12	13	14	15
42	●	●	●	●	●	●	●	●	●	●	●	●	●	●	●	●	●	●	●	●	●	●	●										
45	●	●	●	●	●	●	●	●	●	●	●	●	●	●	●	●	●	●	●	●	●	●	●	●									
48	●	●	●	●	●	●	●	●	●	●	●	●	●	●	●	●	●	●	●	●	●	●	●	●	●								
50	●	●	●	●	●	●	●	●	●	●	●	●	●	●	●	●	●	●	●	●	●	●	●	●	●	●							
51	●	●	●	●	●	●	●	●	●	●	●	●	●	●	●	●	●	●	●	●	●	●	●	●	●	●							
53	●	●	●	●	●	●	●	●	●	●	●	●	●	●	●	●	●	●	●	●	●	●	●	●	●	●	●						
54	●	●	●	●	●	●	●	●	●	●	●	●	●	●	●	●	●	●	●	●	●	●	●	●	●	●	●						
56	●	●	●	●	●	●	●	●	●	●	●	●	●	●	●	●	●	●	●	●	●	●	●	●	●	●	●						
57	●	●	●	●	●	●	●	●	●	●	●	●	●	●	●	●	●	●	●	●	●	●	●	●	●	●							
60	●	●	●	●	●	●	●	●	●	●	●	●	●	●	●	●	●	●	●	●	●	●	●	●	●	●							
63						●	●	●	●	●	●	●	●	●	●	●	●	●	●	●	●	●	●	●	●	●							
65						●	●	●	●	●	●	●	●	●	●	●	●	●	●	●	●	●	●	●	●	●	●						
68						●	●	●	●	●	●	●	●	●	●	●	●	●	●	●	●	●	●	●	●	●	●	●	●	●			
70							●	●	●	●	●	●	●	●	●	●	●	●	●	●	●	●	●	●	●	●	●						
73											●	●	●	●	●	●	●	●	●	●	●	●	●	●	●	●	●	●					
75											●	●	●	●	●	●	●	●	●	●	●	●	●	●	●	●	●	●					
76											●	●	●	●	●	●	●	●	●	●	●	●	●	●	●	●	●	●					
80											●	●	●	●	●	●	●	●	●	●	●	●	●	●	●	●	●	●	●	●	●	●	●
83											●	●	●	●	●	●	●	●	●	●	●	●	●	●	●	●	●	●	●	●	●	●	●
85											●	●	●	●	●	●	●	●	●	●	●	●	●	●	●	●	●	●	●	●	●	●	●
89											●	●	●	●	●	●	●	●	●	●	●	●	●	●	●	●	●	●	●	●	●	●	●
90													●	●	●	●	●	●	●	●	●	●	●	●	●	●	●	●	●	●	●	●	●
95													●	●	●	●	●	●	●	●	●	●	●	●	●	●	●	●	●	●	●	●	●
100													●	●	●	●	●	●	●	●	●	●	●	●	●	●	●	●	●	●	●	●	●
102														●	●	●	●	●	●	●	●	●	●	●	●	●	●	●	●	●	●	●	●
108															●	●	●	●	●	●	●	●	●	●	●	●	●	●	●	●	●	●	●
114															●	●	●	●	●	●	●	●	●	●	●	●	●	●	●	●	●	●	●
127															●	●	●	●	●	●	●	●	●	●	●	●	●	●	●	●	●	●	●
133															●	●	●	●	●	●	●	●	●	●	●	●	●	●	●	●	●	●	●
140															●	●	●	●	●	●	●	●	●	●	●	●	●	●	●	●	●	●	●
146															●	●	●	●	●	●	●	●	●	●	●	●	●	●	●	●	●	●	●
159															●	●	●	●	●	●	●	●	●	●	●	●	●	●	●	●	●	●	●

注：●表示冷拔（轧）钢管规格，通常长度为 2~8 m。

25. 泵规格（摘录）

（1）IS 型单级单吸离心泵性能表（摘录）（见附表 42）

附表 42　IS 型单级单吸离心泵性能表

型 号	转速 n/ ($\mathrm{r \cdot min^{-1}}$)	流量/ $\mathrm{m^3 \cdot h^{-1}}$	流量/ $\mathrm{L \cdot s^{-1}}$	扬程 H/m	效率 η	功率/kW 轴功率	功率/kW 电机功率	必需气蚀余量 $NPSH_r$/m	质量（泵/底座）/kg
IS50 – 32 – 125	2 900	7.5	2.08	22	47%	0.96	2.2	2.0	32/46
		12.5	3.47	20	60%	1.13		2.0	
		15	4.17	18.5	60%	1.26		2.5	
IS50 – 32 – 160	2 900	7.5	2.08	34.3	54%	1.59	3	2.0	50/46
		12.5	3.47	32	54%	2.02		2.0	
		15	4.17	29.6	56%	2.16		2.5	
IS50 – 32 – 200	2 900	7.5	2.08	82	38%	2.82	5.5	2.0	52/66
		12.5	3.47	80	48%	3.54		2.0	
		15	4.17	78.4	51%	3.59		2.5	
IS50 – 32 – 250	2 900	7.5	2.08	21.8	23.5%	5.87	11	2.0	88/110
		12.5	3.47	20	38%	7.16		2.0	
		15	4.17	18.5	41%	7.83		2.5	
IS65 – 50 – 125	2 900	7.5	4.17	35	58%	1.54	3	2.0	50/41
		12.5	6.49	32	69%	1.97		2.0	
		15	8.33	30	68%	2.22		3.0	
IS65 – 50 – 160	2 900	15	4.17	53	54%	2.65	5.5	2.0	51/66
		25	6.94	50	65%	3.35		2.0	
		30	8.33	47	66%	3.71		2.5	
IS65 – 40 – 200	2 900	15	4.17	53	49%	4.42	7.5	2.0	62/66
		25	6.94	50	60%	5.67		2.0	
		30	8.33	47	61%	6.29		2.5	
IS65 – 40 – 250	2 900	15	4.17	82	37%	9.05	15	2.0	82/110
		25	6.94	80	50%	10.89		2.0	
		30	8.33	78	53%	12.02		2.5	
IS65 – 40 – 315	2 900	15	4.17	127	28%	18.5	30	2.5	152/110
		25	6.94	125	40%	21.3		2.5	
		30	8.33	123	44%	22.8		3.0	

型　号	转速 n/	流量/		扬程	效率	功率/kW		必需气蚀余量	质量（泵/
	$(r \cdot min^{-1})$	$m^3 \cdot h^{-1}$	$L \cdot s^{-1}$	H/m	η	轴功率	电机功率	$NPSH_r$/m	底座）/kg
IS80-65-125	2 900	30	8.33	22.5	65%	2.87		3.0	44/46
		50	13.9	20	75%	3.63	5.5	3.0	
		60	16.7	18	74%	3.98		3.5	
IS80-65-160	2 900	30	8.33	36	61%	4.82		2.5	48/66
		50	13.9	32	73%	5.97	7.5	2.5	
		60	16.7	29	72%	6.59		3.0	
IS80-50-200	2 900	30	8.33	53	55%	7.87		2.5	64/124
		50	13.9	50	69%	9.87	15	2.5	
		60	16.7	47	71%	10.8		3.0	
IS80-50-250	2 900	30	8.33	84	52%	13.2		2.5	90/110
		50	13.9	80	63%	17.3	22	2.5	
		60	16.7	75	64%	19.2		3.0	
IS80-50-315	2 900	30	8.33	128	41%	25.5		2.5	125/160
		50	13.9	125	54%	31.5	37	2.5	
		60	16.7	123	57%	35.3		3.0	
IS100-80-125	2 900	60	16.7	24	67%	5.86		4.0	49/64
		100	27.8	20	78%	7.00	11	4.5	
		120	33.3	16.5	74%	7.28		5.0	
IS100-80-160	2 900	60	16.7	36	70%	8.42		3.5	69/110
		100	27.8	32	78%	11.2	15	4.0	
		120	33.3	28	75%	12.2		5.0	
IS100-65-200	2 900	60	16.7	54	65%	13.6		3.0	81/110
		100	27.8	50	76%	17.9	22	3.6	
		120	33.3	47	77%	19.9		4.8	
IS100-65-250	2 900	60	16.7	87	61%	23.4		3.5	90/160
		100	27.8	80	72%	30.0	37	3.8	
		120	33.3	74.5	73%	33.3		4.8	
IS100-65-315	2 900	60	16.7	133	55%	39.6		3.0	180/295
		100	27.8	125	66%	51.6	75	3.6	
		120	33.3	118	67%	57.5		4.2	

型　号	转速 $n/$	流量/		扬程	效率	功率/kW		必需气蚀余量	质量(泵/
	$(\text{r} \cdot \text{min}^{-1})$	$\text{m}^3 \cdot \text{h}^{-1}$	$\text{L} \cdot \text{s}^{-1}$	H/m	η	轴功率	电机功率	NPSH_r/m	底座)/kg
IS125－100－200	2 900	120	33.3	57.5	67%	28.0	45	4.5	108/160
		200	55.6	50	81%	33.6		4.5	
		240	66.7	44.5	80%	36.4		5.0	
IS125－100－250	2 900	120	33.3	87	66%	43.0	75	3.8	166/295
		200	55.6	80	78%	55.9		4.2	
		240	66.7	72	75%	62.8		5.0	
IS125－100－315	2 900	120	33.3	132.5	60%	72.1	110	4.0	189/330
		200	55.6	125	75%	90.8		4.5	
		240	66.7	120	77%	101.9		5.0	
IS125－100－400	1 450	60	16.7	52	53%	16.1	30	2.5	205/233
		100	27.8	50	65%	21.0		2.5	
		120	33.3	48.5	67%	23.6		3.0	
IS150－125－250	1 450	120	33.3	22.5	71%	10.4	18.5	3.0	188/158
		200	55.6	20	81%	13.5		3.0	
		240	66.7	17.5	78%	14.7		3.5	
IS150－125－315	1 450	120	33.3	34	70%	15.9	30	2.5	192/233
		200	55.6	32	79%	22.1		2.5	
		240	66.7	29	80%	23.7		3.0	
IS150－125－400	1 450	120	33.3	53	62%	27.9	45	2.0	223/233
		200	55.6	50	75%	36.3		2.8	
		240	66.7	46	74%	40.6		3.5	
IS200－150－250	1 450	240	66.7	20	82%	26.6	37		203/233
		400	111.1						
		460	127.8						
IS200－150－315	1 450	240	66.7	37	70%	34.6	55	3.0	262/295
		400	111.1	32	82%	42.5		3.5	
		460	127.8	28.5	80%	44.6		4.0	
IS200－150－400	1 450	240	66.7	55	74%	48.6	90	3.0	295/298
		400	111.1	50	81%	67.2		3.8	
		460	127.8	48	76%	74.2		4.5	

（2）Y 型离心油泵性能表（见附表 43）

附表 43　Y 型离心油泵性能表

型　号	流量/ (m³·h⁻¹)	扬程/ m	转速/ (r·min⁻¹)	功率/kW 轴	功率/kW 电机	效率	气蚀余量/ m	泵壳许用应力/ Pa	结构型式	备注
50Y - 60	12.5	60	2 950	5.95	11	35%	2.3	1 570/2 550	单级悬臂	
50Y - 60A	11.2	49	2 950	4.29	8			1 570/2 550	单级悬臂	
50Y - 60B	9.9	38	2 950	2.93	5.5	35%		1 570/2 550	单级悬臂	
50Y - 60 ×2	12.5	120	2 950	11.7	15	35%	2.3	2 158/3 138	两级悬臂	
50Y - 60 ×2A	11.7	105	2 950	9.55	15			2 158/3 138	两级悬臂	
50Y - 60 ×2B	10.8	90	2 950	7.65	11	55%	2.6	2 158/3 138	两级悬臂	
65Y - 60 ×2C	9.9	75	2 950	5.9	8			2 158/3 138	两级悬臂	泵壳许用应力内的分子表示第一类材料相应的许用应力数；分母表示Ⅱ、Ⅲ类材料相应的许用应力数
65Y - 60	25	60	2 950	7.5	11			1 570/2 550	单级悬臂	
65Y - 60A	22.5	49	2 950	5.5	8			1 570/2 550	单级悬臂	
65Y - 60B	19.8	38	2 950	3.75	5.5			1 570/2 550	单级悬臂	
65Y - 100	25	100	2 950	17.0	32	40%	2.6	1 570/2 550	单级悬臂	
65Y - 100A	23	85	2 950	13.3	20			1 570/2 550	单级悬臂	
65Y - 100B	21	70	2 950	10.0	15			1 570/2 550	单级悬臂	
65Y - 100 ×2	25	200	2 950	34	55	40%	2.6	2 942/3 923	两级悬臂	
65Y - 100 ×2A	23.3	175	2 950	27.8	40			2 942/3 923	两级悬臂	
65Y - 100 ×2B	21.6	150	2 950	22.0	32			2 942/3 923	两级悬臂	
65Y - 100 ×2C	19.8	125	2 950	16.8	20			2 942/3 923	两级悬臂	
80Y - 60	50	60	2 950	12.8	15	64%	3.0	1 570/2 550	单级悬臂	
80Y - 60A	45	49	2 950	9.5	11			1 570/2 550	单级悬臂	
80Y - 60B	39.5	38	2 950	6.5	8			1 570/2 550	单级悬臂	
80Y - 100	50	100	2 950	22.7	32	60%	3.0	1 961/2 942	单级悬臂	
80Y - 100A	45	85	2 950	18.0	25			1 961/2 942	单级悬臂	
80Y - 100B	39.5	70	2 950	12.6	20			1 961/2 942	单级悬臂	
80Y - 100 ×2	50	200	2 950	45.4	75	60%	3.0	2 942/3 923	两级悬臂	
80Y - 100 ×2A	46.6	175	2 950	37.0	55	60%	3.0	2 942/3 923	两级悬臂	
80Y - 100 ×2B	43.2	150	2 950	29.5	40			2 942/3 923		
80Y - 100 ×2C	39.6	125	2 950	22.7	32				两级悬臂	

注：与介质接触且受温度影响的零件，根据介质的性质需要采用不同的材料，材料分为 3 种，但泵的结构相同。第Ⅰ类材料不耐硫腐蚀，操作温度在 -20℃ ~200℃；第Ⅱ类材料不耐硫腐蚀，温度在 -45℃ ~400℃；第Ⅲ类材料不耐硫腐蚀，温度在 -45℃ ~200℃。

26. 4 – 72 – 11 型离心通风机规格(摘录)(见附表 44)

附表 44　4 – 72 – 11 型离心通风机规格

机 号	转数/ (r · min⁻¹)	全压系数	全压/		流量系数	流量/ (m³ · h⁻¹)	效率	所需功率/kW
			mmH₂O	Pa①				
6C	2 240	0.411	248	2 432.1	0.220	15 800	91%	14.1
	2 000	0.411	198	1 941.8	0.220	14 100	91%	10.0
	1 800	0.411	160	1 569.1	0.220	12 700	91%	7.3
	1 250	0.411	77	755.1	0.220	8 800	91%	2.53
	1 000	0.411	49	480.5	0.220	7 030	91%	1.39
	800	0.411	30	294.2	0.220	5 610	91%	0.73
8C	1 800	0.411	285	2 795	0.220	29 900	91%	30.8
	1 250	0.411	137	1 343.6	0.220	20 800	91%	10.3
	1 000	0.411	88	863.0	0.220	16 600	91%	5.52
	630	0.411	35	343.2	0.220	10 480	91%	1.51
10C	1 250	0.434	227	2 226.2	0.221 8	41 300	94.3%	32.7
	1 000	0.434	145	1 422.0	0.221 8	32 700	94.3%	16.5
	800	0.434	93	912.1	0.221 8	26 130	94.3%	8.5
	500	0.434	36	353.1	0.221 8	16 390	94.3%	2.3
6D	1 450	0.411	104	1 020	0.220	10 200	91%	4
	960	0.411	45	441.3	0.220	6 720	91%	1.32
8D	1 450	0.44	200	1 961.4	0.184	20 130	89.5%	14.2
	730	0.44	50	490.4	0.184	10 150	89.5%	2.06
16B	900	0.434	300	2 942.1	0.221 8	121 000	94.3%	127
20B	710	0.434	290	2 844.1	0.221 8	186 300	94.3%	190

①为了执行国务院 1984 年 2 月 27 日颁发的"关于在我国统一实行法定计量单位的命令",编者在原有的 4 – 72 – 11 型离心通风机规格中加入以 Pa 表示的全风压(由 mmH₂O 换算的)。

27. 管壳式换热器系列标准

(1)固定管板式的基本参数

列管尺寸为 $\phi19$ mm,管心距为 25 mm 的固定管板式换热器的基本参数如附表 45 所示。

附表 45　固定管板式换热器的基本参数 1

	公称直径/mm	273		400			600				800				1000			
公称压强/kPa		1.60×10^3, 2.50×10^3, 4.00×10^3, 6.40×10^3		0.60×10^3, 1.00×10^3, 1.60×10^3, 2.50×10^3, 4.00×10^3														
管程数		1	2	1	2	4	1	2	4	6	1	2	4	6	1	2	4	6
管子总根数		66	56	174	164	146	430	416	370	360	797	776	722	710	1 267	1 234	1 186	1 148
中心排管数		9	8	14	15	14	22	23	22	20	31	31	31	30	39	39	39	38
管程流通面积/m²*		0.011 5	0.004 9	0.030 7	0.014 5	0.006 5	0.076 0	0.036 8	0.016 3	0.010 6	0.140 8	0.068 6	0.031 9	0.020 9	0.223 9	0.109 0	0.052 4	0.033 8
计算的换热器面积/m²	列管长度/mm 1 500	5.4	4.7	14.5	13.7	12.2	—	—	—	—	—	—	—	—	—	—	—	—
	2 000	7.4	6.4	19.7	18.6	16.6	48.8	47.2	42.0	40.8	—	—	—	—	—	—	—	—
	3 000	11.3	9.7	30.1	28.4	25.3	74.4	72.0	64.0	62.3	138.0	134.3	125.0	122.9	219.3	213.6	205.3	198.7
	4 500	17.1	14.7	45.7	43.1	38.3	112.0	109.3	97.2	94.5	209.3	203.8	189.8	186.5	332.8	324.1	311.5	301.5
	6 000	22.9	19.7	61.3	57.8	51.4	151.4	146.5	130.3	126.8	280.7	273.3	254.3	250.0	446.2	434.6	417.7	404.3

注：* 表中的管程流通面积为各程的平均值，管子为三角形排列。

列管尺寸为 $\phi 25$ mm，管心距为 32 mm 的固定管板式换热器的基本参数如附表 46 所示。

附表 46　固定管板式换热器的基本参数 2

公称直径/mm	273		400			600				800				1000			
公称压强/kPa	1.60×10^3, 2.50×10^3, 4.00×10^3, 6.40×10^3		0.60×10^3, 1.00×10^3, 1.60×10^3, 2.50×10^3, 4.00×10^3														
管程数	1	2	1	2	4	1	2	4	6	1	2	4	6	1	2	4	6
管子总根数	38	32	98	94	76	245	232	222	216	467	450	442	430	749	742	710	698
中心排管数	6	7	12	11	11	17	16	17	16	23	23	23	24	30	29	29	30

续表

公称直径/mm		273		400		600		800		1000	
管程流通面积/m²*	$\phi25\times2$	0.0132 / 0.0055		0.0339 / 0.0163	0.0066	0.0402 / 0.0848	0.0125 / 0.0192	0.0779 / 0.1618	0.0248 / 0.0383	0.1285 / 0.2594	0.0403 / 0.0615
	$\phi25\times2.5$	0.0119 / 0.0050		0.0308 / 0.0148	0.0060	0.0364 / 0.0769	0.0113 / 0.0174	0.0707 / 0.1466	0.0225 / 0.0347	0.1165 / 0.2352	0.0365 / 0.0557
计算的换热器面积/m² 列管长度/mm	1 500	4.2 / 3.5		10.8 / 10.3	8.4	—	—	—	—	—	—
	2 000	5.7 / 4.8		14.6 / 14.0	11.3	34.6 / 36.5	32.2 / 33.1	—	—	—	—
	3 000	8.7 / 7.3		22.3 / 21.4	17.3	52.8 / 55.8	49.2 / 50.5	102.4 / 106.3	97.9 / 100.6	168.9 / 170.5	158.9 / 161.6
	4 500	13.1 / 11.1		33.8 / 32.5	26.3	84.6 / 80.1	74.6 / 76.7	155.4 / 161.3	148.5 / 152.7	256.3 / 258.7	241.1 / 245.2
	6 000	17.6 / 14.8		45.4 / 43.5	35.2	107.5 / 113.5	100.0 / 102.8	208.5 / 216.3	119.2 / 204.7	343.7 / 346.9	323.3 / 328.8

注：*表中的管程流通面积为各程平均值，管子为三角形排列。

(2)浮头式(内导流)换热器的基本参数(见附表47)

附表47　浮头式(内导流)换热器的基本参数

公称直径/mm	管程数	管子总根数*		中心排管数		管程流通面积/m²			计算的换热器面积/m²** 管子长度/mm					
									3 000		4 500		6 000	
		管子尺寸/mm												
		$\phi19$	$\phi25$	$\phi19$	$\phi25$	$\phi19\times2$	$\phi25\times2$	$\phi25\times2.5$	$\phi19$	$\phi25$	$\phi19$	$\phi25$	$\phi19$	$\phi25$
325	2	60	32	7	5	0.005 3	0.005 5	0.005 0	10.5	7.4	15.8	11.1	—	—
	4	52	28	6	4	0.002 3	0.002 4	0.002 2	9.1	6.4	13.7	9.7	—	—
436 400	2	120	74	8	7	0.010 6	0.012 6	0.011 6	20.9	16.9	31.6	25.6	42.3	34.4
	4	108	68	9	6	0.004 8	0.005 9	0.005 3	18.8	15.6	28.4	23.6	38.1	31.6
500	2	206	124	11	8	0.018 2	0.021 5	0.019 4	35.7	28.3	54.1	42.8	72.5	57.4
	4	192	116	10	9	0.008 5	0.010 0	0.009 1	33.2	26.4	50.4	40.1	67.6	53.7
600	2	324	198	14	11	0.028 6	0.034 3	0.031 1	55.8	44.9	84.8	68.2	113.9	91.5
	4	308	188	14	10	0.013 6	0.016 3	0.014 8	53.1	42.6	80.7	64.8	108.2	86.9
	6	284	158	14	10	0.008 3	0.009 1	0.008 3	48.9	35.8	74.4	54.4	99.8	73.1
700	2	468	268	16	13	0.041 4	0.046 6	0.042 1	80.4	60.6	122.2	92.1	164.1	123.7
	4	448	256	17	12	0.019 8	0.022 2	0.020 1	76.9	57.8	117.0	87.9	157.1	118.1
	6	382	224	15	10	0.011 2	0.012 9	0.011 6	65.6	50.6	99.8	76.9	133.9	103.4

公称直径/mm	管程数	管子总根数*		中心排管数		管程流通面积/m²			计算的换热器面积/m²**					
									管子长度/mm					
									3 000		4 500		6 000	
		管子尺寸/mm												
		φ19	φ25	φ19	φ25	φ19×2	φ25×2	φ25×2.5	φ19	φ25	φ19	φ25	φ19	φ25
800	2	610	366	19	15	0.053 9	0.063 4	0.057 5	—	—	158.9	125.4	213.5	168.5
	4	588	325	18	14	0.026 0	0.030 5	0.027 5	—	—	153.2	120.6	205.8	162.1
	6	518	316	16	14	0.015 2	0.018 2	0.016 5	—	—	134.2	108.3	181.3	145.5
1 000	2	1 006	606	24	19	0.089 0	0.105 0	0.095 2	—	—	206.6	206.6	350.6	277.9
	4	980	588	23	18	0.043 3	0.050 9	0.046 2	—	—	253.9	200.4	314.6	269.7
	6	892	564	21	18	0.026 2	0.032 6	0.029 5	—	—	231.1	192.2	311.0	258.7

注：＊排管数按正方形旋转45°排列计算。

＊＊计算换热器面积按光管及公称压强 2.5×10^3 kPa 的管板厚度确定。